DIESEL-EINSPRITZTECHNIK

BOSCH

Impressum

Herausgeber:
© Springer-Verlag Berlin Heidelberg 1993
Originally publishen by Robert Bosch GmbH in 1993

Postfach 30 02 20,
D-70442 Stuttgart.
Unternehmensbereich Kraftfahrzeug-Ausrüstung,
Abteilung Technische Information (KH/VDT).

Chefredaktion:
Dipl.-Ing.(FH) Ulrich Adler.

Redaktion:
Dipl.-Ing.(FH) Horst Bauer.
Dipl.-Ing.(FH) Anton Beer.

Layout, Satz:
Dipl.-Ing.(FH) Ulrich Adler,
Günter Berger, Reinhard Zanker, Joachim Kaiser.

Technische Grafik:
Bauer & Partner, Stuttgart.

Fotos:
Audi AG, Ingolstadt und Volkswagen AG, Wolfsburg
(Seiten 149, 176).

Nachdruck, Vervielfältigung und Übersetzung, auch auszugsweise, nur mit unserer vorherigen schriftlichen Zustimmung und mit Quellenangabe gestattet. Abbildungen, Beschreibungen, Schemazeichnungen und andere Angaben dienen nur der Erläuterung und Darstellung des Textes. Sie können nicht als Grundlage für Konstruktion, Einbau und Lieferumfang verwendet werden. Wir übernehmen keine Haftung für die Übereinstimmung des Inhalts mit den jeweils geltenden gesetzlichen Vorschriften. Änderungen vorbehalten.

1. Ausgabe, Juni 1993.
Redaktionsschluß 28.05.1993.

(1.0E)

ISBN 978-3-540-62194-2   ISBN 978-3-662-00904-8 (eBook)
DOI 10.1007/978-3-662-00904-8

Die Deutsche Bibliothek
– CIP-Einheitsaufnahme
Diesel-Einspritztechnik /
Bosch. [Chefred.: Ulrich Adler]. - 1.
Ausg. - Düsseldorf : VDI-Verl., 1993
ISBN 978-3-540-62194-2
NE: Adler, Ulrich [Red.];
Robert Bosch GmbH <Stuttgart>

Autoren

Dieselmotor, Verfahren und Betrieb
Dr.-Ing. K.-O.Riesenberg,
Dipl.-Ing.(FH) W.Faupel.

Dieselkraftstoffe
Dr.rer.nat. B.Blaich.

Gemischaufbereitung
Dipl.-Ing. G.Stumpp.

Schadstoffe im Abgas
Dipl.-Ing. E.Ungerer.

Abgasnachbehandlung
Dr.-Ing. W.Polach, Dr.-Ing. R.Leonard.

Abgasprüftechnik, Abgasgrenzwerte
Dipl.-Ing. V.Schneider.

Reihen- und Einzeleinspritzpumpen
Dipl.-Ing.(FH) E.Ritter in Zusammenarbeit mit den zuständigen Fachabteilungen.

Regler für Reiheneinspritzpumpen
Dipl.-Ing.(FH) E.Ritter in Zusammenarbeit mit den zuständigen Fachabteilungen.

Verteilereinspritzpumpen
Dr.-Ing. H.Tschöke in Zusammenarbeit mit den zuständigen Fachabteilungen.

Einspritzpumpen-Prüfstände und Motortester
Dipl.-Ing.(FH) W.Dieter.

Düsen und Düsenhalter
Ing.(grad.) J.Warga.

Starthilfesysteme
Dipl.-Ing. B.Kaczynski, Dr.rer.nat. H.-P.Bauer.

Scheufelen | chlorfrei
chlorine free
sans chlore

Vorwort

Das vorliegende Fachbuch, eine Zusammenfassung aller Hefte der Schriftenreihe Bosch Technische Unterrichtung zur behandelten Thematik, soll dem Informationsbedürfnis eines großen Leserkreises gerecht werden.
Der Dieselmotor und die Einspritzanlage bilden eine untrennbare Einheit, und durch die Einspritztechnik erlangte der Dieselmotor erst die Bedeutung, die ihm heute zukommt. Drehmoment, Leistung, Emissionen und Geräusch werden durch das gute Zusammenspiel von Motor und Einspritzanlage bestimmt. Lange Zeit arbeitete der Dieselmotor unabhängig von elektrischen Einrichtungen. Heute begünstigt die Elektronik die Weiterentwicklung zum modernen Fahrzeugmotor.
Das Fachbuch informiert umfassend über die aktuelle Diesel-Einspritztechnik. Der an Kfz-Technik interessierte Leser erhält damit eine ausführliche, leicht verständliche Beschreibung der Arbeitsweise und der wichtigsten Komponenten des Dieselmotors.

Inhalt

Dieselverbrennung
Dieselmotor	4
Dieselverfahren und Betrieb	6
Dieselkraftstoffe	18
Gemischaufbereitung	20
Schadstoffe im Abgas	26
Abgasnachbehandlung	28
Abgasprüftechnik	30
Abgasgrenzwerte	43

Reiheneinspritzpumpen
Einspritzanlagen	46
Einspritztechnik	47
Standard-Reiheneinspritzpumpen PE	54
Reiheneinspritzpumpen PE für andere Kraftstoffe	64
Hubschieber-Reiheneinspritzpumpen PE	65
Kraftstofförderung	68
Betrieb der Einspritzpumpe	74

Regler für Reiheneinspritzpumpen
Dieselregelung	78
Reglerübersicht	86
Mechanische Drehzahlregelung	92
Anpaß- und Abstelleinrichtungen	118
Elektronische Regelung	134
Reglereinstellung und Reglerprüfung	140

Einzeleinspritzpumpen
Einzeleinspritzpumpen PF	142
Neue Einspritzsysteme	146

Verteilereinspritzpumpen
Einspritzanlagen	148
Einspritztechnik	149
Kraftstofförderung	152
Mechanische Drehzahlregelung	162
Spritzverstellung	169
Anpaß- und Abstelleinrichtungen	172
Prüfen und Einstellen	185
Elektronische Regelung	186

Peripherie
Düsen und Düsenhalter	192
Starthilfesysteme	198

Dieselverbrennung

Dieselverbrennung

Dieselmotor

Dieselprinzip

Der Dieselmotor ist ein Selbstzündungsmotor, der nur Luft ansaugt und diese hoch verdichtet. Dadurch ist eine wesentlich höhere Verdichtung als beim klopfempfindlichen Ottomotor mit Luft-Kraftstoff-Gemisch und Fremdzündung zu erreichen. Der Dieselmotor ist die Verbrennungskraftmaschine mit dem höchsten Gesamtwirkungsgrad (bei größeren langsamlaufenden Ausführungen bis 50% oder sogar höher). Der damit verbundene niedrige Kraftstoffverbrauch sowie die schadstoffarmen Abgase und die stark verminderte Geräuschentwicklung unterstreichen die Bedeutung des Dieselmotors.

Dieselmotoren können sowohl nach dem 2-Takt- als auch nach dem 4-Takt-Prinzip arbeiten. Im Kraftfahrzeug kommen jedoch fast ausschließlich 4-Takt-Motoren zum Einsatz (Bild 1).

Arbeitszyklus

In einer Kolbenabwärtsbewegung saugt der Motor während des ersten Taktes, dem Ansaugtakt, die Luft ungedrosselt durch das geöffnete Einlaßventil an.

Während des zweiten Taktes, dem Verdichtungstakt, wird die angesaugte Luft entsprechend dem ausgeführten Verdichtungsverhältnis (14:1...24:1) durch eine Kolbenaufwärtsbewegung komprimiert. Sie erwärmt sich dabei auf Temperaturen bis zu 800 °C. Am Ende des Verdichtungsvorganges spritzt die Einspritzdüse den Kraftstoff unter hohem Druck (bis zu 1500 bar) in die erhitzte Luft ein.

Nach Verstreichen des Zündverzugs verbrennt der fein zerstäubte Kraftstoff zu Beginn des dritten Taktes, dem Arbeitstakt, durch Selbstzündung nahezu vollständig. Dadurch erhitzt sich die Zylinderladung weiter und der Druck im Zylinder steigt nochmals an. Die durch die Verbrennung freigewordene Energie wird auf den Kolben übertragen.

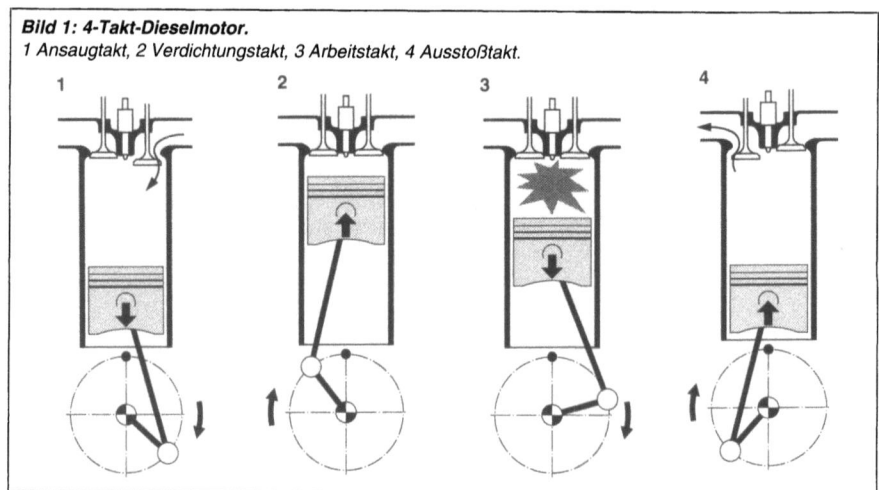

Bild 1: 4-Takt-Dieselmotor.
1 Ansaugtakt, 2 Verdichtungstakt, 3 Arbeitstakt, 4 Ausstoßtakt.

Dadurch bewegt dieser sich wieder abwärts und die Verbrennungsenergie wird in mechanische Arbeit umgesetzt. Im Verlauf des vierten Taktes, dem Ausstoßtakt, wird die verbrannte Zylinderladung mit dem sich aufwärtsbewegenden Kolben durch das geöffnete Auslaßventil ausgestoßen.
Für den nächsten Arbeitszyklus wird dann wieder Frischluft angesaugt.

Brennräume und Aufladung

Bei Dieselmotoren kommen Verfahren mit geteilten und ungeteilten Brennräumen (Kammermotoren/Direkteinspritzmotoren) zur Anwendung.
Direkteinspritzmotoren haben einen höheren Wirkungsgrad und arbeiten wirtschaftlicher als Kammermotoren. Sie kommen daher bei allen Nkw-Anwendungen zum Einsatz. Die Nebenkammermotoren eignen sich infolge des geringeren Motorgeräusches besser für den Pkw, bei dem der Fahrkomfort eine wesentlichere Rolle spielt. Ferner weisen sie deutlich niedrigere Schadstoffemissionen (HC und NO_x) auf und verursachen niedrigere Herstellungskosten. Aus diesen Gründen wird der Mehrverbrauch (10...15%) im Vergleich zu den Motoren mit direkter Einspritzung im allgemeinen als Kompromiß akzeptiert. Beide Versionen sind gegenüber dem Ottomotor besonders im Teillastbereich sparsam. Der Dieselmotor eignet sich hervorragend sowohl für die Abgasturboaufladung als auch für die mechanische Aufladung. Die Abgasturboaufladung erhöht beim Dieselmotor nicht nur die Leistungsausbeute und verbessert somit den Wirkungsgrad, sondern vermindert zudem die Schadstoffe im Abgas. Außerdem ist der Dieselmotor zur Verbrennung von alternativen Kraftstoffen (z.B. Alkohol oder Rapsöl) geeignet. Hierfür sind gegebenfalls die Einspritzausrüstungen anzupassen.

Dieselabgas

Bei der Verbrennung von Dieselkraftstoff bilden sich Rückstände unterschiedlichster Art.

Diese Reaktionsprodukte sind von der Motorauslegung, der Motorleistung und auch von der Arbeitslast abhängig.
Die Schadstoffbildung kann bereits durch eine vollständige Verbrennung des Kraftstoffes weitgehend gesenkt werden. Dafür sorgen z.B. eine sorgfältige Abstimmung des Luft-Kraftstoff-Gemisches, dessen exakte Einspritzung und dabei auch dessen optimale Verwirbelung.
Es entstehen in erster Linie ganz normales Wasser (H_2O) und das ungiftige Kohlendioxid (CO_2). In zweiter Linie entstehen in vergleichsweise geringen Konzentrationen auch:
– Kohlenmonoxid (CO),
– unverbrannte Kohlenwasserstoffe (HC),
– Stickstoffoxide (NO_x) als Folgeprodukt,
– Schwefeldioxid (SO_2) und Schwefelsäure (H_2SO_4) sowie
– Rußpartikel.
Als direkt wahrnehmbare Abgaskomponenten sind bei kaltem Motor nicht oxidierte oder nur teilweise oxidierte Kohlenwasserstoffe in Tröpfchenform als Weiß- oder Blaurauch und geruchsintensive Aldehyde festzustellen.

Ein exakt einstellbarer Spritzbeginn, genau gefertigte Düsen und präzise zumessende Einspritzpumpen senken den Kraftstoffverbrauch und vorhandene Emissionen ebenso wie auch modifizierte Verbrennungsräume, präzisere Einspritzstrahlengeometrie und ein immer höherer Einspritzdruck.

Dieselverbrennung

Dieselverfahren und Betrieb

Verbrennungsverfahren

Vorkammerverfahren

Beim Vorkammerverfahren für Pkw-Dieselmotoren wird der Kraftstoff in eine heiße Vorkammer eingespritzt, in der eine Vorverbrennung eine gute Gemischaufbereitung mit reduziertem Zündverzug für die Hauptverbrennung einleitet (Bild 1). Das Einspritzen des Kraftstoffs erfolgt dabei mit einer Drosselzapfendüse unter relativ niedrigem Druck (bis 300 bar). Eine speziell gestaltete Prallfläche in der Kammermitte zerteilt den hier auftreffenden Strahl und vermischt ihn intensiv mit Luft. Die einsetzende Verbrennung treibt das teilverbrannte Luft-Kraftstoff-Gemisch durch Bohrungen am unteren Ende der Vorkammer unter weiterer Erwärmung in den Hauptbrennraum über dem Kolben.

Hier finden eine intensive Vermischung mit der Luft des Hauptbrennraumes und die Fortsetzung und der Abschluß der Verbrennung statt. Kurzer Zündverzug und gesteuerte Energiefreisetzung bei insgesamt niedrigem Druckniveau im Hauptbrennraum führen zu einer "weichen" Verbrennung mit niedriger Geräuschentwicklung und Triebwerkbelastung. Eine optimierte Version der Vorkammer ermöglicht eine noch schadstoffärmere Verbrennung und durchschnittlich 40% weniger Partikel im Abgas. Durch eine geänderte Vorkammerform mit Verdampfungsmulde sowie geänderte Form und Lage der Prallfläche ("Kugelstift") bekommt die Luft, die beim Komprimieren aus dem Zylinder in die Vorkammer strömt, einen vorgegebenen Drall. In Strömungsrichtung der Luft wird Kraftstoff unter einem Winkel von 5 Grad zu der Vorkammerachse eingespritzt (Bild 1). Um den Verbrennungsablauf nicht zu stören, sitzt die Glühkerze im Abwind des Luftstroms. Ein gesteuertes Nachglühen bis zu 1 Minute nach dem Kaltstart (abhängig von Kühlwassertemperatur) trägt zur Abgasverbesserung und Geräuschminderung in der Warmlaufphase bei.

Wirbelkammerverfahren

Bei diesem in Pkw-Dieselmotoren angewandten Verfahren wird die Verbrennung ebenfalls in einem Nebenraum eingeleitet. Das Brennverfahren benutzt einen kugel- oder scheibenförmigen Nebenbrennraum (Wirbelkammer) mit einem tangential einmündenden Verbindungskanal (Schußkanal) zum Zylinderraum (Bild 2).

Während des Verdichtungstakts wird die über den Schußkanal eintretende

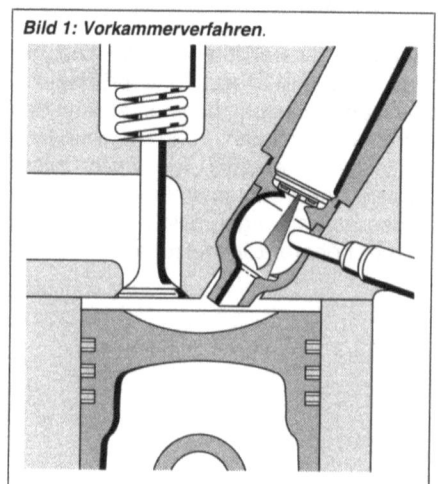

Bild 1: Vorkammerverfahren.

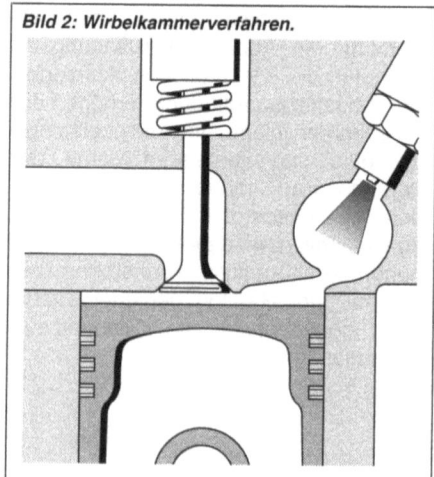

Bild 2: Wirbelkammerverfahren.

Luft in eine Wirbelbewegung gebracht und der Kraftstoff in diesen Wirbel eingespritzt. Die Lage der Düse ist so gewählt, daß der Kraftstoffstrahl den Wirbel senkrecht zu seiner Achse durchdringt und auf der gegenüberliegenden Kammerseite in einer heißen Wandzone auftrifft.

Mit Beginn der Verbrennung wird das Luft-Kraftstoff-Gemisch durch den Schußkanal in den Zylinderraum gedrückt und mit der dort noch vorhandenen restlichen Verbrennungsluft vermischt. Gegenüber dem Vorkammerverfahren sind die Strömungsverluste zwischen dem Hauptbrennraum und der Nebenkammer beim Wirbelkammerverfahren geringer, da der Überströmquerschnitt größer ist. Dies führt zu einer geringeren Ladungswechselarbeit mit entsprechendem Vorteil für den inneren Wirkungsgrad und den Kraftstoffverbrauch. Gleichzeitig ist es wichtig, daß die Gemischbildung möglichst vollständig in der Wirbelkammer erfolgt. Gestaltung der Wirbelkammer, Anordnung und Gestalt des Düsenstrahls und auch die Lage der Glühkerze müssen sorgfältig auf den Motor abgestimmt sein, um bei allen Drehzahlen und Lastzuständen eine gute Gemischaufbereitung zu erzielen. Eine weitere Forderung ist das schnelle Aufheizen der Wirbelkammer nach dem Kaltstart. Damit reduziert sich der Zündverzug, und man vermeidet beim Warmlauf das Entstehen unverbrannter Kohlenwasserstoffe (Blaurauch) im Abgas.

Direkteinspritzverfahren

Beim Direkteinspritzverfahren, bisher im wesentlichen in Nutzfahrzeug- und Stationärdieselmotoren aller Größen angewandt, verzichtet man auf die Gemischaufbereitung in der Nebenkammer. Der Kraftstoff wird direkt in den Verbrennungsraum über dem Kolben eingebracht (Bild 3). Die bisher beschriebenen Vorgänge wie Kraftstoffzerstäubung, -erwärmung, -verdampfung und -vermischung mit der Luft müssen daher in einer kurzen zeitlichen Abfolge stehen. Dabei werden sowohl an die Art der Kraftstoffzuführung als auch an die Luftzuführung beim Ansaugen hohe Anforderungen gestellt. Wie beim Wirbelkammerverfahren wird während des Ansaug- und Verdichtungstakts ein Luftwirbel erzeugt.

Dies geschieht durch die besondere Form des Ansaugkanals im Zylinderkopf. Auch die Gestaltung der Kolbenoberfläche mit eingearbeitetem Brennraum trägt zur Luftbewegung am Ende des Verdichtungshubs, d.h. zu Beginn der Einspritzung, bei.

Von den im Laufe der Entwicklung des Dieselmotors angewandten Brennraumformen findet heute die zylindrische Kolbenmulde eine breite Verwendung, da sie einen Kompromiß zwischen ökonomischer Herstellung und zweckmäßiger Luftführung bietet.

Neben einer guten Luftverwirbelung muß auch der Kraftstoff räumlich gleichmäßig verteilt zugeführt werden, um eine schnelle Vermischung zu erzielen. Im Gegensatz zum Nebenkammermotor mit seiner Einstrahl-Drosselzapfendüse verwendet man beim Direkteinspritzverfahren eine Mehrlochdüse. Ihre Strahllage muß in Abstimmung mit der Brennraumauslegung optimiert sein.

In der Praxis wendet man bei der Direkteinspritzung zwei Methoden an:
– Unterstützung der Gemischaufbereitung durch gezielte Luftbewegung und

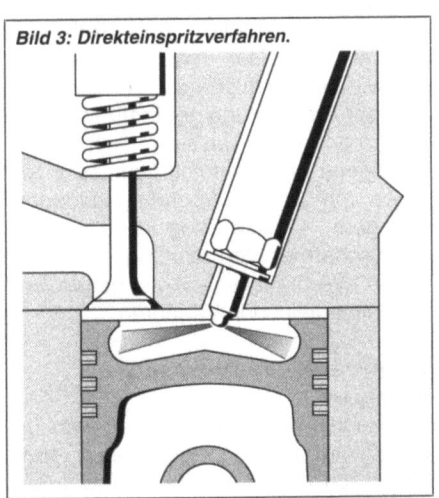

Bild 3: Direkteinspritzverfahren.

Dieselverfahren und Betrieb

Dieselverbrennung

– Beeinflussung der Gemischaufbereitung nahezu ausschließlich durch die Kraftstoffeinspritzung unter Vermeidung einer gezielten Luftbewegung.

Im zweiten Fall ist keine Arbeit für die Luftverwirbelung aufzuwenden, was sich in geringerem Gaswechselverlust und besserer Füllung bemerkbar macht. Gleichzeitig aber entstehen erheblich höhere Anforderungen an die Einspritzausrüstung bezüglich Lage, Anzahl der Düsenlöcher und Feinheit der Zerstäubung durch kleine Spritzlochdurchmesser sowie sehr hohem Einspritzdruck zum Erreichen der erforderlichen kurzen Einspritzdauer.

Bei dem bisher beschriebenen Direkteinspritzverfahren erzielt man die Gemischaufbereitung durch die Vermischung und Verdampfung von Kraftstoffteilchen mit den sie umgebenden Luftteilchen (luftverteilendes Verfahren). Bei dem Direkteinspritzverfahren mit Wandanlagerung spritzt dagegen der Kraftstoff gezielt auf die Wandung im Kolbenbrennraum, wo er verdampft und von Luft abgetragen wird.

M-Verfahren
Bei diesem Direkteinspritzverfahren mit Wandanlagerung für Nutzfahrzeug- und Stationärdieselmotoren verwendet man den Wärmeinhalt der Muldenwand für die Verdampfung des Kraftstoffes und stellt durch geeignete Führung der Verbrennungsluft das Luft-Kraftstoff-Gemisch her (Bild 4). Das Verfahren arbeitet mit einer Einstrahldüse mit relativ niedrigem Einspritzdruck. Bei richtiger Abstimmung der Luftbewegung im Brennraum lassen sich sehr homogene Luft-Kraftstoff-Gemische erzielen mit langer Verbrennungsdauer, geringem Druckanstieg und damit geräuscharmer Verbrennung, aber mit einem Verbrauchsnachteil gegenüber den luftverteilenden Verfahren.

Vergleich der Verbrennungsverfahren
Die Nachteile der Kammermotoren im Geräuschverhalten beziehen sich hauptsächlich auf den Kaltlauf, d.h. auf die Phase unmittelbar nach dem Kaltstart. Eine ungenügende Gemischaufbereitung – nicht zuletzt bedingt durch die Abgabe der Wärme an die Kammerwände – führt zu relativ langen Zündverzügen und zu einem nagelnden Verbrennungsgeräusch. Der Wirbelkammermotor hat außerdem auch bei Warmlauf im Bereich kleiner Lasten und Drehzahlen die Tendenz zu stärkerem Verbrennungsgeräusch. Das Vorkammerverfahren weist dagegen bezüglich Kammertemperatur und Zündverzug Vorteile auf. Der Hauptvorteil des Direkteinspritzers liegt in einem bis zu 20% günstigeren Kraftstoffverbrauch gegenüber den Kammermotoren. Nachteilig dagegen ist beim Direkteinspritzer das Verbrennungsgeräusch (insbesondere in der Phase der Beschleunigung) und die begrenzte Maximaldrehzahl. Grundsätzlich benötigt der Direkteinspritzer höhere Einspritzdrücke und damit eine aufwendigere Einspritzanlage.

Bei Einsatzbedingungen, bei denen der Kraftstoffverbrauch und damit die Wirtschaftlichkeit entscheidend sind, überwiegen die Vorteile eines Direkteinspritzers. Intensive Entwicklungsarbeiten hinsichtlich der Gemischbildung unter Einbeziehung der Einspritzanlage haben dem Direkteinspritzer auch beim Pkw bereits Eingang verschafft.

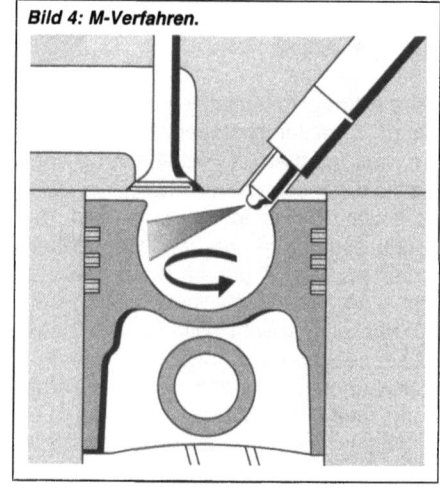

Bild 4: M-Verfahren.

Aufladeverfahren

Die Aufladung als Mittel zur Leistungssteigerung ist bei großen Dieselmotoren für Stationär- und Schiffsantriebe sowie bei Nkw-Dieselmotoren seit langem bekannt. Sie findet auch bei schnellaufenden Fahrzeug-Dieselmotoren für Pkw zunehmend Anwendung. Im Gegensatz zum Saugmotor wird beim aufgeladenen Motor die Luft unter Überdruck dem Motor zugeführt. Damit erhöht sich die Luftmasse im Zylinder, die mit einer entsprechend höheren Kraftstoffmenge zu einer höheren Leistungsausbeute bei gleichem Hubraum führt.

Der Wert der Luftmasse liegt um so höher, je niedriger die Lufttemperatur ist (bei sonst gleichen Bedingungen). Zu diesem Zweck läßt sich ein Ladeluftkühler mit der Aufladung kombinieren. Er hat außerdem den Vorteil, daß die thermische Belastung des Zylinderraums reduziert werden kann.

Mechanische Aufladung

Bei mechanischen Aufladung wird der Druckerzeuger direkt durch den Motor angetrieben. Die Verdichter-Antriebsleistung reduziert jedoch die Motor-Nutzleistung. Ein bedarfsweises Zuschalten über eine Kupplung verbessert bei Teillast die Wirtschaftlichkeit des mechanisch aufgeladenen Motors, erhöht aber gleichzeitig die Kosten.

Jüngste Entwicklung ist ein Spiralkolben-Lader, der über einen breiten Drehzahlbereich günstige Liefergrade bietet und besonders bei kleinen Motoren möglicherweise als Alternative zur Abgasturboladung angesehen werden kann.

Abgasturboaufladung

Mit dem Abgas des Verbrennungsmotors geht ein großer Anteil an Energie verloren. Es liegt daher nahe, diese Energie für die Druckerzeugung im Ansaugrohr nutzbar zu machen, indem über eine Abgasturbine ein Strömungsverdichter angetrieben wird. Beide Strömungsmaschinen zusammen bilden den Abgasturbolader (Bild 5). Für Stationärbetrieb mit konstanter Drehzahl läßt sich das Turbinen- und Laderkennfeld auf einen günstigen Wirkungsgrad und damit hohe Aufladung abstimmen. Schwierig wird jedoch die Auslegung für einen instationär betriebenen Fahrzeugmotor, bei dem man insbesondere bei Beschleunigung aus kleiner Drehzahl ein hohes Drehmoment erwartet. Niedrige Abgastemperatur, geringe Abgasmenge und die Massenbeschleunigung des Turboladers selbst verzögern bei Beschleunigungsbeginn den Druckaufbau im Verdichter. Diese Erscheinung wird als "Turboloch" bei turboaufgeladenen Pkw-Motoren bezeichnet.

Dieselverfahren und Betrieb

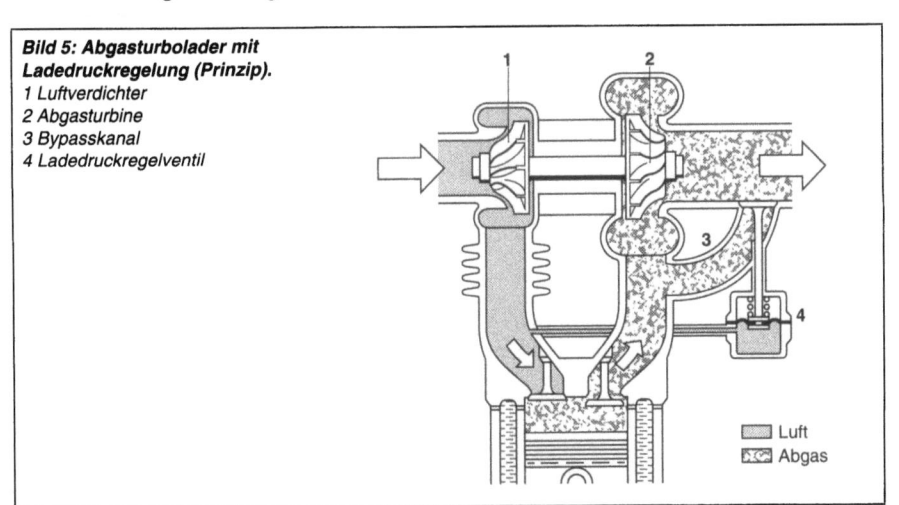

Bild 5: Abgasturbolader mit Ladedruckregelung (Prinzip).
1 Luftverdichter
2 Abgasturbine
3 Bypasskanal
4 Ladedruckregelventil

Luft
Abgas

*Diesel-
verbrennung*

Besonders für die Aufladung in Pkw und Nkw wurden Turbolader entwickelt, die durch ihre geringen Eigenmassen schon bei kleinen Abgasströmen ansprechen. Mit solchen Turboladern läßt sich das Fahrverhalten – dies gilt besonders für den unteren Drehzahlbereich – deutlich verbessern.

Zur Begrenzung des Ladedrucks und auch zum Schutz des Turboladers muß man bei hoher Last und Drehzahl des Motors den Abgasstrom zur Turbine begrenzen. Ein Ladedruckregelventil (engl.: Wastegate) wird durch den maximal vorgegebenen Ladedruck geöffnet und steuert einen Abgasteilstrom durch einen Bypasskanal in das Abgasrohr.

Druckwellenaufladung

Eine Aufladungsvariante ist der auch unter dem Namen "Comprex"® bekannte Druckwellenlader (Bild 6). Durch eine besondere Auslegung der Zellenräume eines vom Motor angetriebenen Zellenrades wird über die Druckwellen des Abgasstromes eine Druckerhöhung im Frischgasstrom erzeugt. Wesentliches Merkmal dieser Druckwellenaufladung ist der direkte Energieaustausch

Tabelle 1: Vergleichsdaten für Otto- und Dieselmotoren.

Motorart	Drehzahl	Verdichtungs-verhältnis	Mitteldruck	Hubraumleistung	Leistungsgewicht	Kraftstoff-verbrauch	Drehmomenterhöhung
	min^{-1}	ε	bar	kW/l	kg/kW	g/kWh	%
Ottomotor für Pkw							
Saugmotor	4500...7500	8...12	8...11	35...65	3...1	350...250	15...25
mit Aufladung	5000...7000	7...9	11....15	50...100	3...1	380...280	10...30
Ottomotor für Lkw							
	2500...5000	7...9	8...10	20...30	6...3	380...270	15...25
Dieselmotor für Pkw							
Saugmotor	2500...5000	20...24	6...8	20...30	5...3	320...240	10...15
mit Aufladung	3500...4500	20...24	9...12	30...40	4...2	290...240	15...25
Dieselmotor für Lkw							
Saugmotor	2000...4000	16...18	7...10	10...15	9...4	240...210	10...15
mit Aufladung	2000...3200	15...17	10...13	15...20	8...3	230...205	15...30
mit LLK[1])	1800...2600	14...16	13...18	20...25	5...3	225...195	30...60

1) LLK: Ladeluftkühlung

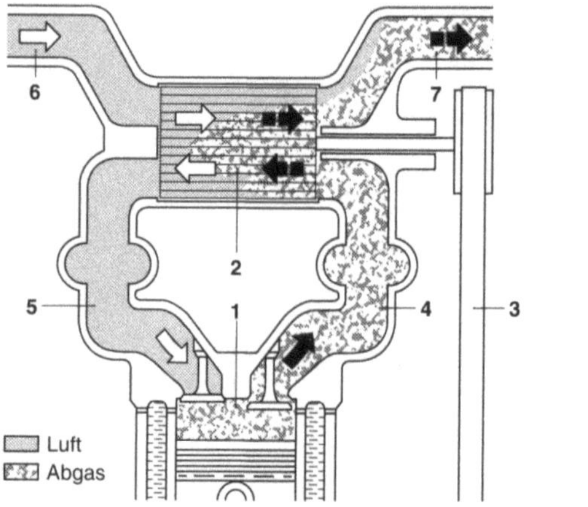

Bild 6: Druckwellenlader (Prinzip).
1 Motor
2 Zellenrad
3 Riemenantrieb
4 Hochdruck Abgas
5 Hochdruck Luft
6 Niederdruck Lufteinlaß
7 Niederdruck Gasauslaß

zwischen Abgas und Ladeluft ohne zwischengeschaltete mechanische Teile. Die Nachteile des verzögerten Ansprechens des Turboladers treten hier nicht auf. Der Druckwellenlader reagiert spontan auf Laständerungen mit einem Ladedruckaufbau. Durch geschickte Auslegung des Zellenrades lassen sich auch im instationären Bereich günstige Drehmomentverläufe erzielen, wie sie mit den anderen Aufladeverfahren in gleicher Weise nicht möglich sind (Bild 7).

Von Nachteil ist allerdings der Platzbedarf von Zellenrad und Abgasrohr am Motor (besonders bei beengten Motorraumbedingungen) sowie die Notwendigkeit, eine geeignete Abstimmung der Gasschwingungen bei allen Lasten und Drehzahlen zu erzielen.

Druckwellenlader haben – ebenso wie mechanische Lader – ein günstiges Ansprechverhalten und sorgen für eine rasche Drehmomentaufnahme beim Beschleunigen. Im Vergleich dazu bietet jedoch ein optimierter Abgasturbolader beim heutigen Stand der Technik wohl den besten Kompromiß aus Funktion und Kosten.

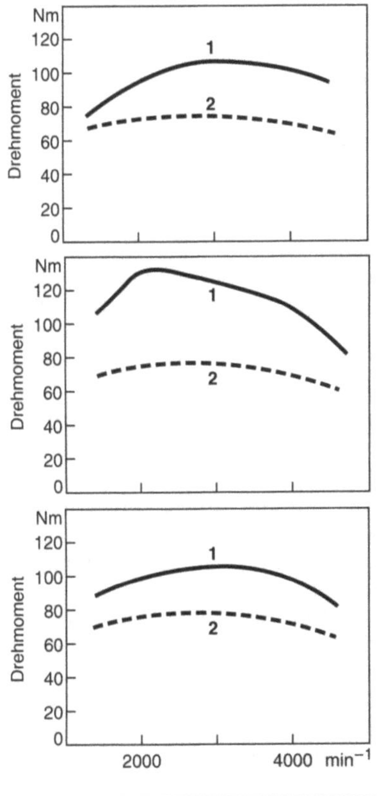

Vergleich der Aufladeverfahren

Drehmoment und Leistung hängen unter anderem vom Mitteldruck (mittlerer Kolben- bzw. Arbeitsdruck) ab. Der Mitteldruck erreicht bei aufgeladenen kleinen Dieselmotoren Werte, die denen von nicht aufgeladenen Ottomotoren entsprechen, zum Teil werden diese übertroffen (siehe Tabelle 1).

Bei größeren Nutzfahrzeug-Motoren erzielt man eine weitere Steigerung des Mitteldrucks durch höhere Aufladung und Absenkung der Verdichtung, muß dafür aber Beschränkungen bei der Kaltstartfähigkeit hinnehmen. In der hubraumbezogenen Leistung liegen Dieselmotoren wegen niedrigerer Maximaldrehzahlen bei ungünstigeren Werten als Ottomotoren. Moderne Dieselmotoren für Personenkraftwagen aber erreichen immerhin Nenndrehzahlen bis 5 000 min^{-1}.

Betriebsbedingungen

Die Betriebsbedingungen eines Dieselmotors beruhen auf verschiedenen verfahrenstypischen Zusammenhängen:
Der Kraftstoff wird beim Dieselmotor direkt in die hochverdichtete, heiße Luft eingespritzt, an der er sich selbst entzündet. An Zündgrenzen wie beim Ottomotor ist der Dieselmotor nicht gebunden. Deshalb wird bei vorhandener konstanter Luftmenge im Motorzylinder nur die Kraftstoffmenge geregelt.
Dem Einspritzsystem kommt damit eine entscheidende Bedeutung für die Motor-

Bild 7: Vergleich verschiedener Aufladeverfahren mit dem entsprechenden Saugverfahren (stationärer Betrieb).
a) Abgasturbolader,
b) Druckwellenlader,
c) mechanischer Lader.
1 Ladermotor, 2 Saugmotor.

Dieselverbrennung

funktion zu. Es muß die Dosierung des Kraftstoffes und die gleichmäßige Verteilung in der ganzen Ladung übernehmen und dies bei allen Drehzahlen sowie Lasten. Außerdem muß der Zustand der Ansaugluft hinsichtlich Druck und Temperatur mit berücksichtigt werden.
Jeder Betriebspunkt benötigt somit
– die richtige Kraftstoffmenge,
– zur richtigen Zeit,
– mit dem richtigen Druck,
– im richtigen zeitlichen Verlauf und
– an der richtigen Stelle des Brennraums.
Bei der Kraftstoffdosierung müssen häufig zusätzlich zu den Forderungen für die optimale Gemischbildung noch motor- bzw. fahrzeugbedingte Betriebsgrenzen berücksichtigt werden, wie zum Beispiel:
– Rauchgrenze,
– Verbrennungsdruckgrenze,
– Abgastemperaturgrenze,
– Drehzahl- und Drehmomentgrenze des Motors und
– fahrzeug- bzw. gehäusespezifische Belastungsgrenzen.

Rauchgrenze

Da ein beträchtlicher Teil der Gemischbildung erst während der Verbrennung abläuft, kommt es zu örtlichen Überfettungen und damit zum Teil schon bei mittlerem Luftüberschuß zu einem Anstieg der Emission von Schwarzrauch. Das an der gesetzlich festgelegten Rauchgrenze fahrbare Luft-Kraftstoff-Verhältnis ist ein Maß für die Güte der Luftausnutzung. Kammermotoren fahren an der Rauchgrenze mit einem Luftüberschuß von 10...25%, direkteinspritzende Motoren von 40...50%.

Verbrennungsdruckgrenze

Da bei Dieselmotoren der während des Zündvorgangs verdampfte und mit der Luft vermischte Kraftstoff bei hoher Verdichtung schlagartig verbrennt, spricht man von einer "harten" Verbrennung. Dabei entstehen hohe Verbrennungsspitzendrücke, die ein vergleichsweise schweres Triebwerk erfordern. Die auftretenden Kräfte bewirken periodisch wechselnde Belastungen der Motorbauteile und begrenzen in Zusammenhang mit deren Dimensionierung und Dauerhaltbarkeit die Verbrennungsdruckhöhe.

Abgastemperaturgrenze

Eine hohe thermische Beanspruchung der den heißen Brennraum umgebenden Motorbauteile, die Wärmefestigkeit der Abgasanlage und die Temperaturabhängigkeit der Schadstoffanteile im Abgas bestimmen die Abgastemperaturgrenze eines Dieselmotors.

Drehzahlgrenzen

Der beim Dieselmotor vorhandene Luftüberschuß und die beschriebene Regelung der Kraftstoffmenge bedeuten, daß die Leistung bei konstanter Drehzahl nur von der Einspritzmenge abhängt. Wird dem Dieselmotor Kraftstoff zugeführt, ohne daß ein entsprechendes Drehmoment abgenommen wird, steigt die Motordrehzahl. Wird die Kraftstoffzufuhr vor dem Überschreiten einer kritischen Motordrehzahl nicht reduziert, "geht der Motor durch", d.h. er kann sich selbst zerstören. Eine Drehzahlbegrenzung bzw. -regelung ist deshalb beim Dieselmotor zwingend erforderlich. Vom Dieselmotor als Maschinenantrieb erwartet man, daß auch unabhängig von der Last eine bestimmte Drehzahl konstant gehalten wird bzw. in zulässigen Grenzen bleibt. Beim Dieselmotor als Antrieb von Straßenfahrzeugen muß die Drehzahl mit dem Fahrpedal vom Fahrer frei wählbar sein, wobei die Motordrehzahl bei Entlastung nicht unter die Leerlaufgrenze bis zum Stillstand abfallen darf. Deshalb unterscheidet man bei Regelsystemen zwischen Alldrehzahl- (Verstellregler) sowie Leerlauf- und Enddrehzahlregler.
Unter Berücksichtigung aller genannten Erfordernisse läßt sich für den Betriebsbereich eines Motors ein Kennfeld festlegen. Das Kennfeld (Bild 8) zeigt die Kraftstoffmenge in Abhängigkeit von Drehzahl und Last sowie die erforderlichen Temperatur- und Luftdruckkor-

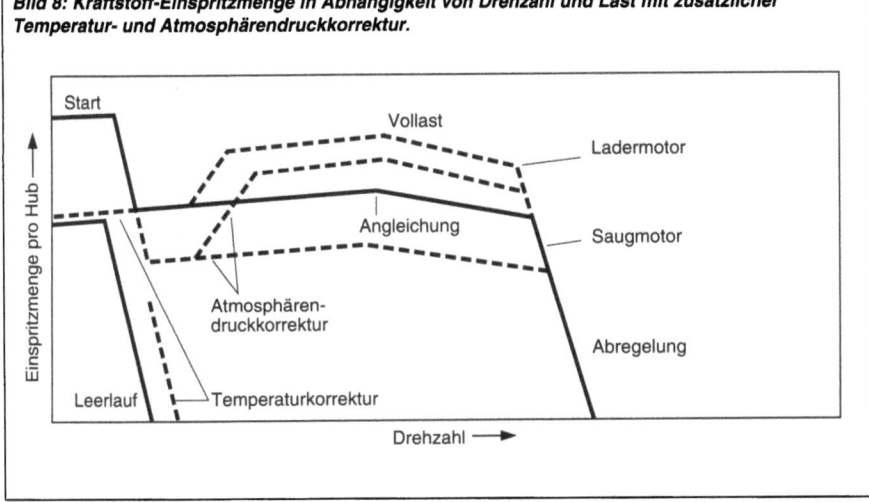

Bild 8: Kraftstoff-Einspritzmenge in Abhängigkeit von Drehzahl und Last mit zusätzlicher Temperatur- und Atmosphärendruckkorrektur.

Dieselverfahren und Betrieb

rekturen. Die Kraftstoffmenge entspricht dabei dem Bedarfsmittelwert aller Zylinder und der mittleren Menge bei einer bestimmten Drehzahl. Wie das folgende Beispiel zeigt, stellen die genannten Betriebsbedingungen hohe Anforderungen an die Genauigkeit des Einpritzsystems:

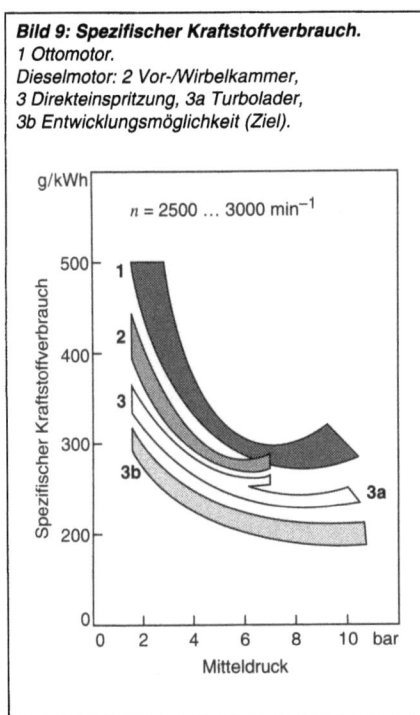

Bild 9: Spezifischer Kraftstoffverbrauch.
1 Ottomotor.
Dieselmotor: 2 Vor-/Wirbelkammer,
3 Direkteinspritzung, 3a Turbolader,
3b Entwicklungsmöglichkeit (Ziel).

Die Vollast-Einspritzmenge für einen Vierzylinder-Viertaktmotor mit 75 kW Leistung und einem spezifischen Kraftstoffverbrauch von 200 g/kWh erfordert insgesamt einen Kraftstoffbedarf von 15 kg/h. Dies sind bei einem Viertaktmotor bei 2400 min^{-1} in einer Stunde 288 000 Einspritzungen. Umgerechnet auf eine Einspritzung bedeutet dies eine Kraftstoffmenge von 59 mm^3 pro Einspritzung.

Im Vergleich dazu weist ein Regentropfen ein Volumen von ca. 30 mm^3 auf. Diese exakte Dosierung muß das Einspritzsystem sowohl für einen Zylinder als auch für die gleichmäßige Verteilung auf die einzelnen Zylinder eines Mehrzylinder-Motors vornehmen. Die rechnerisch ermittelte Einspritzmenge gilt für die Auslegung eines Einspritzsystems als Richtwert. Besonders im unteren Drehzahlbereich wird die Vollastkennlinie durch die Rauchgrenze des Motors und im oberen Drehzahlbereich durch die zulässige Abgas- bzw. Bauteiletemperatur begrenzt. Die tatsächlich benötigten Kraftstoffmengen werden nach Erfahrungswerten am Motor ermittelt. Eine Auslegung geschieht üblicherweise für Normal Niveau (NN), d.h. die Leistungswerte werden auf dieses Niveau reduziert: Betreibt man den Motor in Höhen über NN, muß die Kraftstoffmenge ent-

Dieselverbrennung

sprechend der barometrischen Höhenformel korrigiert werden. Als Richtwert gilt die Luftdichteverringerung von 7% pro 1000 m Höhe.

Im Gegensatz zum spezifischen Kraftstoffverbrauch, der bei warmem Motor unter konstanten Versuchsbedingungen ermittelt wird (Bild 9), liefert allerdings erst der Fahrverbrauch praxisgerechte Werte. Insbesondere Pkw werden meist im Kurzstreckenbetrieb mit häufigem Kaltstart und im niedrigen Lastbereich betrieben. Die nötige Kaltlaufanreicherung führt zu deutlichen Verbrauchsunterschieden (Bild 10).

Betriebszustände

Start

Das Starten eines Motors umfaßt den Vorgang vom Zünden und Beschleunigen bis zum Selbstlauf. Die im Verdichtungshub erhitzte Luft muß den eingespritzten Kraftstoff entflammen (zünden). Die erforderliche Zündtemperatur für Dieselkraftstoff beträgt ca. 220 °C. Diese Temperatur muß mit genügender Sicherheit bei möglichst niedriger Drehzahl und tiefen Außentemperaturen mit kaltem Motor gewährleistet sein. Diesen Bedingungen stehen einige physikalische Gegebenheiten entgegen: je niedriger die Motordrehzahl, um so geringer ist der Enddruck der Kompression und dementsprechend auch ihre Endtemperatur (Bild 11).

Die Ursachen für dieses Verhalten sind Leckverluste, die wegen anfänglich noch nicht ausgebildeten Ölfilmes zwischen Kolben und Zylinderwand auftreten. Bei kaltem Motor ergeben sich noch Wärmeverluste während des Verdichtungstaktes. Bei Motoren mit geteilten Brennräumen sind die Wärmeverluste wegen der größeren Brennraumoberfläche besonders hoch.

Hinzu kommt, daß die Triebwerkreibungen bei niederen Temperaturen höher sind wegen kleiner werdender mechanischer Spiele der Motorkomponenten und der größer werdenden Motorölviskosität. Ferner ist die Starterdrehzahl wegen der bei Kälte abfallenden Batteriespannung besonders niedrig.

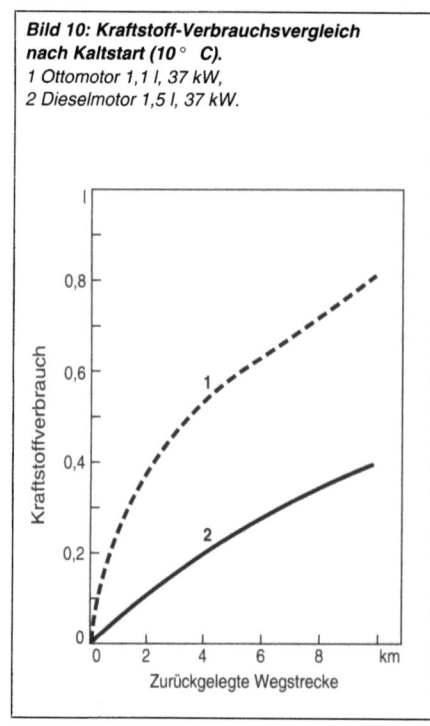

Bild 10: Kraftstoff-Verbrauchsvergleich nach Kaltstart (10 °C).
1 Ottomotor 1,1 l, 37 kW,
2 Dieselmotor 1,5 l, 37 kW.

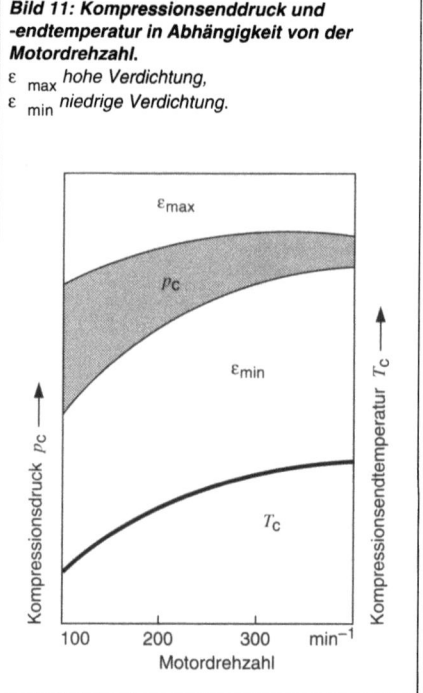

Bild 11: Kompressionsenddruck und -endtemperatur in Abhängigkeit von der Motordrehzahl.
ε_{max} *hohe Verdichtung,*
ε_{min} *niedrige Verdichtung.*

Um diesen physikalischen Gegebenheiten zu begegnen, bieten sich folgende Möglichkeiten an:

Kraftstoff-Anpassung
Mit einer Filter- oder direkten Kraftstoffaufheizung lassen sich Kraftstoffprobleme vermeiden, die normalerweise bei niederen Temperaturen durch das Ausscheiden von Paraffin-Kristallen auftreten (Bild 12).
Alternativ kann auch durch Beimischen von Petroleum oder Normalbenzin die Fließfähigkeit verbessert werden.
Richtwert: Je nach Größe der Temperaturunterschreitung können 10...30% beigemischt werden. Die Anweisungen des Fahrzeugherstellers sind hierbei zu beachten. Regional wird auch Dieselkraftstoff angeboten, der einen störungsfreien Betrieb bis −23 °C gewährleistet.

Starthilfsanlagen
Bei Direkteinspritzern erfolgt die Starthilfe durch Vorwärmen der Ansaugluft. Bei Nebenkammermotoren erfolgt die Starthilfe durch eine Glühkerze im Nebenbrennraum. Moderne Glühkerzen mit einer Vorglühdauer von wenigen Sekunden ermöglichen einen schnellen Start (Bild 13). Beide Maßnahmen dienen der Verbesserung der Kraftstoffverdampfung und Gemischaufbereitung und somit dem sicheren Entflammen des Luft-Kraftstoff-Gemisches.

Einspritz-Anpassung
Eine Maßnahme ist die Zugabe einer Startmehrmenge zur Kompensation von Kondensations- und Leckverlusten und zur Erhöhung des Motordrehmomentes in der Hochlaufphase. Eine weitere Maßnahme ist die Frühverstellung des Einspritzbeginns zum Ausgleich des Zündverzuges und zur Sicherstellung der Zündung im Bereich des oberen Totpunktes, d.h. bei höchster Verdichtungsendtemperatur.
Der optimale Spritzbeginn muß mit enger Toleranz möglichst genau erreicht werden. Wird der Kraftstoff zu früh eingespritzt, schlägt er sich an den kalten Zylinderwänden nieder und nur

Dieselverfahren und Betrieb

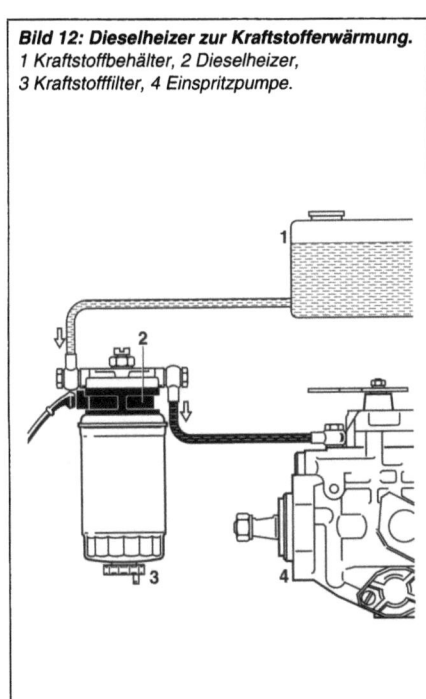

Bild 12: Dieselheizer zur Kraftstofferwärmung.
1 Kraftstoffbehälter, 2 Dieselheizer,
3 Kraftstofffilter, 4 Einspritzpumpe.

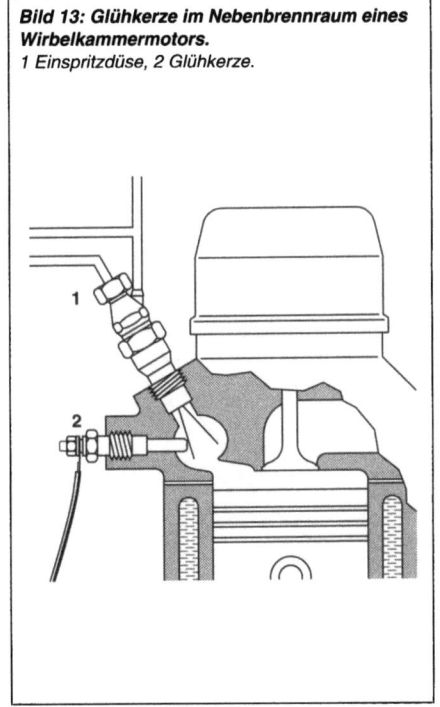

Bild 13: Glühkerze im Nebenbrennraum eines Wirbelkammermotors.
1 Einspritzdüse, 2 Glühkerze.

Dieselverbrennung

sehr wenig verdampft, da zu diesem Zeitpunkt die Ladungstemperatur noch zu niedrig ist. Wird der Kraftstoff zu spät eingespritzt, erfolgt die Zündung erst im Expansionshub, und der Kolben wird nur noch wenig beschleunigt. Das Bild 14 zeigt beispielhaft den Verdichtungstemperaturverlauf während eines Kolbenhubes in Grad Kurbelwinkel.

Durch Kraftstoffverteilung und Aufbereitung im Brennraum muß das Einspritzsystem (Pumpe und Düse) sicherstellen, daß die richtige Tröpfchengröße des Kraftstoffes im Brennraum für eine möglichst "schnelle" Luft-Kraftstoff-Mischung vorhanden ist.

Leerlauf

Kritische Größen des Dieselmotors sind Leerlauf und niedrige Teillast. Obwohl in diesem Betriebsbereich die Verbrauchswerte im Vergleich zum Ottomotor sehr günstig sind, werden hier Geräusche und Nageln beanstandet (besonders im kalten Zustand). Eine der wesentlichen Ursachen für das Leerlaufgeräusch ist der Zündverzug.

Die Kompressionsendtemperatur wird – wie beim Start beschrieben – bei niedriger Drehzahl und kleiner Last geringer. Dies tritt besonders im Leerlauf auf.

Im Vergleich zur Vollast ist der Brennraum in diesem Betriebsbereich relativ kalt (auch bei betriebswarmem Motor), da Energiezufuhr und damit Temperaturanstieg zwangsläufig gering sind. Eine Aufheizung des Brennraums geschieht langsam und unvollständig. Vor- und Wirbelkammermotoren sind dabei besonders problematisch, weil die Wärmeabstrahlungsverluste wegen der großen Oberfläche besonders hoch sind. Ein Hilfsmittel ist die Erhöhung des Kompressionsverhältnisses des Motors. Aber auch in diesem Fall sind die Möglichkeiten wegen der Verbrauchsnachteile bei Vollast und der Erhöhung des mechanischen Geräusches begrenzt. An die Einspritzung werden hohe Anforderungen in bezug auf Genauigkeit von Spritzbeginn, Menge und Einspritzverlauf gestellt. Ähnlich wie beim Kompressionsdruckbild für

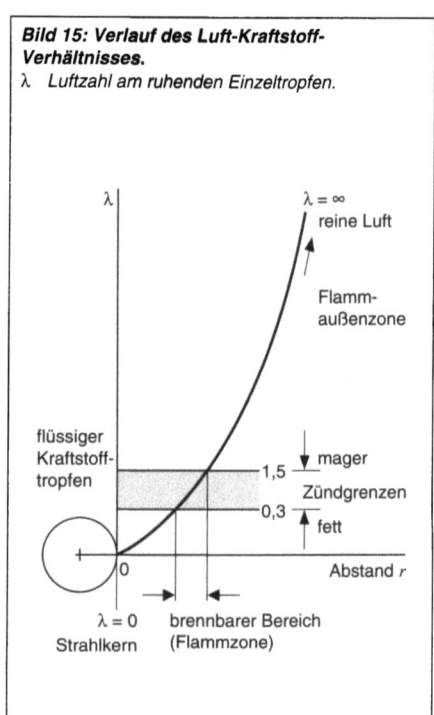

Bild 14: Verdichtungstemperatur bei Kaltstart abhängig vom Kurbelwellenwinkel.
a Zündtemperaturbereich Dieselkraftstoff,
t_a Außentemperatur.

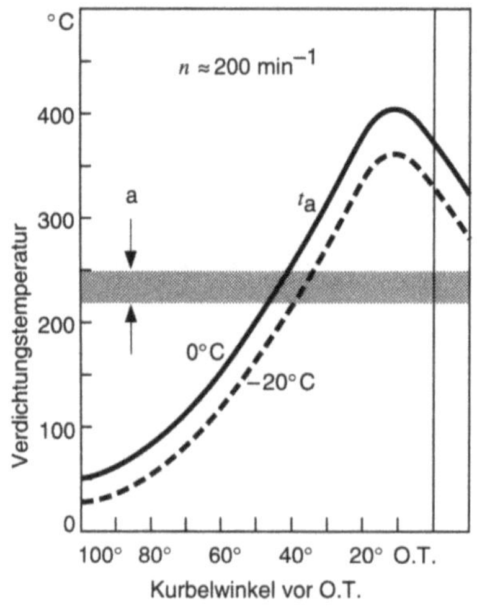

Bild 15: Verlauf des Luft-Kraftstoff-Verhältnisses.
λ Luftzahl am ruhenden Einzeltropfen.

den Start, ist auch im Leerlauf nur in einem kleinen Kolbenhubbereich bei OT die höchste Verbrennungstemperatur vorhanden. Der Spritzbeginn ist hierauf sehr genau abgestimmt.

Bei einer Leerlauf-Fördermenge von 5...7 mm^3 pro Einspritzung erkennt man sehr deutlich, welche Genauigkeit an die Kraftstoffdosierung gestellt wird (0,5 mm^3 pro Einspritzung entspricht 10%). Während der Zündverzugsphase darf nur wenig Kraftstoff eingespritzt werden, da zum Zündzeitpunkt die im Brennraum vorhandene Kraftstoffmenge über den plötzlichen Druckanstieg im Zylinder entscheidet. Das Geräusch hängt direkt vom Druckanstieg ab, und je höher dieser ist, um so deutlicher ist das "Nageln" vernehmbar (Bild 16). Das Einspritzsystem muß also zusätzlich zum exakten Spritzbeginn und der genauen Fördermenge sicherstellen, daß die Fördermenge (0,25 mm^3 pro Hub und pro °KW) regelmäßig über 15...20 °KW aufgeteilt und außerdem im Brennraum gleichmäßig verteilt und aufbereitet wird. Die Einspritzpumpe übernimmt die Dosierung und Steuerung, die Einspritzdüse die Aufbereitung.

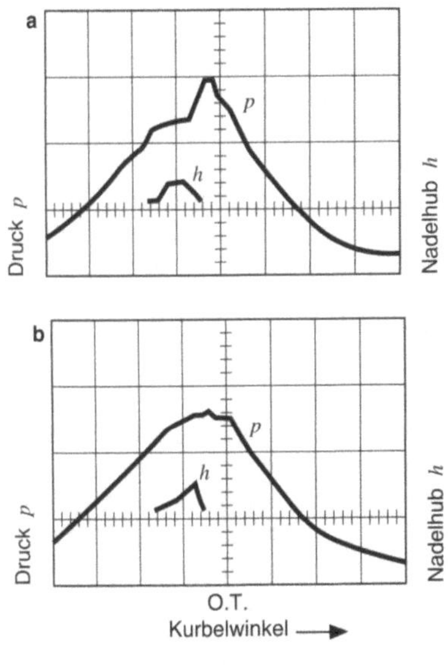

Vollast

Vollast bezeichnet das maximale Drehmoment, das unter Berücksichtigung verschiedener Randbedingungen zugelassen ist. Der Drehmomentverlauf – in Abhängigkeit von der Drehzahl – ergibt ein Drehmomentmaximum bei ungefähr halber Nenndrehzahl.

Das Einspritzsystem muß dieser Forderung gerecht werden. Für deren Erfüllung stehen mechanische, pneumatische und hydraulische Angleichmöglichkeiten zur Verfügung. An dieser Stelle sollen nur die hydraulischen Maßnahmen zum Erreichen der gewünschten Vollastcharakteristik beschrieben werden. Im Kapitel "Gemischaufbereitung" Abschnitt "Einspritzdauer und Einspritzverlauf" wird gezeigt, wie sich Einspritzdruck und Einspritzverlauf vom Nockenhub bis zur Einspritzdüse verändern.

Für die Kennfeldauslegung nutzt man den "Vor- und Nachfördereffekt". Betrachtet man bei einer Kolbenpumpe die Fördermenge, so errechnet sich diese durch Kolbenfläche mal Nutzhub. Praktisch beginnt die Förderung früher und endet später.

Der tatsächliche Nutzhub ist somit größer als der geometrische Nutzhub. Dieses dynamische Verhalten nennt man Vor- bzw. Nachfördereffekt.

Durch Variation von Querschnitt und Strömungsgeschwindigkeit kann dieser Effekt in Abhängigkeit von der Drehzahl verändert werden, so daß sich dynamisch veränderte Nutzhübe ergeben und damit eine steigende oder fallende Fördermengenkennlinie realisiert wird.

Bild 16: Beispiel für Druckverlauf.
a) Steiler Verbrennungsdruckanstieg,
b) gesteuerter Verbrennungsdruck.
p Druck, h Nadelhub.

Dieselkraftstoffe

Bestandteile

Dieselkraftstoffe bestehen aus einer Vielzahl einzelner Kohlenwasserstoffe, die etwa zwischen 180 °C und 360 °C sieden. Sie werden durch stufenweise Destillation aus Rohöl gewonnen. Die Raffinerien setzen in zunehmendem Maß den Dieselkraftstoffen auch Konversionsprodukte (Crackkomponenten) zu, die sie aus Schwerölen durch Aufspalten (Cracken) der größeren in kleinere Moleküle unter Hitze, Druck und Katalysatoren erhalten.

Kenngrößen

Die Anforderungen an die Dieselkraftstoffe sind in nationalen Normen festgelegt. Für Deutschland gilt DIN 51601. Die wichtigsten Kenngrößen dieser Norm sind:

Cetanzahl, Zündwilligkeit

Da der Dieselmotor ohne Fremdzündung arbeitet, muß sich der Kraftstoff nach dem Einspritzen in die heiße, komprimierte Luft im Brennraum nach einer möglichst kurzen Zeit (Zündverzug) von selbst entzünden.

Zündwilligkeit ist die Eigenschaft eines Kraftstoffes, in einem Dieselmotor die Selbstzündung einzuleiten. Ausgedrückt wird die Zündwilligkeit durch die Cetanzahl (CZ), die um so höher liegt, je leichter sich der Kraftstoff entzündet. Dem sehr zündwilligen n-Hexadekan (Cetan) wird dabei die Cetanzahl 100, dem zündträgen Methylnaphtalin die Cetanzahl 0 zugeordnet. Gemessen wird die Cetanzahl in einem Prüfmotor. DIN 51601 fordert für Dieselkraftstoffe eine Mindest-Cetanzahl von 45. Für den optimalen Betrieb moderner Motoren (Laufruhe, Partikelemission) sind aber höhere Cetanzahlen um 50 wünschenswert. Hochwertige Dieselkraftstoffe enthalten einen hohen Anteil an Paraffinen mit hohen CZ-Werten. Dagegen verschlechtern Aromaten, wie sie in Crackkomponenten vorkommen, die Zündwilligkeit.

Kälteverhalten, Filtrierbarkeit

Durch Ausscheidung von Paraffinkristallen kann es bei tiefen Temperaturen zur Verstopfung des Kraftstoff-Filters und dadurch zu einer Unterbrechung der Kraftstoff-Förderung kommen. Der Beginn der Paraffinausscheidung kann in ungünstigen Fällen schon bei ca. 0 °C einsetzen. Daher müssen Winter-Dieselkraftstoffe besonders ausgewählt bzw. aufbereitet werden, um einen störungsfreien Betrieb in der kalten Jahreszeit zu gewährleisten. Im Normalfall setzt man ihnen in der Raffinerie "Fließverbesserer" zu, die zwar die Ausscheidung der Paraffine nicht verhindern, aber deren Kristallwachstum sehr stark einschränken. Die dabei entstehenden Kriställchen sind so klein, daß sie die Filterporen noch passieren können. Dadurch kann die Filtrierbarkeit zu tieferen Temperaturen abgesenkt werden. Nach DIN 51601 soll diese bis zu mindestens –15 °C gewährleistet sein. Durch Zugabe von Additiven, die das Absetzen der Paraffinkristalle verhindern, kann die Kältefestigkeit noch weiter abgesenkt werden. Die heute verbreitet angebotenen Winter-Dieselkraftstoffe garantieren eine Kältefestigkeit bis mindestens –22 °C.

Eine zusätzliche Maßnahme ist die Zugabe von Petroleum in den Kraftstoff. Auch das Zumischen von Normalbenzin kann die Kristallausscheidung verzögern; allerdings wird dadurch die Zündwilligkeit verschlechtert und der Flammpunkt stark erniedrigt (Ottokraftstoffe besitzen sehr niedere Cetanzahlen).

Flammpunkt

Unter Flammpunkt versteht man die Temperatur, bei der eine brennbare Flüssigkeit gerade so viel Dampf an die sie umgebende Luft abgibt, daß das über der Flüssigkeit stehende Dampf-Luft-Gemisch durch eine Zündquelle entflammt werden kann. Aus Sicherheitsgründen (Transport, Lagerung) soll der Dieselkraftstoff der Gefahrklasse A III angehören, d.h. einen Flammpunkt über 55 °C haben. Bereits ein Anteil um 3% Ottokraftstoff im Dieselkraftstoff kann den Flammpunkt so stark herabsetzen, daß eine Entflammung bei Zimmertemperatur möglich ist.

Siedebereich
Die Lage des Siedebereiches beeinflußt die für das Betriebsverhalten des Dieselkraftstoffes wichtigen Kenngrößen. Eine Ausweitung des Bereiches auf tiefere Temperaturen führt zwar zu einem kältegeeigneten Kraftstoff, senkt jedoch dessen Cetanzahl ab und verschlechtert vor allem seine Schmiereigenschaften. Schlechtere Schmiereigenschaften aber erhöhen die Verschleißgefahr für die Einspritzaggregate. Wird auf der anderen Seite die Temperatur für den Endpunkt des Siedevorgangs erhöht, was wegen der besseren Rohölausnutzung wünschenswert ist, kann dies zu erhöhter Rußbildung und Düsenverkokung (Anlagerung von Verbrennungsrückständen) führen.

Dichte
Der Heizwert des Dieselkraftstoffes ist in guter Näherung von seiner Dichte abhängig; er erhöht sich mit steigender Dichte. Wenn also bei gleichbleibender Einstellung der Einspritzpumpe – sie mißt in diesem Falle ein konstantes Volumen zu – Kraftstoffe mit stark verschiedenen Dichten gefahren werden, führt dies wegen der Heizwertschwankungen zu Gemischverschiebungen, was bei hohen Dichten erhöhte Rußemission zur Folge hat.

Schwefel
Abhängig von der Rohölqualität und den zu seiner Aufmischung eingesetzten Komponenten enthalten Dieselkraftstoffe Schwefel in chemisch gebundener Form. Besonders Crackkomponenten haben hohe Schwefelgehalte, die aber in der Raffinerie durch eine Behandlung mit Wasserstoff gesenkt werden können. Da bei der Verbrennung im Motor Schwefel zu Schwefeldioxid (SO_2) umgesetzt wird (dieser Stoff ist wegen seiner "sauren" Reaktion umweltschädlich), hat der Gesetzgeber den maximal zulässigen Schwefelgehalt begrenzt. Er wurde in den letzten Jahren in mehreren Stufen abgesenkt und darf nach der zur Zeit gültigen Norm nicht mehr als 0,2 Gewichtsprozente (gemäß Bundes-Immissionsschutzgesetz) betragen.
Außerdem erhöht der Schwefel die Partikelmasse im Abgas und beeinträchtigt die Wirkungsweise von Katalysatoren, die zur Rußverminderung eingesetzt werden können.

Additive
Eine Qualitätsverbesserung durch Zugabe von Additiven, wie sie bei Ottokraftstoffen seit langem üblich ist, hat sich auch bei Dieselkraftstoffen durchgesetzt ("Super-Diesel"). Dabei werden meist Additivpakete verwendet, die eine vielfältige Wirkung haben:
– Zündverbesserer heben die Cetanzahl an und sorgen vor allem für einen ruhigeren Verbrennungsablauf.
– Reinigungsadditive (detergents) verhindern Einspritzdüsenverkokung.
– Korrosionsinhibitoren vermeiden (bei einer Einschleppung von Wasser in das Kraftstoffsystem) die Korrosion metallischer Teile.
– Antischaummittel erleichtern den Tankvorgang.
Die Gesamtkonzentration der Additive liegt im allgemeinen unter 0,1 Prozent, so daß die physikalischen Kenngrößen der Kraftstoffe wie Dichte, Viskosität und Siedeverlauf nicht verändert werden.

Dieselkraftstoffe

Dieselverbrennung

Gemischaufbereitung

Die Aufbereitung des Luft-Kraftstoff-Gemisches beeinflußt wesentlich den Kraftstoffverbrauch, die Abgaszusammensetzung und das Verbrennungsgeräusch des Dieselmotors. An der Qualität der Gemischaufbereitung ist die Kraftstoff-Einspritzanlage stark beteiligt. Mehrere Größen der Einspritzanlage beeinflussen die Gemischbildung und den Ablauf der Verbrennung im Brennraum des Motors:
– Förder- und Einspritzbeginn,
– Einspritzdauer und -verlauf,
– Einspritzdruck,
– Einspritzrichtung und Anzahl der Einspritzstrahlen,
– Luftüberschuß.
Die folgenden Abschnitte beschreiben die Wirkung dieser Sachverhalte.

Förder- und Einspritzbeginn

Der Begriff "Förderbeginn" bezieht sich auf den Beginn der Kraftstoffmengenförderung durch die Einspritzpumpe. Neben dem Förderbeginn (FB) kommt dem Einspritzbeginn, auch Spritzbeginn (SB) genannt, für das optimale Motorverhalten große Bedeutung zu. Da bei stehendem Motor der Förderbeginn einfacher als der tatsächliche Spritzbeginn zu bestimmen ist, erfolgt die zeitliche Abstimmung zwischen Einspritzpumpe und Motor bei Förderbeginn. Das ist möglich, weil zwischen Förderbeginn und Spritzbeginn eine definierte Beziehung besteht.
Der Einspritz- bzw. Spritzbeginn bezeichnet den Kurbelwinkel im Bereich von OT (Oberer Totpunkt) des Motorkolbens, bei dem das Einspritzventil öffnet und den Kraftstoff in den Brennraum des Dieselmotors einspritzt. Der Beginn der Kraftstoffeinspritzung in den Brennraum beeinflußt wesentlich den Beginn der Verbrennung des Luft Kraftstoff-Gemisches. Bei OT stellt sich die höchste Kompressionsendtemperatur ein. Wird die Verbrennung weit vor OT eingeleitet, steigt der Verbrennungsdruck steil an und wirkt als bremsende Kraft gegen die Kolbenbewegung und damit wirkungsgradverschlechternd. Der steile Anstieg des Verbrennungsdrucks hat außerdem noch einen lauten Motorlauf zur Folge. Die Verbrennung muß aber auch vor dem Öffnen der Auslaßventile beendet sein. Bei Verbrennungsbeginn im Bereich von OT wird auch der geringste Kraftstoffverbrauch erreicht.

Ein zeitlich vorverlegter Verbrennungsbeginn erhöht die Temperatur im Brennraum und damit die Stickoxidemission. Ein zeitlich nachfolgender Spritzbeginn kann zu einer unvollständigen Verbrennung und so zur Emission unvollständig verbrannter Kohlenwasserstoffe führen (Bild 1).

Die momentane Lage des Kolbens zum oberen Totpunkt des Kolbens beeinflußt die Bewegung der Luft im Brennraum, deren Dichte und Temperatur. Demnach hängen Bewegungsgeschwindigkeit und Mischungsqualität des Gemisches aus Luft und Kraftstoff vom

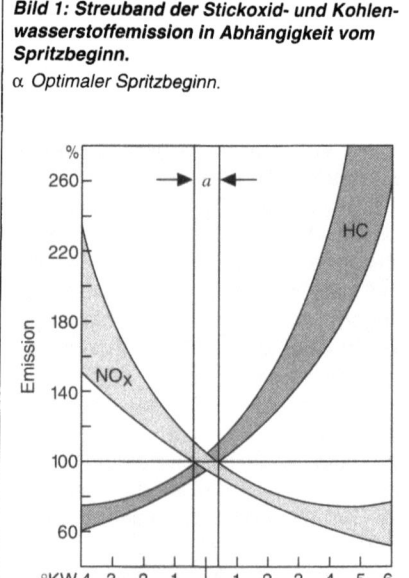

Bild 1: Streuband der Stickoxid- und Kohlenwasserstoffemission in Abhängigkeit vom Spritzbeginn.
α Optimaler Spritzbeginn.

Spritzbeginn ab. Der Spritzbeginn nimmt somit auch Einfluß auf die Emission von Ruß, einem Produkt unvollständiger Verbrennung. Die gegenläufigen Abhängigkeiten von spezifischem Kraftstoffverbrauch und Kohlenwasserstoffemission auf der einen sowie Schwarzrauch und Stickoxidemission auf der anderen Seite verlangen zur Erzielung des jeweiligen Optimums kleinstmögliche Spritzbeginn-Toleranzen. Die unterschiedlichen Zündverzüge bei verschiedenen Temperaturen erfordern temperaturabhängige Spritzbeginne.

Durch die Leitungslänge und die dadurch bedingte Laufzeit der Kraftstoff-Förderwelle ergibt sich bei höheren Drehzahlen ein Spritzverzug[1]). Der Motor hat bei höheren Drehzahlen einen größeren Zündverzug[2]). Beides muß kompensiert werden, weshalb bei einem Einspritzsystem eine von der Drehzahl abhängige Frühverschiebung des Spritzbeginns vorhanden sein muß. Aus Geräusch- und Emissionsgründen wird bei Teillast häufig ein anderer Spritzbeginn benötigt als bei Vollast. Das Spritzbeginnkennfeld zeigt schematisch die Abhängigkeit des Spritzbeginns von Temperatur, Last und Drehzahl (Bild 2).

Einspritzdauer und -verlauf

Der Begriff "Einspritzverlauf" kennzeichnet den Verlauf der in den Brennraum gespritzten Kraftstoffmenge in Abhängigkeit vom Kurbel- bzw. Nockenwinkel. Eine Hauptgröße des Einspritzverlaufs ist die Einspritzdauer. Diese umfaßt die Dauer der Einspritzung in Grad Kurbel- bzw. Nockenwinkel oder Millisekunden, während der das Einspritzventil geöffnet ist und Kraftstoff in den Brennraum strömen läßt.

In Bild 3 ist dargestellt, wie die Förderung der Einspritzmenge am Nocken eingeleitet wird und der Kraftstoff an der Düse austritt (in Abhängigkeit vom Nockenwinkel). Man erkennt, daß Druck- und Einspritzverlauf sich vom Element bis zur Düse stark verändern und durch die einspritzbestimmenden Bauteile (Nocken, Element, Druckventil, Leitung und Düse) beeinflußt werden.

Die verschiedenen Diesel-Verbrennungsverfahren erfordern jeweils eine unterschiedliche Einspritzdauer:

Der Direkteinspritzer benötigt bei Nenndrehzahl ca. 25...30 °KW und der Kammermotor 35...40 °KW. Die Spritzdauer von 30 °KW (Grad Kurbelwinkel), dies entspricht 15 °NW (Grad Nockenwinkel), bedeutet bei einer Einspritzpumpendrehzahl von 2000 min^{-1} eine Einspritzzeit von 1,25 ms. Um Kraftstoffverbrauch und Rußemission gering zu halten, muß die Einspritzdauer abhängig vom Betriebspunkt festgelegt und auf den Einspritzbeginn abgestimmt sein (Bilder 3 und 5). Während der Einspritzdauer soll am Anfang wenig Kraftstoff, am Ende viel Kraftstoff fließen. Das Einspritzventil soll dann möglichst schnell und sicher schließen.

Gemischaufbereitung

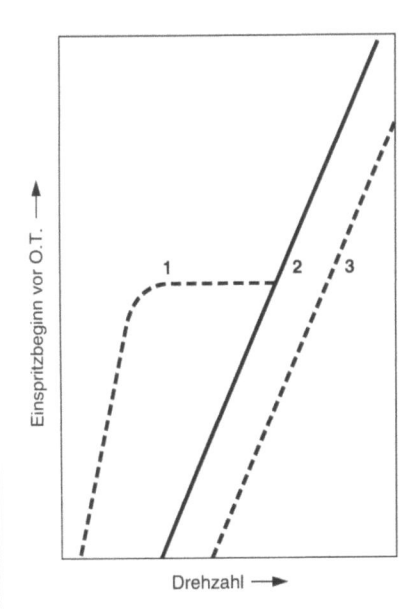

Bild 2: Spritzbeginnkennfeld in Abhängigkeit von Drehzahl, Kaltstart-Temperatur und Last.
1 Kaltstart, 2 Vollast, 3 Teillast.

[1]) Zeit von Förderbeginn bis Spritzbeginn.
[2]) Zeit von Spritzbeginn bis Zündbeginn.

Dieselverbrennung

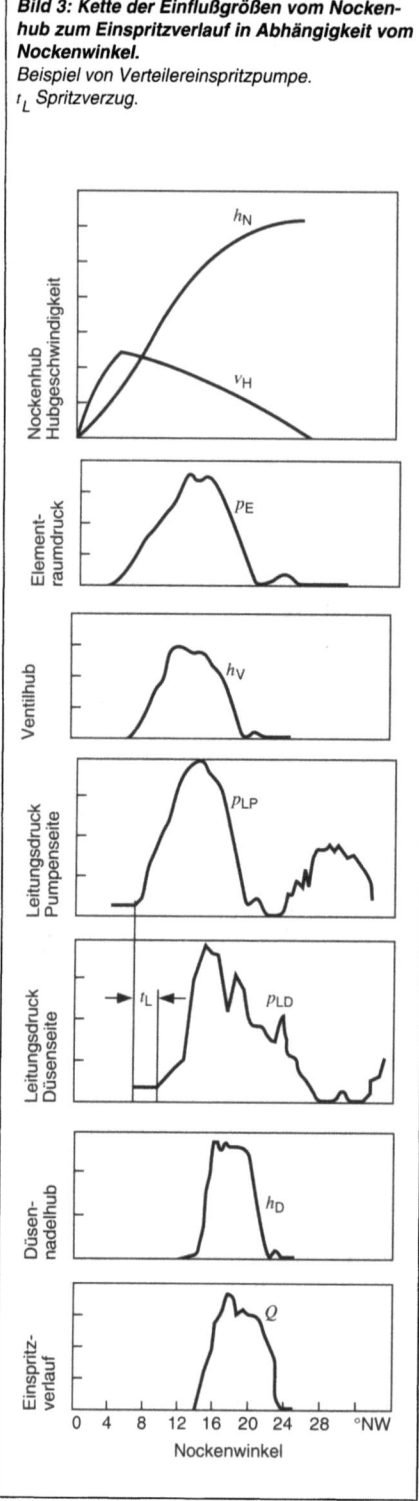

Bild 3: Kette der Einflußgrößen vom Nockenhub zum Einspritzverlauf in Abhängigkeit vom Nockenwinkel.
Beispiel von Verteilereinspritzpumpe.
t_L Spritzverzug.

Ein solcher Einspritzverlauf führt zu einem flach ansteigenden Verbrennungsdruck. Damit läuft die Verbrennung leise ab. Bei Motoren mit direkter Einspritzung verringert sich das Verbrennungsgeräusch wesentlich, wenn ein kleiner Teil der Kraftstoffmenge vor der Haupteinspritzung fein zerstäubt in den Brennraum gespritzt wird. Eine solche Voreinspritzung ist mit erhöhtem Aufwand realisierbar.

Bei Motoren mit unterteiltem Brennraum (Vorkammer- oder Wirbelkammermotoren) werden Einspritzventile mit Drosselzapfendüsen verwendet, die einen einzigen Kraftstoffstrahl erzeugen und den Einspritzverlauf formen. Diese Einspritzdüsen steuern den Ausflußquerschnitt abhängig vom Hub des Einspritzventils.

Besonders ungünstig wirken sich sogenannte "Nachspritzer" aus. Beim Nachspritzen öffnet das Einspritzventil nach dem Schließen noch einmal kurz und spritzt zu einem späten Zeitpunkt der Verbrennung schlecht aufbereiteten Kraftstoff ab. Dieser Kraftstoff verbrennt unvollständig oder gar nicht und strömt

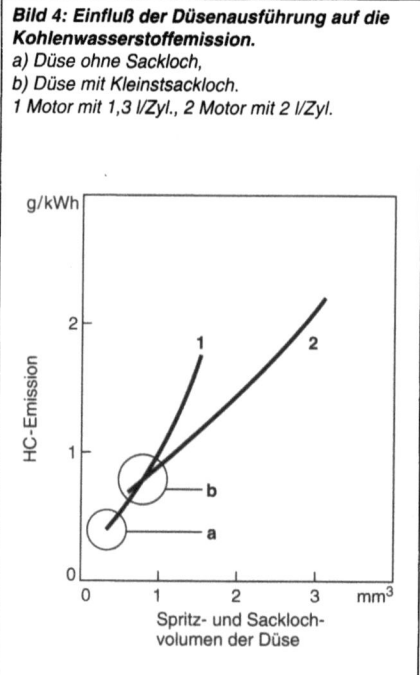

Bild 4: Einfluß der Düsenausführung auf die Kohlenwasserstoffemission.
a) Düse ohne Sackloch,
b) Düse mit Kleinstsackloch.
1 Motor mit 1,3 l/Zyl., 2 Motor mit 2 l/Zyl.

als unverbrannter Kohlenwasserstoff in den Auspuff.
Schnell schließende Einspritzventile verhindern diesen nachteiligen Effekt. Ähnlich wie das Nachspritzen wirkt sich ein "Totvolumen" im Einspritzventil stromab des Dichtsitzes aus. Der in einem solchen Volumen gespeicherte Kraftstoffdampf tritt nach dem Abschluß der Verbrennung in den Brennraum aus und strömt ebenfalls in den Auspuff. Auch dieser Kraftstoff erhöht die Emission der unverbrannten Kohlenwasserstoffe. Das kleinste "Totvolumen" erreicht man mit Sitzlochdüsen, bei denen die Spritzbohrungen in den Dichtsitz gebohrt sind (Bild 4).

Gemischaufbereitung

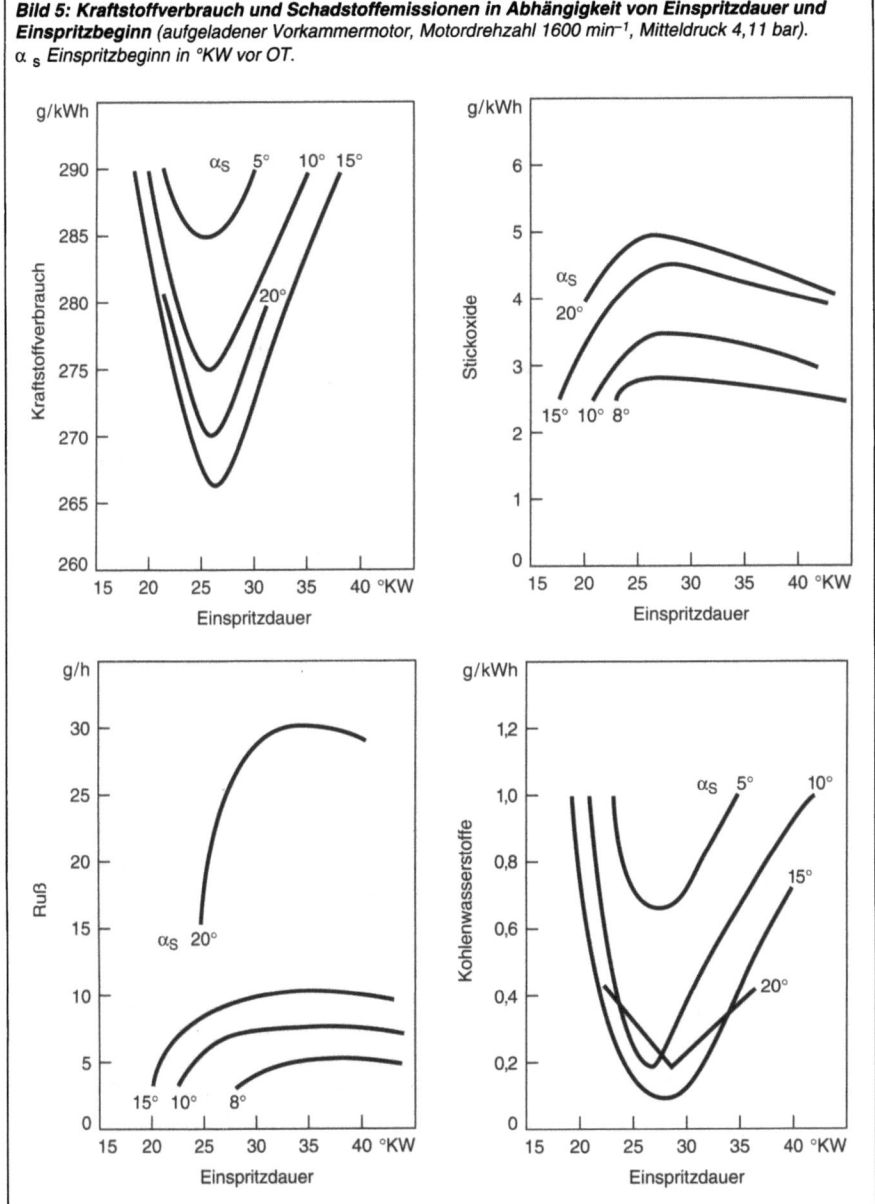

Bild 5: Kraftstoffverbrauch und Schadstoffemissionen in Abhängigkeit von Einspritzdauer und Einspritzbeginn (aufgeladener Vorkammermotor, Motordrehzahl 1600 min^{-1}, Mitteldruck 4,11 bar). α_s Einspritzbeginn in °KW vor OT.

*Diesel-
verbrennung*

Einspritzdruck

Der Dieselkraftstoff wird umso feiner zerstäubt, je höher die Relativgeschwindigkeit zwischen Kraftstoff und Luft und je höher die Dichte der Luft im Brennraum ist. Ein hoher Kraftstoffdruck führt zu einer hohen Kraftstoffgeschwindigkeit. Dieselmotoren mit unterteiltem Brennraum arbeiten mit hohen Luftgeschwindigkeiten im Nebenbrennraum oder im Verbindungskanal zwischen Nebenbrennraum und Hauptbrennraum. Hier werden mit Drücken über ca. 350 bar keine Vorteile erreicht. Bei Dieselmotoren mit direkter Einspritzung ist die Luftgeschwindigkeit im Brennraum verhältnismäßig gering und die Durchmischung normal. Luft und Kraftstoff vermischen sich hier wesentlich besser, wenn der Kraftstoff mit hohem Druck in den Brennraum gespritzt wird (Bild 6). Mit Einspritzdrücken bis etwa 1000 bar kann man die Rußemission, insbesondere bei kleiner Motordrehzahl, stark vermindern.

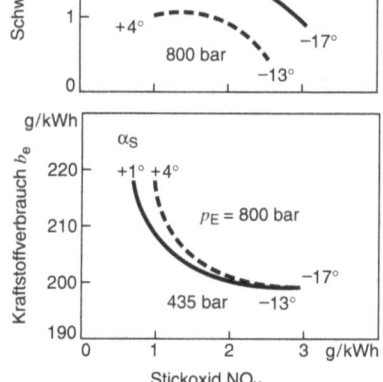

Bild 6: Schwarzrauch und Kraftstoffverbrauch in Abhängigkeit von Stickoxidemission und Einspritzdruck.
Direkteinspritzmotor, Motordrehzahl 1200 min^{-1}, Mitteldruck 16,2 bar.
α_s *Spritzbeginn nach OT.*

Höhere Einspritzdrücke erhöhen den Kraftstoffverbrauch nennenswert, unter anderem weil die Antriebsleistung für die Einspritzpumpe steigt.

Einspritzrichtung

Dieselmotoren mit Vor- oder Wirbelkammermotoren arbeiten mit nur einem Einspritzstrahl, dessen Strahlrichtung genau auf den Brennraum abgestimmt ist. Abweichungen davon führen zu einer schlechteren Ausnutzung der Verbrennungsluft und damit zu einem Anstieg von Schwarzrauch und Kohlenwasserstoffemission.

Dieselmotoren mit direkter Einspritzung arbeiten im allgemeinen mit 4 bis 6 Spritzlöchern, deren Einspritzrichtung sehr genau auf den Brennraum angepaßt ist. Abweichungen in der Größenordnung von 2 Grad von der optimalen Einspritzrichtung führen zu einer meßbaren Erhöhung der Schwarzrauchemission und des Kraftstoffverbrauchs.

Luftüberschuß und Abgasverhalten

Dieselmotoren arbeiten im allgemeinen ohne Drosselung der Ansaugluft. Bei großem Luftüberschuß verbrennt der Kraftstoff im Brennraum "sauber". Abgasbestandteile wie Kohlenmonoxid und Ruß bilden sich in sehr geringen Konzentrationen. Der Luftüberschuß im Brennraum nimmt mit zunehmender Kraftstoffmenge ab. Mit Rücksicht auf ein geringes Motorgewicht und die Kosten des Motors gewinnt man möglichst viel Leistung aus einem vorgegebenen Hubraum. Der Motor muß also bei hoher Belastung mit kleinem Luftüberschuß laufen. Bei kleinem Luftüberschuß sind die Emissionen zu begrenzen, d.h. die Kraftstoffmenge muß bei der verfügbaren Luftmenge und abhängig von der Drehzahl des Motors genau dosiert werden. Niederer Luftdruck (z.B. in großer Höhe) erfordert ein Anpassen der Kraftstoffmenge an das geringere Luftangebot.

Gemisch-aufbereitung

Aufladung
Bei Motoren mit Turbolader wird die Kraftstoffmenge abhängig vom Druck im Saugrohr des Motors begrenzt.

Abgasrückführung
Bei Motoren mit Abgasrückführung läßt sich bei Teillast zur Verminderung der Stickoxidemission Abgas in die Ansaugluft beimischen. Diese Maßnahme vermindert die Sauerstoffkonzentration der Ladung. Außerdem hat Abgas eine höhere spezifische Wärme als Luft. Beide Einflüsse senken die Verbrennungstemperatur (und damit die Stickoxidbildung) und vermindern darüber hinaus die ausgestoßene Abgasmenge. Eine zunehmende Abgasrückführrate vermindert den Frischluftdurchsatz des Motors und damit den Luftüberschuß. Bei einer zu großen rückgeführten Abgasmenge steigen die Emissionen der Komponenten Ruß, Kohlenmonoxid und Kohlenwasserstoffe infolge Luftmangels (Bild 7).

Die Absicht, mit der Abgasrückführung die Stickoxidemission stark zu vermindern, erfordert auch bei Teillast ein genaues Anpassen der Kraftstoffmenge an die verfügbare Luftmenge.

Die rückgeführte Abgasmenge muß also so begrenzt werden, daß ausreichend viel Sauerstoff zur Verbrennung des eingespritzten Kraftstoffs im Brennraum verbleibt.

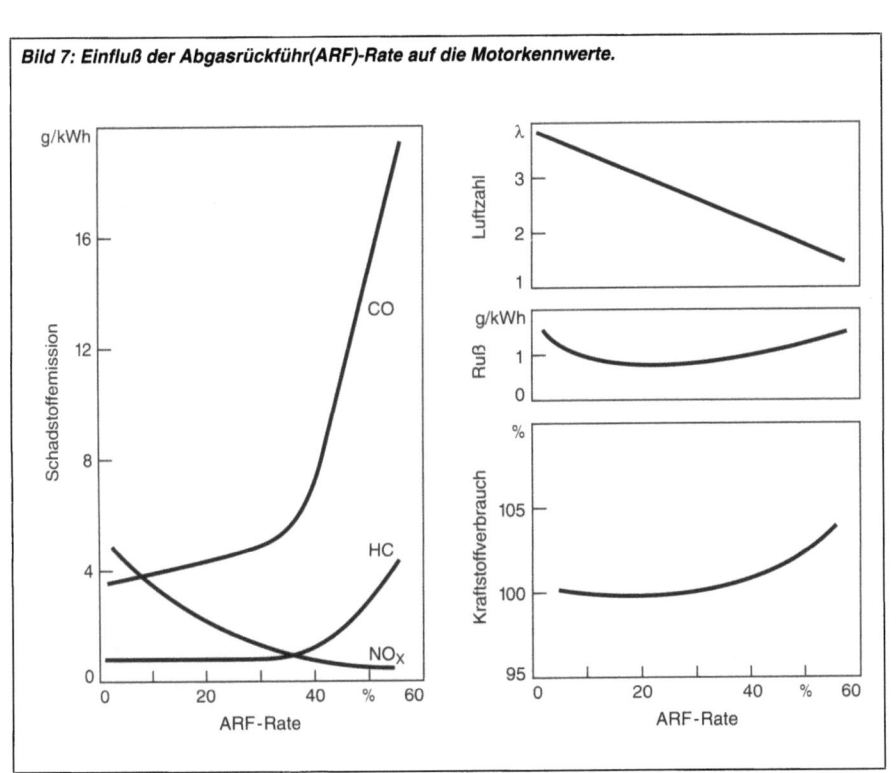

Bild 7: Einfluß der Abgasrückführ(ARF)-Rate auf die Motorkennwerte.

Dieselverbrennung

Schadstoffe im Abgas

Verbrennung

Dieselmotoren arbeiten mit "innerer" Gemischbildung, wobei der Verbrennungsvorgang während und nach der Kraftstoffzuführung stattfindet. Die Verbrennung wird dabei in starkem Maße durch den sehr umfassenden Gemischbildungsprozeß beeinflußt.

Die Kraftstoffeinspritzung in den Brennraum erfolgt kurz vor dem oberen Totpunkt in die hochverdichtete und entsprechend erwärmte Luft. Der Kraftstoff entzündet sich dabei – nach einem gewissen Zündverzug – von selbst. Da ein beträchtlicher Teil der Gemischbildung während der Verbrennung abläuft, spricht man von einer Diffusionsflamme (Diffusion: gegenseitige Durchdringung).

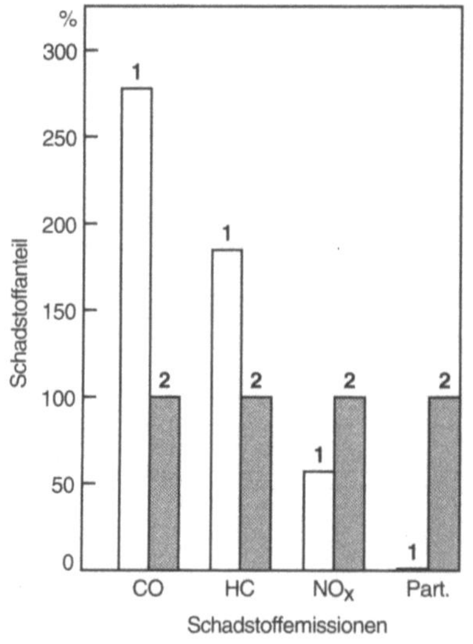

Einspritzbeginn, Einspritzverlauf und Zerstäubung des Kraftstoffs beeinflussen die Schadstoffemission. Der Einspritzbeginn bestimmt im wesentlichen den Verbrennungsbeginn. Späte Einspritzung vermindert die Stickoxidemission. Zu späte Einspritzung erhöht die Kohlenwasserstoffemission. Eine Abweichung des Spritzbeginns vom Sollwert um 1 °KW kann die NO_x- oder HC-Emission um 5 bzw. 15% erhöhen.

Der eingespritzte Kraftstoff hat nur sehr wenig Zeit zum Vermischen mit der für die Verbrennung zugeführten Luft (im Millisekundenbereich); deshalb bildet sich ein ungleichförmiges Gemisch mit kraftstoffarmen (mageren) und kraftstoffreichen (fetten) Zonen. Die Luftausnutzung ist demzufolge nicht optimal, weshalb der Dieselprozeß prinzipiell mit hohem Luftverhältnis [1] ($\lambda > 1,2$) gefahren werden muß. Gegenüber dem Ottomotor ergibt dies einerseits zwar einen niedrigeren Mitteldruck (mittlerer Kolben- bzw. Arbeitsdruck), andererseits aber auch zum Teil eine deutlich geringere gasförmige Schadstoffemission. Sie ist mit den beim Ottomotor mit Katalysator erreichbaren Werten vergleichbar (Bild 1).

Für den mit Selbstzündung arbeitenden Dieselmotor kann ein hohes Verdichtungsverhältnis ($\varepsilon \leq 24$) gewählt werden. Dies bedingt eine Bauweise mit höherem Gewicht, ermöglicht gleichzeitig aber auch einen günstigeren thermodynamischen Wirkungsgrad und damit geringeren spezifischen Kraftstoffverbrauch.

Bild 1: Vergleich der Schadstoffemissionen im Europatest (4-Zylinder-Motoren, Hubraum 1,7 l, Europaserie 1992).
1 Ottomotor (mit Katalysator), 2 Dieselmotor.

[1] Das Luftverhältnis bzw. die Luftzahl λ gibt an, wieweit das tatsächlich vorhandene Luft-Kraftstoff-Gemisch von dem zur vollständigen Verbrennung theoretisch notwendigen Massenverhältnis abweicht:
λ = zugeführte Luftmasse/theoretischer Luftbedarf.

Schadstoffentstehung

Da sich die Reaktionspartner Luft und Kraftstoff bei der Verbrennung im Dieselmotor zum Teil erst während der Reaktion mischen, verlaufen Gemischbildung, Zündung und Verbrennung nicht unabhängig voneinander, sondern beeinflussen sich gegenseitig. Im Brennraum des Dieselmotors herrschen damit im Gegensatz zum Ottomotor unterschiedliche Kraftstoffkonzentrationen bzw. Luftverhältnisse. Während der Aufheizung der fetten Bereiche von der Reaktionszone her finden die Reaktionen nur im Dampfmantel der Kraftstofftröpfchen statt. Hierbei entsteht freier Kohlenstoff. Wird beim Fortschreiten der Reaktion das Verbrennen dieser Kohlenstoffteilchen verhindert, z.B. infolge mangelhafter Vermischung, örtlichem Sauerstoffmangel oder Ablöschen der Flamme an kalten Stellen, so findet man die Teilchen als Rußpartikel im Abgas wieder.

Diese vielschichtigen Vorgänge im Brennraum deuten darauf hin, daß die auf die Gemischbildung einwirkenden Größen – sie werden beeinflußt durch Kraftstoffeinspritzelemente und Brennraumgestaltung – sehr genau aufeinander abgestimmt sein müssen, damit die Partikelemission so niedrig wie möglich gehalten wird. Dieser Umstand erfordert allerdings einen Kompromiß bei der Optimierung eines Motors: Maßnahmen, die sich auf Ruß- und Partikelemission positiv auswirken, beeinflussen meistens den Kraftstoffverbrauch sowie die Stickoxid- und Geräuschemission negativ. Beim Dieselmotor ist die Langzeitstabilität der Schadstoffemissionen sehr günstig. Sie verschlechtern sich während seiner gesamten Lebensdauer nicht.

Eigenschaften der Schadstoffe

Gasförmige Schadstoffe

Die gasförmigen Schadstoffemissionen sind beim Dieselmotor relativ niedrig. Verantwortlich dafür ist beim Kohlenmonoxid und den Kohlenwasserstoffen (CO, HC) das hohe Luftverhältnis (λ) und bei Stickoxiden (NO_x) die niedrige Prozeßtemperatur. Die Emissionen können in allen Fällen durch motorspezifische Maßnahmen unter den gegenwärtig gültigen Grenzwerten gehalten werden.

Partikel

Die Partikelemission dagegen ist eine Eigenart des Dieselmotors und liegt deutlich höher als beim Ottomotor. Sie besteht, abhängig von Verbrennungsverfahren und Motorbetriebszustand, zum größeren Teil aus Kohlenstoffteilchen (Ruß). Den Rest bilden Kohlenwasserstoffverbindungen (zum Teil vom Ruß aufgenommen) und in geringerem Umfang Sulfate in Form von Aerosolen (in Gasen feinstverteilte feste oder flüssige Stoffe). Verantwortlich für letztere ist der höhere Schwefelgehalt des Dieselkraftstoffes.

Die Rußpartikel stellen Aneinanderkettungen von Kohlenstoffteilchen mit einer sehr großen spezifischen Oberfläche dar, an die sich unverbrannte oder halbverbrannte Kohlenwasserstoffe anlagern. Meist sind es Aldehyde (Verbindungen mit hoher Molekülzahl) mit aufdringlichem Geruch.

Schon wegen der Verschmutzungswirkung, der Sichtbehinderung und der Geruchsbelästigung kann die Partikelemission bei Dieselmotoren als Umweltbelastung gewertet werden. Hinzu kommt die von verschiedenen Seiten immer wieder geäußerte Vermutung einer möglichen Gesundheitsgefährdung durch gewisse, am Ruß angelagerte Aromaten (Sammelbezeichnung für aromatische Kohlenwasserstoffe).

Die Partikel im Dieselabgas kommen wegen ihres Durchmessers von nur wenigen zehntausendstel Millimeter in der Luft im Schwebezustand vor. Sie sind deshalb für den Menschen lungengängig, werden aus diesem Grund aber auch zum großen Teil wieder ausgeatmet.

Schadstoffe im Abgas

Diesel-verbrennung

Abgasnachbehandlung

Partikelabscheidung

Der Anteil der Verkehrsemissionen an der gesamten Partikelbelastung der Luft liegt bei etwa 10%.
Als direkt wahrnehmbare Emissionen werden Schwarz-, Blau- und Weißrauch des Dieselmotors, ähnlich wie Abgasgeruch, allerdings als besonders störend empfunden. Eine Abgasnachbehandlung bei Dieselmotoren soll diese Probleme lösen, wobei der Partikelausstoß um ca. 75% gesenkt werden kann.
Entscheidend für die Anwendbarkeit möglicher Abscheidersysteme ist zunächst die Partikelgröße der zu entfernenden Teilchen. Die vom Dieselmotor emittierten Rußpartikel überdecken einen Größenbereich (den Durchmesser betreffend) von 0,01 bis 10 µm. Die Korngröße der mittleren Masse liegt deutlich unter 1 µm. Für diesen Partikel-Größenbereich sind nur Filtrations- und Elektroabscheider anwendbar.

Rußabbrennfilter

Aufgrund des permanenten Betriebs des Dieselmotors mit Luftüberschuß enthält das Abgas so viel Restsauerstoff, daß der angesammelte Ruß bei Abgastemperaturen oberhalb von ca. 550 °C in einem Rußabbrennfilter selbständig abbrennt, und sich der Filter dadurch reinigt. Örtliche Spitzentemperaturen während des Rußabbrands von bis zu 1200 °C bedingen besonders hohe Werkstoffanforderungen. Daher wurden fast ausschließlich keramische Filterwerkstoffe in unterschiedlicher Ausführung entwickelt.
Die stranggepreßte Wabenkeramik (Bild 1) ähnelt in Ausführungsform und Werkstoff dem Katalysatorträger für Ottomotoren. Die Waben sind jedoch wechselseitig mit Keramikpfropfen verschlossen. So kann das in einen offenen Kanal eintretende Abgas durch die poröse, weniger als 0,5 mm starke Keramikwand in die zum Austritt hin offenen Nachbarkanäle strömen.

Alternativ zur Wabenkeramik werden sogenannte Tiefenfilter entwickelt. Bei deutlich höherer Porengröße erfolgt die Abscheidung erst bei ausreichender Filtertiefe (Wandstärke). Hierfür werden aus Keramikfasern gewickelte Filterkerzen eingesetzt.

Um die Gefahr eines unzulässig hohen Gegendrucks und damit die Gefahr des Verstopfens auszuschließen, müssen Regenerationshilfen vorgesehen werden. Durch Zugabe metallorganischer Substanzen lassen sich die Zündtemperaturen auf 200 bis 250 °C herabsetzen. Der Freibrand reicht dann auch bei Unterbodenanordnung der Filteranlage noch aus. Die Zufuhr externer Energie über einen Kraftstoffbrenner bewirkt eine Zwangsregeneration des Filters.

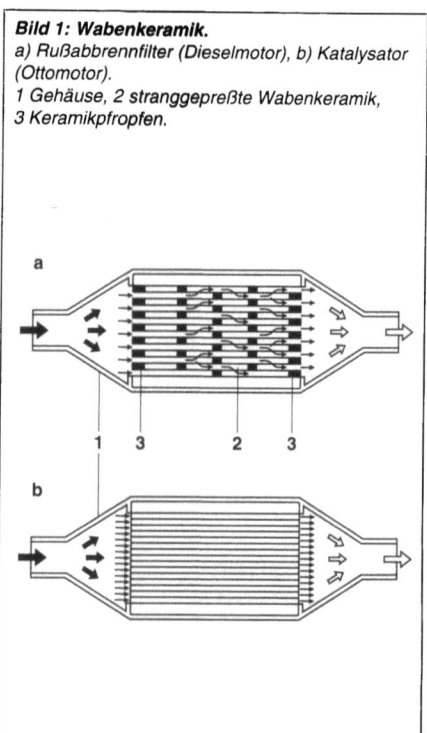

Bild 1: Wabenkeramik.
a) Rußabbrennfilter (Dieselmotor), b) Katalysator (Ottomotor).
1 Gehäuse, 2 stranggepreßte Wabenkeramik, 3 Keramikpfropfen.

Elektroabscheider

An Spitzen oder Kanten der "Sprühelektrode" eines Elektroabscheiders ist die Feldstärke so stark erhöht, daß Elektronen austreten. Die daraus resultierende Entladung erzeugt freie Ladungsträger, die sich an den Abgaspartikeln anlagern. In einem elektrostatischen Feld wandern die dadurch elektrisch geladenen Partikel zur entgegengesetzt gepolten Elektrode und werden dort abgeschieden.

Obwohl der Elektroabscheider in konventioneller Form für den Fahrzeugbetrieb nicht in Betracht kommt (Baugröße, Aufwand für Reinigung), führt sein Abscheideprinzip durch Agglomeration (Zusammenballung) zu einer deutlichen Teilchenvergrößerung. Danach lassen sich die Partikel in einem einfachen Fliehkraftabscheider vom Abgasstrom trennen. Den prinzipiellen Aufbau eines solchen Systems zeigt Bild 2:

Dem Agglomerator ist ein Zyklon nachgeschaltet, in dessen Drehströmung die Partikel aufgrund der Zentrifugalbeschleunigung zur Außenwand und von dort zum "Zyklonsumpf" wandern. Der abgeschiedene Ruß wird mit einem geringen Abgasteilstrom einem Entsorgungssystem zugeführt. Entsorgungsmöglichkeiten bilden die Rußverbrennung innerhalb oder außerhalb des Motors sowie die Rußzwischenspeicherung.

Im Gegensatz zum Rußabbrennfilter ist der Abgasdruckverlust beim Elektroabscheider unabhängig von der Rußbeladung und im jeweiligen Betriebspunkt konstant (keine Verstopfungsgefahr).

Katalysator

Der Katalysator bewirkt beim Dieselmotor eine deutliche Absenkung der Kohlenmonoxid- und Kohlenwasserstoffemission. Da die Kohlenwasserstoffemission zur Partikelemission beiträgt, kann auch diese in begrenztem Maße durch den Katalysator reduziert werden.

Abgasnachbehandlung

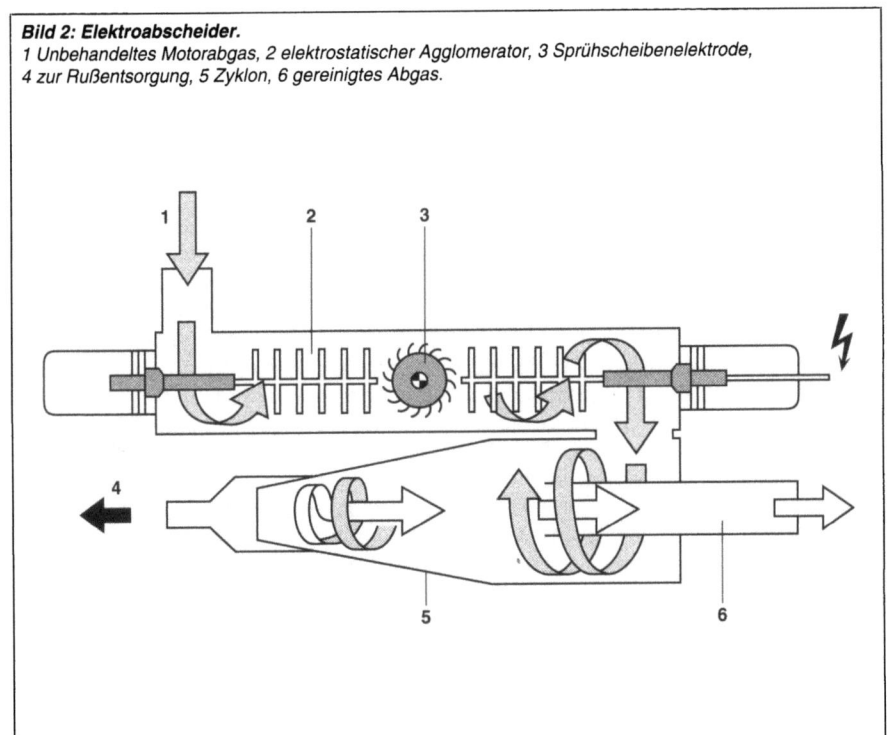

Bild 2: Elektroabscheider.
1 Unbehandeltes Motorabgas, 2 elektrostatischer Agglomerator, 3 Sprühscheibenelektrode, 4 zur Rußentsorgung, 5 Zyklon, 6 gereinigtes Abgas.

Abgasprüftechnik

Abgasgesetzgebung

Viele Länder begrenzen die Schadstoffemissionen von Fahrzeug-Dieselmotoren durch eine entsprechende Abgasgesetzgebung. Ein Bestandteil davon sind vorgeschriebene Prüfverfahren, Meßtechniken und Grenzwerte, die in einigen Ländern einheitlich angewendet werden, in anderen Ländern aus ökologischen, ökonomischen, klimatischen und politischen Gründen mehr oder weniger große Unterschiede aufweisen.

Für folgende Abgaskomponenten gelten Grenzwerte, die nicht überschritten werden dürfen:
- Kohlenwasserstoffe (HC),
- Kohlenmonoxid (CO),
- Stickoxide (NO_x),
- Partikel und
- Ruß (sichttrübender Bestandteil der Feststoffe).

Die Schadstoffemissionen setzen sich zusammen aus
- Emissionen aus der Verbrennung im Motor (Gase, Schwefelverbindungen, Feststoffe; Geruch),
- Emissionen aus der Kurbelgehäuseentlüftung (Gase, Schwefelverbindungen; Geruch) und
- Verdunstungsemission (aus dem Kraftstoffsystem).

Die Emissionen aus dem Kurbelgehäuse sind beim Dieselmotor relativ gering. Während des Kompressionshubes wird nur reine Luft verdichtet, und die beim Expansionshub ins Kurbelgehäuse gelangenden Leckgase weisen ca. 1% der beim Ottomotor auftretenden Schadstoffmasse auf. Trotzdem wird inzwischen weitgehend auch beim Dieselmotor eine geschlossene Kurbelgehäuseentlüftung gesetzlich vorgeschrieben. Im Unterschied zum Ottomotor entfällt beim Dieselmotor auch die Überprüfung von Verdunstungsemissionen, weil das Kraftstoffsystem geschlossen ist und der Dieselkraftstoff keine leichtflüchtigen Komponenten enthält.

Schwefelverbindungen im Abgas sind die Folge des Schwefelgehaltes im Kraftstoff. Sie sind nicht der Verbrennung im Dieselmotor anzulasten.

Das Problem des Dieselgeruchs ist nicht gelöst; die durch Vorgänge im Dieselmotor bedingten Hintergründe und die geruchsverursachenden Emissionen sind nur in Ansätzen geklärt. Ein allgemein anerkanntes Meßverfahren gibt es nicht.

Inzwischen haben die meisten Länder eine Begrenzung der Partikelemission eingeführt bzw. die Einführung vorgesehen. Die ständige Verschärfung der Abgasgrenzwerte erfordert eine kontinuierliche Weiterentwicklung der Motoren zur Verbesserung des Emissionsverhaltens sowie eine ständige Verfeinerung der Abgasmeßtechnik.

Prüfverfahren und Klasseneinteilung

Nach den USA haben die Staaten der EG und Japan eigene Prüfverfahren zur Abgaskontrolle von Kraftfahrzeugen entwickelt. Andere Länder haben diese Verfahren in gleicher oder auch modifizierter Form übernommen. Den USA kommt bei der Entwicklung von Prüfverfahren und Prüftechnik eine Vorreiterrolle zu.

Je nach Fahrzeugklasse und Zweck der Prüfung werden drei vom Gesetzgeber festgelegte Prüfverfahren angewendet:
- Typprüfung zur Erlangung der allgemeinen Betriebserlaubnis,
- Serienprüfung als stichprobenartige Kontrolle der laufenden Fertigung durch die Abnahmebehörde und
- Feldüberwachung zur Überprüfung bestimmter Abgaskomponenten des Kraftfahrzeuges während des Betriebs durch den Kraftfahrzeughalter.

Den größten Prüfungsaufwand erfordert die Typprüfung. Für die Feldüberwachung finden stark vereinfachte Verfahren Anwendung. In Ländern mit Kfz-Abgasvorschriften besteht im allgemeinen eine Unterteilung der Fahrzeuge in drei Klassen, abgesehen von geringfügigen Überschneidungen:

Abgasprüftechnik

– Pkw: Die Prüfung erfolgt auf einem Fahrzeug-Rollenprüfstand.
– Leichte Nkw: Je nach nationaler Gesetzgebung liegt die Obergrenze des Fahrzeuggewichts bei 3,5...3,8 t. Die Prüfung erfolgt auf einem Fahrzeug-Rollenprüfstand.
– Schwere Nkw: Fahrzeuggewicht über 3,5...3,8 t. Die Motorprüfung erfolgt auf einem Motorenprüfstand, eine Fahrzeugprüfung erfolgt nicht.

Typprüfung
Abgasprüfungen sind Voraussetzung für die Erteilung der allgemeinen Betriebserlaubnis für einen Fahzeug- oder Motortyp. Dazu müssen Prüfzyklen unter definierten Randbedingungen gefahren und Emissionsgrenzwerte eingehalten werden. Die Prüfzyklen und insbesondere die Emissionsgrenzwerte sind länderspezifisch und unterliegen einer laufenden Fortschreibung (Verschärfung). Im allgemeinen werden die gasförmigen Abgaskomponenten Kohlenmonoxid (CO), Kohlenwasserstoffe (HC) und Stickoxide (NO_x) erfaßt, beim Dieselmotor zunehmend auch die Partikelemission (gravimetrisch erfaßte "Feststoffe") und in gesonderten Prüfzyklen die Rauchemission ("Trübung"). Teilweise sind HC und NO_x als Summenwert limitiert. Für die Typprüfung genügt im allgemeinen der Nachweis mit einem Prüfling pro Typ.

USA-Typprüfung
Für die Zulassung eines Fahrzeugtyps muß der Hersteller nachweisen, daß die Schadstoffe Kohlenwasserstoffe, Kohlenmonoxid, Stickoxide, Partikel (Feststoffe) und die Rauchemission (Trübung) die Emissionsgrenzwerte über eine Fahrstrecke von 50 000 bzw. zum Teil 100 000 Meilen (entsprechend ca. 80 000 bzw. 160 000 km) nicht überschreiten. Der Hersteller muß für diese Typprüfung zwei Fahrzeugflotten aus der Fertigung bereitstellen:
1. Eine Flotte für den Dauerversuch, mit der im Dauerlauf die Verschlechterungsfaktoren der einzelnen Komponenten ermittelt werden. Dabei fährt man die Fahrzeuge über 50 000 bzw. 100 000 Meilen nach einem bestimmten Fahrprogramm und mißt im Abstand von 5 000 Meilen die Abgasemissionen. Inspektionen und Wartungen dürfen nur in vorgeschriebenen Intervallen (z.Zt. 12 500 Meilen) erfolgen.
2. Eine Flotte, bei der jedes Fahrzeug vor der Prüfung 4 000 Meilen gefahren sein muß. Auch mit ihr erfolgt die Ermittlung der Emissionsdaten. Anwender des USA-Fahrzyklus (z.B. Schweiz, Schweden, Österreich und teilweise die EG) erlauben zur Vereinfachung auch die Anwendung von vorgegebenen Verschlechterungsfaktoren.

Serienprüfung
In der Regel führt der Hersteller selbst die Serienprüfung als Teil der Qualitätskontrolle während der Fertigung durch. Die Zulassungsbehörde kann beliebig oft Nachprüfungen anordnen. Die EG-Vorschriften und ECE-Richtlinien berücksichtigen größtenteils die Fertigungsstreuung durch Vergabe eines Seriengrenzwertes. Die schärfsten Anforderungen werden in den USA angewandt, wo insbesondere in Kalifornien den Herstellern eine annähernd lückenlose Qualitätsüberwachung abverlangt wird.

Feldüberwachung
In den meisten Ländern mit obligatorischer Feldüberwachung erstreckt sich die Prüfung beim Dieselfahrzeug bislang nur auf die Sichttrübung durch Dieselrauch. Dabei wird der Rauchstoß bei freier Beschleunigung[1]) ermittelt. Der für jeden Fahrzeugtyp bei der Typprüfung festgelegte Höchstwert muß innerhalb bestimmter Toleranzen bleiben. In Deutschland ist ab 1993 eine regelmäßige Überprüfung im Rahmen einer Abgasuntersuchung für Dieselfahrzeuge vorgesehen. In den USA bestehen sehr weitgehende Vorschriften, um die Einhaltung der Abgasqualität über die Fahrzeuglebensdauer zu erzielen.

[1]) Vollastbeschleunigung aus dem unteren Leerlauf bei ausgekuppeltem Getriebegang. Sie wirkt gegen die Motormasse.

Diesel-verbrennung

Fahrkurven und Testmethoden

Ein Abgastest soll eine quantitative Aussage über die im Straßenverkehr unter normalen Betriebsbedingungen zu erwartenden Abgasemissionen ermöglichen, ohne Messungen während einer Straßenfahrt durchführen zu müssen. Deshalb simuliert man auf einem Rollenprüfstand bzw. Motorenprüfstand die Betriebsbedingungen im Straßenverkehr. Man setzt dabei voraus, daß die Emissionen bei "Prüfstandsfahrt" und bei Straßenfahrt dann gleich sind, wenn Geschwindigkeit und die auf das Fahrzeug einwirkenden Kräfte in ihrem zeitlichen Verlauf auf dem Prüfstand und auf der Straße übereinstimmen. Geeignete Bremslasten und Schwungmassen bilden die Trägheitskräfte (Roll- und Luftwiderstand) auf dem Prüfstand nach, so daß es genügt, nur die Geschwindigkeit auf Rolle und Straße übereinstimmend vorzugeben.

In allen Staaten mit gesetzlicher Emissionskontrolle enthalten die Prüfvorschriften Fahrkurven. Zur Zeit sind für Pkw und leichte Nkw mehrere in Geschwindigkeitsverlauf und Dauer unterschiedliche Fahrkurven vorgeschrieben (Bild 1), die sich entsprechend ihrer Entstehungsart nach zwei Typen unterscheiden:
– Fahrkurven aus Aufzeichnungen tatsächlicher Straßenfahrten, z.B. USA-FTP-Fahrzyklus (FTP: Federal Test Procedure) und
– konstruierte Fahrkurven aus Abschnitten mit konstanter Beschleunigung und Geschwindigkeit, z.B. Europa- und Japan-Fahrzyklus.

Die Emissionskontrolle schwerer Nutzfahrzeugmotoren (seit 1986 nicht für die USA) erfolgt bei stationärem Motorbetrieb. Der Testablauf wird nach Stabilisierung des Motorbetriebs an vorgeschriebenen Betriebspunkten durchgeführt. Festgelegt sind Drehzahl- und Lastwerte. Bei dieser Prüfmethode bleiben die Einflüsse von Beschleunigung und Verzögerung auf das Abgasverhalten unberücksichtigt. Anders verhält es sich bei der seit 1984 wahlweise und seit 1986 obligatorisch vorgeschriebenen Testmethode in den USA. Die früher gültige Prüfung der Emissionen schwerer Nutzfahrzeugmotoren (13-Stufen-Test) ist aus der US-Abgasgesetzgebung herausgenommen und durch eine dem realen Straßenverkehr angepaßte Fahrkurve ersetzt.

Der Übergang vom 13-Stufen-Test auf den "Transient-Fahrzyklus" erfordert kostenintensive Investitionen für die Meßgeräte. Dieser Fahrzyklus kann nur auf einem besonderen Motorenprüfstand nachgefahren werden, der neben ausreichender Kapazität für die obere Leistungsgrenze von Nutzfahrzeugmotoren die Nachbildung der Betriebsbedingungen aus der vorgeschriebenen Fahrkurve nur mit Hilfe einer anspruchsvollen elektronischen Regelung der Belastungseinrichtung gewährleistet (Bild 2).

Prüfzyklen zur Rauchmessung

Für Dieselmotoren sind in den USA, Japan und der EG besondere Fahrzyklen zur Rauchprüfung vorgeschrieben, die auf einem Motorenprüfstand gefahren werden. Der verwendete Fahrkurventyp stellt keine Simulation des Fahrbetriebs im Straßenverkehr dar, sondern legt Betriebsbedingungen bzw. Betriebspunkte fest, bei denen die größte Rußemission zu erwarten ist.

CVS-Testmethode (USA)

CVS (Constant Volume Sampling) wurde 1972 in den USA für Pkw und leichte Nkw mit Dieselmotor eingeführt. Die CVS-Technik beruht auf einer proportionalen Probenentnahme zur Bestimmung des Abgasvolumens durch Verdünnen mit reiner Luft auf ein konstantes Mischvolumen. Diese Methode zeichnet sich aus durch
– Berücksichtigung des realen individuellen Abgasvolumens,
– echte Erfassung der instationären Fahrzustände (Beschleunigung, Verzögerung) und
– Vermeidung von Wasserdampf-Kondensation.

Bild 1: Fahrzyklen für Diesel-Pkw und leichte Nkw im Abgastest.
a) USA, b) Europa, c) Japan.

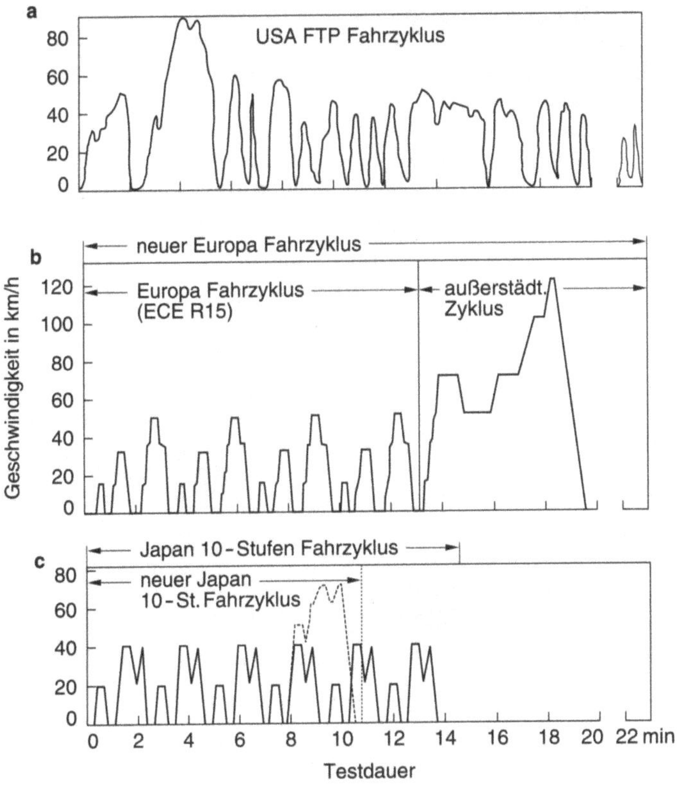

Abgas-
prüftechnik

Bild 2: Transient-Fahrzyklus (USA).
Mit Abgastest (gasförmige Schadstoffe) für schwere Nutzfahrzeugmotoren (vereinfacht).
a) Drehzahlverlauf, b) Drehmomentverlauf.

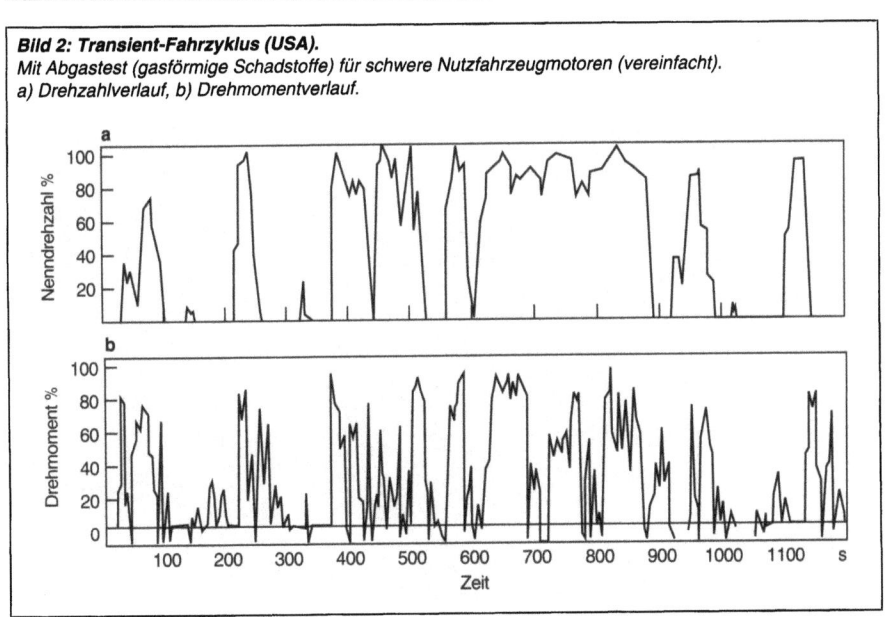

Dieselverbrennung

Seit 1975 sind in den USA alle Dieselfahrzeuge in die CVS-Testmethode einbezogen. Dafür mußten die Probenentnahme und die Analysenanlage für die Messung der Kohlenwasserstoffe modifiziert werden. Um die Kondensation von hochsiedenden Kohlenwasserstoffen zu vermeiden und im Mischvolumen bereits aus dem Dieselabgas kondensierte Kohlenwasserstoffe zu verdampfen, ist die Aufheizung des kompletten Entnahmesystems für die Proben auf ca. 190 °C erforderlich.

Durch das Einbeziehen von Partikelgrenzwerten in die Abgasgesetzgebung wurde die CVS-Testmethode nochmals modifiziert. Dazu wurde ein "Verdünnungstunnel" mit hoher innerer Turbulenz (Reynoldszahl > 40 000) in die Meßanlage integriert und mit entsprechenden Filtermeßstellen zum Sammeln von Partikeln ergänzt. Wegen der Verdünnung, die im Verhältnismittel bei 1:10 liegt, sind die gemessenen Konzentrationen sehr niedrig, so daß hochempfindliche Analysatoren eingesetzt werden müssen (Bild 3).

Alle Länder, die in ihre Abgasgesetzgebung die CVS-Testmethode einbezogen haben, verwenden auch einheitliche Meßprinzipien für die Abgasanalyse der einzelnen Schadstoffkomponenten:
– Bestimmung der CO- und CO-Konzentration mit Ultrarot-Absorptionsanalysatoren NDIR (Non-Dispersive-Infra-Red),
– Bestimmung der NO-Konzentration mit Geräten, die nach dem Chemolumineszenz-Prinzip CLD (Chemo-Luminescence-Detector) arbeiten und gravimetrische Bestimmung der Partikelemissionen (Filterwägung).

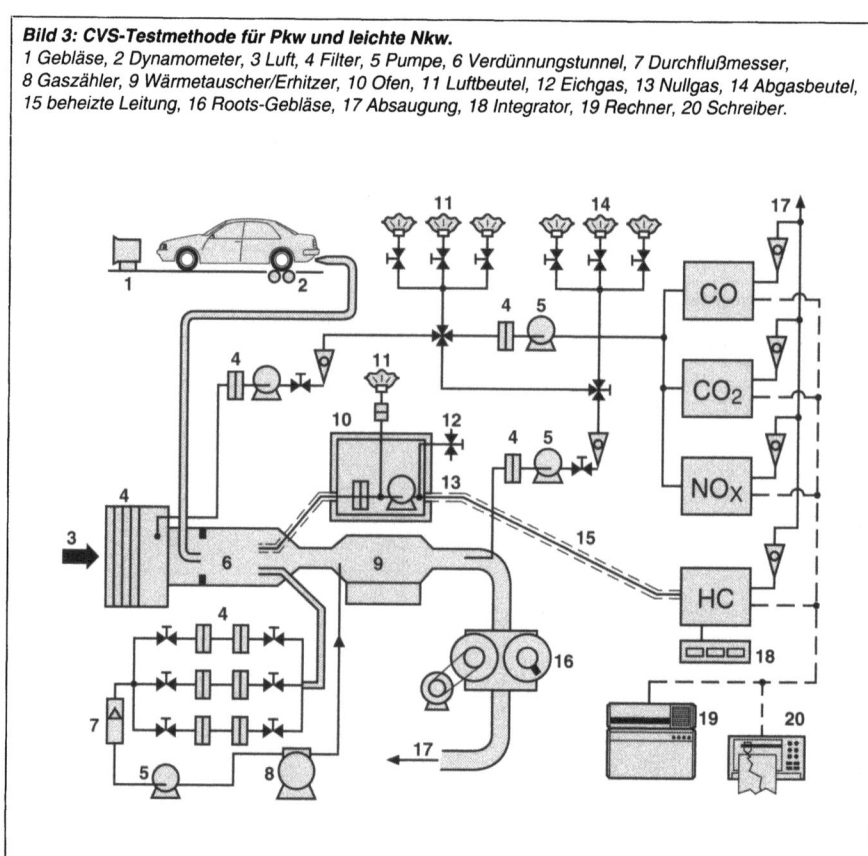

Bild 3: CVS-Testmethode für Pkw und leichte Nkw.
1 Gebläse, 2 Dynamometer, 3 Luft, 4 Filter, 5 Pumpe, 6 Verdünnungstunnel, 7 Durchflußmesser, 8 Gaszähler, 9 Wärmetauscher/Erhitzer, 10 Ofen, 11 Luftbeutel, 12 Eichgas, 13 Nullgas, 14 Abgasbeutel, 15 beheizte Leitung, 16 Roots-Gebläse, 17 Absaugung, 18 Integrator, 19 Rechner, 20 Schreiber.

Transient-Testmethode (USA)

Die in den USA ab Modelljahr 1986 vorgeschriebene Transient-Testmethode (Bild 2) für die Emissionsprüfung bei Dieselmotoren in schweren Nkw ab 8 500 lbs (ca. 3,8 t) Gesamtgewicht benutzt ebenfalls die zuvor beschriebene CVS-Testmethode. Die Größe der Motoren erfordert (bei Einhaltung gleicher Verdünnungsverhältnisse wie bei der CVS-Testmethode) eine Testanlage mit erheblich größerer Durchsatzkapazität gegenüber der Auslegung für die Pkw-Abgasprüfung. Die vom Gesetzgeber zugelassene doppelte Verdünnung (über Sekundärtunnel) trägt dazu bei, den apparativen Aufwand zu begrenzen. Das Abgasvolumen kann wahlweise mit einem geeichten Rootsgebläse (Umdrehungszähler) oder mit einem Venturirohr im kritischen Druckbereich bestimmt werden.

13-Stufen-Test ECE R49; EG-Richtlinie (Europa)

Diese Testmethode zur Emissionsprüfung von schweren Nutzfahrzeugmotoren ist in der EG sowie in weiteren europäischen Ländern gültig (Bilder 4 und 5). Sie entspricht – mit Ausnahme bestimmter Bewertungsfaktoren einzelner Stufen – dem nicht mehr gültigen früheren USA-13-Stufen-Test. Die Abweichung einzelner Bewertungsfaktoren von der ursprünglichen USA-Wichtung soll die unterschiedlichen Einsatzbedingungen im europäischen Straßenverkehr berücksichtigen. Das Gesamtergebnis wird aus gewichteten Teilergebnissen der einzelnen Stufen ermittelt und auf eine nach gleicher Methode errechneten mittleren Motorleistung bezogen. Die Häufigkeitsverteilung von Last und Drehzahl beim Einsatz im normalen Straßenverkehr wird durch verschie-

Bild 4: Probenentnahme- und Meßsystem für den 13-Stufen-Test (Europa).
1 Abgas, 2 Luft, 3 Nullgas, 4 Kalibriergas, 5 Kraftstoff, 6 Rückspülung, 7 Auslaß, 8 Beheizung Leitung/Gehäuse, 9 Filter, 10 Pumpe, 11 Kühler, 12 Wasserabscheider, 13 Durchflußmesser.

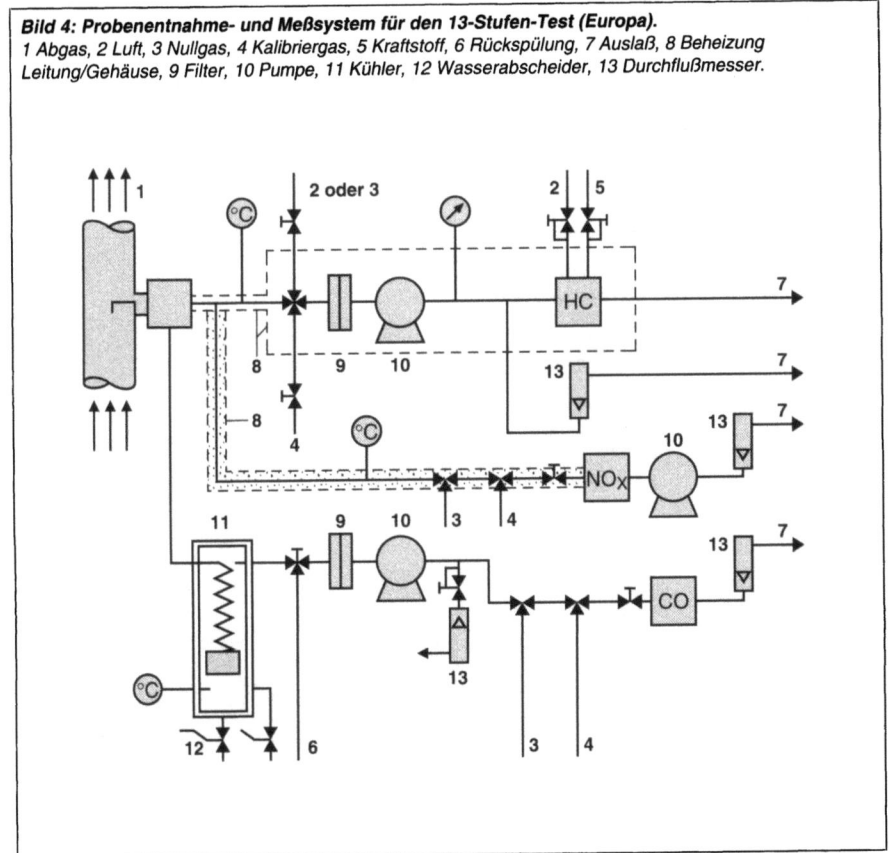

Dieselverbrennung

dene Bewertungsfaktoren der einzelnen Stufen berücksichtigt. Mit der Einführung von Partikelgrenzwerten ist auch im 13-Stufen-Test die Anwendung der CVS-Meßmethode erforderlich. Zur Begrenzung des apparativen Aufwands läßt der Gesetzgeber die Teilstromverdünnung (nur ein definierter Teil des Abgasvolumenstroms wird analysiert und daraus die Gesamtemission berechnet) gleichrangig mit der Vollstromverdünnung zu.

10-Stufen-Test (Japan)

Dieser Fahrzeugtest, gültig in Japan für Pkw und leichte Nkw, umfaßt eine Emissionsprüfung gasförmiger Stoffe auf einem Rollenprüfstand nach einem konstruierten Fahrzyklus. Er entspricht dem Fahrverhalten in Tokio und wurde – ähnlich dem europäischen Fahrzyklus – um einen Hochgeschwindigkeitsanteil ergänzt. Das Abgasmeßverfahren stimmt exakt mit der Massenemissionstechnik überein, die bei der CVS-Meßmethode in den USA eingesetzt wird.

13-Stufen-Test (Japan)

Diese Testmethode ist gültig in Japan für schwere Nutzfahrzeuge mit einem Leergewicht größer als 2500 kg. Der 13-Stufen-Test ersetzt den bisher angewendeten 6-Stufen-Test. Die Betriebspunkte und (zeitlichen) Wichtungen unterscheiden sich jedoch wesentlich vom europäischen 13-Stufen-Test (Bild 6). Mit der Einführung von Partikelgrenzwerten in Japan wird auch hier die CVS-Meßmethode erforderlich.

Rauchtests

Lange bevor eine Kontrolle gasförmiger Schadstoffe Eingang in die Gesetzgebung fand, wurde bereits eine separate Gesetzgebung zur Rauchkontrolle von Dieselfahrzeugen entwickelt. Sie besitzt gegenwärtig nahezu unverändert noch Gültigkeit. In den Ländern mit gesetzlicher Dieselrauchkontrolle sind die Testmethoden nicht einheitlich. Alle existierenden Rauchtests sind eng mit den verwendeten Meßgeräten gekoppelt.

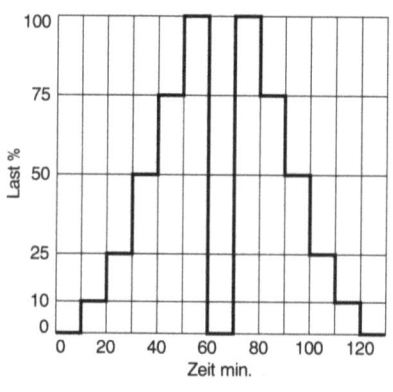

Bild 5: 13-Stufen-Test ECE R49 (Europa).
Mit Abgastest (gasförmige Schadstoffe) für schwere Nutzfahrzeugmotoren.

Zeit min	Wertungsfaktor	Bereich
0...10	0,25/3	Leerlaufdrehzahl
10...50	je 0,08	Zwischendrehzahl bei
50...60	0,25	$M_{max} \pm 50$ min^{-1}
60...70	0,25/3	Leerlaufdrehzahl
70...80	0,1	Nenndrehzahl
80...120	je 0,02	± 50 min^{-1}
120...130	0,25/3	Leerlaufdrehzahl

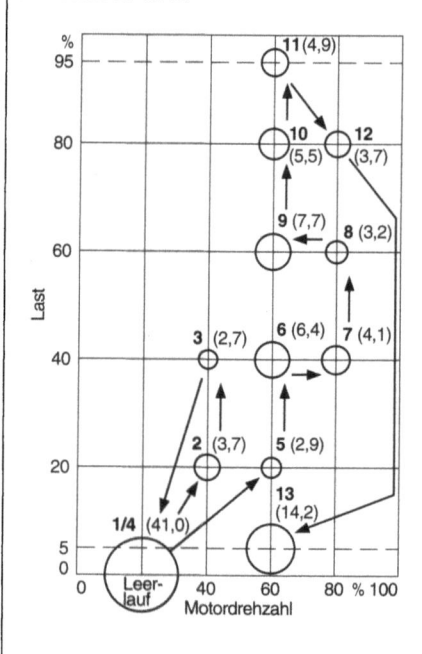

Bild 6: 13-Stufen-Test für Nkw (Japan).
Reihenfolge und Wichtung (Klammerwerte in %) der Teststufen 1...13.

USA-Rauchtest (Federal-Smoke-Test)

Der Test (vorgeschriebene Folge von Fahrzuständen nach einem vorangegangenen Warmlauf) kann nur auf dem Motorenprüfstand durchgeführt werden. Die vor dem Test festgelegte Bremsbelastung ergibt sich aus der Fahrvorschrift. Danach muß ein 6stufiger Fahrzyklus dreimal hintereinander gefahren werden, wobei von den drei nachfolgend aufgeführten Stufen die Rauchwerte zu ermitteln sind (Bild 7):

– Stufe 2: Freie Vollastbeschleunigung gegen die Trägheitsmassen von Motor und unbelastetem Dynamometer auf ca. 90% der Nenndrehzahl.

– Stufe 4: Vollastbeschleunigung gegen die Bremslast in vorgegebener Zeit von ca. 60% auf 100% der Nenndrehzahl.

– Stufe 6: Vollastverzögerung durch gleichmäßige Erhöhung der Bremslast in vorgegebener Zeit bei gleichzeitiger Reduzierung der Drehzahl von Nenndrehzahl (entspr. 100%) auf 60% bzw. der Drehzahl bei maximalem Drehmoment, wobei jeweils der höhere Wert gewählt wird. Für jede Wertungsstufe wird aus einer vorgegebenen Anzahl von Wiederholungsmessungen das arithmetische Mittel gebildet. Die Rauchwerte sind als Trübungswerte nur mit einem speziellen Lichtabsorptions-Meßgerät entsprechend dem Smoke-Meter des US-Public-Health-Service zu messen.

EG-Rauchtest (ECE R 24)

Zur Erlangung der allgemeinen Betriebserlaubnis wird für die Rauchkontrolle eines Dieselmotors die Vollastmethode angewendet. Hierbei ist der eingelaufene Motor unter Einhaltung der vorgesehenen Betriebstemperatur von Öl und Wasser mit der für den serienmäßigen Einbau vorgesehenen Auspuffanlage unter Vollast mit konstanter Drehzahl zu betreiben. Im Drehzahlbereich zwischen 100% und 45% der Nenndrehzahl, jedoch nicht niedriger als 1000 min^{-1}, ist die Vollasttrübung bei sechs gleichmäßig über den Drehzahlbereich verteilten Drehzahlen zu ermitteln (Bild 8).

Abgasprüftechnik

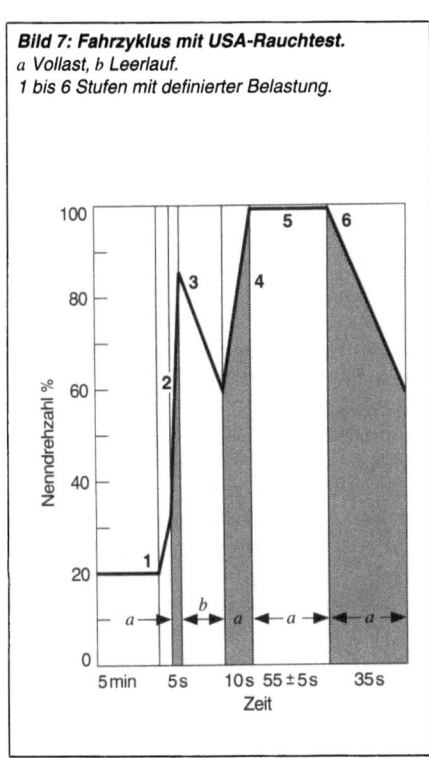

Bild 7: Fahrzyklus mit USA-Rauchtest.
a Vollast, b Leerlauf.
1 bis 6 Stufen mit definierter Belastung.

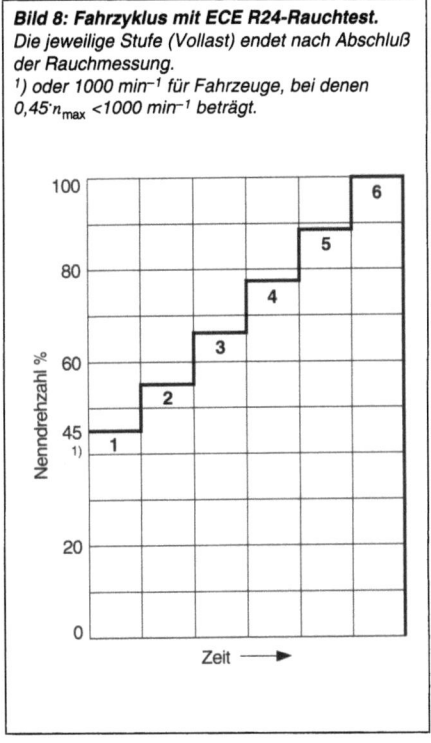

Bild 8: Fahrzyklus mit ECE R24-Rauchtest.
Die jeweilige Stufe (Vollast) endet nach Abschluß der Rauchmessung.
[1]) oder 1000 min^{-1} für Fahrzeuge, bei denen $0,45 \cdot n_{max} < 1000$ min^{-1} beträgt.

Dieselverbrennung

Zur Messung ist ein Lichtabsorptionsgerät vorgeschrieben. Als Vergleichswert für die Lichttrübung dient der Absorptionskoeffizient k, dessen Grenzwertkurve festlegt (siehe Bild 15). Diese Vollastmethode gewährleistet dann eine eindeutige und gut reproduzierbare Kennzeichnung des Vollastrauchverhaltens, wenn sich der jeweilige thermische Beharrungszustand eingestellt hat. Wenn Dieselrauch außer Ruß noch Ölnebel oder Wasserdampf enthält, ist eine Übereinstimmung der Meßergebnisse nicht zu erwarten. Das Absorptions-Meßgerät täuscht in diesem Fall höhere Dieselrauch-Emissionen vor. Es wird angestrebt, für diese Prüfung auch die "Filtermethode" zuzulassen.

Rauchmessung unter freier Beschleunigung: Bei der Typprüfung, bei der der Vollastrauch unter der Grenzwertkurve liegen muß, wird gemäß der Regelung R 24 auch der Rauchstoß unter freier Beschleunigung als Vergleichswert für eine spätere Feldüberwachung ermittelt. Beim Beschleunigungstest wird der unbelastete, betriebswarme Motor aus der Leerlaufdrehzahl heraus durch schnelles "Durchtreten" des Fahrpedals auf Höchstdrehzahl beschleunigt. Dabei wird die gesamte Vollastleistung zur Beschleunigung der rotierenden Massen aufgebracht. Die Versuchsdauer beträgt deshalb nur 2 bis 5 Sekunden.

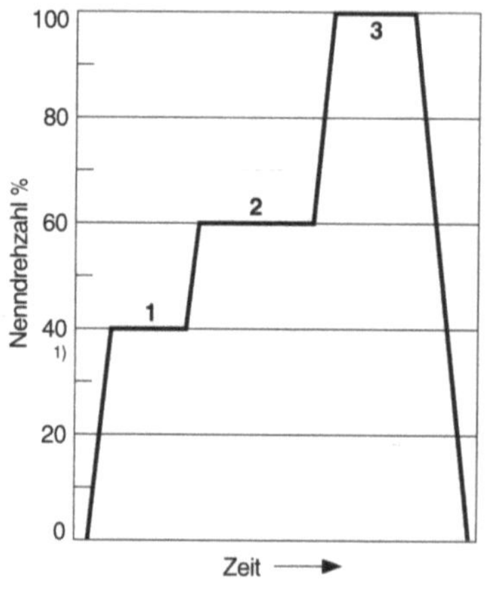

Japan-Rauchtest (3-Stufen-Test)
Dieser Test ist für die Zulassung aller Fahrzeuge mit Dieselmotoren in Japan obligatorisch. Dabei wird der Dieselrauch unter Vollast im Beharrungszustand bei drei verschiedenen Drehzahlen auf einem Motorenprüfstand mit Filter- oder Trübungsmeßgeräten ermittelt (Bild 9).

Meßgeräte

Weltweit angewandte Meßprinzipien für vorgeschriebenen Prüfverfahren sind:

Kohlenwasserstoff-Analyse
Die Bestimmung der Gesamtkohlenwasserstoffe im Dieselabgas erfolgt mit einem Flammen-Ionisations-Detektor (FID). Das FID-Meßprinzip beruht auf der Ionenbildung aus den Kohlenwasserstoffen in einer Wasserstoff-Flamme (Bild 10).

Das Abgas enthält eine Vielzahl unterschiedlicher Kohlenwasserstoffverbindungen, die im einzelnen aus unverbrannten, gespaltenen und teilweise oxidierten Verbindungen bestehen, die je nach Kraftstoffart und Betriebszustand des Motors in verschiedenen Verhältnissen zueinander auftreten. Besonders problematisch ist die Messung der Gesamtkohlenwasserstoffe von Dieselabgasen auch noch durch die Abhängigkeit von der Art der Probenaufbereitung. Wegen wechselnder Kondensations- und Abdampfvorgänge von hochsiedenden Kohlenwasserstoffen der Dieselabgase im Leitungssystem ist es im Gegensatz zur Messung beim Ottomotor notwendig, das Probenentnahmesystem bis zum Eintritt in den FID und innerhalb des FID bis zum Eintritt in die Brennkammer lückenlos zu beheizen. Die Heiztemperatur des Leitungssystems muß (190 ± 10) °C betragen.

Bild 9: Fahrzyklus mit Japan-Rauchtest.
Die jeweilige Stufe (Vollast) endet nach Abschluß der Rauchmessung.
[1]) *oder 1000 min^{-1} für Fahrzeuge, bei denen $0{,}4 \cdot n_{max} < 1000$ min^{-1} beträgt.*

Kohlenmonoxid- und Kohlendioxid-Analyse

Beide gasförmigen Komponenten werden nach dem NDIR-Verfahren (nicht dispersiver Infrarot-Analysator) ermittelt (Bild 11). Dieses Verfahren nützt den Effekt aus, daß alle mehratomigen, nichtelementaren Gase infrarote Strahlung in ausgeprägten für jedes Gas spezifischen Banden absorbieren. Das Meßgas wird durch die im Meßstrahlengang liegende Meßküvette geleitet. In der Vergleichsküvette im zweiten Strahlengang befindet sich ein Gas, das in den aktuellen Wellenlängen keine Strahlung absorbiert. Die Strahlen werden durch ein Blendenrad abwechselnd durch je eine Seite durchgelassen und fallen jeweils in eine der beiden Empfängerkammern. Diese sind mit der zu analysierenden Gaskomponente gefüllt und durch eine als Kondensatorplatte ausgebildete Metallmembran voneinander getrennt. Die

Abgasprüftechnik

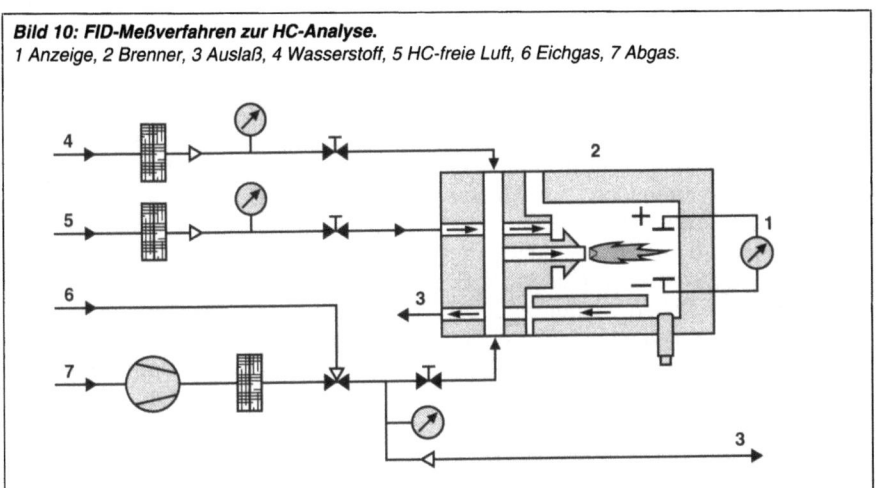

Bild 10: FID-Meßverfahren zur HC-Analyse.
1 Anzeige, 2 Brenner, 3 Auslaß, 4 Wasserstoff, 5 HC-freie Luft, 6 Eichgas, 7 Abgas.

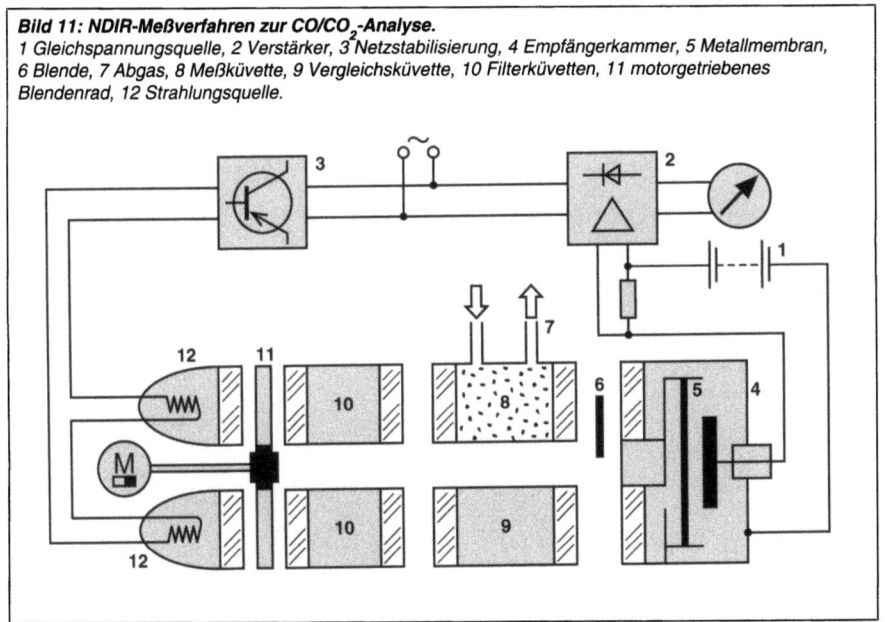

Bild 11: NDIR-Meßverfahren zur CO/CO_2-Analyse.
1 Gleichspannungsquelle, 2 Verstärker, 3 Netzstabilisierung, 4 Empfängerkammer, 5 Metallmembran, 6 Blende, 7 Abgas, 8 Meßküvette, 9 Vergleichsküvette, 10 Filterküvetten, 11 motorgetriebenes Blendenrad, 12 Strahlungsquelle.

Diesel-verbrennung

einfallende Strahlung wird nur in den spezifischen Absorptionbanden des Empfängergases – also selektiv – absorbiert. Eine Differenz der absorbierten Energie führt zwischen den beiden Empfängerkammern zu einer Temperatur- und Druckdifferenz, die in eine der Konzentration der Meßkomponente proportionalen elektrischen Spannung umgewandelt wird.

Stickoxid-Analyse
Das Meßprinzip nutzt die Chemo-Lumineszenz (chemisch bewirkte Lichterscheinung) aus, die bei der Reaktion von Stickoxid (NO) mit Ozon (O_3 im Bereich zwischen 590 und 3 000 nm auftritt (Bild 12).
Die Gasprobe enthält nicht nur das durch die Verbrennung im Motor gebildete Stickoxid, sondern verbindet sich auch mit dem Restsauerstoff im Abgas zu anderen Stickoxiden (z.B. NO_2, N_2O). Neben einem überproportionalen Anteil von NO gegenüber anderen Stickoxiden kann NO_2 eine nicht vernachlässigbare Konzentration erreichen, während die weiteren Stickoxidverbindungen nur geringfügig über den Grundwerten der Umgebungsluft liegen. Die Anwesenheit von NO_2 in der Probe erfordert eine thermische oder thermisch-katalytische Reduktion zu NO, die im Konverter erfolgt. Der Reaktionskammer wird dadurch eine auf NO reduzierte Stickoxidkonzentration zugeführt. Die mit O_3 erzeugte Chemo-Lumineszenz entspricht somit dem Gesamtstickoxidgehalt. Zur Ausschaltung störender Lumineszenz durch andere im Gasgemisch enthaltene Moleküle wird mit Hilfe eines optischen Filters nur der Strahlungsbereich von 600 bis 660 nm berücksichtigt. Durch diese Selektion und eine sehr niedrige Nachweisgrenze ist das Chemo-Lumineszenz-Meßprinzip (CLD) für die NO-Messung in verdünntem oder unverdünntem Abgas von Dieselmotoren geeignet. Da sich NO_2 in Wasser löst, muß eine Kondensation von Wasserdampf verhindert werden. Dazu wird die Probeleitung mit ca. 80 °C beheizt.

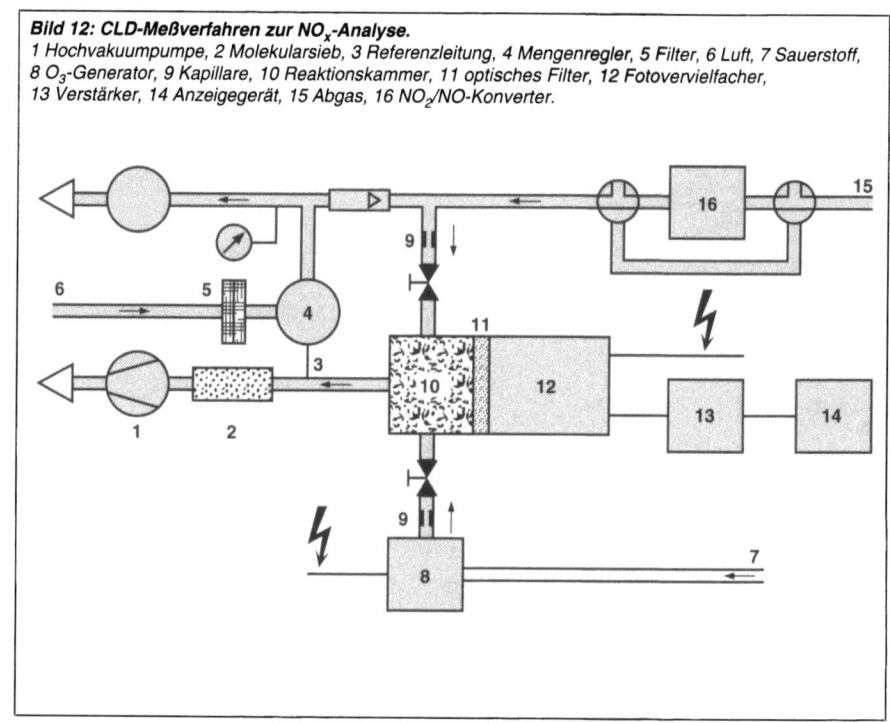

Bild 12: CLD-Meßverfahren zur NO_x-Analyse.
1 Hochvakuumpumpe, 2 Molekularsieb, 3 Referenzleitung, 4 Mengenregler, 5 Filter, 6 Luft, 7 Sauerstoff, 8 O_3-Generator, 9 Kapillare, 10 Reaktionskammer, 11 optisches Filter, 12 Fotovervielfacher, 13 Verstärker, 14 Anzeigegerät, 15 Abgas, 16 NO_2/NO-Konverter.

Partikelmessung

Gemäß Definition sind unter Partikelemissionen die Abgasbestandteile zu verstehen, die bei einer Temperatur von maximal 52 °C mit genormten fluorcarbonbeschichteten Glasfaserfiltern abgeschieden werden. Die Massenbestimmung erfolgt durch Differenzwägung (Leerfilter bzw. beladener Filter) bei konstanter Feuchte und Temperatur mit einer Präzisionswaage. Diese Definition wurde erstmals in der USA-Abgasgesetzgebung festgelegt, wird aber inzwischen in allen Ländern, die Partikelgrenzwerte vorschreiben, als einzige Meßmethode eingeführt und anerkannt.

Bestimmung der Rußemission

Zur Messung des Rußgehaltes im Dieselabgas sind in der Abgasgesetzgebung zur Zeit die Filter- und die Absorptionsmethode aufgeführt. Eine Wechselbeziehung zwischen den Meßergebnissen beider Meßverfahren besteht dann, wenn im Falle der Absorptionsmessung (Trübungsmessung) das Abgas weder Wasserdampf noch Kraftstoffnebel enthält. Beide Meßmethoden liefern Meßwerte, die mit zunehmender Rußkonzentration logarithmisch ansteigen. Mit der Verwendung optischer Geräte ist eine höhere Genauigkeit der Anzeige als 10% kaum erreichbar.

Bei der Filtermethode wird die Schwärzung eines Filterblättchens als Maßstab für die darauf festgehaltene Rußmenge benutzt (Bild 13). In einigen Ländern (z.B. Schweiz) ist zur Messung des Rauchstoßes bei freier Beschleunigung als Kriterium für die Feldüberwachung das Filtergerät vorgeschrieben. Dazu muß die Zeitdauer der Kolbenbewegung der Filterpumpe auf 6 Sekunden ausgedehnt werden, damit der vollständige Rauchstoß das Filterblättchen während des Kolbenhubes durchströmen kann. Die Auswertung erfolgt mit Hilfe einer Fotozelle (Bild 13b) oder mit der "Bacharach-Grautonskale".

Der Rauchgastester (Absorptions- oder Trübungsmessung) benutzt als Maß für

Abgasprüftechnik

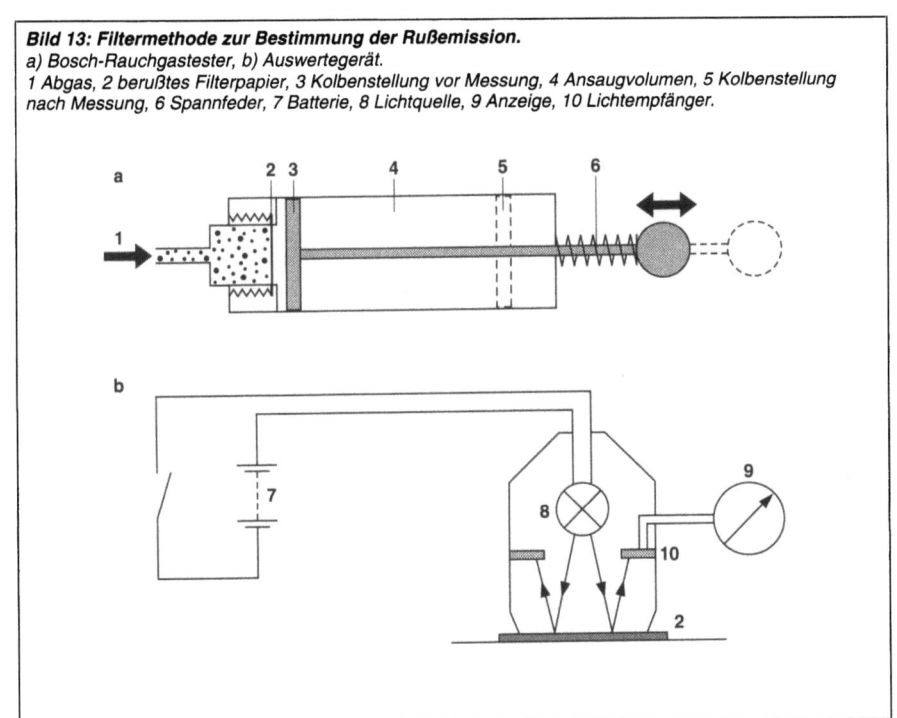

Bild 13: Filtermethode zur Bestimmung der Rußemission.
a) Bosch-Rauchgastester, b) Auswertegerät.
1 Abgas, 2 berußtes Filterpapier, 3 Kolbenstellung vor Messung, 4 Ansaugvolumen, 5 Kolbenstellung nach Messung, 6 Spannfeder, 7 Batterie, 8 Lichtquelle, 9 Anzeige, 10 Lichtempfänger.

Dieselverbrennung

die Rußkonzentration die Schwächung eines Lichtstromes. Während der Messung zieht eine Pumpe einen Teilstrom des Abgases durch Entnahmesonde und Schlauch zur Meßkammer. Dieses Verfahren vermeidet insbesondere Einflüsse des Abgasdrucks und seiner Schwankungen auf das Meßergebnis.

In der Meßkammer durchläuft ein Lichtstrahl das angesaugte Dieselabgas, die Lichtschwächung wird fotoelektrisch gemessen und in %-Trübung T oder als Absorptionskoeffizient k angezeigt. Exakt definierte Meßkammerlänge und thermisches Freihalten der Meßkammerfenster von Ruß sind Voraussetzung für hohe Genauigkeit und gute Reproduzierbarkeit der Meßergebnisse (Bilder 14 und 15).

Bei Prüfungen unter Last wird kontinuierlich gemessen und angezeigt. Bei freier Beschleunigung wird die gesamte Meßkurve digital abgespeichert, der Tester selbst wertet automatisch den Spitzenwert aus und bildet den Mittelwert aus mehreren Gasstößen.

Beurteilung

Alle Abgasmessungen sind sowohl mit zufälligen (statistischen) als auch systematischen Fehler behaftet. Die zufälligen Fehler lassen sich durch Wiederholungsmessungen verringern.
Die systematischen Fehler sind dann am größten, wenn nur eine Prüfeinrichtung zur Verfügung steht. Dieser Fehleranteil kann nur durch den Einsatz weiterer Meßmittel (z.B. zweiter Prüfstand) vermindert werden. Nur der Mittelwert aus den Ergebnissen vieler Messungen ergibt eine befriedigende Beurteilung der Abgasemissionen.

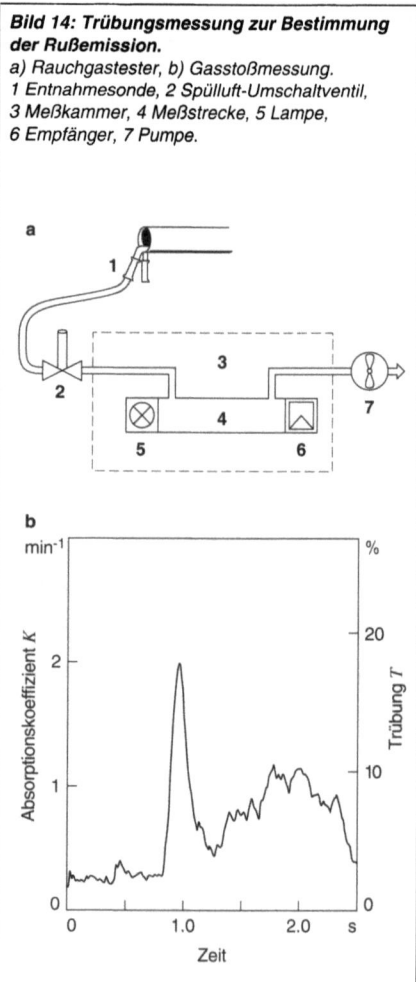

Bild 14: Trübungsmessung zur Bestimmung der Rußemission.
a) Rauchgastester, b) Gasstoßmessung.
1 Entnahmesonde, 2 Spülluft-Umschaltventil, 3 Meßkammer, 4 Meßstrecke, 5 Lampe, 6 Empfänger, 7 Pumpe.

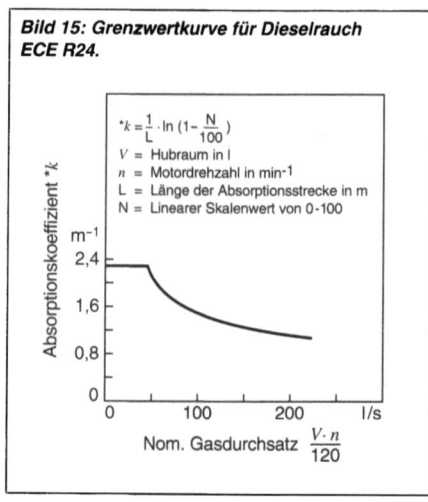

Bild 15: Grenzwertkurve für Dieselrauch ECE R24.

$$^*k = \frac{1}{L} \cdot \ln\left(1 - \frac{N}{100}\right)$$
V = Hubraum in l
n = Motordrehzahl in min^{-1}
L = Länge der Absorptionsstrecke in m
N = Linearer Skalenwert von 0-100

Abgasgrenzwerte Europa

Abgasprüftechnik

Tabelle 1. Grenzwerte für Pkw in der EG. Zulässiges Gesamtgewicht ≤2,5 t und ≤6 Sitzplätze. Neuer europäischer Fahrzyklus (NEFZ).

Regelung	Datum	HC+NO$_x$ g/km	CO g/km	Partikel g/km
91/441/EWG Typprüfung	ab 1.7.92	0,97	2,72	0,14
Erstzulassung	ab 31.12.92	1,13	3,16	0,18
Ausnahmeregelungen:				
für Direkteinspritzer				
Typprüfung	bis 1.7.94	1,36	2,72	0,20
Erstzulassung	bis 31.12.94	1,58	3,16	0,25
für Hubraum <1,4 l				
Typprüfung	bis 1.7.93[1]	5 g/Test	19 g/Test	1,1 g/Test
Erstzulassung	bis 31.12.94[1]			

[1] Danach Grenzwerte und Fahrzyklus identisch mit Regelung 91/441/EWG.

Tabelle 2. Grenzwerte für Pkw in Österreich, Schweden, Schweiz. Fahrzyklus FTP75.

Land	Datum	HC g/km	NO$_x$ g/km	CO g/km	Partikel g/km
Österreich	seit 28.7.87	0,25	0,62	2,1	0,373
	ab 1.10.93	0,25	0,62	2,1	0,124
Schweden	seit 10.92	0,25	0,25	2,1	0,05
	ab 10.94	0,19	0,25	2,1	0,05
Schweiz	zur Zeit gültig	0,25	0,62	2,1	0,124

Zusätzlich gelten in Österreich und in der Schweiz Rauchgrenzwerte ähnlich ECE R24; in Schweden HSU 45/3,5 BSU.

Tabelle 3. Grenzwerte für schwere Nkw in Europa. Zulässiges Gesamtgewicht >3,5 t. Europäischer 13-Stufen-Test (nach ECE R49), erweitert um Voll- oder Teilstrom-CVS-Anlage für Partikelmessung.

Land/Regelung	Datum	Prüfung	HC g/kWh	NO$_x$ g/kWh	CO g/kWh	Partikel g/kWh
EG 88/77/EWG	1.10.90	Typprüfung	2,4	14,4	11,2	-
EG, 1. Stufe 91/542/EWG (EURO I)	1.7.92	Typprüfung	1,1	8,0	4,5	0,36 (>85 kW) 0,612 (≤85 kW)
	1.10.93	Serie	1,23	9,0	4,9	0,4 (>85 kW) 0,68 (≤85 kW)
EG, 2. Stufe 91/542/EWG (EURO II)	1.10.95	Typprüfung	1,1	7,0	4,0	0,15[1]
	1.10.96	Serie	1,1	7,0	4,0	0,15
EG, 3. Stufe Vorschlag	ca.1999	noch nicht definiert	0,6	6,0	2,0	0,1
Österreich	1.10.91	Herstellung	1,23	9,0	4,9	0,7
	1.1.93	Erstzulassung	1,23	9,0	4,9	0,4 (>85 kW) 0,7 (≤85 kW)
Schweden	1994	generell	1,2	7,0	4,9	0,4
	1993	Stadtfahrz.	0,6	7,0	2,0	0,15
Schweiz	10.91	generell	1,23	9,0	4,9	0,7

[1] Insbesondere ≤85 kW noch zu bestätigen.

Abgasgrenzwerte USA

Tabelle 4. Grenzwerte für Pkw. Fahrzyklus FTP75. Fed.: 49 Staaten, Cal.: Kalifornien.

Standardwerte

Modelljahr	HC g/Meile	NMHC[1]) g/Meile	NO_x g/Meile	CO g/Meile	Partikel g/Meile	Dauerhaltbarkeit Meilen
1987 Fed.	0,41	-	1,0	3,4	0,20	50 000
1989 Cal.	0,46	-	1,0	8,3	0,08[2])	100 000
1993 Cal.[3])	-	0,31	1,0	4,2	0,08[2])	100 000
1994 Fed.[4])	-	0,25	1,0	3,4	0,08	50 000
1994 Fed.[4])	-	0,31	1,25	4,2	0,10	100 000

[1]) Methanfreie HC; [2]) für Partikel: Dauerhaltbarkeit 50 000 Meilen; [3]) ab Modelljahr 1993 müssen 40%, 1994: 80%, 1995: 100% der geplanten Produktion die neuen Grenzwerte erfüllen; [4]) ab Modelljahr 1994 müssen 40%, 1995: 80%, 1996: 100% der geplanten Produktion die neuen Grenzwerte erfüllen.

Clean Air Act 1990

Modelljahr	Produktionsanteil %	NMHC[1]) g/Meile	NO_x g/Meile	CO g/Meile	Partikel g/Meile	Dauerhaltbarkeit Jahre/Meilen
1994 Fed.	40	0,25	1,0	3,4	0,08	5/50 000
		0,31	1,25	4,2	0,10	10/100 000
1995 Fed.	80	0,25	1,0	3,4	0,08	5/50 000
		0,31	1,25	4,2	0,10	10/100 000
1996...2003 Fed.	100	0,25	1,0	3,4	0,08	5/50 000
		0,31	1,25	4,2	0,10	10/100 000

[1]) Methanfreie HC.

Health and Safety Code Ammendments

Modelljahr	Produktionsanteil %	NMHC[1]) g/Meile	NO_x g/Meile	CO g/Meile	Partikel g/Meile	Dauerhaltbarkeit Jahre/Meilen
1993 Cal.	40	0,25	0,4	3,4	0,08	5/50 000
		0,31	1,0[2])	4,2	0,08	10/100 000
1994 Cal.	80	0,25	0,4	3,4	0,08	5/50 000
		0,31	1,0[2])	4,2	0,08	10/100 000
1995 Cal.	100	0,25	0,4	3,4	0,08	5/50 000
		0,31	1,0[2])	4,2	0,08	10/100 000

[1]) Methanfreie HC; [2]) Diesel Option.

Tabelle 5. Grenzwerte für schwere Nkw. Zulässiges Gesamtgewicht >8500 lbs. Prüfzyklus Transient Cycle/Federal Smoke Cycle.

Modelljahr	HC (g/bhp)·h	NO_x (g/bhp)·h	CO (g/bhp)·h	Partikel (g/bhp)·h	Rauchtrübung %
1990	1,3	6,0	15,5	0,6	Beschleunigung 20
1991...1993	1,3	5,0	15,5	0,25[1])	Vollastverzögerung 15
1994...1997	1,3	5,0	15,5	0,1	Max. Rauchspitze 50
1998	1,3	4,0	15,5	0,1	

[1]) Stadtbusse 0,1 (g/bhp)·h

Abgasgrenzwerte Japan

Abgasprüftechnik

Tabelle 6. Grenzwerte für Pkw mit ≤10 Sitzplätzen. Fahrzyklus 10-Stufen-Test bzw. neuer 10-Stufen-Test für Abgasbestandteile sowie 3-Stufen-Rauchtest.

Fahrzyklus	10-Stufen-Test/Neuer 10-Stufen-Test					3-Stufen-Test
Datum	Fahrzeuggewicht kg	HC g/km	NO_x g/km	CO g/km	Partikel g/km	Rauchtrübung [1] %
zur Zeit gültig[2]	max. ≤1200 >1250	max./mittel 0,62/0,4 0,62/0,4	max./mittel 0,98/0,7 1,26/0,9	max./mittel 2,7/2,1 2,7/2,1	- -	50 bzw. 5 BSZ
ca. 1992 ...1994	≤1250 >1250	-	0,72/0,5 0,84/0,6	-	0,2 0,2	40 40
geplant innerhalb ca. 10 Jahren	-	-	0,4	-	0,08	25

[1]) Rauchgasgrenzwert bei Vollast bzw. Beschleunigung. [2]) Für im Inland produzierte und importierte Fahrzeuge unterschiedliches Gültigkeitsdatum.

Tabelle 7. Grenzwerte für Nkw. Zulässiges Gesamtgewicht >2,5 t. Fahrzyklus 6-Stufen-Test für Abgasbestandteile sowie 3-Stufen-Rauchtest.

Fahrzyklus	6-Stufen-Test					3-Stufen-Test
Datum	Motorbauart	HC ppm	NO_x ppm	CO ppm	Partikel ppm	Rauchtrübung [1] %
zur Zeit gültig	DI[2] IDI[3]	max./mittel 670/510 670/510	max./mittel 520/400 350/260	max./mittel 980/790 980/790	- -	50 bzw. 5 BSZ

Neuer 13-Stufen-Test für Abgasbestandteile sowie 3-Stufen-Rauchtest.

Fahrzyklus	Neuer 13-Stufen-Test					3-Stufen-Test
Datum	Motorbauart	HC g/kWh	NO_x g/kWh	CO g/kWh	Partikel g/kWh	Rauchtrübung [1] %
ca. 1994	DI[2] IDI[3]	-	6,0 5,0	-	0,7 0,7	40 40
geplant innerhalb ca. 10 Jahren	-	-	4,5	-	0,25	25

[1]) Rauchgasgrenzwert bei Vollast bzw. Beschleunigung. [2]) Direkteinspritzmotoren.
[3]) Kammermotoren.

Reihen-einspritz-pumpen

Reiheneinspritzpumpen PE

Einspritzanlagen

Aufgaben

Die Einspritzanlage sorgt für die Kraftstoffversorgung des Dieselmotors. Dazu erzeugt die Einspritzpumpe den zum Einspritzen benötigten Druck. Der Kraftstoff wird über die Druckleitung zur Einspritzdüse gefördert und in den Verbrennungsraum eingespritzt.
Zur Diesel-Einspritzanlage gehören außerdem: der Kraftstoffbehälter, das Kraftstoffilter, die Kraftstofförderpumpe, die Einspritzdüsen, die Kraftstoffleitungen, der Drehzahlregler und der Spritzversteller (bei Bedarf).
Die Verbrennungsvorgänge im Dieselmotor hängen in entscheidendem Maße davon ab, in welcher Menge und auf welche Weise der Kraftstoff dem Verbrennungsraum zugeführt wird. Die wichtigsten Kriterien sind hierbei: der Zeitpunkt und die Zeitdauer seiner Einspritzung, seine Verteilung im Verbrennungsraum, der Zeitpunkt des Verbrennungsbeginns, die zugeführte Kraftstoffmenge je °Kurbelwinkel und die Gesamtmenge des zugeführten Kraftstoffes entsprechend der Motorbelastung. Für die einwandfreie Funktion des Dieselmotors muß das Zusammenspiel aller Einflußgrößen optimiert werden.

Bauarten

Für die unterschiedlichsten Anwendungen im Bereich der Dieseleinspritzung wurden immer weiter verbesserte Einspritzpumpen entwickelt. Reihen-, Verteiler- und Einzylinder-Einspritzpumpen verschiedenster Größen und Ausführungen stehen so heute zur Verfügung. Folgende Einspritzsysteme entsprechen dem gegenwärtigen technischen Stand:
– die Reiheneinspritzpumpe (PE) mit mechanischem oder elektrischem Regler und einem bei Bedarf angebauten Spritzversteller.
– die Hubschieber-Reiheneinspritzpumpe (PE) mit elektrischem Regler, mit der der Förderbeginn auch ohne vorgebauten Spritzversteller beliebig veränderbar ist,
– die Einzylinder-Einspritzpumpe (PF),
– die Verteilereinspritzpumpe (VE) mit mechanischem oder elektronischem Regler und integriertem Spritzversteller,
– die Pumpe-Düse-Einheit (PDE), als ein kompaktes System und
– die Pumpe-Leitung-Düse (PLD), als modulares System der Kraftstoffeinspritzung.

Übersicht

Merkmale	Dieseleinspritzpumpen			
	VE	PE	PF	PDE/PLD
Einspritzdruck in bar (pumpenseitig)	bis 700	bis 1150	bis 1500	bis 1500
Verwendung	schnelllaufende Pkw/Nkw-Motoren	Nkw, Sonderfahrzeuge, stationäre Motoren	Schiffsmotoren, Baumaschinen	Nkw, Pkw
Zylinderleistung in kW/Zylinder	bis 25	bis 70	bis 1000	bis 70

Einspritztechnik

Kraftstoffzumessung

Für eine gute Gemischaufbereitung muß eine Einspritzpumpe den Kraftstoff je nach Diesel-Verbrennungsverfahren mit einem sehr hohen Druck einspritzen und mit größtmöglicher Präzision dosieren. Eine optimale Abstimmung zwischen dem Kraftstoffverbrauch, der Schadstoffemission und dem Laufgeräusch (Ganghärte) des Dieselmotors erfordert eine Genauigkeit des Spritzbeginns von ca. 1 °KW (Grad Kurbelwinkel).

Zur Steuerung des Spritzbeginns und zur Kompensation der Druckwellenlaufzeit in der Einspritzleitung dient bei der Standard-Reiheneinspritzpumpe ein Spritzversteller, der den Förderbeginn der Einspritzpumpe mit steigender Drehzahl in Richtung "früh" verschiebt. In Sonderfällen ist eine lastabhängige Steuerung vorgesehen. Die Last- und Drehzahlsteuerung des Dieselmotors wird von der Einspritzmenge (physikalisch richtige Begriffe: Einspritzvolumen [mm³/Hub] und Einspritzmasse [mg/Hub]) ohne Drosselung der Ansaugluft (Bilder 1 und 2) bestimmt.

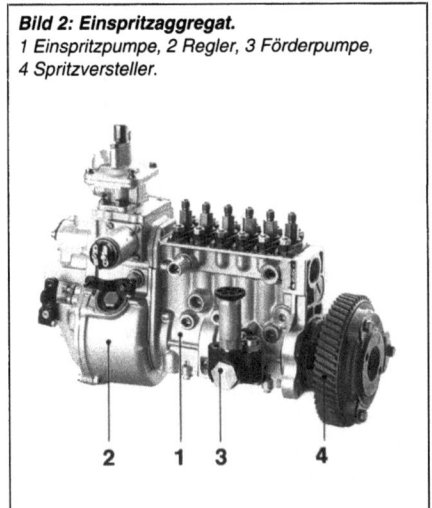

Bild 2: Einspritzaggregat.
1 Einspritzpumpe, 2 Regler, 3 Förderpumpe, 4 Spritzversteller.

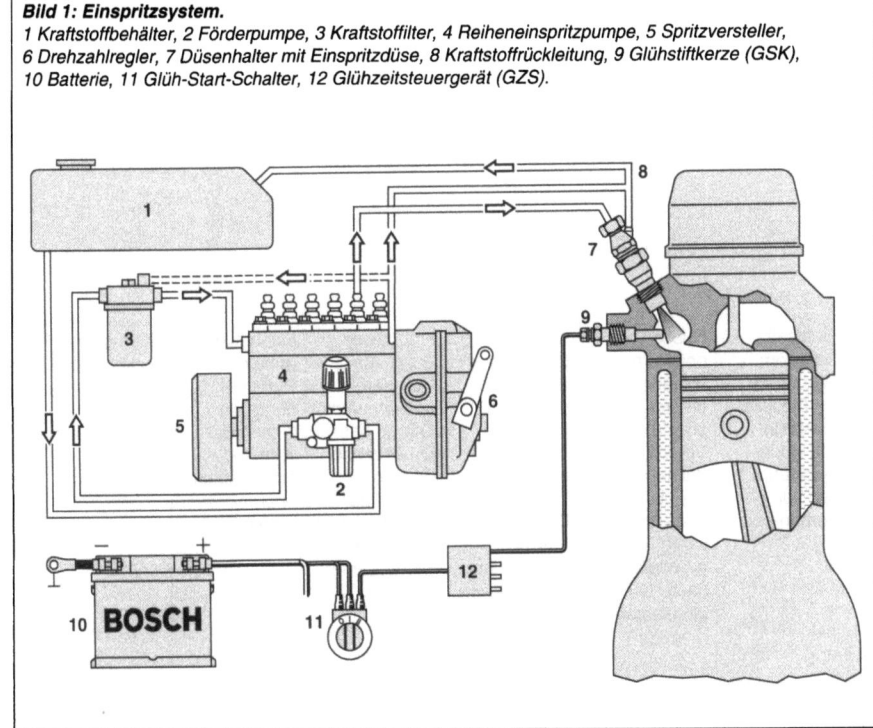

Bild 1: Einspritzsystem.
1 Kraftstoffbehälter, 2 Förderpumpe, 3 Kraftstoffilter, 4 Reiheneinspritzpumpe, 5 Spritzversteller, 6 Drehzahlregler, 7 Düsenhalter mit Einspritzdüse, 8 Kraftstoffrückleitung, 9 Glühstiftkerze (GSK), 10 Batterie, 11 Glüh-Start-Schalter, 12 Glühzeitsteuergerät (GZS).

Reiheneinspritzpumpen

Hubphasenfolge

Im "Unteren Totpunkt" (UT) sind die Zulaufbohrungen im Pumpenzylinder offen. Durch sie kann der unter dem Förderpumpendruck stehende Kraftstoff vom Saugraum in den Hochdruckraum strömen. In der Aufwärtsbewegung verschließt der Pumpenkolben die Zulaufbohrungen. Man bezeichnet diese Phase des Kolbenhubes als Vorhub. Im weiteren Verlauf der Hubbewegung wird der Kraftstoffdruck erhöht, was zu einer Öffnung des Druckventils führt. Bei der Verwendung eines Gleichraumventiles (GRV; Beschreibung im Abschnitt "Druckventile") durchläuft der Kolben noch den Entlastungshub. Während des Nutzhubes strömt der Kraftstoff durch die Druckleitung zur Einspritzdüse. Gibt die Steuerkante des Pumpenkolbens die Steuerbohrung bzw. die Zulaufbohrung wieder frei, so ist der Nutzhub beendet. Von diesem Zeitpunkt an wird kein Kraftstoff mehr zur Einspritzdüse gefördert, da der Kraftstoff während des Resthubes durch die Längsnut in den Saugraum zurückgedrückt wird (Bild 3).

Nach einer Bewegungsumkehr im oberen Totpunkt (OT) fließt der Kraftstoff solange durch die Längsnut in den Pumpenzylinder zurück, bis die Steuerkante die Steuerbohrung bzw. die Zulaufbohrung wieder verschließt. Bei weiterem Kolbenrücklauf entsteht im Pumpenzylinder ein Unterdruck, und mit der Freigabe der Zulaufbohrung strömt wieder Kraftstoff in den Hochdruckraum. Der Zyklus beginnt von vorn.

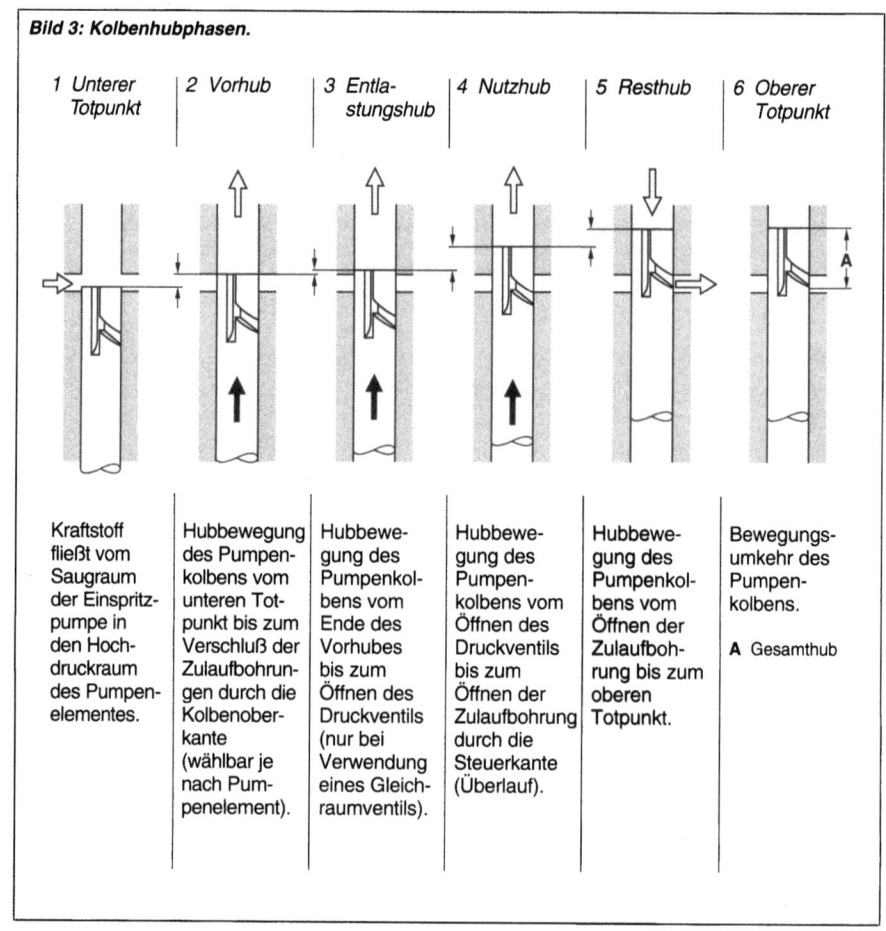

Bild 3: Kolbenhubphasen.

1 Unterer Totpunkt	2 Vorhub	3 Entlastungshub	4 Nutzhub	5 Resthub	6 Oberer Totpunkt
Kraftstoff fließt vom Saugraum der Einspritzpumpe in den Hochdruckraum des Pumpenelementes.	Hubbewegung des Pumpenkolbens vom unteren Totpunkt bis zum Verschluß der Zulaufbohrungen durch die Kolbenoberkante (wählbar je nach Pumpenelement).	Hubbewegung des Pumpenkolbens vom Ende des Vorhubes bis zum Öffnen des Druckventils (nur bei Verwendung eines Gleichraumventils).	Hubbewegung des Pumpenkolbens vom Öffnen des Druckventils bis zum Öffnen der Zulaufbohrung durch die Steuerkante (Überlauf).	Hubbewegung des Pumpenkolbens vom Öffnen der Zulaufbohrung bis zum oberen Totpunkt.	Bewegungsumkehr des Pumpenkolbens. A Gesamthub

Einspritztechnik

Bild 4: Fördermengenregelung.
Mit gezahnter Regelstange. a) Nullförderung, b) Teilförderung, c) Vollförderung.
1 Pumpenzylinder, 2 Zulaufbohrung, 3 Pumpenkolben, 4 Steuerkante, 5 Regelstange.

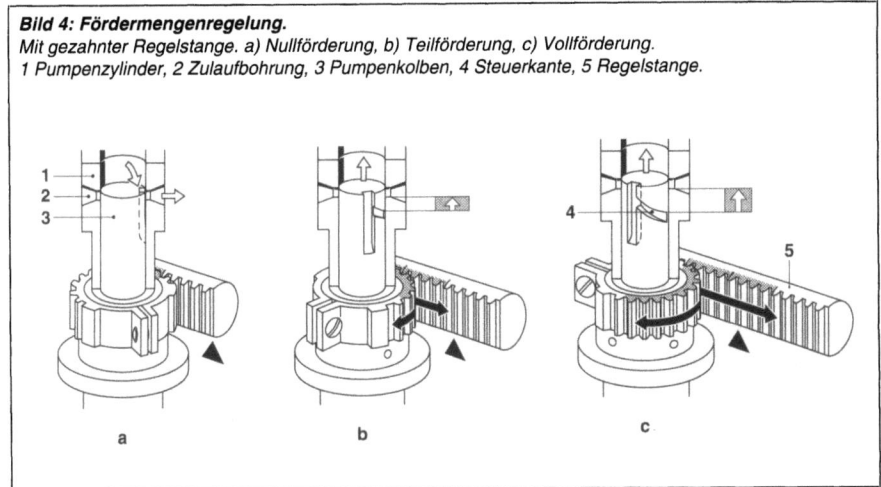

Die vom Dieselmotor abgegebene Leistung hängt u.a. auch von der eingespritzten Kraftstoffmenge ab. Die Reiheneinspritzpumpe muß den unterschiedlichsten Motorbelastungen immer die richtige Kraftstoffmenge zumessen. Diese Kraftstoffmenge läßt sich durch das Verändern des Nutzhubes steuern. Hierzu verdreht die Regelstange den Pumpenkolben, so daß mit der schräg verlaufenden Steuerkante des Pumpenkolbens der Zeitpunkt des Förderendes und damit die Fördermenge verändert werden kann. Bei Vollförderung wird erst beim Erreichen des maximalen Nutzhubes abgesteuert, also erst mit dem Erreichen der größtmöglichen Fördermenge. Für die Teilförderung wird je nach Stellung des Pumpenkolbens früher abgesteuert. Bei der Endstellung für die Nullförderung befindet sich die Längsnut direkt vor der Ansaugbohrung. Dadurch ist der Druckraum während des gesamten Hubes über dem Pumpenkolben mit dem Saugraum verbunden. Es wird also kein Kraftstoff gefördert. In diese Stellung werden die Pumpenkolben gebracht, wenn der Motor abgestellt werden soll (Bild 4). Bei der Reiheneinspritzpumpe PE..A ist eine solche Fördermengenregelung mit einer gezahnten Regelstange realisiert (Bild 5).

Bild 5: Reiheneinspritzpumpe Typ: PE..A...
1 Zahnsegment, 2 Regelhülse,
3 Federraumdeckel, 4 Druckventilhalter,
5 Druckventilträger, 6 Druckventil,
7 Pumpenzylinder, 8 Pumpenkolben,
9 Regelstange, 10 Kolbenfahne,
11 Kolbenfeder, 12 Federteller,
13 Einstellschraube, 14 Rollenstößel,
15 Nockenwelle.

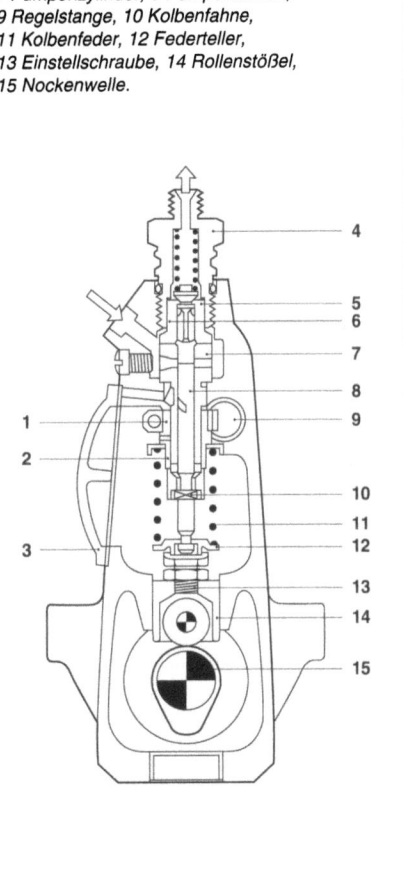

Reihen-einspritz-pumpen

Nockenformen

Unterschiedliche Brennraumformen und Verbrennungsverfahren verlangen individuelle Einspritzbedingungen, d.h. für den jeweiligen Motortyp ist eine spezielle Abstimmung des Einspritzvorgangs erforderlich. Die Kolbengeschwindigkeit und damit auch die Dauer der Einspritzung hängt vom Nockenhub relativ zum Nockenwinkel ab. Aus diesem Grund gibt es für den praktischen Einsatz Nockenformen in verschiedenen Ausführungen. Um die Einspritzbedingungen – wie Einspritzverlauf und Druckbelastung – zu verbessern, können rechnerisch Sondernockenformen bestimmt werden.

Auch die Ablaufflanke des Nockens läßt sich variieren: es gibt symmetrische Nocken, Nocken mit exzentrischem Ablauf und rücklaufhemmende Nocken, die ein Starten des Motors in ungewollter Drehrichtung erschweren (Bild 6).

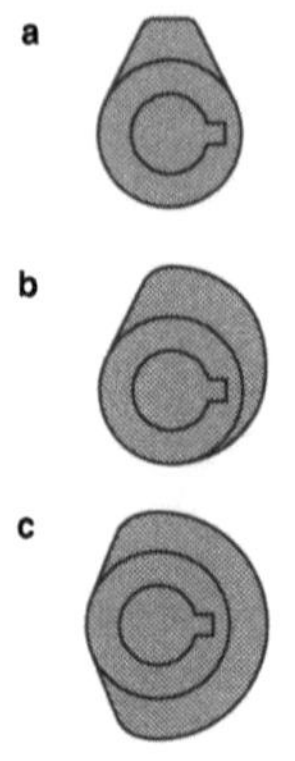

Pumpenelemente

<u>Grundausführung des Pumpenelements</u>
Pumpenelemente bestehen aus dem Pumpenkolben und dem Pumpenzylinder. Sie arbeiten nach dem Überströmprinzip mit Schrägkantensteuerung.

Der Pumpenkolben ist so fein in den Pumpenzylinder eingepaßt, daß er auch bei sehr hohen Drücken und niedrigen Drehzahlen ohne zusätzliches Dichtungselement abdichtet.

Der Pumpenkolben hat neben einer Längsnut seitlich eine Ausfräsung. Die entstehende Schrägkante an der Kolbenwand wird als Steuerkante bezeichnet (Bild 7a und 7b).

Für Einspritzdrücke bis 600 bar genügt eine Steuerkante, für höhere Drücke muß der Kolben mit zwei gegenüberliegenden Steuerkanten versehen werden. Diese Maßnahme verhindert ein "Fressen" der Elemente, da der Kolben durch den Einspritzdruck nicht mehr seitlich gegen die Zylinderwand gepreßt wird. Im Zylinder sind ein oder zwei Bohrungen für den Kraftstoffzulauf und die Absteuerung angeordnet.

Bild 6: Nocken-Ablaufflanke. Varianten:
a) Symmetrischer Nocken, b) Nocken mit exzentrischem Ablauf, c) rücklaufhemmender Nocken.

Bild 7: Pumpenelemente.
a) Einlochelement, b) Zweilochelement.
1 Zulaufbohrung, 2 Längsnut, 3 Zylinder,
4 Kolben, 5 Steuerbohrung (Zu- und Rücklauf),
6 Steuerkante.

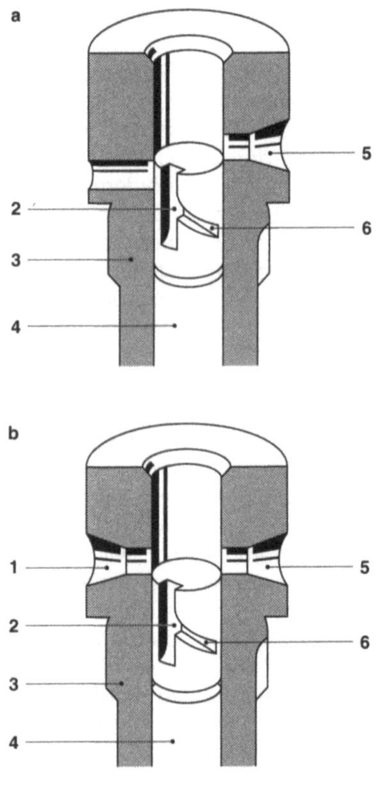

Wegen der exakten Einpassung von dem Pumpenkolben in den Pumpenzylinder dürfen nur vollständige Pumpenelemente ausgewechselt werden.

Pumpenelement mit Leckrückführung
Ist die Einspritzpumpe an den Schmierölkreislauf des Motors angeschlossen, so führt der Leckkraftstoff unter Umständen zu einer Verdünnung des Motoröls. Elemente mit einer Leckrückführung zum Saugraum der Einspritzpumpe vermeiden dies weitgehend. Hierzu befindet sich entweder eine Ringnut im Pumpenzylinder, die über eine Bohrung mit dem Saugraum verbunden ist oder der Leckkraftstoff wird in einer Kolbenringnut gesammelt und über sinnvoll angeordnete Nuten im Kolben zurückgeführt (Bild 8).

Varianten
Spezielle Anforderungen wie Geräuschreduzierung oder Schadstoffminderung im Abgas machen die lastabhängige Veränderung des Förderbeginns notwendig. Pumpenkolben, die zusätzlich zu der untenliegenden Steuerkante über eine obenliegende Steuerkante verfügen, ermöglichen lastabhängige Steuerung des Förderbeginns (Bild 9). Um das Startverhalten einiger Motortypen zu verbessern, werden spezielle Pumpenkolben mit einer Startnut verwendet.

Einspritztechnik

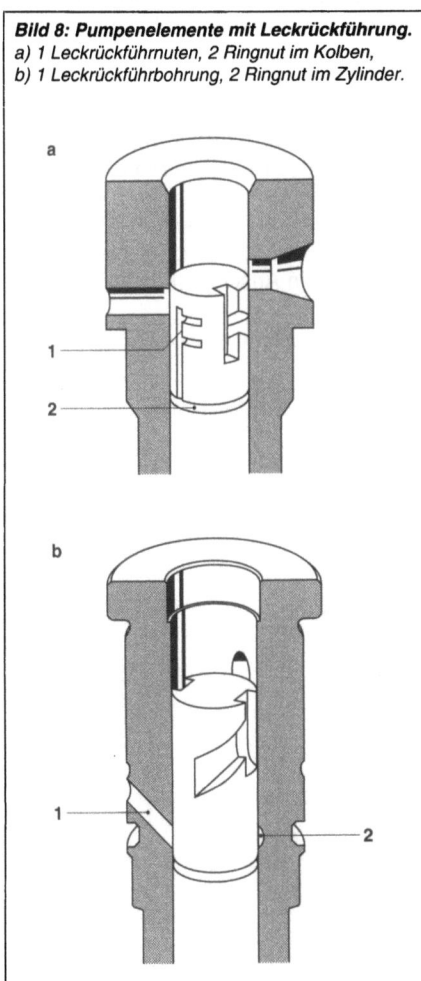

Bild 8: Pumpenelemente mit Leckrückführung.
a) 1 Leckrückführnuten, 2 Ringnut im Kolben,
b) 1 Leckrückführbohrung, 2 Ringnut im Zylinder.

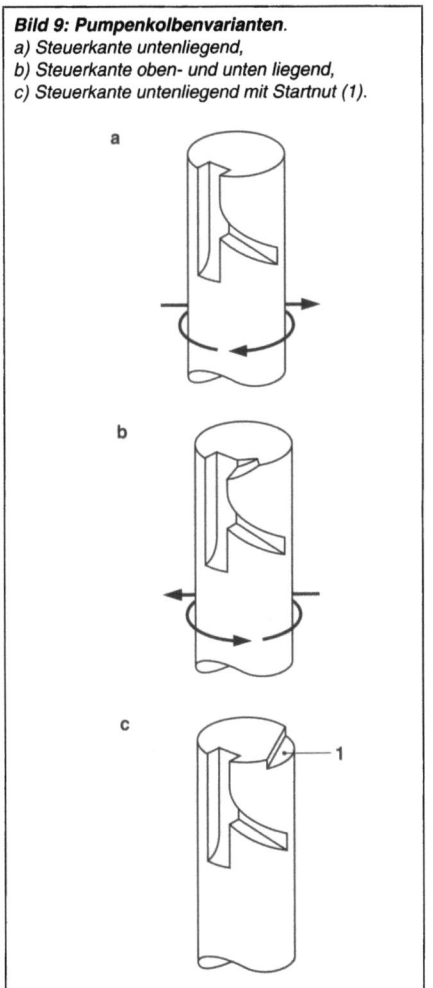

Bild 9: Pumpenkolbenvarianten.
a) Steuerkante untenliegend,
b) Steuerkante oben- und unten liegend,
c) Steuerkante untenliegend mit Startnut (1).

Reiheneinspritzpumpen

Diese Startnut, als zusätzliche Aussparung an der Oberkante, wirkt nur in der Startstellung der Pumpenkolben. Sie ergibt, relativ zur Kurbelwellenstellung, einen um 5...10° späteren Förderbeginn.

Druckventile
Das Druckventil hat die Aufgabe, den Hochdruckkreis zwischen der Druckleitung und dem Pumpenkolben zu trennen und nach der Einspritzung die Druckleitung und den Düsenraum auf einen vorgegebenen Standdruck zu entlasten. Diese Entlastung bewirkt ein rasches und exaktes Schließen der Düse und verhindert ein unerwünschtes Nachtropfen des Kraftstoffes. Beim Fördervorgang hebt der entstehende Druck im Hochdruckraum den Druckventilkegel im Druckventilträger von seinem Ventilsitz ab. Der Kraftstoff wird über den Druckventilhalter und die Druckleitung zur Einspritzdüse gefördert. Sobald die Steuerkante des Pumpenkolbens den Einspritzvorgang absteuert, fällt der Druck im Hochdruckraum ab. Der Druckventilkegel wird damit von der Ventilfeder auf seinen Sitz zurückgedrückt. Der Raum über dem Pumpenkolben und der Hochdruckkreis sind durch diesen Vorgang bis zum nächsten Förderhub getrennt (Bild 10).

Gleichraumventil ohne Rückströmdrossel
Beim Gleichraumventil (GRV) ist ein Teil des Ventilschaftes als Kolben (Entlastungskolben) geformt und mit geringem Spiel in die Ventilführung eingepaßt. Beim Absteuern taucht dieser Entlastungskolben in die Ventilführung ein und schließt die Druckleitung gegen den Hochdruckraum ab. Dabei vergrößert sich das dem Kraftstoff in der Druckleitung zur Verfügung stehende Volumen um das Hubvolumen des Entlastungskolbens. Dieses Entlastungsvolumen ist auf die Länge der Druckleitung abgestimmt; diese darf deshalb nicht verändert werden.
Um gewünschte Fördermengenverläufe zu ermöglichen, werden in Sonderfällen Angleichventile verwendet. Sie haben an dem Entlastungskolben einen zusätzlichen Anschliff (Bild 11).

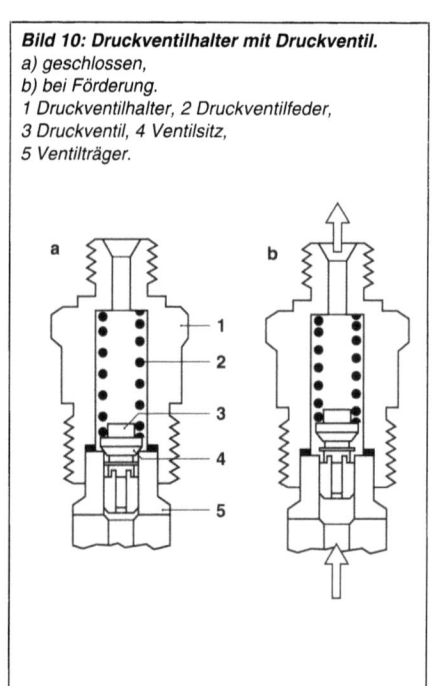

Bild 10: Druckventilhalter mit Druckventil.
a) geschlossen,
b) bei Förderung.
1 Druckventilhalter, 2 Druckventilfeder,
3 Druckventil, 4 Ventilsitz,
5 Ventilträger.

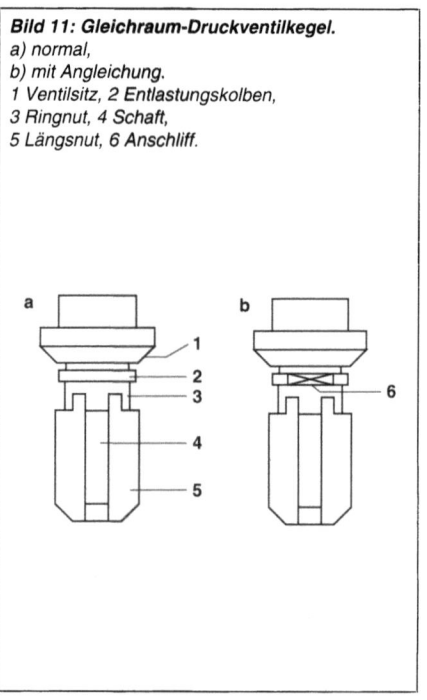

Bild 11: Gleichraum-Druckventilkegel.
a) normal,
b) mit Angleichung.
1 Ventilsitz, 2 Entlastungskolben,
3 Ringnut, 4 Schaft,
5 Längsnut, 6 Anschliff.

Gleichraumventil mit Rückströmdrossel

Die Rückströmdrossel (RSD) kann zusätzlich zum Gleichraumventil verwendet werden, und hat die Aufgabe, rücklaufende Druckwellen, die beim Schließen der Düse entstehen, zu dämpfen und unschädlich zu machen. Dadurch werden Verschleißerscheinungen und Kavitation (Hohlraumbildung) im Hochdruckraum verringert bzw. ganz verhindert. Die Rückströmdrossel befindet sich im oberen Teil des Druckventilhalters, also zwischen Gleichraumventil und Düse. Der Ventilkörper hat eine kleine, an die Betriebsbedingungen angepaßte Bohrung, die einerseits die gewünschte Drosselung ergibt, andererseits aber Druckwellenreflexionen weitgehend vermeidet. In Förderrichtung öffnet das Ventil. Es findet keine Drosselung statt. Als Ventilkörper dient für Drücke bis ca. 800 bar eine Platte (Bild 12), für höhere Drücke ein geführter Kegel.

Gleichdruckventil

Das Gleichdruckventil (GDV) wird bei Einspritzpumpen mit hohen Einspritzdrücken verwendet (Bild 13). Es besteht aus einem Vorlaufventil in Förderrichtung und einem Druckhalteventil in Rückströmrichtung. Dabei soll das Druckhalteventil zwischen den Einspritzungen unter allen Betriebsbedingungen einen möglichst konstanten Leitungsstanddruck gewährleisten. Die Vorteile des Gleichdruckventils liegen in der Vermeidung von Kavitation und in einer besseren hydraulischen Stabilität. Für eine einwandfreie Verwendung des Gleichdruckventils sind allerdings höhere Einstellgenauigkeiten und Reglermodifikationen nötig. Es wird für Hochdruck-Einspritzpumpen (ab ca. 800 bar) und für kleine schnellaufende Direkt-Einspritzmotoren angewandt.

Einspritztechnik

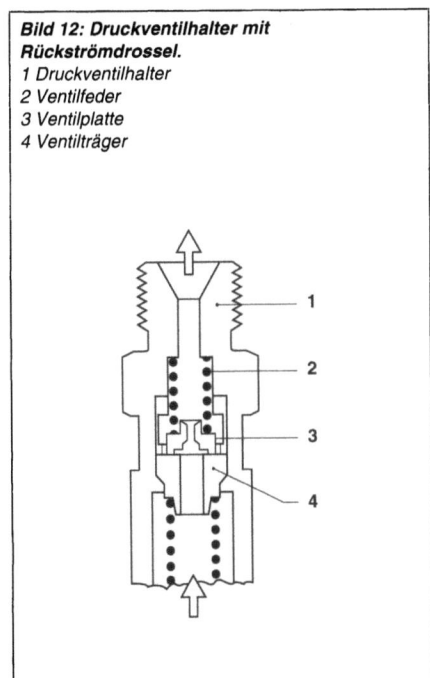

Bild 12: Druckventilhalter mit Rückströmdrossel.
1 Druckventilhalter
2 Ventilfeder
3 Ventilplatte
4 Ventilträger

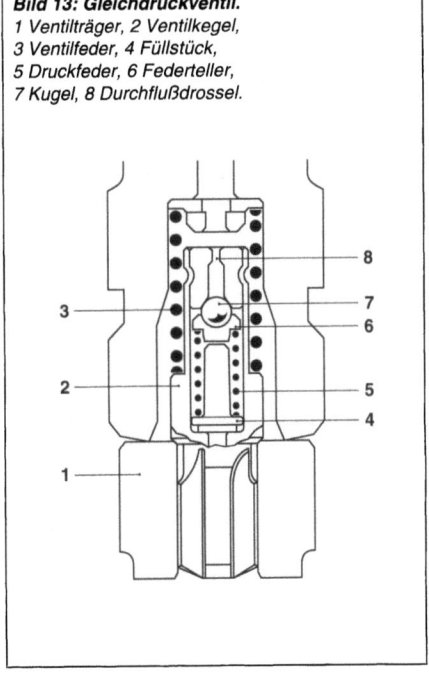

Bild 13: Gleichdruckventil.
1 Ventilträger, 2 Ventilkegel,
3 Ventilfeder, 4 Füllstück,
5 Druckfeder, 6 Federteller,
7 Kugel, 8 Durchflußdrossel.

Reiheneinspritzpumpen

Standard-Reiheneinspritzpumpen PE

Aufbau

Die Standard-Reiheneinspritzpumpen PE haben eine eigene Nockenwelle sowie ein Pumpenelement für jeden Motorzylinder (Bild 1).
Die komplette Einspritzanlage setzt sich aus folgenden Einzelbaugruppen zusammen:
– einer Einspritzpumpe,
– einer mechanischen oder elektronischen Regelung für die Motordrehzahl und die einzuspritzende Kraftstoffmenge,
– einem Spritzversteller (bei Bedarf) zur drehzahlabhängigen Verstellung des Förderbeginns,
– einer Förderpumpe zum Ansaugen und Fördern des Kraftstoffes vom Kraftstoffbehälter über das Kraftstoffilter und die Kraftstoffleitung zur Einspritzpumpe,
– einer der Zylinderzahl entsprechenden Anzahl von Druckleitungen von der Einspritzpumpe zur Einspritzdüse und
– den Einspritzdüsen.

Der Dieselmotor treibt die Nockenwelle der Einspritzpumpe an. Bei 2-Takt-Motoren entspricht die Pumpendrehzahl der Kurbelwellendrehzahl. Bei 4-Takt-Motoren beträgt die Pumpendrehzahl, wie die Nockenwellendrehzahl des Verbrennungsmotors, die Hälfte der Kurbelwellendrehzahl.

Zur Erzeugung der hohen Einspritzdrücke muß die Antriebsverbindung zwischen der Einspritzpumpe und dem Motor möglichst "drehsteif" sein.

Reiheneinspritzpumpen gibt es für unterschiedliche Motorleistungen in verschiedenen Größen.

So hängt die mögliche Einspritzmenge vom Hubvolumen der Pumpenzylinder ab, und die maximalen Einspritzdrücke können pumpenseitig zwischen 400 und 1150 bar betragen.

Zur Schmierung der beweglichen Pumpenteile (z.B. Nockenwellen, Rollen

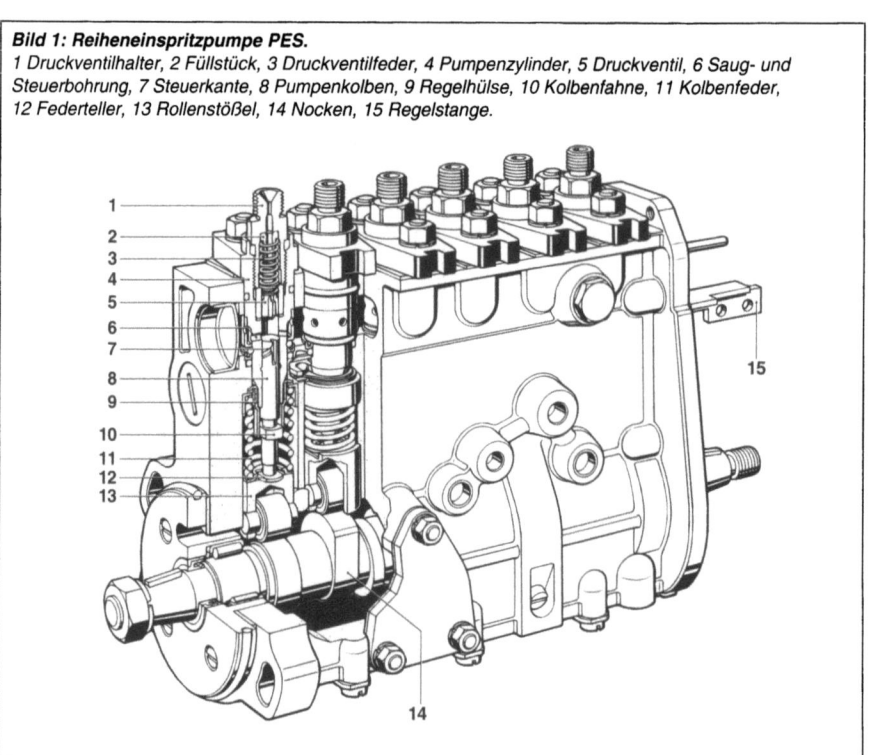

Bild 1: Reiheneinspritzpumpe PES.
1 Druckventilhalter, 2 Füllstück, 3 Druckventilfeder, 4 Pumpenzylinder, 5 Druckventil, 6 Saug- und Steuerbohrung, 7 Steuerkante, 8 Pumpenkolben, 9 Regelhülse, 10 Kolbenfahne, 11 Kolbenfeder, 12 Federteller, 13 Rollenstößel, 14 Nocken, 15 Regelstange.

Standard-Reihen-einspritz-pumpen

stößel usw.) ist eine bestimmte Menge Öl in der Einspritzpumpe vorhanden. Während des Betriebs wird das Öl umgewälzt, da die Einspritzpumpe an den Schmierölkreislauf des Motors angeschlossen ist.
Alle Pumpentypen sind in Baureihen zusammengefaßt, die sich zum Teil in ihren Leistungsbereichen überschneiden. Diese Baureihen werden in den nächsten Abschnitten differenziert beschrieben.
Bei Reiheneinspritzpumpen gibt es zwei voneinander abweichende Bauweisen: die Bauweise der M- und A-Pumpe und die Bauweise der MW- und P-Pumpe.
Der Leistungsbereich von Dieselmotoren mit Reiheneinspritzpumpen erstreckt sich von 10 bis zu 70 kW/Zylinder. Dieser weite Leistungsbereich wird durch die verschiedenartigen Pumpenausführungen ermöglicht. Die verschiedenen Pumpengrößen A, M, MW und P werden in Großserien gefertigt (Bild 2).
Für noch höhere Zylinderleistungen stehen die Baugrößen ZW, P9 und P10 zur Verfügung.

Arbeitsweise

Zusammenwirken der Komponenten

Bei den PE-Reiheneinspritzpumpen ist die Nockenwelle im Aluminiumgehäuse integriert. Sie wird entweder über eine Kupplungseinheit, einen Spritzversteller oder direkt mit dem Motor gekoppelt. Über jedem Nocken der Nockenwelle befindet sich ein Rollenstößel mit einem Federteller. Der Federteller verbindet den Pumpenkolben formschlüssig mit dem Rollenstößel. Der Pumpenzylinder führt den Pumpenkolben und beide zusammen bilden das Pumpenelement.

Übersicht

Merkmale	PE-Reiheneinspritzpumpen				
	M	A	MW	P1...3000	P7100...8000
Einspritzdruck in bar (pumpenseitig)	400	600	900	800	1150
Verwendung	4...6 Zylinder	Leichte bis mittlere Lkw, Traktoren, Industriemotoren.			Schwere Lkw, Industriemotoren.
Zylinderleistung in kW/Zylinder	10...15	25	35	60	70

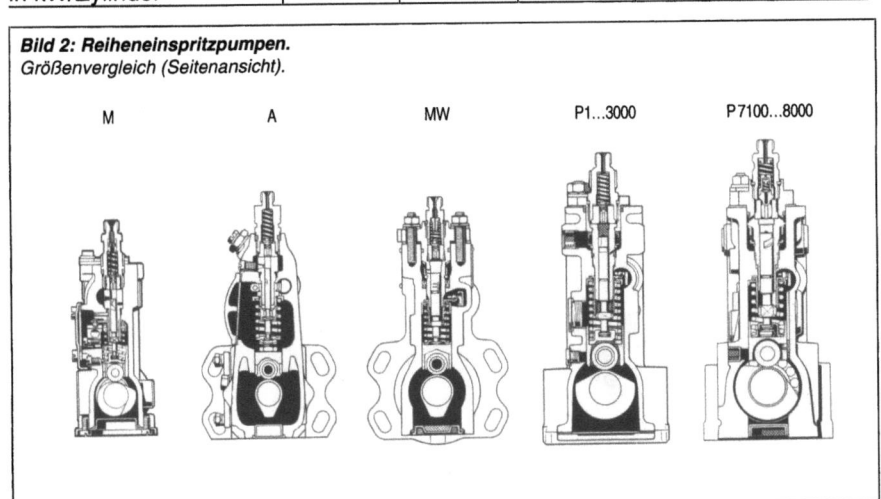

Bild 2: Reiheneinspritzpumpen.
Größenvergleich (Seitenansicht).

M   A   MW   P1...3000   P7100...8000

Reiheneinspritzpumpen

Der Pumpenzylinder hat eine oder zwei Zulaufbohrungen, die vom Saugraum ins Innere des Pumpenzylinders führen. Über dem Pumpenelement sitzt der Druckventilhalter mit dem Druckventil. Die Regelhülse stellt die Verbindung zwischen dem Pumpenkolben und der Regelstange her. Die im Pumpengehäuse verschiebbare Regelstange dreht, gesteuert durch den im Abschnitt "Regelung" beschriebenen Regler, über einen Zahnkranz bzw. über einen Lenkhebel die formschlüssige Einheit "Regelhülse-Pumpenkolben". Eine exakte Regulierung der Fördermenge wird damit möglich.

Antrieb der Reiheneinspritzpumpe

In der Reiheneinspritzpumpe wird die Drehbewegung der Nockenwelle direkt in eine Hubbewegung des Rollenstößels und somit auch in eine Hubbewegung des Pumpenkolbens umgewandelt (Bild 3).

Der Gesamthub des Pumpenkolbens ist unveränderlich, wobei der Nutzhub und damit die Fördermenge durch das Verdrehen des Pumpenkolbens verändert werden kann.

Den Förderhub in Richtung des "Oberen Totpunktes" (OT) übernimmt der Nocken. Eine Kolbenfeder bewerkstelligt die Rückführung in Richtung des "Unteren Totpunktes" (UT). Sie ist so dimensioniert, daß die Rolle auch bei maximaler Drehzahl nicht vom Nocken abspringt, da ein Abspringen und mit ihm ein Wiederaufprallen der Rolle zwangsläufig im Dauerbetrieb zu einer Beschädigung der Nockenlaufbahn bzw. der Rolle führen würde.

Die Winkelversetzung von einem Nocken zum nächsten auf der Nockenwelle gewährleistet eine exakte Übereinstimmung der Einspritzfolge mit der Zündfolge und dem Zündabstand des Motors.

Bild 3: Pumpenelemente. Antrieb.
a) UT-Stellung, b) OT-Stellung. 1 Nocken, 2 Rollenstößel, 3 unterer Federteller, 4 Kolbenfeder, 5 oberer Federteller, 6 Regelhülse, 7 Pumpenkolben, 8 Pumpenzylinder.

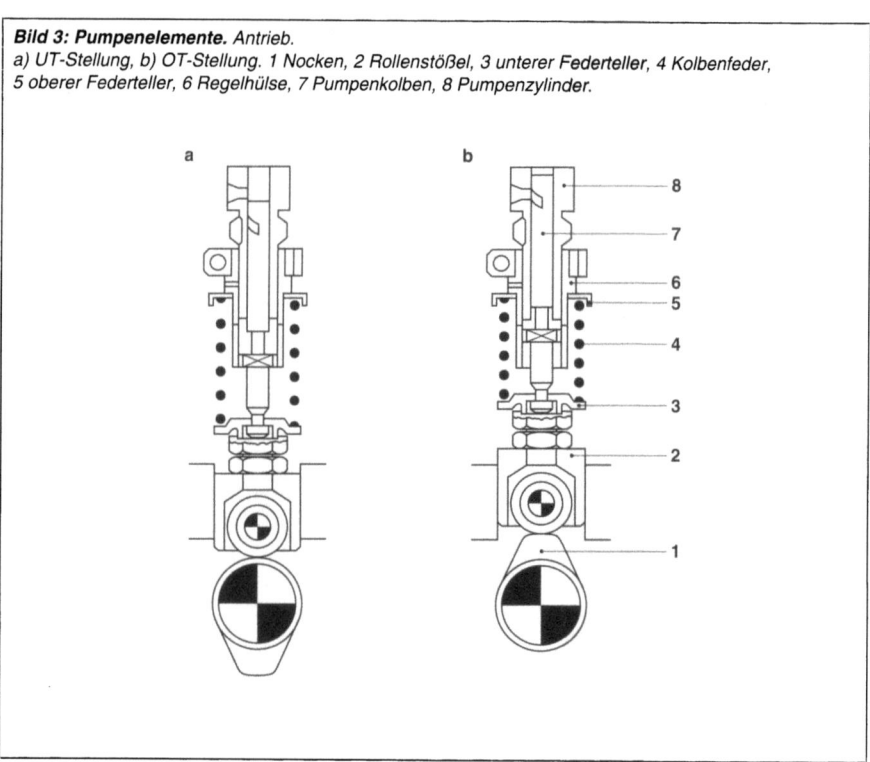

Zusätzliche Komponenten

Regelung

Die Hauptaufgabe des Reglers ist, die Enddrehzahl eines Motors zu begrenzen. Er muß die vom Motorhersteller zugelassene Höchstdrehzahl einhalten, da der unbelastete Dieselmotor bei ausreichender Einspritzmenge bis zur Selbstzerstörung "durchginge". Außerdem müssen Drehzahlen innerhalb eines bestimmten oder innerhalb des gesamten Drehzahlbereiches geregelt werden. Je nach Reglerart betrifft dies z.B. die Leerlauf- und die Enddrehzahl.

An den Regler werden auch noch andere Aufgaben gestellt: Veränderung der Vollastmenge in Abhängigkeit von der Drehzahl (Angleichung), dem Lade- und dem Atmosphärendruck oder die Bemessung der für das Starten notwendigen Kraftstoffmenge. Für diese Aufgaben bestimmt der Regler die Fördermenge über die Stellung der Regelstange. Diese bringt den Pumpenkolben (Bild 4) in die richtige Stellung. Für Reiheneinspritzpumpen werden mechanische oder elektronische Regler eingesetzt. Pneumatische Regler werden wegen der gestiegenen Anforderungen heute nicht mehr verwendet.

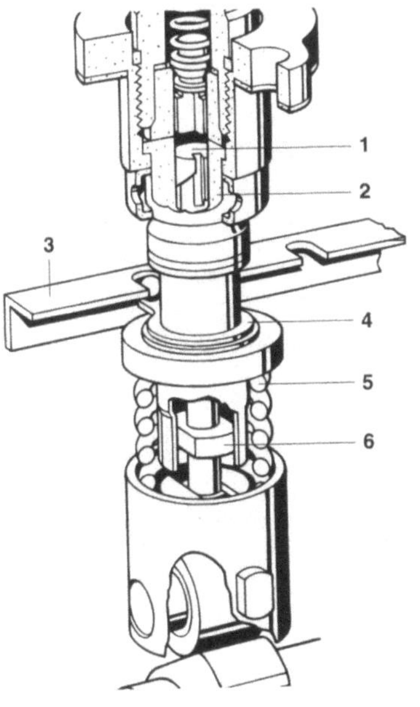

Eine ausführliche Beschreibung der Regler enthält die Druckschrift "Regler für Diesel-Reiheneinspritzpumpen".

Mechanische Regelung

Für die mechanische Regelung sind verschiedene Reglerarten in Gebrauch:
– Enddrehzahlregler, die die Höchstdrehzahl begrenzen.
– Leerlauf-Enddrehzahlregler (vorwiegender Einsatz im Kfz), die die Leerlauf- und Enddrehzahl regeln, den Bereich dazwischen aber nicht. Die Beeinflussung der Einspritzmenge erfolgt mit dem Fahrpedal.
– Alldrehzahlregler, die neben der Leerlauf- und Enddrehzahl auch den dazwischenliegenden Drehzahlbereich regeln.

Ständig steigende Anforderungen an die "Qualität" des Abgases, an die Höhe des Kraftstoffverbrauches, an den Fahrkomfort und die vom Motor zu erbringende Leistung prägen die Entwicklung der Dieseltechnik. Mithin steigen die Ansprüche, die an das Einspritzsystem – insbesondere an den Regler – gestellt werden.

Elektronische Regelung

Die elektronische Dieselregelung (EDC Electronic Diesel Control) erfüllt die gestiegenen Ansprüche an das Regelsystem. Sie ermöglicht elektrisches Messen sowie flexible elektronische Datenverarbeitung. Regelkreise mit elektrischen Stellern bieten im Vergleich zu herkömmlichen mechanischen Reglern sowohl verbesserte als auch neue Reglerfunktionen.

Die elektronischen Regler bestehen aus:
– verschiedenartigen Aufnehmern (Sensoren),
– dem elektronischen Steuergerät und
– dem an die Reiheneinspritzpumpe angebauten Stellwerk.

Bild 4: Fördermengenregelung.
Mit Lenker. 1 Kolben, 2 Zylinder, 3 Regelstange, 4 Regelhülse, 5 Kolbenfeder, 6 Kolbenfahne.

Standard-Reiheneinspritzpumpen

*Reihen-
einspritz-
pumpen*

Spritzverstellung

Die wesentlichen Kriterien für die Optimierung des Dieselmotors sind:
- geringe Schadstoffemissionen,
- geringes Verbrennungsgeräusch und
- niedriger spezifischer Kraftstoffverbrauch.

Der Förderbeginn bezeichnet den Beginn der Kraftstofförderung durch die Einspritzpumpe (Bild 5). Die Wahl dieses Zeitpunktes richtet sich nach den von dem Betriebspunkt abhängigen, veränderlichen Größen Spritzverzug und Zündverzug. Der Spritzverzug bezeichnet die Zeitdauer zwischen Förderbeginn und Spritzbeginn. Der Zündverzug steht für die Zeit zwischen Spritzbeginn und Verbrennungsbeginn. Der Einspritz- bzw. der Spritzbeginn bezeichnet den Kurbelwinkel im Bereich von OT (Oberer Totpunkt) des Motorkolbens, bei dem das Einspritzventil öffnet und den Kraftstoff in den Brennraum einspritzt.

Der Verbrennungsbeginn definiert den Entflammungszeitpunkt des Luft-Kraftstoff-Gemisches, der sich über den Spritzbeginn beeinflussen läßt.

Eine drehzahlabhängige Einstellung des Förderbeginns läßt sich bei einer PE-Einspritzpumpe am besten mit einem Spritzversteller realisieren.

Aufgaben

Seiner Aufgabe nach sollte der Spritzversteller Förderbeginnversteller heißen, da durch ihn direkt der Förderbeginn verändert wird. Der Spritzversteller (Exzenter-Spritzversteller) überträgt das Antriebsdrehmoment der Einspritzpumpe und übt gleichzeitig seine Verstellfunktion aus. Das Antriebsdrehmoment der Pumpe hängt von der Pumpengröße, der Zylinderzahl, der Einspritzmenge, dem Einspritzdruck, dem Kolbendurchmesser und der verwendeten Nockenform ab. Das Antriebsdrehmoment wirkt auf die Verstellcharakteristik zurück, was bei der Auslegung – unter Beachtung des Arbeitsvermögens – berücksichtigt werden muß.

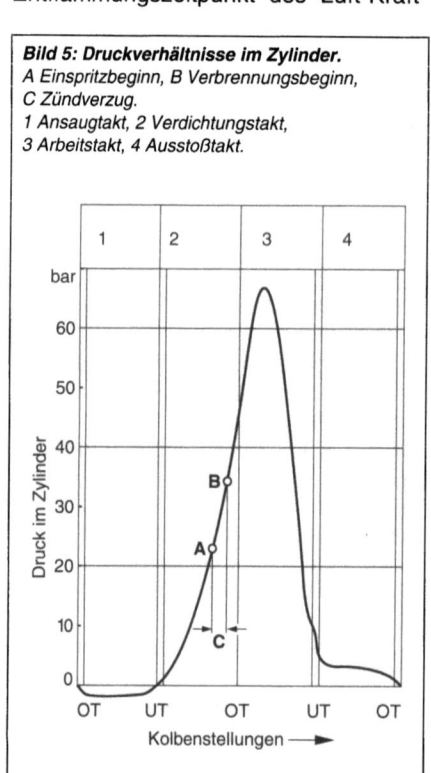

Bild 5: Druckverhältnisse im Zylinder.
A Einspritzbeginn, B Verbrennungsbeginn,
C Zündverzug.
1 Ansaugtakt, 2 Verdichtungstakt,
3 Arbeitstakt, 4 Ausstoßtakt.

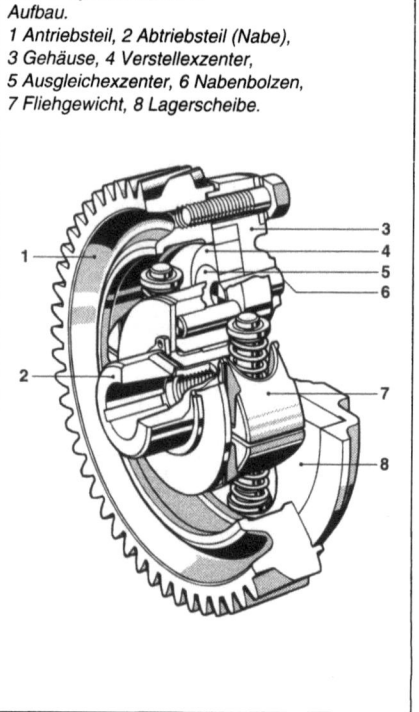

Bild 6: Spritzversteller.
Aufbau.
1 Antriebsteil, 2 Abtriebsteil (Nabe),
3 Gehäuse, 4 Verstellexzenter,
5 Ausgleichexzenter, 6 Nabenbolzen,
7 Fliehgewicht, 8 Lagerscheibe.

Bild 7: Spritzversteller.
Funktion.
a) in Ruhestellung,
b) Stellung bei niedriger Drehzahl,
c) Stellung bei mittlerer Drehzahl, d) Endstellung bei hoher Drehzahl,
α Verstellwinkel.

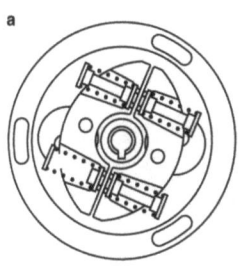

a

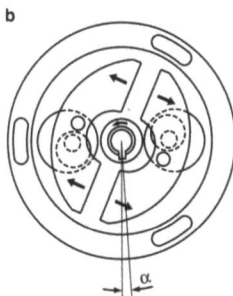

b

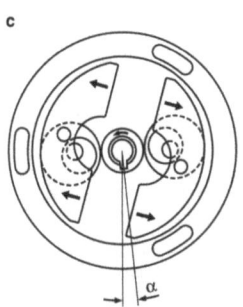

c

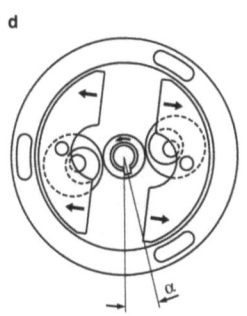

d

Standard-Reiheneinspritzpumpen

Aufbau

Bei Reiheneinspritzpumpen ist der Spritzversteller direkt auf der Nockenwelle der Einspritzpumpe montiert. Man unterscheidet grundsätzlich die offene und die geschlossene Bauweise.

Ein "geschlossener" Spritzversteller hat außerhalb des Räderkastens eine eigene Ölfüllung, welche eine motorunabhängige Schmierung sicherstellt.

Bei der offenen Bauweise ist der Spritzversteller direkt an den Motorölkreislauf angeschlossen. Sein Gehäuse ist über eine Schraubverbindung mit einem Zahnrad verbunden. In dem Gehäuse sind die Verstell- und Ausgleichsexzenter drehbar gelagert. Diese Exzenter werden von einem Bolzen, der mit dem Gehäuse fest verbunden ist, geführt. Die Vorteile der offenen Ausführung liegen im geringeren Raumbedarf, in einer besseren Schmierölversorgung und in niedrigeren Kosten.

Arbeitsweise

Bei einem Spritzversteller stellen die ineinanderliegenden Exzenterpaare die Verbindung zwischen Antrieb und Abtrieb her (Bild 6). Die größeren Exzenter, die Verstellexzenter (4) liegen in den Bohrungen der Lagerscheibe (8), die mit dem Antriebsteil (1) verschraubt ist. In den Verstellexzentern sind die Ausgleichsexzenter (5) eingepaßt. Diese werden durch den Verstellexzenter und durch den Nabenbolzen (6) geführt. Der Nabenbolzen ist wiederum direkt mit dem Abtriebsteil (2) verbunden. Die Fliehgewichte (7) greifen über Fliehgewichtsbolzen in die Verstellexzenter (4) ein und werden über progressive Druckfedern in der Ruhelage gehalten (Bild 7).

Baugrößen

Die Baugröße des Spritzverstellers bestimmt in Außendurchmesser und Breite die installierbare Fliehgewichtsmasse, den Schwerpunktabstand und den möglichen Fliehgewichtsweg. Diese drei Kriterien definieren außerdem maßgeblich Arbeitsvermögen und Einsatzbereich des Spritzverstellers.

Reiheneinspritzpumpen

Baugrößen

Einspritzpumpengröße M

Die Reiheneinspritzpumpe der Größe M (Bilder 8 und 9) ist die kleinste Reiheneinspritzpumpe der Baureihe PE. Sie hat ein Leichtmetallgehäuse, das über einen Flansch am Motor befestigt wird.

Die M-Pumpe ist eine Reiheneinspritzpumpe der offenen Bauart; sie ist seitlich und am Boden mit einem Deckel versehen. Der Spitzendruck ist bei der M-Pumpe auf 400 bar begrenzt.

Nach der Demontage des an der Seite befindlichen Deckels kann die Fördermenge der Pumpenelemente eingestellt und aneinander angeglichen werden. Die Einzeleinstellung läßt sich dabei durch das Verschieben der Klemmstücke auf der Regelstange vornehmen. Während des Betriebes der Einspritzpumpe wird über die Regelstange die Stellung des Pumpenkolbens und damit die Fördermenge innerhalb des konstruktiv definierten Bereiches bestimmt. Die Regelstange besteht bei der M-Pumpe aus einem abgeflachten Rundstahl. Auf dieser Regelstange befinden sich die mit einer Nut versehenen Klemmstücke. Der Hebel, der mit der Regelhülse fest verbunden ist, stellt mit seinem eingenieteten Bolzen die Verbindung zum jeweiligen Klemmstück her. Dieses Konstruktionsprinzip bezeichnet man als Lenkerregulierung.

Die Pumpenkolben liegen direkt auf den Rollenstößeln auf. Die Vorhubeinstellung wird durch Auswahl von Stößelrollen mit unterschiedlichen Durchmessern vorgenommen.

Die Schmierung dieser Einspritzpumpe wird durch einen gemeinsamen Ölhaushalt mit dem Motor gewährleistet.

Die M-Pumpe wird in 4-, 5- und 6-Zylinder-Versionen gebaut, wobei mit ihnen ausschließlich ein Betrieb mit Diesel-Kraftstoff möglich ist.

Bild 8: Einspritzpumpe Typ M. (Ansicht).

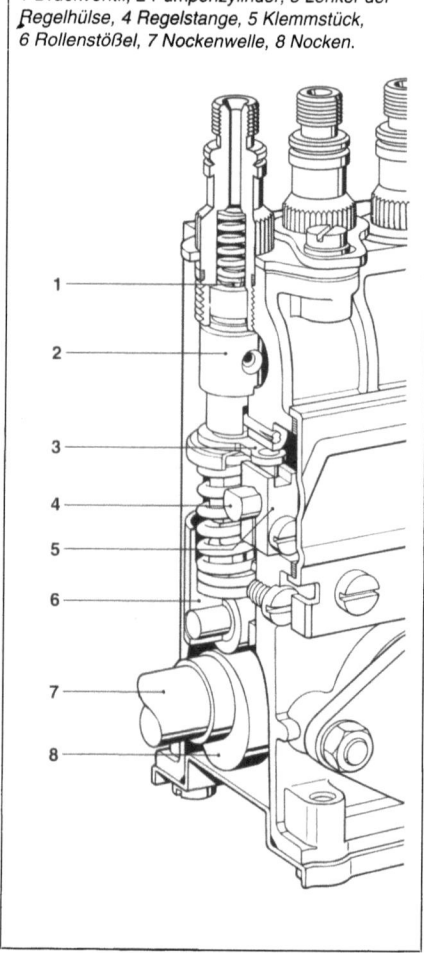

Bild 9: Einspritzpumpe Typ M. (Schnitt).
1 Druckventil, 2 Pumpenzylinder, 3 Lenker der Regelhülse, 4 Regelstange, 5 Klemmstück, 6 Rollenstößel, 7 Nockenwelle, 8 Nocken.

Einspritzpumpengröße A

Die Reiheneinspritzpumpe der Größe A (Bilder 10 und 11) schließt sich mit ihrer größeren Fördermenge an die Einspritzpumpen der Größe M an.

Sie hat ebenfalls ein Leichtmetallgehäuse und kann sowohl über eine Flansch- als auch über eine Wannenbefestigung mit dem Motor verbunden werden.

Bei der A-Pumpe, die gleichfalls eine Einspritzpumpe der offenen Bauart ist, wird der Pumpenzylinder direkt von oben in das Aluminiumgehäuse eingesetzt. Er wird mit dem Druckventilhalter über den Druckventilträger gegen das Pumpengehäuse gepreßt. Die Dichtungsdrücke, die viel höher als die hydraulischen Förderdrücke sind, müssen von dem Pumpengehäuse aufgenommen werden. Aus diesem Grund ist der Spitzendruck bei der A-Pumpe auf 600 bar begrenzt.

Die A-Pumpe hat (im Gegensatz zur M-Pumpe) für die Einstellung des Vorhubes eine Einstellschraube. Sie ist in den Rollenstößel eingeschraubt und mit einer Gegenmutter fixiert.

Als weiterer Unterschied zur M-Pumpe hat die A-Pumpe statt der Lenkerregulierung eine Ritzelregulierung. Dabei ist die Regelstange als Zahnstange ausgeführt. Auf der Regelhülse ist ein Zahnsegment festgeklemmt. Nach dem Lösen der Klemmschraube läßt sich, zum Einstellen der gleichen Fördermenge pro Zylinder, die Regelhülse relativ zur Regelstange verdrehen.

Alle Einstellarbeiten können bei dieser Bauweise nur bei Stillstand der Pumpe und bei offenem Gehäuse durchgeführt werden. Das Gehäuse hat zur Erfüllung dieser Aufgabe einen Federraumdeckel, der wie bei der M-Pumpe seitlich abgenommen werden kann.

Die Schmierung wird durch den Anschluß an den Schmierölkreislauf des Motors bewerkstelligt.

Die A-Pumpe wird in Ausführungen bis zu zwölf Zylindern hergestellt und ist im Gegensatz zur M-Pumpe bereits für den Mehrstoffbetrieb geeignet.

Standard-Reiheneinspritzpumpen

Bild 10: Einspritzpumpe Typ A. (Ansicht).

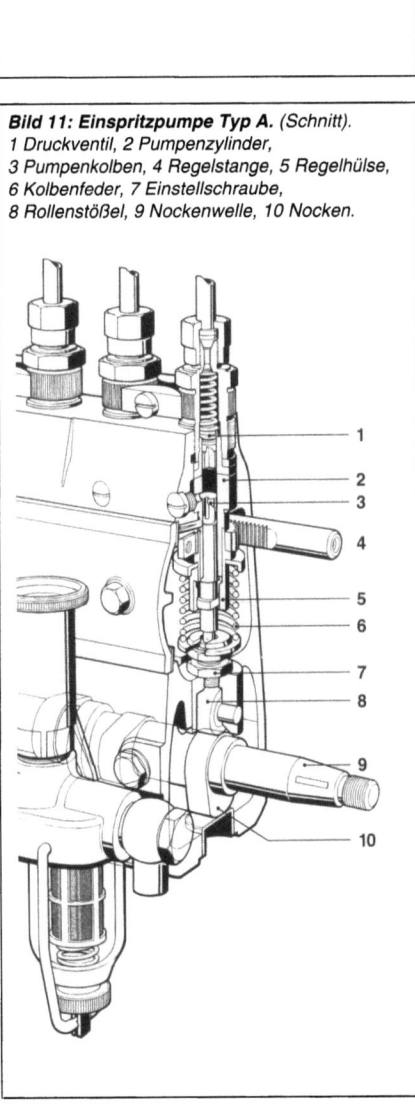

Bild 11: Einspritzpumpe Typ A. (Schnitt).
1 Druckventil, 2 Pumpenzylinder,
3 Pumpenkolben, 4 Regelstange, 5 Regelhülse,
6 Kolbenfeder, 7 Einstellschraube,
8 Rollenstößel, 9 Nockenwelle, 10 Nocken.

Reiheneinspritzpumpen

Einspritzpumpengröße MW

Für höhere Pumpenleistungen wurde die Reiheneinspritzpumpe der Größe MW entwickelt (Bilder 12 und 13).

Die MW-Pumpe ist eine Reiheneinspritzpumpe der geschlossenen Bauart; sie ist in ihrem Spitzendruck auf 900 bar begrenzt, ebenfalls aus einem Leichtmetallgehäuse aufgebaut und mit dem Motor über Flachbett-, Flansch- oder Wannenbefestigung koppelbar.

Ihre Konstruktion weicht erheblich von den Baureihen der M- und der A-Einspritzpumpe ab. So ist das Hauptunterscheidungsmerkmal der MW-Einspritzpumpe der Elementverband, der von oben in das Gehäuse eingesetzt wird. Der Elementverband wird außerhalb des Gehäuses zusammengeschraubt und besteht aus Pumpenzylinder, Druckventil und Druckventilhalter. Bei der MW-Pumpe ist der Druckventilhalter direkt in den nach oben verlängerten Pumpenzylinder eingeschraubt. Verschieden dicke Ausgleichscheiben bzw. -platten, die zwischen das Gehäuse und den Elementverband montiert werden, ermöglichen die Einstellung des Vorhubes. Die Einstellung der Gleichförderung zwischen den verschiedenen Pumpenzylindern wird von außen durch das Verdrehen des Elementverbandes vorgenommen. Der Flansch weist hierzu Langlöcher auf. Die Stellung des Pumpenkolbens bleibt dabei unverändert.

Die MW-Pumpe gibt es bei den verschiedenen Befestigungsarten in Versionen bis zu 8 Zylindern. Sie eignet sich für das Fördermedium Diesel-Kraftstoff.

Ihre Schmierung ist ebenfalls durch Anschluß an den Schmierölkreislauf des Motors gesichert.

Bild 12: Einspritzpumpe Typ MW. *(Ansicht).*

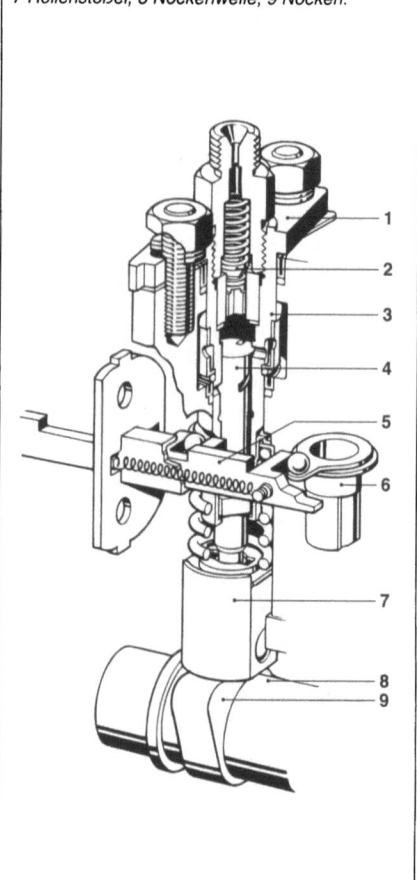

Bild 13: Einspritzpumpe Typ MW. *(Schnitt).*
1 Befestigungsflansch des Pumpenelements,
2 Druckventil, 3 Pumpenzylinder,
4 Pumpenkolben, 5 Regelstange, 6 Regelhülse,
7 Rollenstößel, 8 Nockenwelle, 9 Nocken.

Einspritzpumpengröße P

Ebenfalls für höhere Pumpenleistungen wurde die Reiheneinspritzpumpe der Größe P entwickelt (Bilder 14 und 15). Sie ist wie die MW-Pumpe eine Einspritzpumpe der geschlossenen Bauart und wird über eine Boden- oder Flanschbefestigung mit dem Motor verbunden. Bei einer P-Pumpe für einen Spitzendruck bis 850 bar steckt der Pumpenzylinder in einer zusätzlichen Flanschbuchse, in der sich das Gewinde für den Druckventilhalter befindet. Bei dieser Ausführung belasten die Dichtkräfte das Gehäuse nicht. Die Einstellung des Vorhubes bei der P-Pumpe verläuft wie bei der MW-Pumpe.

Reiheneinspritzpumpen mit geringen Einspritzdrücken arbeiten mit der herkömmlichen Saugraumspülung, bei der die Saugräume der einzelnen Zylinder vom Kraftstoffzulauf bis zum Kraftstoffrücklauf hintereinander in Richtung der Pumpenlängsachse durchströmt werden. Bei P-Pumpen der Ausführung P8000, die für pumpenseitige Einspritzdrücke bis 1150 bar ausgelegt sind, würde dieses Durchspülungsverfahren innerhalb der Einspritzpumpe zu einer starken Temperaturdifferenz (bis zu 40 °C) im Kraftstoff zwischen dem ersten und letzten Zylinder führen. Dadurch würden in die Verbrennungsräume des Motors unterschiedliche "Energiemengen" eingespritzt (die Energiedichte des Kraftstoffes verringert sich bei steigender Temperatur und mithin größer werdendem Volumen). Aus diesem Grund verfügen diese Einspritzpumpen über eine "Querspülung", bei der die Saugräume der einzelnen Zylinder durch Drosselstellen voneinander abgeschottet sind und unter annähernd gleichen Temperaturbedingungen parallel (quer zur Pumpenlängsachse) durchströmt werden.

Die Schmierung wird ebenfalls durch Anschluß an den Schmierölkreislauf des Motors vorgenommen.

Die P-Pumpe wird in Versionen mit bis zu zwölf Zylindern hergestellt und ist sowohl für Dieselbetrieb als auch für Mehrstoffbetrieb geeignet.

Standard-Reiheneinspritzpumpen

Bild 14: *Einspritzpumpe Typ P. (Ansicht).*

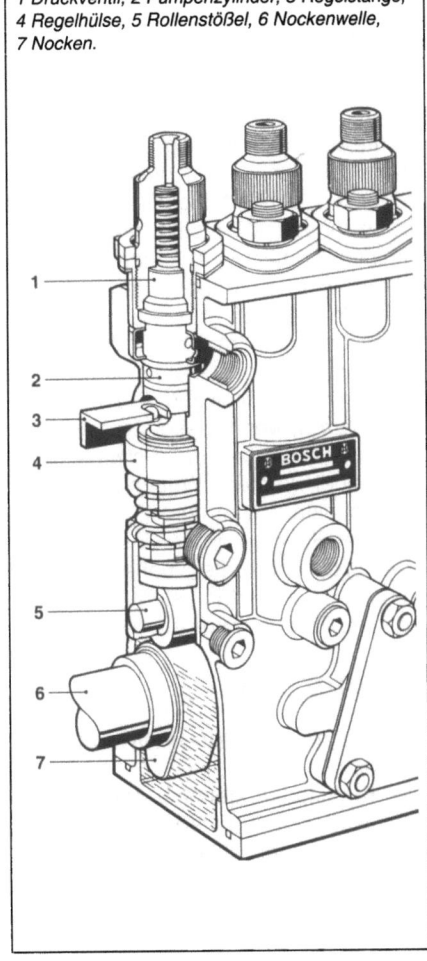

Bild 15: *Einspritzpumpe Typ P. (Schnitt).*
1 Druckventil, 2 Pumpenzylinder, 3 Regelstange, 4 Regelhülse, 5 Rollenstößel, 6 Nockenwelle, 7 Nocken.

Reiheneinspritzpumpen PE für andere Kraftstoffe

Anwendung und Aufbau

Sonderbauarten von Dieselmotoren können auch mit anderen Kraftstoffen betrieben werden. Hierbei unterscheidet man:
- Mehrstoffmotoren, die außer mit Diesel-Kraftstoff auch mit Benzin, Petroleum oder Kerosin betrieben werden können.
- Alkoholmotoren, die mit Methanol oder Ethanol betrieben werden.
- Motoren, die mit Bio-Kraftstoffen betrieben werden.

Der Übergang von einer Kraftstoffsorte zu einer anderen erfordert Anpassungsmaßnahmen an der Kraftstoffzuteilung, um zu große Leistungsunterschiede zu vermeiden. Die wichtigsten Kraftstoffcharakteristiken sind: Viskosität, Siedepunkt, Schmierfähigkeit, Dichte und Selbstzündpunkt. Damit diese Eigenschaften optimal aufeinander abgestimmt werden können, sind konstruktive Maßnahmen an der Einspritzausrüstung und am Motor notwendig.

An einer Bosch-Reiheneinspritzpumpe sind keine nachteiligen Eigenschaften zu erwarten, wenn Diesel-Kraftstoffe mit deutlich reduziertem Schwefelgehalt verwendet werden. Wegen niedrigerer Siedepunkte "alternativer" Kraftstoffe wird der Saugraum der Einspritzpumpe intensiver und unter höherem Druck durchspült. Hierfür steht eine besondere Förderpumpe zur Verfügung.

Baugruppen

Einspritzpumpen für Mehrstoffmotoren

Bei Kraftstoffen geringer Dichte (Benzin) wird durch einen umschaltbaren Regelstangenanschlag die Vollastmenge vergrößert. Um wiederum Leckverluste bei geringer Kraftstoffviskosität zu verhindern, haben die Pumpenelemente eine Lecksperre, die durch zwei Ringnuten im Pumpenzylinder realisiert ist. Die obere Nut steht durch eine Bohrung mit dem Saugraum der Einspritzpumpe in Verbindung. Der beim Druckhub zwischen Kolben und Zylinder durchleckende Kraftstoff entspannt sich in dieser Nut und fließt durch die Bohrung in den Saugraum zurück.

Die untere Nut hat eine Zulaufbohrung für das Sperröl. In diese Nut wird Öl aus dem Schmierölkreislauf des Motors über ein Feinfilter unter Druck hineingepreßt. Dieser Druck ist bei normalen Betriebsdrehzahlen höher als der Kraftstoffdruck im Saugraum, wodurch das Pumpenelement zuverlässig abgedichtet wird. Ein Rückschlagventil verhindert das Übertreten von Kraftstoff in den Schmierölkreislauf, wenn der Öldruck im Leerlauf unter einen bestimmten Wert sinkt.

Einspritzpumpen für Alkoholmotoren

Die Reiheneinspritzpumpen sind auch für die Förderung von Methanol und Ethanol geeignet, wenn sie dementsprechend behandelt und nachgerüstet werden. Dazu gehört:
- der Einsatz besonderer Dichtungen,
- ein besonderer Schutz der alkoholbenetzten Oberflächen,
- der Einsatz rostfreier Stahlfedern und
- die Benutzung besonderer Schmieröle.

Für die Zufuhr einer äquivalenten Energiemenge liegt der erforderliche Förderumfang bei Methanol um 2,3 mal und bei Ethanol um 1,7 mal höher als bei Diesel-Kraftstoff. An den Druckventil- und Düsennadelsitzen muß mit stärkerem Verschleiß gegenüber dem Betrieb mit Diesel-Kraftstoff gerechnet werden.

Einspritzpumpen für Bio-Kraftstoffe

Beim Betrieb eines Motors mit Bio-Kraftstoffen wie RME (Rapsölmethylester) ist an der Einspritzausrüstung mit keinen erheblichen Schwierigkeiten zu rechnen. Aufgrund der vorliegenden Kraftstoffspezifikation sind eventuell gewisse Sondermaßnahmen erforderlich.

Hubschieber-Reiheneinspritzpumpen PE

Der Verminderung der Schadstoffe im Abgas wird bei Nutzfahrzeugen wachsende Aufmerksamkeit beigemessen. Dabei konzentrieren sich die Motorenentwickler darauf, die Entstehung von Schadstoffen zu unterbinden bzw. zu reduzieren.
Bei Nkw-Dieselmotoren leisten hierzu hoher Einspritzdruck und optimaler Spritzbeginn einen wesentlichen Beitrag, was zur Entwicklung einer neuen Generation von Hochdruck-Einspritzpumpen führte: der Hubschieber-Reiheneinpritzpumpe (Bild 1).

Aufbau

Von einer herkömmlichen Reiheneinspritzpumpe unterscheidet sich die Hubschieber-Reiheneinspritzpumpe in ihrem Funktionsprinzip und in ihrem Aufbau durch den auf dem Pumpenkolben gleitenden "Hubschieber". Mit ihm wird bei dieser Einspritztechnik der im Abschnitt "Spritzverstellung" beschriebene Spritzversteller ersetzt. Der übrige Aufbau der Einspritzpumpe bleibt technisch unverändert.

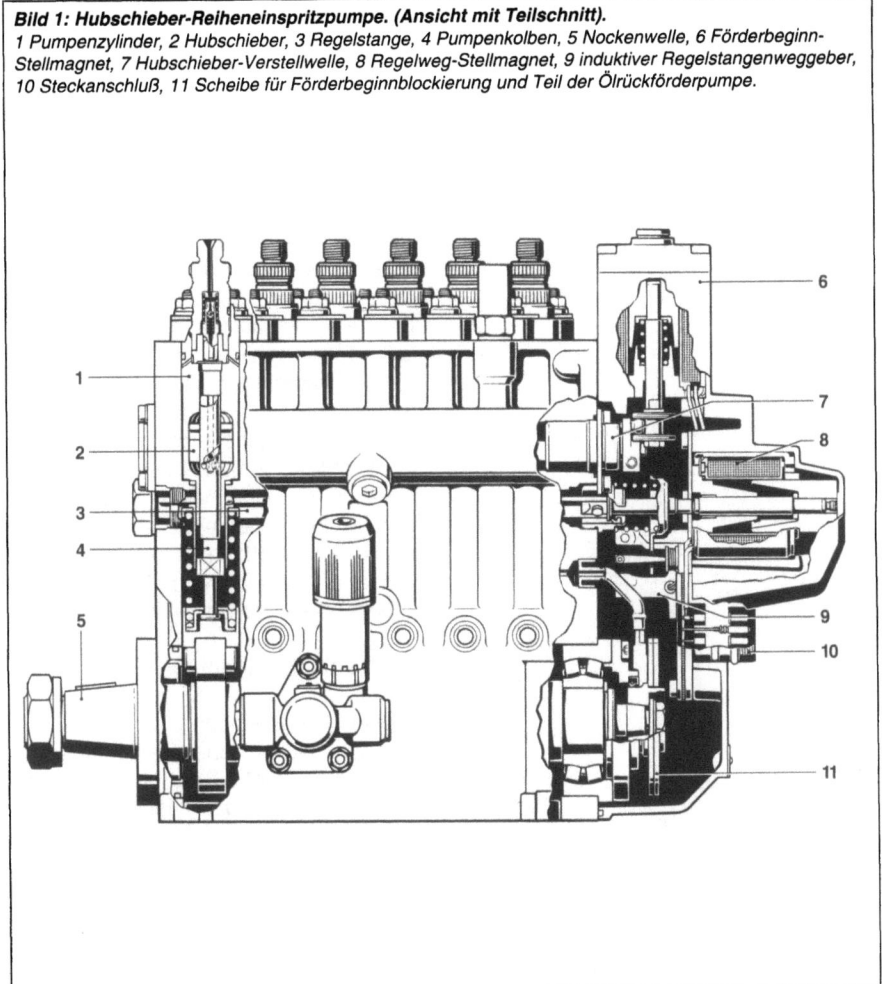

Bild 1: Hubschieber-Reiheneinspritzpumpe. (Ansicht mit Teilschnitt).
1 Pumpenzylinder, 2 Hubschieber, 3 Regelstange, 4 Pumpenkolben, 5 Nockenwelle, 6 Förderbeginn-Stellmagnet, 7 Hubschieber-Verstellwelle, 8 Regelweg-Stellmagnet, 9 induktiver Regelstangenweggeber, 10 Steckanschluß, 11 Scheibe für Förderbeginnblockierung und Teil der Ölrückförderpumpe.

Reiheneinspritzpumpen

Die Hubschieber-Reiheneinspritzpumpe arbeitet mit einem Einspritzdruck von ca. 1150 bar und ermöglicht mit ihrer besonderen Technik eine frei programmierbare Förderbeginnverstellung. Das Wesentliche dieses Pumpenprinzips ist die von der Einspritzmenge weitgehend unabhängige Spritzverstellung, die durch einen zusätzlichen Eingriff – gleichzeitig an allen Hubschieberelementen – ermöglicht wird.

Ein "steifer", für die hohen Antriebsmomente ausgelegter vorgebauter Spritzversteller ist nicht mehr vonnöten (Bild 2).

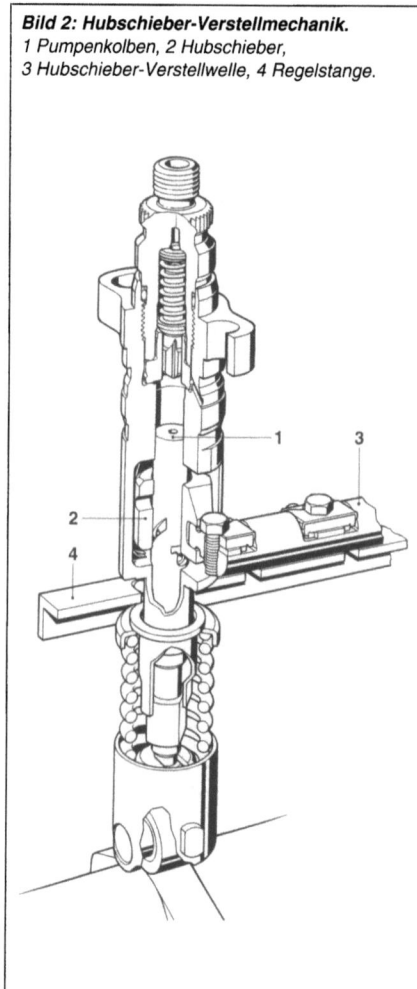

Bild 2: Hubschieber-Verstellmechanik.
1 Pumpenkolben, 2 Hubschieber,
3 Hubschieber-Verstellwelle, 4 Regelstange.

Arbeitsweise

Der Hubschieber, der in einem "Fenster" des Pumpenzylinders auf dem Pumpenkolben läuft und in seiner Lage veränderbar ist, ermöglicht einen verstellbaren Vorhub zur Veränderung des Förder- bzw. Spritzbeginns. Es wird also im Vergleich zur konventionellen Reiheneinspritzpumpe, mit Hilfe der Elektronik, eine zweite Möglichkeit des Eingriffs zur Regelung der Reiheneinspritzpumpe wahrgenommen.

Ein an jedem Pumpenzylinder angeordneter Schieber nimmt die herkömmliche Absteuerbohrung auf. Eine Verstellwelle mit Anlenkhebeln, die in die Schieber eingreifen, verstellt alle Schieber gemeinsam. Je nach Lage des Schiebers (unten oder oben) beginnt die Förderung relativ zum Nocken früher oder später. Über die bekannte Schrägkantensteuerung wird dann, wie bei herkömmlichen Reiheneinspritzpumpen, die Einspritzmenge zugemessen.

Die Hubschieber-Reiheneinspritzpumpe ist ein Teil des elektrischen Stellsystems, mit dem sich der Spritzbeginn und die Kraftstoffmenge in Abhängigkeit von verschiedenen Einflußgrößen frei programmieren lassen. Diese Art der Steuerung ermöglicht eine Minimierung der Schadstoffemission (z.B. im Hinblick auf die strengen US-Grenzwerte), eine Verbrauchsoptimierung in allen Betriebszuständen, eine exakte Kraftstoffzumessung und eine wirksame Verbesserung der Start- und insbesondere der Warmlaufphase.

Elektronische Regelung

<u>Betriebsdatenerfassung</u>
An der Hubschieber-Reiheneinspritzpumpe, am Motor und am Fahrzeug sind eine Reihe von Sensoren angebracht, die die Luft-, Kraftstoff- und Motortemperatur, den Luftdruck, die Luftmenge, die Motordrehzahl und die Stellung des Fahrpedals (Fahrerwunsch) aufnehmen. Die Sensoren wandeln diese Betriebs- und Umwelt-

parameter in elektrische Signale um und melden diese an das Steuergerät weiter.

Betriebsdatenverarbeitung

Aus den Eingangsdaten ermittelt ein rechnergeführtes Steuergerät den Soll-Zustand der Einspritzpumpe und gibt diesen in Form von elektrischen Signalen über verschiedene Magnetsteller im Stellwerk an die Einspritzpumpe weiter. Die vom Rechner ausgegebene Soll-Einspritzmenge wird anhand des Lageregelkreises eingestellt. Das Steuergerät gibt einen Soll-Regelweg vor und empfängt aus einer Regelwegerfassung die Rückmeldung der Ist-Stellung. Um nun den Regelkreis zu schließen, bestimmt das Steuergerät die Stromhöhe, die zur Einstellung der Einspritzpumpe nötig ist, immer wieder neu und bringt damit Soll- und Ist-Wert laufend zur Übereinstimmung. Aus Sicherheitsgründen bringt eine Rückstellfeder die Regelstange bei stromlosem Stellwerk in die Stellung "Null-Förderung".

Die Einstellung des Förderbeginns wird ebenfalls über einen geschlossenen Regelkreis vorgenommen. Ein Nadelbewegungsfühler in einem der Düsenhalter meldet dem rechnergeführten Steuergerät den tatsächlichen Spritzzeitpunkt, woraus nun – unter Berücksichtigung der Kurbelwellenstellung – der Ist-Wert des Spritzbeginns ermittelt werden kann. Dieser wird dann mit einem Sollwert verglichen und durch eine entsprechende Stromregelung, anhand der Steuerung des Förderbeginnstellwerkes über den Rechner, mit dem Sollwert in Übereinstimmung gebracht. Da das Förderbeginnstellwerk "strukturstabil" ausgelegt ist, kann auf einen speziellen Weg-Rückmelder verzichtet werden. Strukturstabilität bedeutet, daß Magnet- und Federkraftlinien immer einen eindeutigen Schnittpunkt haben, so daß der Weg des Hubmagneten proportional zum eingespeisten Strom ist, was einer Schließung des Regelkreises gleichkommt.

Fördertechnik

Förderbeginn
Sobald der Pumpenkolben bei seiner Aufwärtsbewegung einen bestimmten Hub zurückgelegt hat, verschließt die Unterkante des Hubschiebers die Steuerbohrung im Pumpenkolben. Danach wird Druck im Hochdruckraum aufgebaut, und die Förderung beginnt.

Förderende
Nach einem weiteren Hub des Pumpenkolbens beenden die schräge Steuerkante im Pumpenkolben und die Absteuerbohrung im Hubschieber die Förderung. Durch das Verdrehen des Pumpenkolbens läßt sich das Förderende und somit die geförderte Kraftstoffmenge variieren.

Förderbeginn-Änderung
Die Förderbeginn-Änderung und damit eine Spritzbeginn-Änderung erfolgt durch ein Verstellen des Hubschiebers in Förderrichtung. Eine Stellung des Hubschiebers näher am oberen Totpunkt bedeutet großen Vorhub und damit späteren Förderbeginn. Eine Stellung näher am unteren Totpunkt bedeutet kleinen Vorhub und früheren Spritzbeginn.

Entsprechend der verwendeten Nockenform ändert sich dabei mit der Fördergeschwindigkeit auch die Förderrate (theoretische Menge des geförderten Kraftstoffes je Grad Nockenwinkel) bzw. der Einspritzdruck.

Hubschieber-Reiheneinspritzpumpen

Reihen-einspritz-pumpen

Kraftstofförderung

Kraftstoffbehälter

Kraftstoffbehälter müssen korrosionsfest und bei doppeltem Betriebsüberdruck, mindestens aber bei 0,3 bar Überdruck, dicht sein. Auftretender Überdruck muß durch geeignete Öffnungen, Sicherheitsventile oder dergleichen selbsttätig entweichen. Kraftstoff darf aus dem Füllverschluß oder den Druckausgleich-Einrichtungen auch bei Schräglage, Kurvenfahrt oder Stößen nicht ausfließen. Kraftstoffbehälter müssen so vom Motor getrennt sein, daß auch bei Unfällen eine Entzündung nicht zu erwarten ist.

Für Fahrzeuge mit offenem Führerhaus (z.B. Traktor), für Zugmaschinen und für Kraftomnibusse gelten außerdem besondere Bestimmungen für die Montagehöhe und für die Abschirmung des Kraftstoffbehälters.

Kraftstoffilter

Die hohe Qualität des Kraftstoffilters und regelmäßige Wartung bestimmen weitgehend die Lebensdauer einer Diesel-Einspritzanlage. Die druckerzeugenden Pumpenelemente der Einspritzpumpe und die Einspritzdüsen sind mit einer Genauigkeit von wenigen tausendstel Millimeter gefertigt und exakt aufeinander abgestimmt. Mit Verunreinigungen im Kraftstoff, deren Abmessungen in der genannten Größenordnung liegen, sind die Funktionen der Pumpenelemente und der Einspritzdüsen gefährdet. Wird der Kraftstoff also nur ungenügend gefiltert, führt dies zu Schäden und vorzeitigem Verschleiß an allen Einspritzpumpenteilen. Weitere Folgen sind:
– ungünstige Verbrennung,
– hoher Kraftstoffverbrauch,
– schlechtes Starten,
– unruhiger Leerlauf und
– geringere Leistung des Motors.

Der störungsfreie Betrieb der Einspritzausrüstung und folgerichtig des Diesel-

Bild 1: Kraftstoffilter.
Stufenboxfilter.

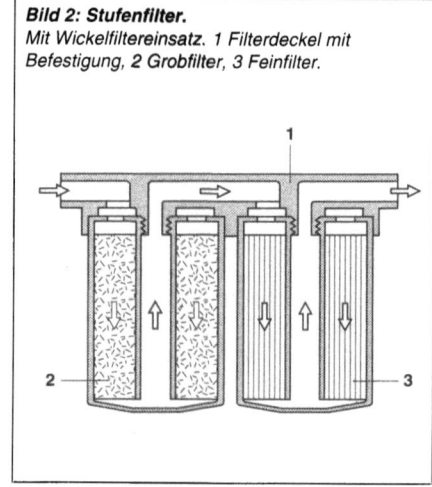

Bild 2: Stufenfilter.
Mit Wickelfiltereinsatz. 1 Filterdeckel mit Befestigung, 2 Grobfilter, 3 Feinfilter.

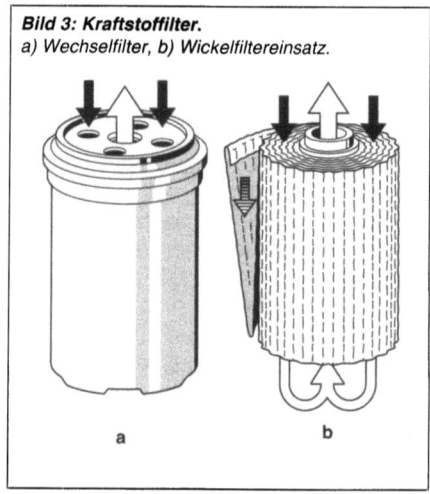

Bild 3: Kraftstoffilter.
a) Wechselfilter, b) Wickelfiltereinsatz.

motors setzt deshalb eine einwandfreie Reinigung des Kraftstoffes voraus. Hierzu sind spezielle, an die Erfordernisse der Reiheneinspritzpumpe angepaßte Filter notwendig (Bilder 1, 2 und 3). Als Filterelement dient ein Wickelfiltereinsatz, der aus Papier mit einer Porenweite von 8 µm besteht. Neben Einfachfiltern stehen für besondere Einsatzzwecke Stufenfilter (hoher Reinigungsgrad) und Parallelfilter (größere aktive Filterfläche) zur Verfügung. Das Befestigen der Filter geschieht über verschiedene Filterdeckel (Flach- oder Winkelflansch) mit variablen Anschlußmöglichkeiten.

Da der abgeschiedene Schmutz im Filter verbleibt, sind die vorgeschriebenen Wechselintervalle genau einzuhalten. Das Wechselfilter läßt sich auch unter kritischen Einsatz- und Wartungsbedingungen einfach und sicher wechseln. Dies schließt eine Gefährdung der Einspritzanlage durch unsachgemäße Reinigung aus. Um einen störungsfreien Winterbetrieb zu gewährleisten, kann eine elektrische Heizung eingebaut werden.

Falltankbetrieb

Der Falltankbetrieb (Betrieb ohne Förderpumpe) wird meist bei Schleppern und Kleinst-Dieselmotoren angewandt. Der Kraftstoff fließt bei dieser Leitungsanordnung dem Filter und der Einspritzpumpe unter Einwirkung der Schwerkraft zu. Bei geringem Höhenunterschied zwischen dem Kraftstoffbehälter und dem Kraftstoffilter bzw. der Einspritzpumpe ist es besser, größere Leitungsquerschnitte zu verwenden, um eine ausreichende Kraftstoffzuführung zu gewährleisten. In diesem Fall ist der Einbau eines Absperrhahns zwischen dem Kraftstoffbehälter und dem Kraftstoffilter vorteilhaft. Im Reparaturfall bzw. bei Wartungsarbeiten kann damit der Kraftstoffzulauf unterbrochen werden, so daß ein Entleeren des Kraftstoffbehälters entfällt.

Kraftstofförderpumpen

Fahrzeuge, die kein ausreichendes Gefälle oder eine große Entfernung zwischen dem Kraftstoffbehälter und der Einspritzpumpe haben, werden mit einer Förderpumpe ausgerüstet. Diese ist im Normalfall an der Einspritzpumpe angeflanscht. In Abhängigkeit von den Einsatzbedingungen des Motors und den motorspezifischen Gegebenheiten sind unterschiedliche Leitungsanordnungen notwendig. In den Bildern 4 und 5 sind zwei mögliche Ausführungsarten dargestellt. Befindet sich das Kraftstoffilter in unmittelbarer Nähe des Motors, so kann die abstrahlende Motorwärme zur Gasblasenbildung innerhalb des Leitungssytems führen. Um dies zu vermeiden, wird der Saugraum der Einspritzpumpe durchspült und die Pumpe dadurch gekühlt. Der überschüssige Kraftstoff fließt bei dieser Leitungsanordnung durch das Überströmventil und die Rücklaufleitung zum Kraftstoffbehälter zurück.

Kraftstoffförderung

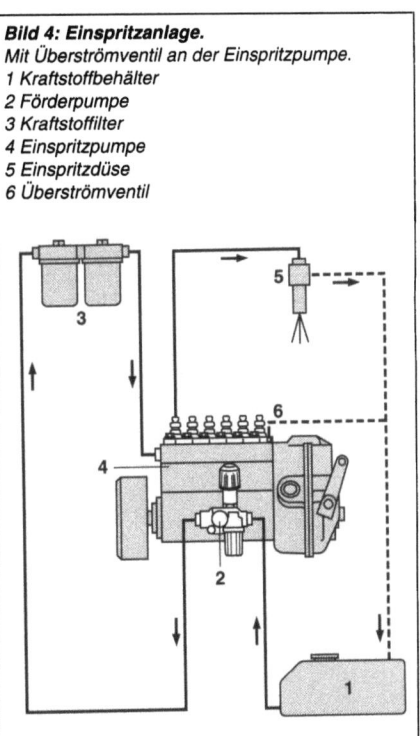

Bild 4: Einspritzanlage.
Mit Überströmventil an der Einspritzpumpe.
1 Kraftstoffbehälter
2 Förderpumpe
3 Kraftstoffilter
4 Einspritzpumpe
5 Einspritzdüse
6 Überströmventil

Reihen-einspritz-pumpen

Ist im Motorraum außerdem eine hohe Umgebungstemperatur vorhanden, so ist eine Leitungsanordnung nach Bild 5 möglich. Bei dieser Leitungsanordnung befindet sich am Kraftstoffilter eine Überströmdrossel, über die während des Betriebes ein Teil des Kraftstoffes zum Kraftstoffbehälter zurückfließt und vorhandene Gas- oder Dampfblasen mitnimmt. Gasblasen, die sich im Saugraum der Einspritzpumpe bilden, werden – durch den am Überströmventil austretenden überschüssigen Kraftstoff – über die Rücklaufleitung zum Kraftstoffbehälter abgeführt.

Eine Förderpumpe saugt den Kraftstoff aus dem Kraftstoffbehälter an und fördert ihn unter Druck durch das Kraftstoffilter in den Saugraum der Einspritzpumpe. Als Förderpumpen werden in den meisten Fällen mechanische Kolbenpumpen verwandt, die an die Einspritzpumpe, in seltenen Fällen auch an den Motor, angebaut sind.

Ein Nocken oder ein Exzenter auf der Nockenwelle der Einspritzpumpe bzw. auf der Motor-Nockenwelle treibt über einen Stößel den Pumpenkolben der Förderpumpe an. Dieser Kolben ist zusätzlich mit einer Feder belastet. Neben den in dieser Druckschrift beschriebenen Förderpumpen werden auch Förderpumpen für Mehrstoffbetrieb sowie Elektro-Kraftstoffpumpen benutzt.

Folgende Kriterien bestimmen die Auswahl einer Förderpumpe:
– der Typ der Einspritzpumpe,
– die Förderleistung,
– die Art der Leitungsführung und
– die Platzverhältnisse im Motorraum.

Je nach Kraftstoffmengenbedarf können einfach- oder doppeltwirkende Förderpumpen verwendet werden.

Einfachwirkende Förderpumpen
Die einfachwirkende Förderpumpe arbeitet nach dem Durchströmprinzip und steht für Einspritzpumpen der Größe M, A, MW und P zur Verfügung (Bild 6).
Beim Nockenhub wird der Pumpenkolben mit dem darin befindlichen Saug-

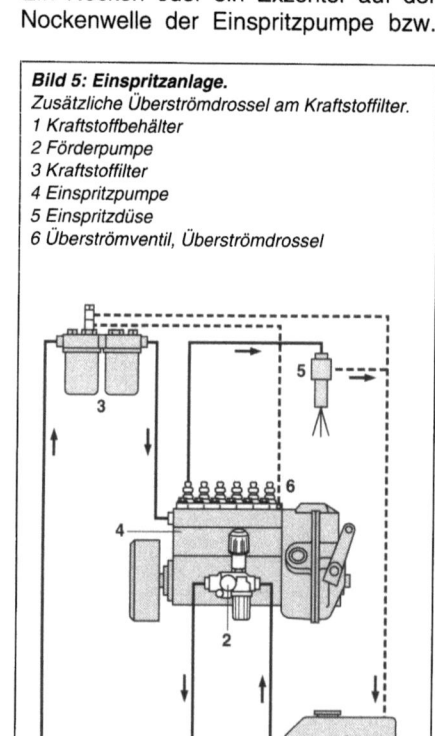

Bild 5: Einspritzanlage.
Zusätzliche Überströmdrossel am Kraftstoffilter.
1 Kraftstoffbehälter
2 Förderpumpe
3 Kraftstoffilter
4 Einspritzpumpe
5 Einspritzdüse
6 Überströmventil, Überströmdrossel

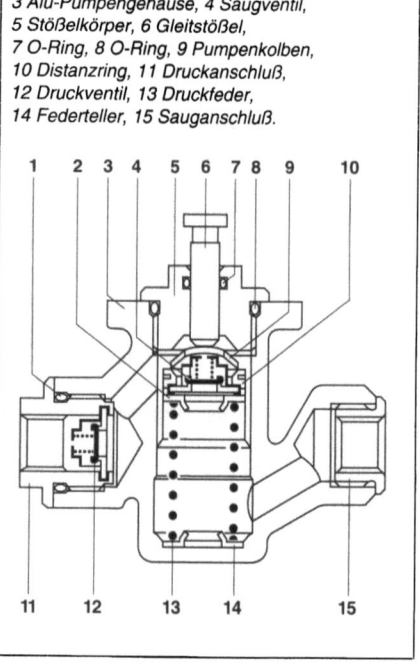

Bild 6: Förderpumpe.
Einfachwirkend.
1 O-Ring, 2 Federteller,
3 Alu-Pumpengehäuse, 4 Saugventil,
5 Stößelkörper, 6 Gleitstößel,
7 O-Ring, 8 O-Ring, 9 Pumpenkolben,
10 Distanzring, 11 Druckanschluß,
12 Druckventil, 13 Druckfeder,
14 Federteller, 15 Sauganschluß.

ventil durch den Gleitstößel gegen die Kraft der Druckfeder bewegt. Dabei wird das Saugventil durch den im Arbeitsraum entstehenden Unterdruck geöffnet. Der Kraftstoff gelangt so in den Arbeitsraum zwischen Saugventil und Druckventil.

Beim Rückhub durch die Druckfeder schließt das Saugventil, und das Druckventil wird geöffnet. Der Kraftstoff wird durch die Druckleitung weiter zur Einspritzpumpe gefördert (Bild 8).

Doppeltwirkende Förderpumpen
Die doppeltwirkende Förderpumpe mit höherer Förderleistung wird für die Einspritzpumpen mit großer Zylinderzahl und entsprechend großer Fördermenge verwendet. Diese Förderpumpe eignet sich für P- und ZW-Pumpen (Bild 7).

Bei der doppeltwirkenden Kolbenpumpe wird auch beim Hub gegen die Kraft der Kolbenfeder Kraftstoff zur Einspritzpumpe gefördert, d.h. sie fördert bei jeder Umdrehung der Nockenwelle zweimal (Bild 9).

Handpumpen
Eine Handpumpe ist für folgende Aufgaben vorgesehen:
- zum Füllen der Saugseite der Einspritzanlage vor der ersten Inbetriebnahme,
- zum Wiederauffüllen und Entlüften nach Reparatur- oder Wartungsarbeiten und
- zum Wiederauffüllen und Entlüften nach dem Leerfahren des Kraftstoffbehälters.

Die Handpumpe ist normalerweise Bestandteil der Förderpumpe. Sie kann aber auch in die Kraftstoffleitung zwischen den Kraftstoffbehälter und die Förderpumpe eingebaut werden.

Vorreiniger
Der Vorreiniger schützt die Förderpumpe vor groben Verunreinigungen. Bei rauhen Bedingungen, z.B. das Betanken von Motoren aus Fässern, empfiehlt sich der Einbau eines zusätzlichen Siebfilters im Kraftstoffbehälter oder in der Leitung zur Förderpumpe.

Der Vorreiniger kann entweder in die Förderpumpe integriert, an den Förderpumpeneingang angebaut oder an die Saugleitung zwischen Kraftstoffbehälter und Förderpumpe angeschlossen sein.

Kraftstoff-förderung

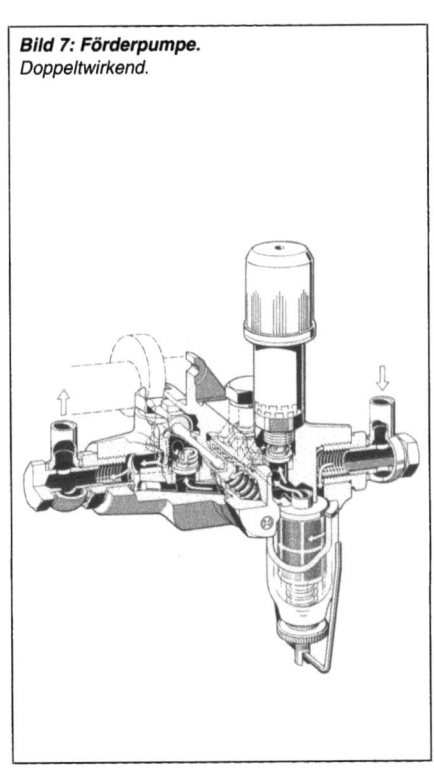

Bild 7: Förderpumpe. *Doppeltwirkend.*

Reiheneinspritzpumpen

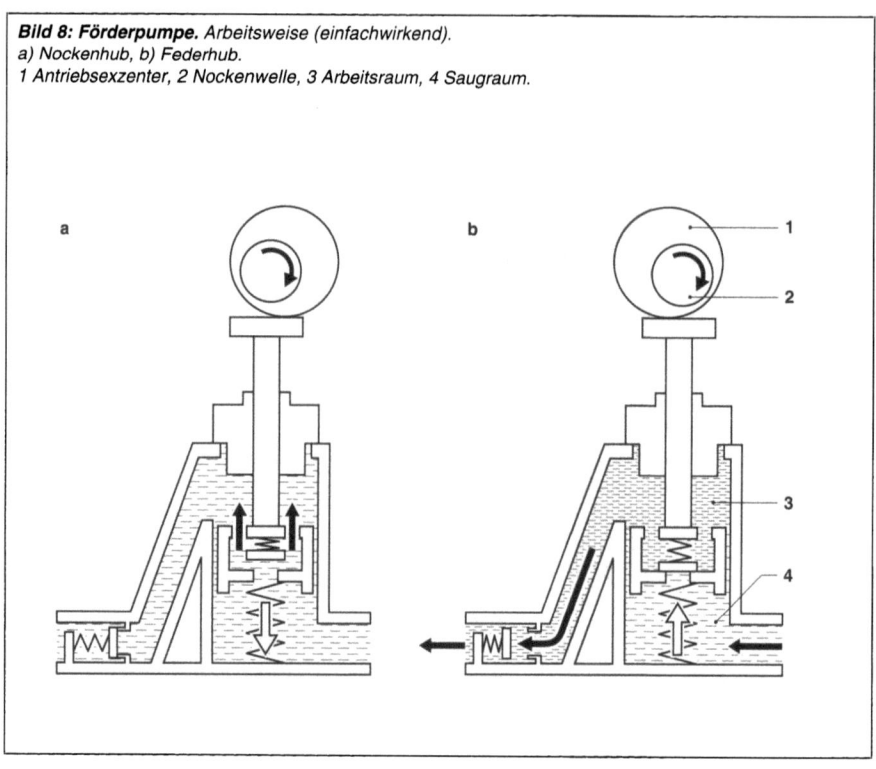

Bild 8: Förderpumpe. Arbeitsweise (einfachwirkend).
a) Nockenhub, b) Federhub.
1 Antriebsexzenter, 2 Nockenwelle, 3 Arbeitsraum, 4 Saugraum.

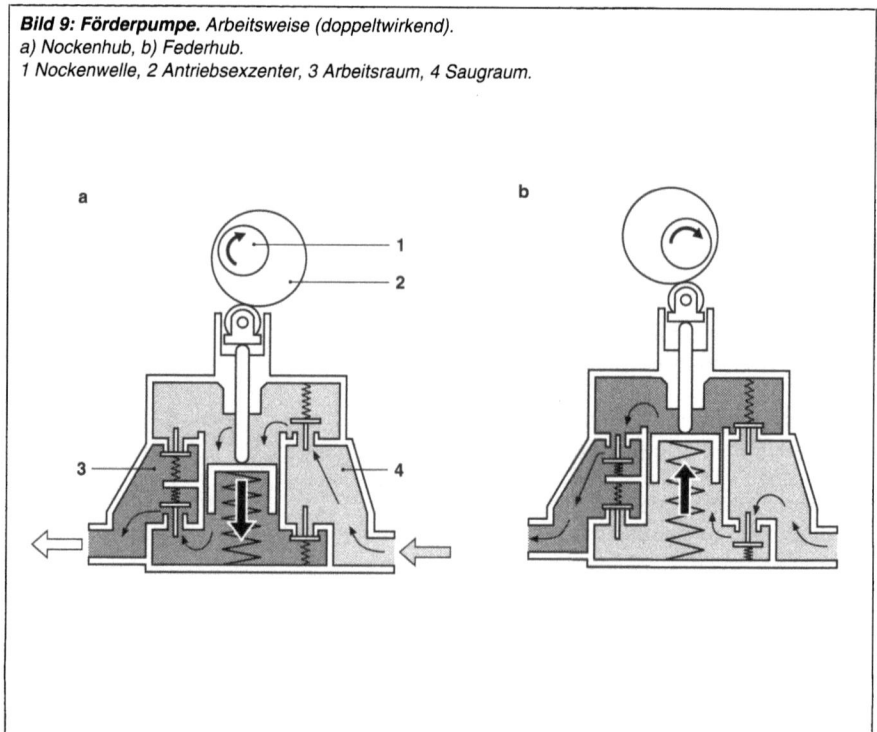

Bild 9: Förderpumpe. Arbeitsweise (doppeltwirkend).
a) Nockenhub, b) Federhub.
1 Nockenwelle, 2 Antriebsexzenter, 3 Arbeitsraum, 4 Saugraum.

Kraftstoff-/Druckleitungen

Für den Hochdruckteil einer Einspritzpumpe sind Stahlrohre als Druckleitungen erforderlich. Für den Niederdruckteil können auch flexible Leitungen mit Stahlgeflechtarmierung verwendet werden, die schwer brennbar sind und so angeordnet sein müssen, daß mechanische Beschädigungen verhindert werden und daß abtropfender oder verdunstender Kraftstoff sich weder ansammeln noch entzünden kann. Im Hochdruckteil stellen die Druckleitungen die Verbindung zwischen der Einspritzpumpe und den Düsenhaltern her. Sie sind ohne scharfe Biegungen verlegt, sollen so kurz wie möglich sein und ihr Biegeradius darf nicht weniger als 50 mm betragen.

Bei Fahrzeugmotoren sind die Druckleitungen normalerweise mit Klemmstücken fixiert, die in definierten Abständen angebracht sind. Äußere Schwingungen übertragen sich damit gar nicht, oder nur geringfügig auf die Druckleitungen. Diese Druckleitungen sind nahtlose Stahlrohre, die je nach Pumpengröße unterschiedliche Abmessungen haben können. Sie müssen mit ihrer Länge, ihrer lichten Weite und ihrer Wanddicke auf den Einspritzverlauf abgestimmt sein. Daraus ergeben sich vorgeschriebene Leitungsabmessungen, die genau einzuhalten sind.

Am Ende der Druckleitung befindet sich der Rohrdichtkegel (Bild 10). Für die Hochdruckeinspritzung (düsenseitig bis 1400 bar) sind besondere Druckleitungen erforderlich. Die Druckschwellfestigkeit der Leitungen hängt vor allem vom Werkstoff und der größten Rauhtiefe auf der Innenseite ab.

Es gibt auch die Möglichkeit, Leitungen einzusetzen, die in bereits paßgerecht gebogenem Zustand, unter sehr hohen Druck (bis 3800 bar) gesetzt werden, um damit eine zusätzliche innere Festigkeit zu gewinnen. Dies geschieht dann durch eine blitzartige Druckentlastung, was zur Materialverdichtung an den Leitungsinnenseiten führt. So behandelte Leitungen werden als autofrettierte Leitungen bezeichnet.

Kraftstoffförderung

Bild 10: Druckleitungsanschluß.
1 Überwurfmutter, 2 Dichtscheibe,
3 Rohrdichtkegel, 4 Druckventilhalter.

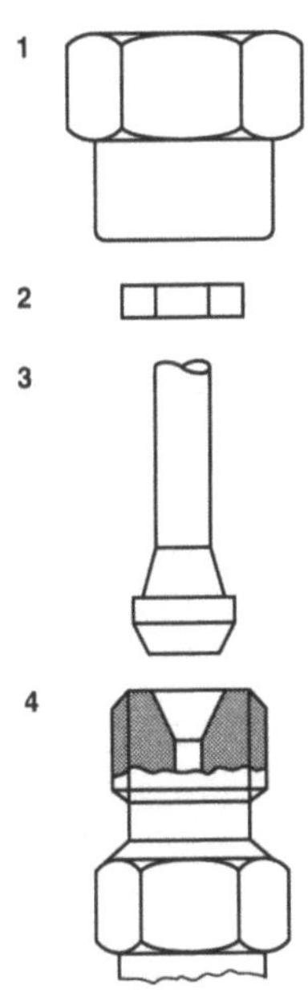

Reiheneinspritzpumpen

Betrieb der Reiheneinspritzpumpe

Für einen störungsfreien Betrieb muß die Einspritzpumpe richtig eingestellt, vollständig entlüftet, an den Motorschmierölkreislauf angeschlossen und ihr Förderbeginn auf den Motor abgestimmt sein.

Nur damit läßt sich ein optimales Verbrauchs-Leistungs-Verhältnis des Dieselmotors erzielen und die Erfüllung der immer strenger werdenden Abgasvorschriften erreichen, was einen Einspritzpumpen-Prüfstand unentbehrlich macht. Die erforderlichen Einstellwerte werden im Motorversuch festgelegt.

Einstellen

Auf dem Prüfstand

Die Einstellung der Pumpenelemente auf gleichen Vorhub und gleiche Fördermenge, sowie die Kontrolle und die Einstellung des Drehzahlreglers und des Spritzverstellers werden auf einem Bosch-Einspritzpumpen-Prüfstand vorgenommen. Diese Prüfstände haben alle notwendigen Meßeinrichtungen und sind stufenlos in der Drehzahl verstellbar. Zu den Prüfständen passende Instandsetzungs- und Prüfanleitungen sowie Prüfwerte enthalten alle für den Wartungs- und Instandsetzungsfall notwendigen Angaben.

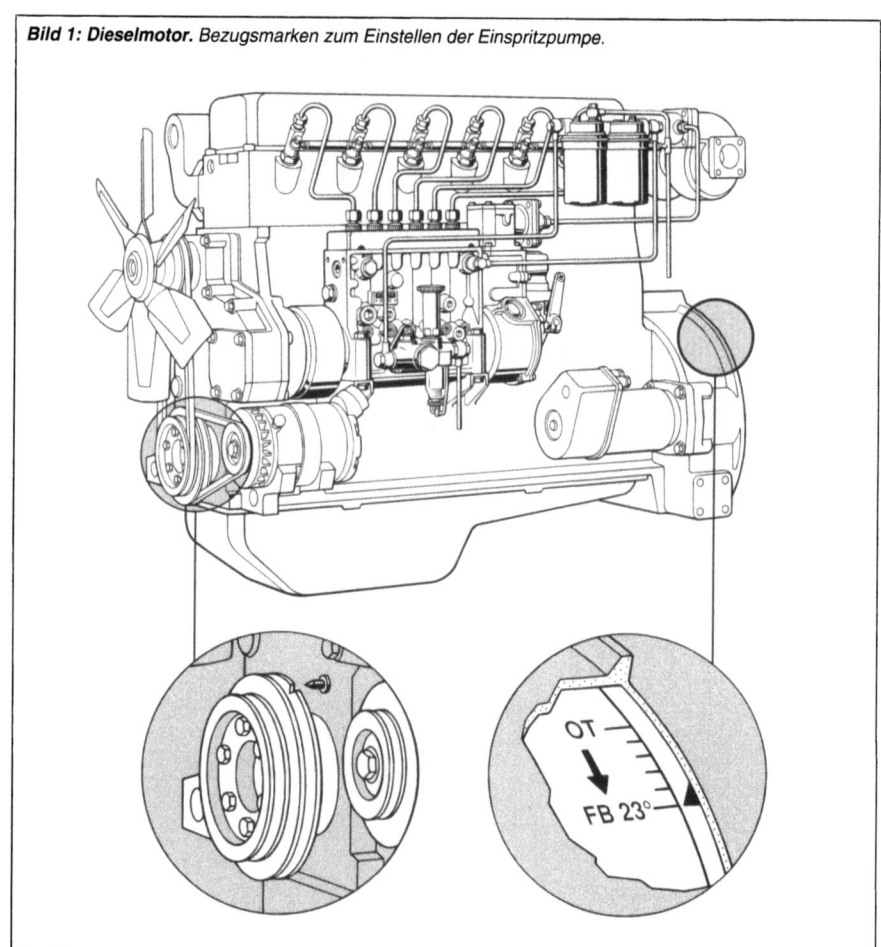

Bild 1: Dieselmotor. Bezugsmarken zum Einstellen der Einspritzpumpe.

Am Motor

Das Einstellen der Einspritzpumpe zum Motor geschieht mit Hilfe der Markierung des Förderbeginns. Diese Markierung befindet sich sowohl einerseits am Motor als auch andererseits an der Einspritzpumpe (Bild 1).

Normalerweise wird der Kompressionshub des ersten Motorzylinders zugrunde gelegt, jedoch können auch aus motorspezifischen Gründen andere Möglichkeiten in Betracht gezogen werden. Die Angaben der Motorhersteller sind daher zu beachten. Die Förderbeginnmarkierung befindet sich beim Dieselmotor in den meisten Fällen an der Schwungmasse, an der Keilriemenscheibe oder am Schwingungsdämpfer. Für den Anbau der Einspritzpumpe in der richtigen Förderbeginnstellung gibt es mehrere Möglichkeiten:

– Die Einspritzpumpe wird mit arretierter (in bestimmter Stellung festgehaltener) Nockenwelle angeliefert und bei der entsprechenden Stellung der Motorkurbelwelle festgeschraubt. Anschließend wird die Arretierung aufgehoben. Diese bewährte Methode ist kostengünstig und wird immer mehr angewandt.

– Die Einspritzpumpe wird auf der Reglerseite mit einem Förderbeginnzeiger ausgestattet (vergleiche die Druckschrift "Regler für Diesel-Reiheneinspritzpumpen"), der beim Pumpenanbau mit der Strichmarkierung zur Deckung gebracht wird.

– An der Kupplung oder am Spritzversteller befindet sich eine Förderbeginnmarkierung, die mit einer Strichmarke am Pumpengehäuse zur Deckung gebracht werden muß.
Diese Methode ist allerdings ungenauer als die beiden vorher beschriebenen Vorgehensweisen.

– An einem Auslaß der Einspritzpumpe wird nach ihrem Anbau mit der Hochdruck-Überlaufmethode der Förderbeginn gesucht (Zeitpunkt, zu dem der Kolben das Saugloch verschließt). Diese "nasse" Methode wird aber ebenfalls in zunehmendem Maße durch die beiden erstgenannten ersetzt.

Entlüften

Luftblasen im Kraftstoff beeinträchtigen den Betrieb der Einspritzpumpe oder verhindern ihn ganz. Eine vorübergehend stillgelegte oder neu in Betrieb zu nehmende Anlage ist daher besonders sorgfältig zu entlüften.

Ist an der Förderpumpe eine Handpumpe vorhanden, so werden Saugleitung, Förderleitung, Kraftstoffilter und Einspritzpumpe mit ihrer Hilfe gefüllt. Dabei sind die Entlüftungsschrauben am Filterdeckel und dann an der Einspritzpumpe so lange geöffnet zu halten, bis der Kraftstoff völlig blasenfrei austritt.

Nach jedem Filterwechsel oder sonstigen Arbeiten an der Einspritzpumpe ist die Anlage stets zu entlüften.

Im laufenden Betrieb entlüftet sich die Anlage zuverlässig über das Überströmventil (Bild 2) am Bosch-Kraftstoffilter (Dauerentlüftung). Bei Einspritzpumpen ohne Überströmventil wird eine Drossel verwendet.

Bild 2: Einspritzanlage.
Mit Spülung des Pumpensaugraums.
1 Entlüftungsschraube,
2 Überströmventil, Überströmdrossel.

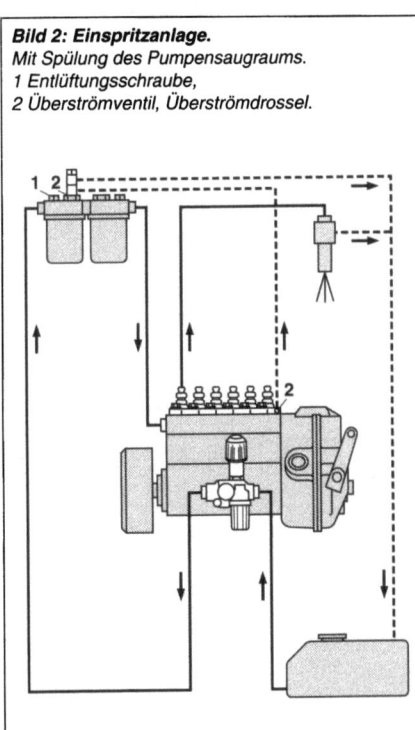

Betrieb der Reiheneinspritzpumpe

Reiheneinspritzpumpen

Schmieren

Einspritzpumpen und Drehzahlregler werden bevorzugt an den Schmierölkreislauf des Motors angeschlossen, da bei dieser Schmierungsart die Einspritzpumpe wartungsfrei ist.

Das gefilterte Motoröl wird über eine Druckleitung mit einer Zulaufbohrung über den Rollenstößelspalt oder durch ein besonderes Ölzulaufventil der Einspritzpumpe und dem Regler zugeführt. Der Schmierölrücklauf zum Motor ist bei Boden- bzw. Wannenbefestigung der Einspritzpumpe mit einer Rücklaufleitung realisiert. Ist die Einspritzpumpe durch einen Stirnflansch befestigt, kann der Rücklauf direkt durch die Nockenwellenlagerung oder über besondere Bohrungen stattfinden (Bild 3).

Vor der ersten Inbetriebnahme müssen die Einspritzpumpe und der Regler mit demselben Schmieröl wie der Motor gefüllt werden. Bei Einspritzpumpen ohne direkten Anschluß an den Motorölkreislauf wird das Schmieröl nach Abnehmen der Entlüftungskappe oder dem Entlüftungsfilter am Verschlußdeckel eingefüllt. Die Ölstandskontrolle wird gleichzeitig mit dem vom Motorhersteller vorgeschriebenen Motorölwechsel durch das Lösen der Ölkontrollschraube am Regler vorgenommen. Überschüssiges Öl (durch Leckkraftstoff vermehrt) wird abgelassen, fehlendes ergänzt. Beim Ausbau der Einspritzpumpe oder bei einer Motor-Grundüberholung muß ein Schmierölwechsel durchgeführt werden. Einspritzpumpen und Regler mit getrenntem Ölhaushalt haben zur Ölstandskontrolle einen eigenen Pegelstab.

Stillegen

Soll der Motor und damit auch die Einspritzpumpe für längere Zeit außer Betrieb genommen werden, so darf kein Diesel-Kraftstoff in der Einspritzpumpe verbleiben. Durch das Verharzen des Diesel-Kraftstoffes würden die Pumpenkolben und die Druckventile verkleben und möglicherweise korrodieren. Aus diesem Grund wird der im Kraftstoffbehälter befindliche Diesel-Kraftstoff mit einem zuverlässigen Rostschutzöl bis zu einem 10%igen Anteil ergänzt. Denselben Zusatz an Rostschutzöl erhält auch das Schmieröl im Nockenraum der Einspritzpumpe. Anschließend gibt es einen Reinigungslauf über die Dauer von 15 Minuten. Dadurch werden die letzten Reste des normalen Kraftstoffs aus der Einspritzpumpe gespült und so ein guter Schutz gegen Verharzen und Korrosion erzielt. Neue Einspritzpumpen sind bereits werksseitig mit einem wirksamen Korrosionsschutz versehen, wenn sie mit einem "p" gekennzeichnet.

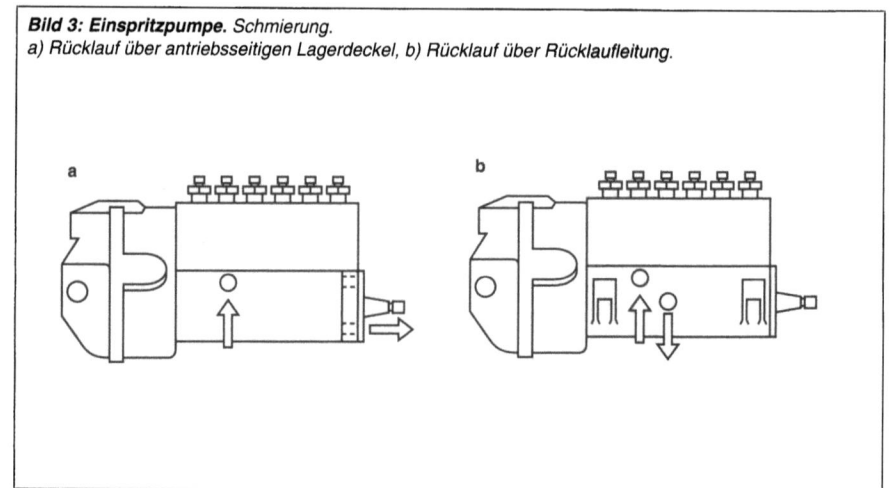

Bild 3: Einspritzpumpe. Schmierung.
a) Rücklauf über antriebsseitigen Lagerdeckel, b) Rücklauf über Rücklaufleitung.

Diesel-Geschichte(n)

<u>Jeder weiß, daß der "Diesel" wirtschaftlich ist und lange hält. Daß Robert Bosch den "Diesel" im Auto ermöglichte, wissen allerdings nur wenige.</u>

Im Jahre 1895 präsentierte Rudolf Diesel seine Erfindung erstmals der Öffentlichkeit: einen Motor mit Kompressionszündung.

Dieser Motor besaß gegenüber dem bereits bewährten Ottomotor bestimmte Vorzüge: Er verbrauchte wesentlich weniger Kraftstoff, der verhältnismäßig billig war, und er konnte für sehr viel höhere Leistungen ausgelegt werden.

Diesels Erfindung setzte sich rasch durch, und bald gab es für Schiffs- und Stationärmotoren keine Alternative mehr. Allerdings wies der Dieselmotor den großen Nachteil auf, daß es nicht gelang, höhere Drehzahlen zu erreichen. Je mehr sich aber der Dieselmotor verbreitete und damit die Vorteile des Dieselsystems bekannt wurden, desto stärker erhoben sich die Forderungen nach einem kleinen, schnell-laufenden Selbstzünder.

Das größte Hindernis für den hochtourigen Dieselmotor stellte die Kraftstoffzuführung dar. Das bis dahin angewandte Einblasverfahren, bei dem der Kraftstoff mit Druckluft in den Brennraum geblasen wurde, ließ keine entsprechende Drehzahlsteigerung zu. Außerdem erforderte die "Luftpumpe" einen aufwendigen apparativen Aufbau, so daß sich Baugröße und Baugewicht nicht wesentlich reduzieren ließen.

Ende 1922 beschloß Robert Bosch, sich mit der Entwicklung eines Einspritzsystems für Dieselmotoren zu befassen. Die technischen Voraussetzungen waren günstig: Man verfügte bereits über Erfahrungen mit Verbrennungsmotoren, die Fertigungstechnik war hoch entwickelt, und vor allem konnten Kenntnisse, die man bei der Fertigung von Schmierpumpen gesammelt hatte, eingesetzt werden.

Schon zu Beginn des Jahres 1923 lagen rund ein Dutzend verschiedene Einspritzpumpen-Entwürfe vor; Mitte 1923 erfolgten die ersten Versuche am Motor. Im Sommer 1925 stand dann der endgültige Entwurf über die Bauart der Einspritzpumpe fest und 1927 verließen die ersten serienmäßig gefertigten Einspritzpumpen das Werk.

Diese von Bosch entwickelte Einspritzpumpe brachte Rudolf Diesels Motor endlich auf Touren und sorgte damit für den Durchbruch in unvorhergesehenem Maß. Der Dieselmotor eroberte sich einen ständig größer werdenden Anwendungsbereich – vor allem auch auf dem Kraftfahrzeugsektor.

Die Weiterentwicklung des Dieselmotors und der Einspritzanlage ging seither unaufhörlich weiter: Anfang der sechziger Jahre gab die von Bosch entwickelte Verteilereinspritzpumpe mit automatischem Spritzversteller dem Motor Auftrieb. Ein Jahrzehnt später folgte die von Bosch in langer Forschungsarbeit zur Serienreife gebrachte elektronische Regelung der Dieseleinspritzung.

Die genau dosierte Zuordnung kleinster Kraftstoffmengen, möglich geworden durch über Jahrzehnte hinweg im Hause Bosch erarbeitete Innovationen, löste das Problem der Probleme des Dieselmotors von einst. In Verbrauch und Ausnutzung des Kraftstoffs ist der Selbstzünder nach wie vor Spitze.

Die Vision von Rudolf Diesel hat den Sprung in die Wirklichkeit geschafft.

Regler für Reiheneinspritzpumpen

Regler für Diesel-Reiheneinspritzpumpen

Dieselregelung

Kraftstoffeinspritzung

Der Dieselmotor saugt beim Saughub nur Luft an. Während des Verdichtungshubs erhitzt sich die angesaugte Luft so stark, daß sich der gegen Hubende eingespritzte Dieselkraftstoff von selbst entzündet. Der Kraftstoff wird durch die Einspritzpumpe dosiert und unter hohem Druck über die Einspritzdüse in den Verbrennungsraum eingespritzt.
Die Kraftstoffeinspritzung erfolgt:
– in genau bemessener Menge entsprechend der Motorbelastung,
– im richtigen Zeitpunkt,
– während eines genau festgelegten Zeitintervalls,
– in der für das jeweilige Verbrennungsverfahren angepaßten Weise.
Für die Einhaltung dieser Bedingungen sorgen Einspritzpumpe und Regler, der auf die Regelstange der Einspritzpumpe einwirkt. Die Menge des pro Kolbenhub eingespritzten Kraftstoffs ist etwa proportional dem Drehmoment des Motors. Aufbau und Wirkungsweise der Bosch-Reiheneinspritzpumpe PE werden an anderer Stelle ausführlich beschrieben.
Kommt ein Fliehkraftregler im Kraftfahrzeug zur Anwendung, ist die Regelstange über den Regler mit dem Fahrpedal verbunden. Bei Verwendung eines elektronischen Reglers befindet sich am Fahrpedal ein Geber, der mit dem elektronischen Steuergerät verbunden ist. Durch Betätigen des Fahrpedals wird der Pedalweg unter Berücksichtigung der jeweiligen Drehzahl in einen entsprechenden Regelstangenweg umgesetzt.

Warum Dieselregelung?

Es gibt keine feste Regelstangenstellung, bei der der Dieselmotor seine Drehzahl ohne Regler genau beibehält. Im Leerlauf z.B. würde die Drehzahl ohne Regler entweder bis zum Stillstand fallen oder aber sie würde sich ständig bis zum Durchgehen des Motors erhöhen. Letzteres ist darauf zurückzuführen, daß der Dieselmotor mit Luftüberschuß arbeitet. Infolgedessen findet eine wirksame Drosselung der Zylinderfüllung bei Drehzahlsteigerung nicht statt.
Ist ein kalter Motor z.B. durch den Starter in Gang gesetzt worden, und läuft er mit einer entsprechenden Kraftstoffmenge im Leerlauf weiter, so verringert sich nach einiger Zeit die Eigenreibung des Motors sowie der Antriebswiderstand der vom Motor getriebenen Aggregate wie Generator, Luftkompressor, Einspritzpumpe usw. Infolgedessen würde die Motordrehzahl bei unveränderter Stellung der Regelstange ohne Regler immer mehr zunehmen und könnte sich bis zur Selbstzerstörung des Motors steigern.
Für den Betrieb der Einspritzpumpe beim Dieselmotor ist deshalb ein Drehzahlregler erforderlich.
Für Reiheneinspritzpumpen werden heute entweder mechanische Fliehkraftregler oder elektronische Regler verwendet.
Früher wurden für kleinere Einspritzpumpen auch pneumatische Regler, die mit Saugrohrdruck arbeiteten, eingesetzt. Wegen der gestiegenen Anforderungen an Regelgüte und Reglerfunktionen werden pneumatische Regler heute nicht mehr angeboten und deshalb auch nicht beschrieben.

Dieselregelung

Bild 1: Einspritzanlage mit mechanisch geregelter PE- Reiheneinspritzpumpe.
1 Kraftstoffbehälter, 2 Förderpumpe, 3 Kraftstoffilter, 4 Reiheneinspritzpumpe, 5 Spritzversteller, 6 Drehzahlregler, 7 Düsenhalter mit Einspritzdüse, 8 Kraftstoffrückleitung, 9 Glühstiftkerze, 10 Batterie, 11 Glüh-Start-Schalter, 12 Glühsteuergerät.

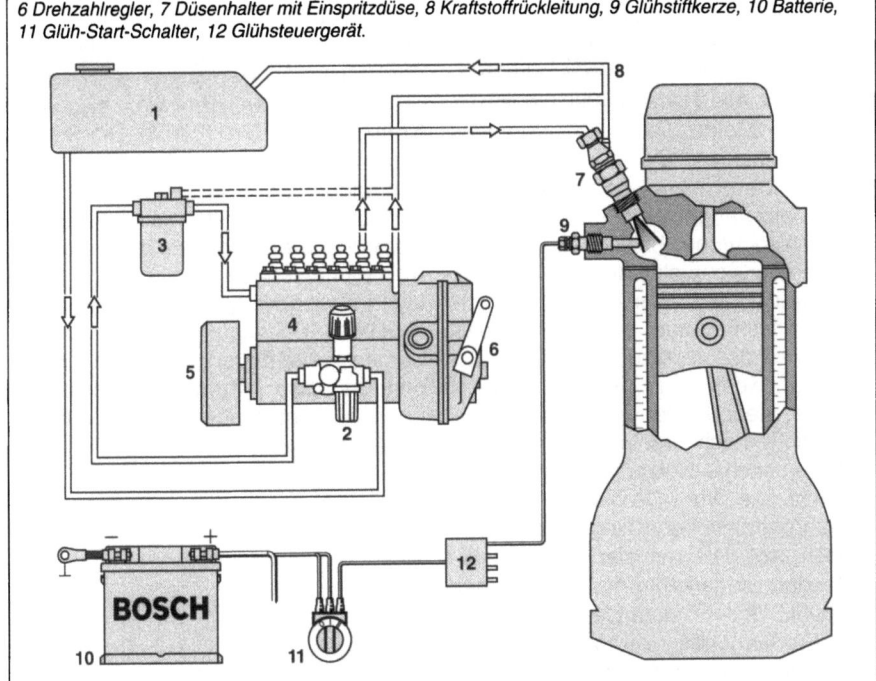

Bild 2: Regelkreis mit mechanischer Dieselregelung.

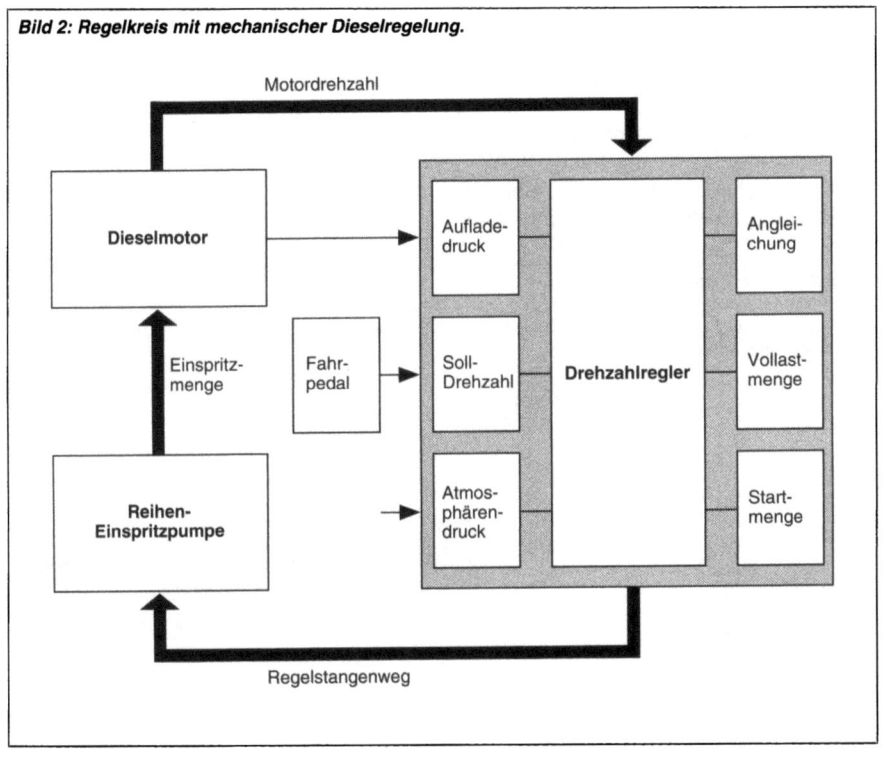

Regler für Reiheneinspritzpumpen

Einwirkung des Reglers

Die Diesel-Einspritzpumpe muß dem Motor bei unterschiedlichen Belastungen immer die richtige Kraftstoffmenge zumessen. Alle Reiheneinspritzpumpen haben je Motorzylinder ein Pumpenelement, das aus Zylinder und Kolben besteht. Der Kolben wird durch eine vom Motor angetriebene Nockenwelle in Förderrichtung bewegt und durch eine Feder zurückgedrückt. Da der Kolbenhub unveränderlich ist, läßt sich die Kraftstoffmenge nur durch das Verändern des Nutzhubes steuern. Zu diesem Zweck sind in den Kolben schräge Steuerkanten eingearbeitet, so daß sich je nach Drehlage des Kolbens der gewünschte Nutzhub ergibt. Hierzu verdreht die vom Regler in Längsrichtung verschobene Regelstange den Kolben, so daß mit der schräg verlaufenden Steuerkante des Kolbens der Zeitpunkt des Förderendes und damit die Fördermenge verändert werden kann. Die Förderung beginnt, wenn die Kolbenoberkante die Zulaufbohrung verschließt.

Bei Vollförderung wird erst beim Erreichen des maximalen Nutzhubes abgesteuert, also erst mit dem Erreichen der größtmöglichen Fördermenge. Für die Teilförderung wird je nach Kolbenstellung früher abgesteuert. Bei der Endstellung für die Nullförderung, wenn also der Motor abgestellt werden soll, befindet sich die Längsnut direkt vor der Zulaufbohrung. Dadurch ist der Druckraum über dem Kolben während des gesamten Hubes mit dem Saugraum verbunden. Es wird also kein Kraftstoff gefördert. (Bild 3). Die Steuerkanten eines Kolbens können verschieden angeordnet sein. Bei Ausführungen mit nur untenliegender Schrägkante beginnt die Förderung stets beim gleichen Kolbenhub, endet aber je nach Drehlage früher oder später. Mit einer obenliegenden Schrägkante kann der Förderbeginn verändert werden. Daneben gibt es auch Pumpenelemente mit oben- und untenliegender Schrägkante.

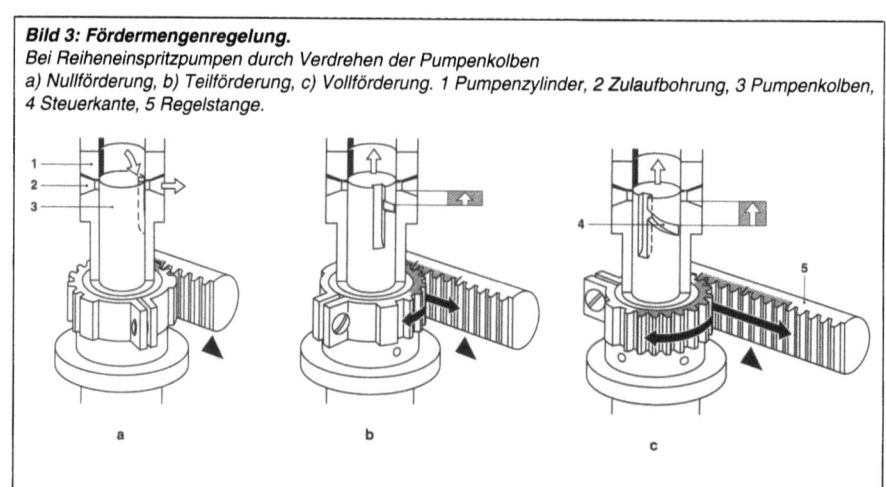

Bild 3: Fördermengenregelung.
Bei Reiheneinspritzpumpen durch Verdrehen der Pumpenkolben
a) Nullförderung, b) Teilförderung, c) Vollförderung. 1 Pumpenzylinder, 2 Zulaufbohrung, 3 Pumpenkolben, 4 Steuerkante, 5 Regelstange.

Regler-einstellung und -prüfung

"Regler-Geschichte"

"Wer glaubt, ein Dieselmotor sei eine grobe Maschine, die grobe Lösungen ertrage, der irrt!" [1])

Nur große Mühen der exaktesten Arbeit und viel Fingerspitzengefühl garantieren die optimale Funktion dieses Motors.

Diese Art der Dieselmotoren-Regelung wurde anfänglich von den Motorenherstellern selbst erledigt. Um aber den dafür notwendigen Abtrieb am Motor zu sparen, forderten sie Diesel-Reiheneinspritzpumpen mit angebauten Reglern. Ende der Zwanziger Jahre stellte man sich im Hause Bosch dieser neuen Herausforderung und nach weiteren großartigen Ingenieurleistungen ging man 1931 mit einem Fliehkraft-Leerlauf-Endregler in Serie. In etwas abgewandelter Form folgte diesem Regler bald ein Verstell-regler nach, der besonders für Schlepper- und Bootsmotoren benötigt wurde.

Für kleinere schnellaufende Fahrzeug-Dieselmotoren schien aber ein solcher Fliehgewichtregler nicht geeignet und so wurde die Idee des pneumatischen Reglers geboren: "Die Regelstange ist mit einer Ledermembrane verbunden, und der von der Drehzahl des Motors abhängige Unterdruck im Saug-rohr verändert die Stellung der Membrane und beeinflußt je nach Einstellung der Drosselklappe die Fördermenge (siehe Bild)." [2])

In den Nachkriegsjahren (1946 bis 1948 Kulissenregler) und der neueren Vergangenheit (ab 1955 Regler mit außenliegenden "Spannfedern") operierte man mit verschiedensten, deutlich verbesserten Bauformen (z.B. Einbau von Schwingungsdämpfern) der mechanischen Regler.

Zusatzaggregate für die Angleichung der Vollastmenge an den gewünschten Drehmomentverlauf des Motors wurden genauso angebaut wie Vorrichtungen zur automatischen Einstellung der Start-Mehrmenge.

Heute allerdings spielt die Elektronik auch auf dem Gebiet der Dieselregelung schon eine entscheidende Rolle. Mit den elektronischen Regelsystemen ist ein optimal funktionierender Dieselmotor schon fast eine Selbstverständlichkeit.

[1]) Auer, Georg. "Der Widerspenstigen Zähmung". Diesel-Report. Robert Bosch GmbH. Stuttgart, 1977. 8.

[2]) Schildberger, Friedrich. Bosch und der Dieselmotor. Stuttgart, 1950.

Pneumatischer Regler.
Abbildung aus der Druckschrift "Bosch und der Dieselmotor" des Jahres 1950.

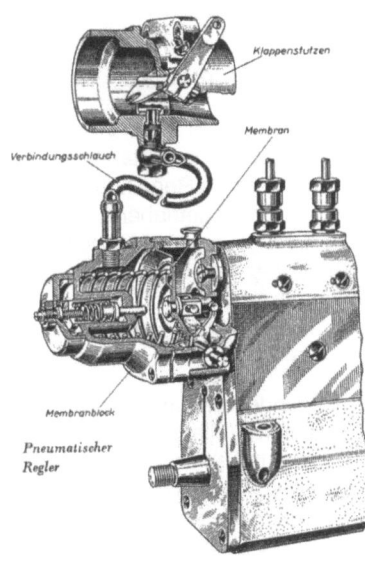

Pneumatischer Regler

Regler für Reiheneinspritzpumpen

P-Grad des Reglers

Jeder Motor hat eine Drehmomentkennlinie entsprechend seiner maximalen Belastbarkeit. Zu jeder Drehzahl gehört ein bestimmtes maximales Drehmoment. Wird der Motor bei unveränderter Verstellhebelstellung entlastet, so darf die Drehzahl im Regelbereich nur um ein bestimmtes vom Motorhersteller zugelassenes Maß ansteigen (z.B. von n_v = Vollastdrehzahl auf n_l = Leerlaufdrehzahl). Der Drehzahlanstieg ist proportional zur Laständerung, d.h. er ist um so größer, je größer die Entlastung ist. Man spricht deshalb von Proportional- oder P-Grad und von Reglern mit P-Verhalten. Der P-Grad des Reglers wird im allgemeinen auf die obere Vollastdrehzahl (entspricht Nenndrehzahl) bezogen und errechnet sich wie folgt:

$$\delta = \frac{n_{lo} - n_{vo}}{n_{vo}}$$

oder in %:

$$\delta = \frac{n_{lo} - n_{vo}}{n_{vo}} \cdot 100\%$$

mit δ P-Grad
n_{lo} obere Leerlaufdrehzahl
n_{vo} obere Vollastdrehzahl

Beispiel: (Pumpendrehzahlen)
n_{lo} = 1000 min^{-1}, n_{vo} = 920 min^{-1}

$$\delta = \frac{1000 - 920}{920} \cdot 100\% = 8{,}7\%$$

Im allgemeinen läßt sich durch einen größeren P-Grad ein stabileres Verhalten des ganzen Regelkreises (Regler, Motor und angetriebene Maschine oder Fahrzeug) erzielen. Andererseits ist der P-Grad durch die Arbeitsbedingungen begrenzt,
z.B.:   ca. 0...5% für Stromerzeuger,
        ca. 6...15% für Fahrzeuge.

In den folgenden Bildern bedeuten:
n_{vu} untere Vollastdrehzahl
n_v eine beliebige Vollastdrehzahl
n_{vo} obere Vollastdrehzahl
n_{lu} untere Leerlaufdrehzahl
n_l eine beliebige Leerlaufdrehzahl
n_{lo} obere Leerlaufdrehzahl

Bild 4: Vollastdrehzahlen.
Mit den entsprechenden abgeregelten Leerlaufdrehzahlen (Nullastdrehzahlen).

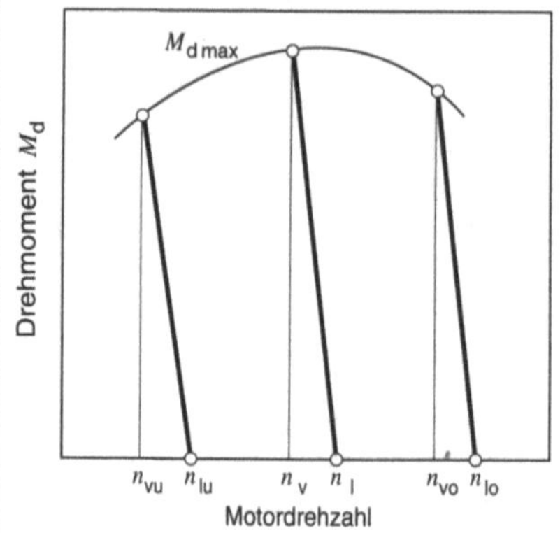

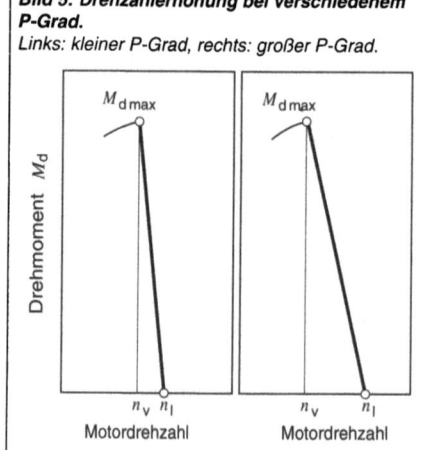

Bild 5: Drehzahlerhöhung bei verschiedenem P-Grad.
Links: kleiner P-Grad, rechts: großer P-Grad.

Bild 6: P-Grad eines Drehzahlreglers RQV.
Bei verschiedenen mit dem Verstellhebel eingestellten Drehzahlen.

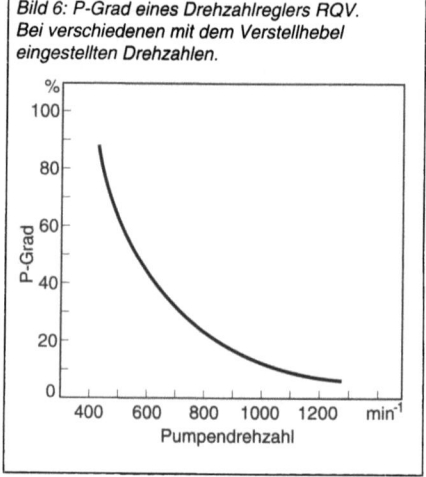

Bild 7 zeigt die Auswirkung des Proportionalgrades an einem praktischen Beispiel: Bei konstant eingestellter Solldrehzahl ändert sich die tatsächliche Drehzahl bei Veränderung der Belastung (z.B. Steigungsänderung) im Rahmen des P-Bereiches.

Aufgaben des Reglers

Jeder Regler hat als Grundaufgabe die Begrenzung der Enddrehzahl. Er muß dafür sorgen, daß der Dieselmotor die vom Hersteller zugelassene Höchstdrehzahl nicht überschreitet. Andere Aufgaben sind je nach Reglerart das Konstanthalten bestimmter Drehzahlen wie der Leerlaufdrehzahl bzw. der Drehzahlen innerhalb eines bestimmten oder des gesamten Drehzahlbereichs zwischen Leerlauf- und Enddrehzahl.

Darüber hinaus kann der Regler noch weitere Aufgaben erfüllen, wobei die Möglichkeiten des elektronischen Reglers wesentlich umfangreicher sind als die des mechanischen Reglers.

In den folgenden Abschnitten wird zunächst der mechanische Regler behandelt. Die Beschreibung des elektronischen Reglers folgt im Abschnitt "Elektronische Regelung (EDC)".

Aus den verschiedenen Regelaufgaben ergeben sich verschiedene Reglerarten:
– Enddrehzahlregler haben die Aufgabe, nur die Höchstdrehzahl zu begrenzen.
– Leerlauf-Enddrehzahlregler regeln außer der Enddrehzahl die Leerlaufdrehzahl.
– Alldrehzahlregler (früher Verstellregler) regeln neben der Leerlauf- und Höchstdrehzahl auch den dazwischen liegenden Drehzahlbereich.
– Stufendrehzahlregler sind eine Kombination von Leerlauf-Enddrehzahl- und Alldrehzahlregler.
– Aggregatsregler eignen sich für Stromerzeugungsaggregate, ausgelegt nach DIN 6280.

An den Regler werden außer seiner eigentlichen Aufgabe noch Steuerungsaufgaben gestellt, wie automatische Freigabe oder Sperrung der für das

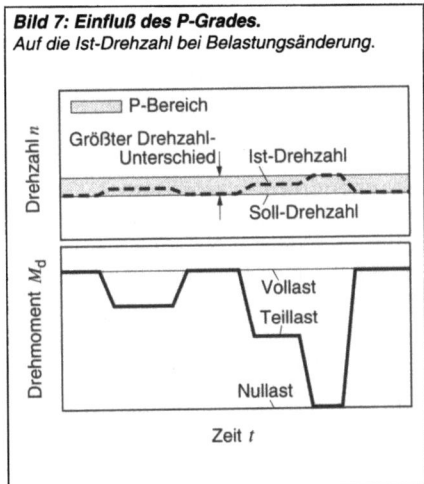

Bild 7: Einfluß des P-Grades.
Auf die Ist-Drehzahl bei Belastungsänderung.

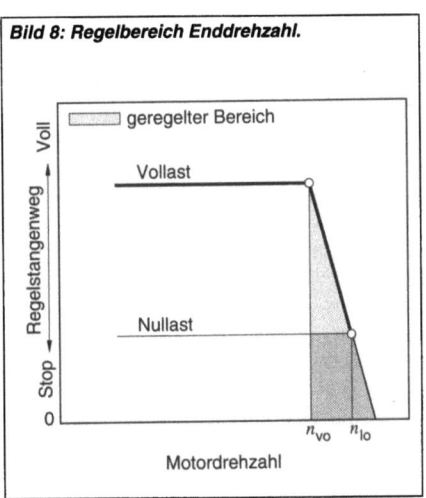

Bild 8: Regelbereich Enddrehzahl.

Starten notwendigen größeren Kraftstoffmenge, der Startmenge, Veränderung der Vollastmenge abhängig von Drehzahl (Angleichung), Ladedruck oder atmosphärischem Druck. Hierzu sind zum Teil Zusatzeinrichtungen erforderlich, auf die später näher eingegangen wird.

Enddrehzahlregelung

Die obere Vollastdrehzahl n_{vo} darf bei Entlastung entsprechend dem zulässigen P-Grad höchstens auf n_{lo} (obere Leerlaufdrehzahl oder Nullastdrehzahl) ansteigen. Der Regler bewerkstelligt dies durch eine Zurücknahme der Regelstange in Richtung "Stop" (Bild 8).

Regler für Reiheneinspritzpumpen

Den Bereich $n_{vo} - n_{lo}$ nennt man Enddrehzahlabregelung.
Die Drehzahlerhöhung von n_{vo} auf n_{lo} ist um so größer, je größer der P-Grad ist.

Zwischendrehzahlregelung

Wenn die Aufgabe es erfordert (z.B. Kraftfahrzeuge mit Nebenantrieb) kann der Regler auch bestimmte Drehzahlen zwischen Leerlauf- und Enddrehzahl in gewissen Grenzen konstant halten (Bild 9). Die Drehzahl n würde also je nach Belastung innerhalb des Leistungsbereichs des Motors nur zwischen n_v (bei Vollast) und n_l (bei unbelastetem Motor) schwanken.

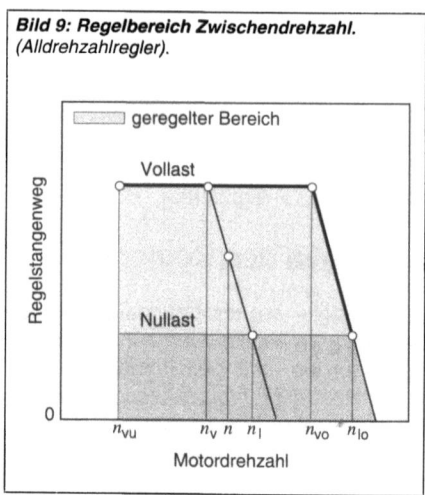

Bild 9: Regelbereich Zwischendrehzahl. (Alldrehzahlregler).

Leerlaufregelung

Auch im untersten Drehzahlbereich des Dieselmotors kann eine Drehzahlregelung stattfinden (Bild 10). Wenn die Regelstange nach dem Starten eines kalten Dieselmotors aus der Startlage in die Stellung B zurückkehrt, ist der Reibungswiderstand des Motors noch verhältnismäßig groß. Die notwendige Kraftstoffmenge, um den Motor in Gang zu halten, ist daher etwas größer und die Drehzahl etwas niederer, als dem Leerlaufeinstellpunkt L entspricht.

Nach Verringerung der Reibung während des Warmlaufs nimmt die Drehzahl zu und die Regelstange geht auf L zurück, wo die Leerlaufdrehzahl für den warmen Motor erreicht ist.

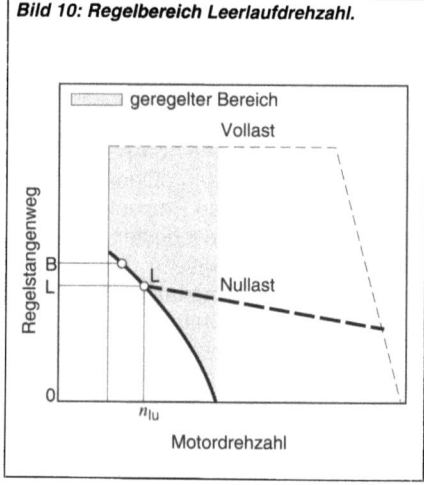

Bild 10: Regelbereich Leerlaufdrehzahl.

Angleichung

Die Angleichung ermöglicht eine optimale Ausnutzung der im Zylinder vorhandenen Verbrennungsluft. Angleichung ist kein eigentlicher Regelvorgang, sondern eine der Steuerungsaufgaben, die dem Regler übertragen werden. Sie wird ausgelegt für die Vollastfördermengen, d.h. die größte im belastbaren Bereich des Motors geförderte und rauchfrei verbrennende Kraftstoffmenge.

Der Kraftstoffbedarf des nicht aufgeladenen Dieselmotors nimmt im allgemeinen mit steigender Drehzahl ab

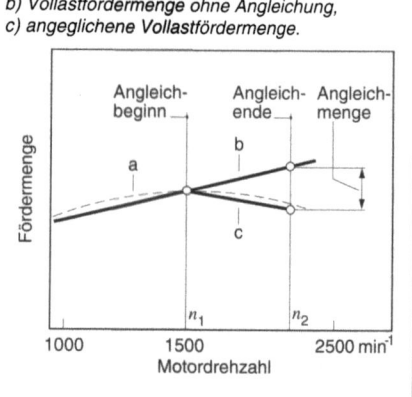

Bild 11: Kraftstoffbedarfs- und Fördermengen-Kennlinie. Mit Angleichung.
a) Kraftstoffbedarf des Motors,
b) Vollastfördermenge ohne Angleichung,
c) angeglichene Vollastfördermenge.

(geringerer relativer Luftdurchsatz, thermische Grenzbedingungen, veränderte Gemischbildung), während die Fördermenge der Bosch-Einspritzpumpe bei gleicher Stellung der Regelstange durch Drosselwirkung an der Steuerbohrung des Pumpenelements in einem bestimmten Bereich mit steigender Drehzahl zunimmt.

Zuviel eingespritzter Kraftstoff bedeutet jedoch Rauchentwicklung bzw. Überhitzung des Motors. Die eingespritzte Kraftstoffmenge muß also dem Kraftstoffbedarf angeglichen werden (Bild 11).

Bei Reglern mit Angleichung wird die Regelstange im Angleichbereich um den festgelegten Angleichweg in Richtung "Stop" verschoben. Mit steigender Drehzahl (von n_1 nach n_2) verringert sich also die Fördermenge (positive Angleichung oder Angleichung im Regelsinn); bei fallender Drehzahl (von n_2 nach n_1) erhöht sie sich (Bild 12).

Angleichvorrichtungen sind je nach Reglertyp verschieden angeordnet und ausgeführt. Einzelheiten enthält die jeweilige Reglerbeschreibung.

Bild 13 zeigt den Verlauf des Drehmoments eines Dieselmotors mit Angleichung und ohne Angleichung, wobei im ganzen Drehzahlbereich das größte Drehmoment erreicht wird, ohne Überschreitung der Rauchgrenze.

Bei Motoren mit Abgasturbolader mit höherem Aufladegrad steigt der Kraftstoffbedarf für Vollast im unteren Drehzahlbereich so stark an, daß der natürliche Fördermengenanstieg der Einspritzpumpe nicht mehr genügt. Hier muß abhängig von der Drehzahl oder dem Ladedruck eine Angleichung vorgenommen werden, die je nach den Verhältnissen allein mit dem Regler oder dem ladedruckabhängigen Vollastanschlag oder beiden zusammen erreicht wird.

Man nennt diese Angleichung negativ. Letztere bedeutet verstärkte Zunahme der Fördermenge bei Drehzahlerhöhung (Bild 14). Im Gegensatz hierzu steht die übliche, positive Angleichung mit Verringerung der Einspritzmenge bei steigender Drehzahl.

Reglereinstellung und -prüfung

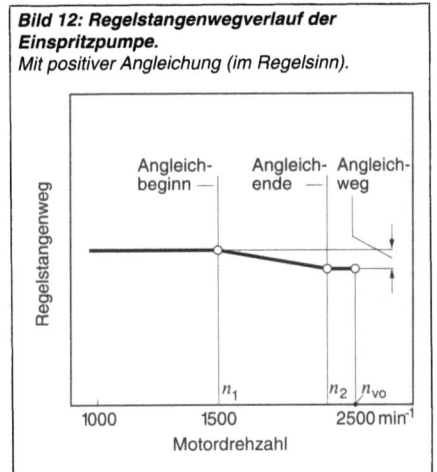

Bild 12: Regelstangenwegverlauf der Einspritzpumpe.
Mit positiver Angleichung (im Regelsinn).

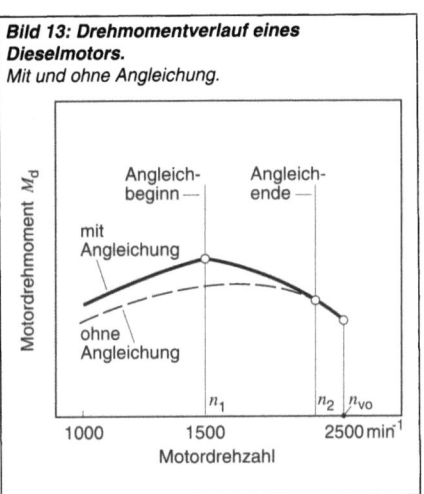

Bild 13: Drehmomentverlauf eines Dieselmotors.
Mit und ohne Angleichung.

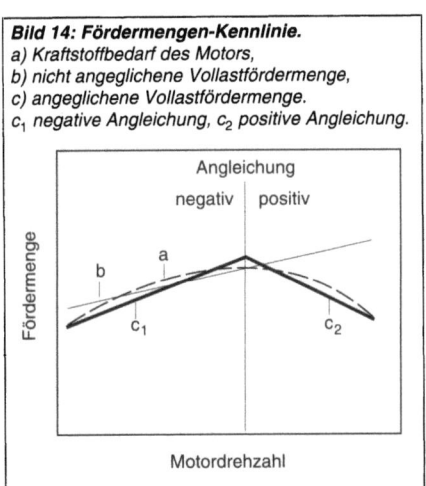

Bild 14: Fördermengen-Kennlinie.
a) Kraftstoffbedarf des Motors,
b) nicht angeglichene Vollastfördermenge,
c) angeglichene Vollastfördermenge.
c_1 negative Angleichung, c_2 positive Angleichung.

Regler für Reiheneinspritzpumpen

Reglerübersicht

Reglerbezeichnung

Die Reglerbezeichnung ist auf dem Typschild angegeben. Sie kennzeichnet die wesentlichen Merkmale des Reglers (z.B. Reglerbauart, Leerlauf-/Enddrehzahl usw.). Der nebenstehende Kasten enthält ein Beispiel mit der Erläuterung zu den einzelnen Bestandteilen der Reglerbezeichnung.

Enddrehzahlregler

Enddrehzahlregler sind bestimmt für Dieselmotoren, die Arbeitsmaschinen bei Nenndrehzahl antreiben. Der Regler muß hier nur die Enddrehzahl einhalten, Leerlaufregelung und Einsteuerung einer Startmenge entfallen. Bei Überschreitung der Nenndrehzahl n_{vo} infolge abnehmender Motorbelastung schiebt der Regler die Regelstange in Richtung "Stop", d.h. der Regelstangenweg wird kleiner, die Fördermenge nimmt ab. Drehzahlerhöhung und Regelstangenweg-Verminderung bewegen sich entlang der Verbindungslinie A – B. Die obere Leerlaufdrehzahl n_{lo} wird erreicht, wenn der Motor ganz entlastet wird. Die Differenz zwischen n_{lo} und n_{vo} ist bestimmt durch den P-Grad des Reglers (Bild 1).

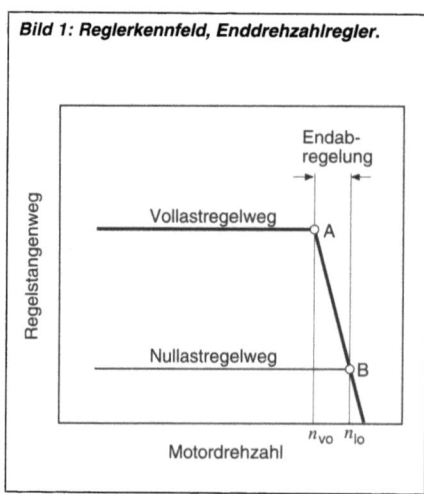

Bild 1: Reglerkennfeld, Enddrehzahlregler.

Leerlauf-Enddrehzahlregler

Bei Dieselmotoren für Lastwagen ist häufig eine Regelung im Bereich zwischen Leerlauf- und Enddrehzahl nicht erforderlich. In diesem Drehzahlbereich betätigt der Fahrer mit dem Fahrpedal unmittelbar die Regelstange der Einspritzpumpe und stellt das erforderliche Drehmoment ein. Der Regler sorgt im Leerlaufbereich dafür, daß der Motor nicht stehenbleibt; außerdem regelt er die Enddrehzahl. Aus dem Regler-Kennfeld (Bild 2) ist zu erkennen: Der kalte Motor wird mit Startmenge (A) gestartet. Der Fahrer hat dabei das Fahrpedal ganz durchgetreten.
Läßt er es los, so kehrt die Regelstange in die Leerlaufstellung zurück (B). Die Leerlaufdrehzahl pendelt sich während des Warmlaufs entlang der Leerlaufregelkurve bei L ein. Ist der Warmlauf beendet, so ist im allgemeinen bei erneutem Starten nicht mehr die größte Startmenge erforderlich; manche Motoren können auch starten, wenn der Reglerverstellhebel auf Leerlauf steht.
Mit einer Zusatzeinrichtung, der temperaturabhängigen Startmenge (TAS), kann die Startmenge bei warmem Motor trotz durchgetretenem Fahrpedal begrenzt werden. Tritt der Fahrer das Fahrpedal bei laufendem Motor ganz durch, dann geht die Regelstange auf Vollastmenge. Dabei steigt die Drehzahl und bei n_1 setzt die Angleichung der Fördermenge ein, d.h. die Vollastfördermenge wird etwas verringert. Die Angleichung ist bei weiterhin steigender Drehzahl bei n_2 beendet. Die Vollastmenge wird bei durchgetretenem Fahrpedal so lange eingespritzt, bis die obere Vollastdrehzahl n_{vo} erreicht ist. Von n_{vo} ab beginnt die Endabregelung entsprechend dem P-Grad, wobei die Drehzahl noch etwas steigt, der Regelstangenweg kleiner wird und infolgedessen die Fördermenge abnimmt. Die obere Leerlaufdrehzahl n_{lo} wird erreicht, wenn der Motor vollständig entlastet ist. Bei Schiebebetrieb (Talfahrt) kann die Drehzahl noch weiter ansteigen, dabei wird der Regelstangenweg zu Null.

Regler-übersicht

Bild 2: Reglerkennfeld, Leerlauf-Enddrehzahlregler.
Mit Angleichung.

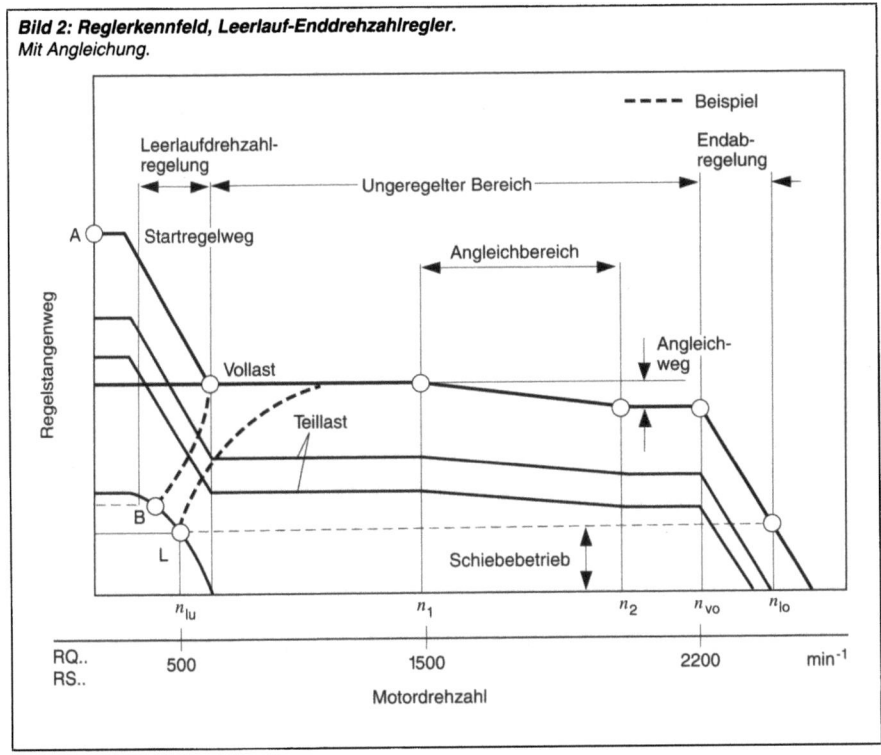

Beispiel für Reglerbezeichnung.

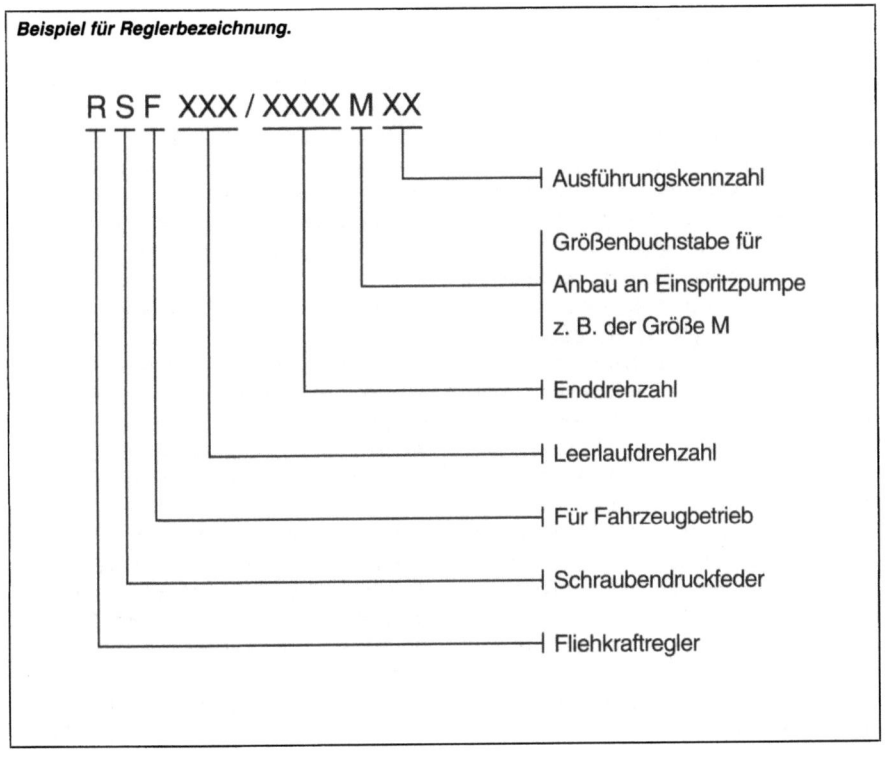

Regler für Reiheneinspritzpumpen

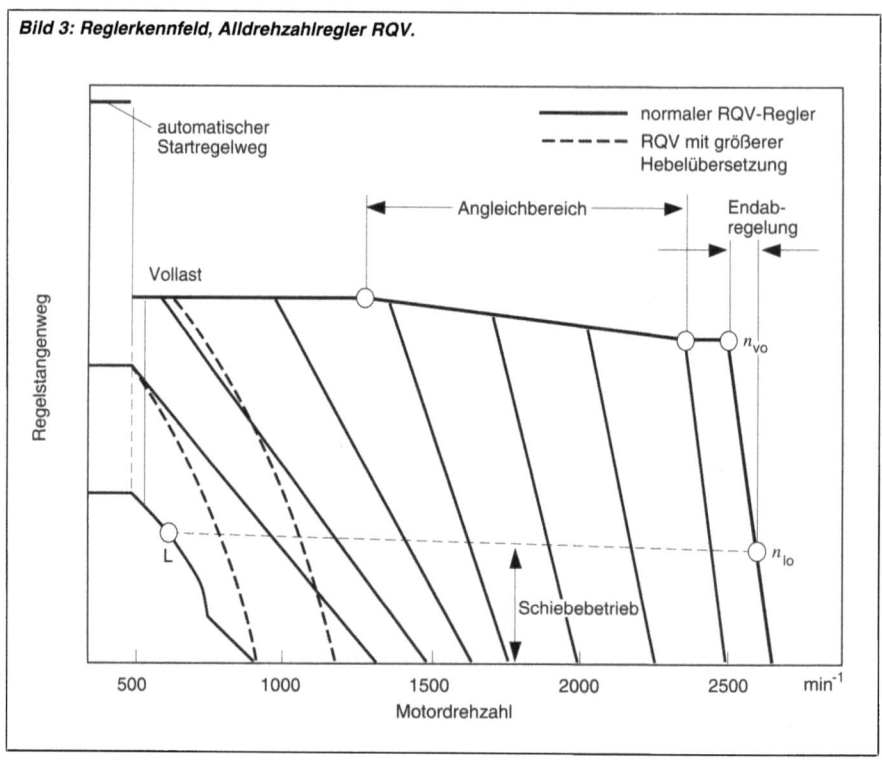

Bild 3: Reglerkennfeld, Alldrehzahlregler RQV.

Alldrehzahlregler (früher Verstellregler)

Fahrzeuge, die eine bestimmte Fahrgeschwindigkeit einhalten müssen (z.B. Ackerschlepper, Kehrmaschinen, Boote) oder einen Nebenantrieb haben, der eine möglichst konstante Motordrehzahl benötigt (z.B. Tankpumpen, Feuerwehrleitern), werden mit Alldrehzahlregler ausgerüstet.

Bei diesen Reglern werden außer Leerlauf- und Enddrehzahl auch dazwischen liegende Drehzahlen unabhängig von der Motorbelastung geregelt. Die gewünschte Drehzahl wird am Verstellhebel eingestellt. Aus den Regler-Kennlinien (Bild 3) ist zu entnehmen: Starten des Motors mit Startmenge, Verlauf der Vollastregelung entlang der Vollastkennlinie, mit Angleichung zwischen n_1 und n_2 bis zur Abregelung bei oberer Vollastdrehzahl entlang der Verbindung n_{vo}, n_{lo}.

Die übrigen Kurven zeigen den Abregelverlauf bei Zwischendrehzahlen. Es ist dabei eine Zunahme des P-Grades bei fallender Drehzahl festzustellen. Die gestrichelten Kurven gelten für Fahrzeuge, deren Nebenantriebe im unteren Drehzahlbereich arbeiten. Bei einer Lastzunahme fällt die Drehzahl weniger ab, als beim normalen Regler (ausgezogene Kurven). Dies wird durch eine größere Hebelübersetzung erreicht.

Stufendrehzahlregler

Wenn im oberen oder unteren Verstellbereich der Alldrehzahlregler RQV oder RQUV der normale P-Grad für den Verwendungszweck zu groß ist, eine Regelung im Zwischenbereich jedoch nicht erforderlich ist, dann wird das Meßwerk für stufenweise Regelung ausgelegt, wobei im ungeregelten Bereich des Enddrehzahl-Reglerteils keine Angleichung möglich ist. Im Reglerkennfeld (Bild 4) liegt die ungeregelte Stufe im unteren Drehzahlbereich, die geregelte Stufe im oberen Drehzahlbereich. Ein weiterer Reglertyp arbeitet

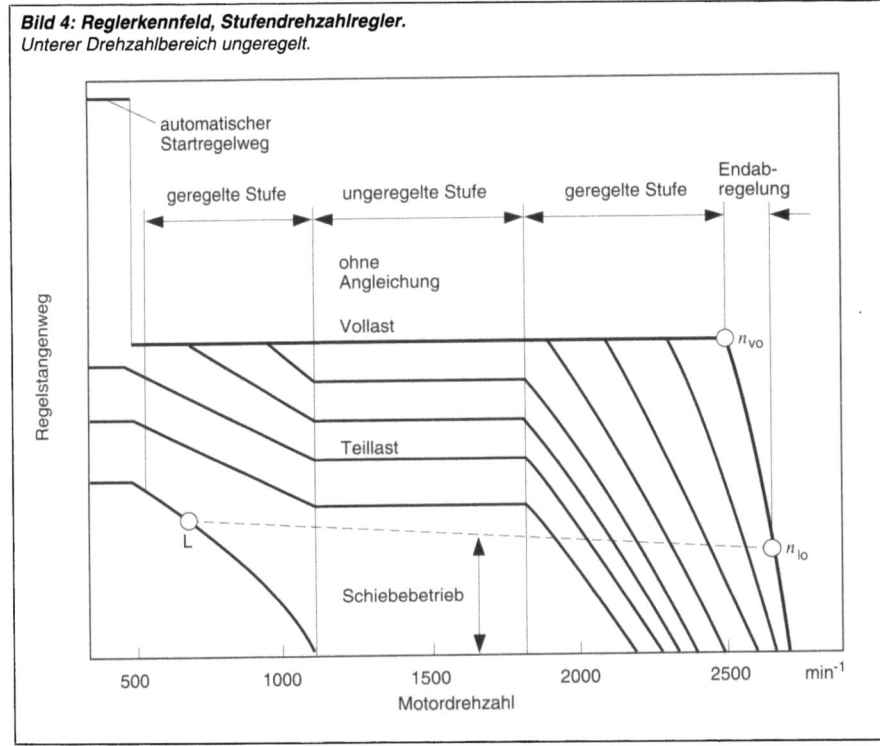

Bild 4: Reglerkennfeld, Stufendrehzahlregler.
Unterer Drehzahlbereich ungeregelt.

im unteren Drehzahlbereich als Alldrehzahlregler (nach unten abgehende Kurven), dem ein ungeregelter Bereich bis zur Endabregelung folgt (waagrechte Kennlinienteile). In beiden Fällen stellen die waagrechten Kennlinienteile jeweils den Regelstangenwegverlauf bei verschiedenen Teillaststellungen des Verstellhebels dar. Die von der Vollastlinie nach unten abgehenden Kurven entsprechen der Abregelung aus entsprechend eingestellten Zwischendrehzahlen. Im Aufbau unterscheidet sich der Stufendrehzahlregler vom Alldrehzahlregler lediglich durch die Verwendung anderer Regelfedern.

Aggregatsregler

Für Stromerzeugungsanlagen ist die Regelung durch DIN 6280 festgelegt (siehe Tabellen). Mit den Bosch-Fliehkraftreglern können die Ausführungsklassen 1, 2 und 3 betrieben werden. Die Bedingungen der Ausführungsklasse 4, zu der auch Aggregate mit P-Grad = 0% gehören, werden in der Regel mit elektronischen Reglern erfüllt. Ein Reglerkennfeld für Aggregatsbetrieb zeigt Bild 5. Sofern Parallelbetrieb nicht erforderlich ist, ist ein Festeinstellen der Drehzahl zulässig, d.h. es kann ein einfacher Enddrehzahlregler verwendet werden.

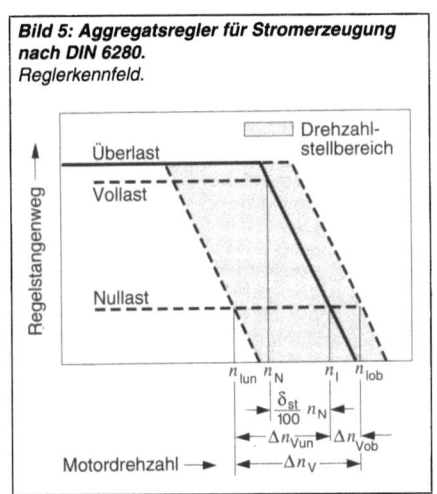

Bild 5: Aggregatsregler für Stromerzeugung nach DIN 6280.
Reglerkennfeld.

Regler für Reiheneinspritzpumpen

Reglerbauarten

Bauart	Funktion	Stellwerk	Pumpengröße	Angleichmöglichkeit
RQ	Leerlauf-Enddrehzahlregler oder nur Enddrehzahlregler	Fliehgewichte	A, MW, P	positiv
RQ	Aggregatsregler	Fliehgewichte	A, MW, P	keine
RQU	Leerlauf-Enddrehzahlregler oder nur Enddrehzahlregler	Fliehgewichte*	ZW, P9, P10	positiv
RS	Leerlauf-Enddrehzahlregler	Fliehgewichte	A, MW, P	positiv
RSF	Leerlauf-Enddrehzahlregler	Fliehgewichte	M	negativ/positiv
RQV	Alldrehzahlregler oder Stufenregler	Fliehgewichte	A, MW, P	positiv
RQUV	Alldrehzahlregler	Fliehgewichte*	ZW, P9, P10	positiv
RQV..K	Alldrehzahlregler	Fliehgewichte	A, MW, P	negativ/positiv
RSV	Alldrehzahlregler	Fliehgewichte	A, M, MW, P	positiv
RSUV	Alldrehzahlregler	Fliehgewichte[1]	P	positiv
RE	Kennfeld beliebig	Elektromagnet	M, MW, P	negativ/positiv

[1]) Mit Übersetzung für langsam laufende Motoren.

Betriebsgrenzwerte für die Ausführungsklassen
(gilt nur für Stromerzeugungsaggregate) (Auszug aus DIN 6280 Teil 3)

Nr.	Benennung	Formelzeichen	Einheit	Ausführungsklassen			
				1	2	3	4
4.2.4	Statische Drehzahlabweichung bzw. P-Grad	δ_{st}	%	8	5	3	n.V.
4.2.5	Drehzahlpendelbreite	v_n	%	–	1,5	0,5	n.V.
4.2.1	Unterer Drehzahlstellbereich	$\delta \cdot n_{Vun}$	%	$-(2,5+\delta_{st})$	$-(2,5+\delta_{st})$	$-(2,5+\delta_{st})$	n.V.
4.2.2	Oberer Drehzahlstellbereich	$\delta \cdot n_{Vob}$	%	+2,5	+2,5	+2,5	n.V.
4.1.6	Frequenz-Ausregelzeit n.V.	$t_{fzu} \cdot t_{fab}$	s	–	5	3	n.V.

n.V. nach Vereinbarung

Drehzahlbegriffe (gilt nur für Stromerzeugungsaggregate)
(Auszug aus DIN 6280 Teil 4)

Reglerübersicht

Nr.	Benennung	Formelzeichen	Definition
4.1	Nenndrehzahl	n_N	Der Nennfrequenz des Aggregate zugeordnete Motordrehzahl, auf die sich die Aggregat-Nennleistung bezieht.
4.3	Nulleistungsdrehzahl	n_l	Beharrungsdrehzahl des unbelasteten Motors. Zugehörige Werte für den Nennleistungs und Teilleistungsdrehzahl beziehen sich auf eine unveränderte Drehzahlleinstellung.
4.7	Untere einstellbare Nulleistungsdrehzahl	n_{lun}	Untere am Drehzahl-Sollwertsteller oder Regler einstellbare Beharrungsdrehzahl des unbelasteten Motors.
4.8	Höchste einstellbare Nullleistungsdrehzahl	n_{lob}	Höchste am Drehzahl Sollwertsteller oder Regler einstellbare Beharrungsdrehzahl des unbelasteten Motors.
4.9	Drehzahlstellbereich	Δn_V	Bereich zwischen unterer und oberer eingestellter Nulleistungsdrehzahl; der Wert des Drehzahlbereiches ergibt sich aus der Addition der Werte für den oberen und unteren Drehzahlstellbereich bach Abschnitt 4.9.1 und 4.9.2.
4.9.1	Unterer Drehzahlstellbereich	Δn_{Vun} δn_{Vun}	Bereich zwischen unterer eingestellter Nulleistungsdrehzahl und der Nullleistungsdrehzahl, die sich nach Entlastung aus dem Nennleistungspunkt bei gleicher Sollwerteinstellung ergibt. $\Delta n_{Vun} = n_l - n_{lun}$ Die Differenz beider Drehzahlen wird in Prozent der Nenndrehzahl ausgedrückt. $\delta n_{Vun} = (n_l - n_{lun}/n_N) \cdot 100$
4.9.2	Oberer Drehzahlstellbereich	Δn_{Vob} δn_{Vob}	Bereich zwischen der oberen eingestellten Nulleistungsdrehzahl und der Nullleistungsdrehzahl, die sich nach Entlastung aus dem Nennleistungspunkt bei gleicher Sollwerteinstellung ergibt. $\Delta n_{Vob} = n_{lob} - n_l$ Die Differenz beider Drehzahlen wird in Prozent der Nenndrehzahl ausgedrückt. $\delta n_{Vob} = (n_{lob} - n_l/n_N) \cdot 100$
5.1	Statische Drehzahlabweichung bzw. P-Grad	δ_{st}	Verhältnis der Drehzahldifferenz zwischen Nulleistungsdrehzahl n_l und Nenndrehzahl n_N, ausgedrückt in Prozent der Nenndrehzahl. $\delta_{st} = (n_l - n_N/n_N) \cdot 100$

Regler für Reiheneinspritzpumpen

Mechanische Drehzahlregelung

Der Bosch-Fliehkraftregler für die mechanische Drehzahlregelung ist an die Einspritzpumpe angebaut, deren Regelstange mit dem Reglergestänge gelenkig verbunden ist. Der Verstellhebel des Reglers bildet die Verbindung zum Fahrpedal.

Meßwerke

Es gibt zwei Ausführungen des Meßwerkes bei den Fliehkraftreglern:
– RQ, RQV: die Regelfedern sind in den Fliehgewichten eingebaut. Dabei wirken die beiden Fliehgewichte direkt auf je einen Federsatz, der für die betreffende Nenndrehzahl und den zugehörigen P-Grad ausgelegt ist.
– RSV, RS, RSF: die Fliehkraft wirkt über ein Hebelwerk auf die außerhalb der beiden Fliehgewichte liegende Regelfeder. Dabei drücken beide Fliehgewichte über den Verstellbolzen auf den Spannhebel, an dem die Regelfeder in der Gegenrichtung wirkt.
Beim RSV-Regler (Alldrehzahlregler) wird zum Einstellen der gewünschten Drehzahl die Regelfeder vom Fahrer über den Verstellhebel gespannt. Beim RS-/RSF-Regler (Leerlauf-Enddrehzahlregler) liegt die Regelfedereinstellung für die Enddrehzahl fest, und läßt sich vom Fahrer nicht über das Fahrpedal beeinflussen. Die Regelfedern der beiden Meßwerke sind so ausgewählt, daß bei der gewünschten Drehzahl sich Flieh- und Federkraft im Gleichgewicht befinden. Beim Überschreiten dieser Drehzahl bewegt die zunehmende Fliehkraft der Fliehgewichte die Regelstange über ein Hebelsystem und verringert die Fördermenge.

Leerlauf-Enddrehzahlregler RQ

Aufbau
Von der Nockenwelle der Einspritzpumpe wird die Reglernabe über einen Schwingungsdämpfer angetrieben. In der Reglernabe sind die beiden Fliehgewichte mit ihren Winkelhebeln gelagert. Je ein Federsatz ist in den Fliehgewichten eingebaut. Die Winkelhebel wandeln die radialen Fliehgewichtswege in axiale Bewegungen des Verstellbolzens um, die dieser auf den Gleitstein überträgt. Der Gleitstein, den der Führungsbolzen geradlinig führt; stellt über den Regelhebel die Verbindung zwischen Fliehgewichtsmeßwerk und Regelstange her. Das untere Ende des Regelhebels ist im Gleitstein gelagert. Im Regelhebel befindet sich eine Kulissenführung. Der bewegliche Kulissenstein wird durch den Lenkhebel radial geführt; dieser ist mit dem achsgleichen Verstellhebel verbunden. Der Verstellhebel wird entweder von Hand oder über Gestänge durch das Fahrpedal betätigt (Bilder 2 und 3). Bei Betätigung des Verstellhebels verschiebt sich der Kulissenstein, und der Regelhebel neigt sich um den Drehpunkt am Gleitstein. Wird der Regler wirksam, ist der Drehpunkt für den Regelhebel am Kulissenstein. Durch die Kulisse ändert sich das Übersetzungsverhältnis des Regelhebels. Infolgedessen ergibt sich auch im Leerlaufbereich, in dem die Fliehkräfte noch klein sind, eine ausreichend große Verstellkraft für die Regelstange. Die in den Fliehgewichten eingebauten Federsätze (Bild 1) bestehen i.a. aus

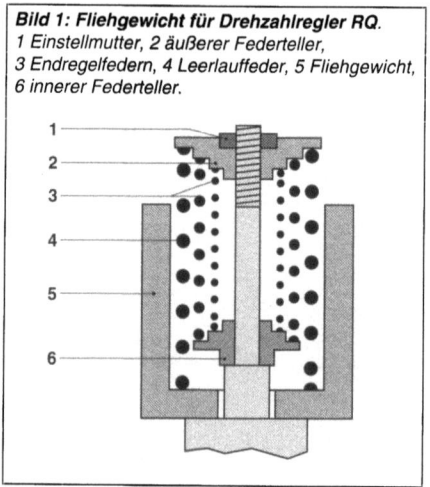

Bild 1: Fliehgewicht für Drehzahlregler RQ.
1 Einstellmutter, 2 äußerer Federteller,
3 Endregelfedern, 4 Leerlauffeder, 5 Fliehgewicht,
6 innerer Federteller.

Bild 2: Drehzahlregler RQ.
1 Regelstange, 2 Gelenkgabel, 3 Spielausgleichfeder, 4 Einstellmutter, 5 Regelfeder, 6 Fliehgewicht, 7 Winkelhebel, 8 Verstellbolzen, 9 Gleitstein, 10 Führungsbolzen, 11 Verstellhebel, 12 Regelhebel, 13 Kulissenstein, 14 Lenkhebel.

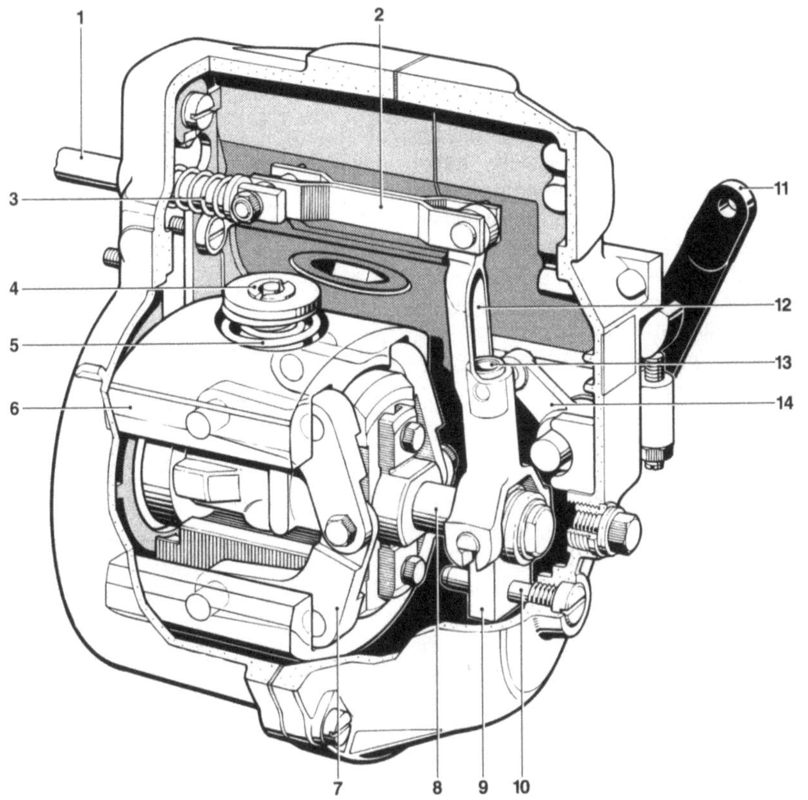

Mechanische Drehzahlregelung

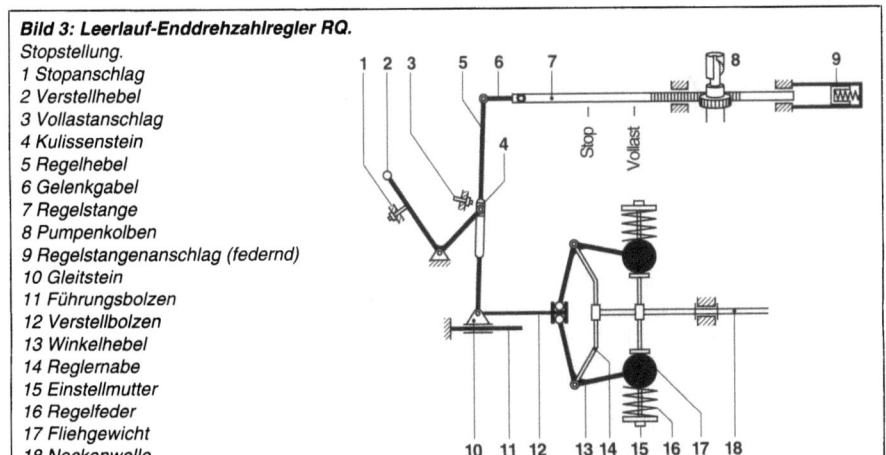

Bild 3: Leerlauf-Enddrehzahlregler RQ.
Stopstellung.
1 Stopanschlag
2 Verstellhebel
3 Vollastanschlag
4 Kulissenstein
5 Regelhebel
6 Gelenkgabel
7 Regelstange
8 Pumpenkolben
9 Regelstangenanschlag (federnd)
10 Gleitstein
11 Führungsbolzen
12 Verstellbolzen
13 Winkelhebel
14 Reglernabe
15 Einstellmutter
16 Regelfeder
17 Fliehgewicht
18 Nockenwelle

Regler für Reiheneinspritzpumpen

drei konzentrisch angeordneten Schraubenfedern, nämlich der Leerlauffeder und den beiden Endregelfedern.

Starten des Motors

In der Motor-Betriebsanleitung ist angegeben, bei welcher Pedalstellung der Motor gestartet werden soll.

Bei durchgetretenem Fahrpedal erreicht man die für das Starten des kalten Motors bei tiefen Außentemperaturen erforderliche Startmenge. Bei warmem Motor genügt in der Regel die Einspritzmenge, die sich bei der Leerlaufstellung des Verstellhebels ergibt. In diesem Falle würde ein Durchtreten des Fahrpedals nur einen unnötigen Rauchstoß verursachen (Bilder 4 und 7).

Betriebsverhalten

Leerlaufdrehzahl

Nach dem Anspringen des Motors und Loslassen des Verstellhebels (Fahrpedals) geht dieser in die Leerlaufstellung zurück. Auch die Regelstange geht in die Leerlaufstellung zurück, die vom jetzt arbeitenden Regler bestimmt wird (Bild 5).

Unter der Leerlaufdrehzahl eines Motors versteht man die niedrigste Drehzahl, bei der er unbelastet mit Sicherheit noch weiterläuft; er ist dabei nur belastet durch seine innere Reibung und die dauernd mit ihm gekuppelten Aggregate wie Generator, Einspritzpumpe, Lüfter usw. Um diese Leerlaufbelastung überwinden zu können, braucht der Motor eine bestimmte Kraftstoffmenge. Diese erhält er bei einer Stellung des Verstellhebels, die der vorgeschriebenen Leerlaufstellung entspricht.

Zwischendrehzahl

Wenn bei Teillast (d.h. Belastung des Motors zwischen Nullast und Vollast, Bild 6) der Fahrer das Fahrpedal etwas niedertritt, beschleunigt der Motor. Hierdurch wandern die Fliehgewichte nach außen. Der Regler hat also zunächst das Bestreben, die Drehzahlerhöhung zu verhindern.

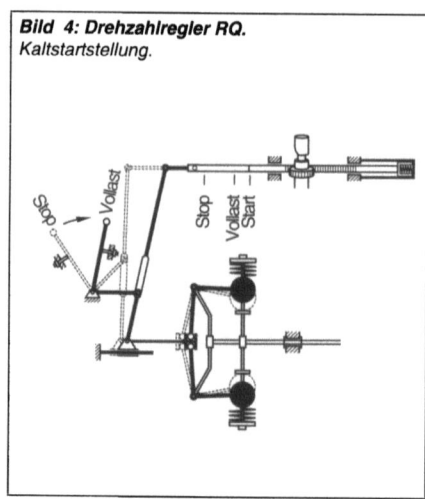

Bild 4: Drehzahlregler RQ. Kaltstartstellung.

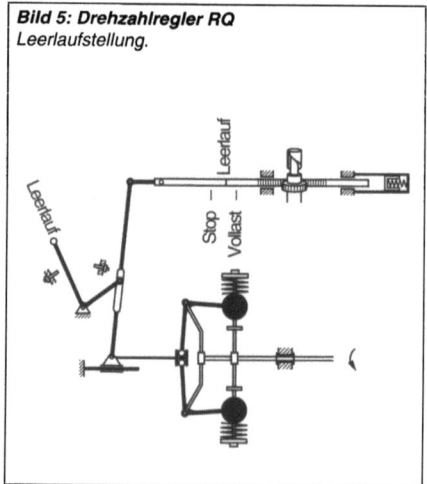

Bild 5: Drehzahlregler RQ Leerlaufstellung.

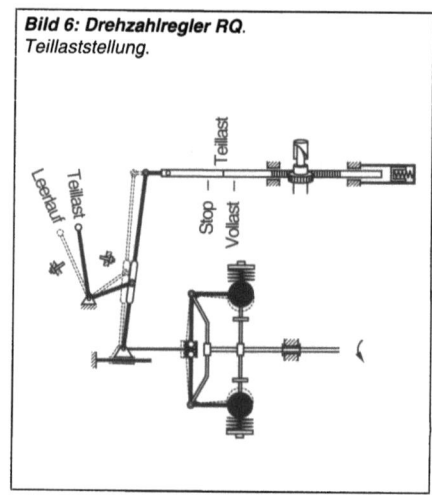

Bild 6: Drehzahlregler RQ. Teillaststellung.

**Bild 7: Leerlauf-Enddrehzahlregler RQ.
Reglerkennfeld.**
n_{lu} Untere Leerlaufdrehzahl, n_{vo} obere Vollastdrehzahl, n_1 Beginn der Angleichung, n_2 Ende der Angleichung, n_{lo} obere Leerlaufdrehzahl.

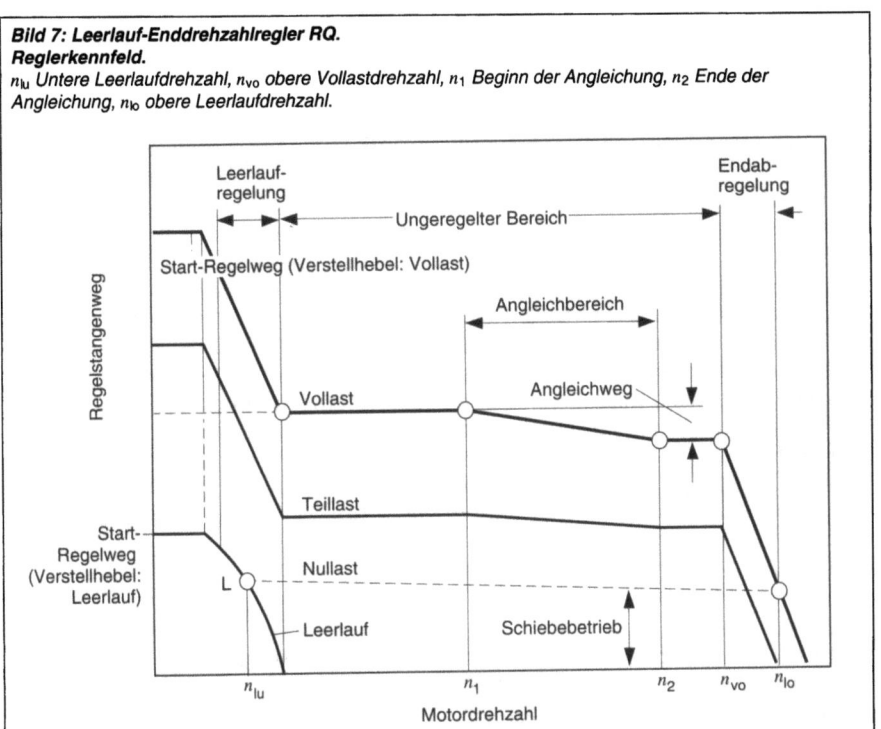

Mechanische Drehzahlregelung

Aber schon nach geringer Überschreitung der Leerlaufdrehzahl legen sich die Fliehgewichte an die von den Endregelfedern belasteten Federteller und bleiben in dieser Lage, bis die Höchstdrehzahl erreicht ist; denn die Endregelfedern geben der Fliehkraft erst nach, wenn der Motor seine Nenndrehzahl überschreiten will. Deshalb ist der Regler zwischen Leerlauf- und Höchstdrehzahl unwirksam. In diesem Bereich wird die Stellung der Regelstange und damit das Drehmoment des Motors allein vom Fahrer aus beeinflußt. Die bei diesem Vorgang durchlaufene Angleichphase wird anschließend beschrieben.

Angleichung
Beim RQ-Regler ist die Angleichvorrichtung in den Fliehgewichten eingebaut, und zwar zwischen dem inneren Federteller und den Endregelfedern (Bild 8). Die Angleichfeder liegt in einer Federkapsel, auf die sich außen die beiden Endregelfedern abstützen. Sie ist also

Bild 8: Angleichvorrichtung für Drehzahlregler RQ.
1 Einstellmutter, 2 Federteller, 3 Endregelfedern, 4 Leerlauffeder, 5 Fliehgewicht, 6 Ausgleichscheibe, 7 Angleichfeder, 8 Federkapsel, a Angleichweg.

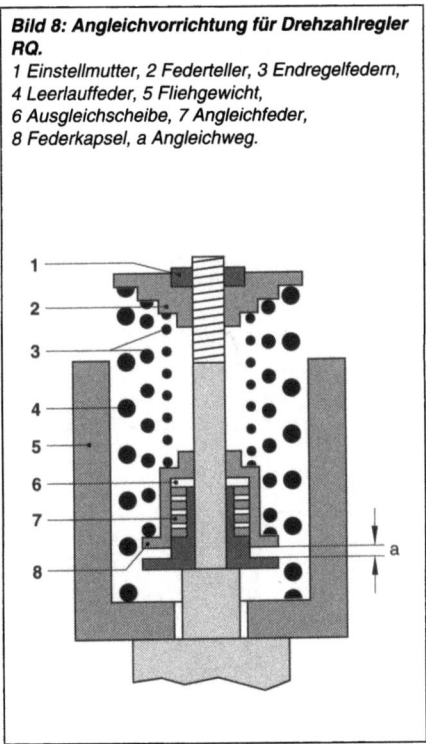

95

Regler für Reiheneinspritzpumpen

den Endregelfedern wirkungsmäßig vorgeschaltet. Der Abstand zwischen dem inneren Federteller und der Federkapsel ist der Angleich-Weg. Er kann mit Ausgleichscheiben eingestellt werden. Der Beginn der Angleichung n_1 richtet sich nach der Kraftstoffbedarfs-Kennlinie des Motors.

Etwas unterhalb der Enddrehzahl ist die Angleichfeder so weit zusammengedrückt, daß der innere Federteller und die Federkapsel aneinanderliegen (n_2). Ohne Angleichfeder ist der Regler zwischen Leerlauf- und Enddrehzahl unwirksam. Durch das Nachgeben der Angleichfedern können nun die Fliehgewichte im Bereich zwischen n_1 und n_2 um den Angleichweg nach außen wandern und die Regelstange entsprechend in Richtung "Stop" verschieben (positive Angleichung).

Enddrehzahl

Die Endregelung beginnt, wenn der Motor die Nenndrehzahl n_{vo} überschreitet. Das kann also, je nach Verstellhebelstellung, bei Vollast oder Teillast eintreten (Bild 9). Sobald daher die Endregelung eingesetzt hat, hängt die Stellung der Regelstange nicht mehr allein vom Fahrer, sondern auch vom Regler ab. Der Endregelungsweg der Fliehgewichte ist so ausgelegt, daß eine Abregelung von dem maximalen Vollastregelweg auf Nullmengen-Regelweg erreicht wird.

Leerlauf-Enddrehzahlregler RQU

Aufbau

Zur Regelung von sehr niedrigen Drehzahlen ist der RQU-Regler geeignet. Er ist mit einer Übersetzung ins Schnelle (je nach Bedarf von 1:1,5 bis 1:3,7) zwischen der antreibenden Nockenwelle der Einspritzpumpe und der Reglernabe ausgerüstet (Bilder 10 und 20). Der RQU-Regler ist für ZW-, P9- und P10-Einspritzpumpen entwickelt worden, die für größere, meist langsam laufende Motoren verwendet werden.

Der Lenkhebel ist beim RQU-Regler wie beim RQV-Regler zweiteilig ausgeführt und wird wie dort in einer Kurvenplatte geführt.

Betriebsverhalten

Wirkungsweise und Betriebsverhalten entsprechen dem des RQ-Reglers.

Bild 9: Drehzahlregler RQ.
Vollaststellung.

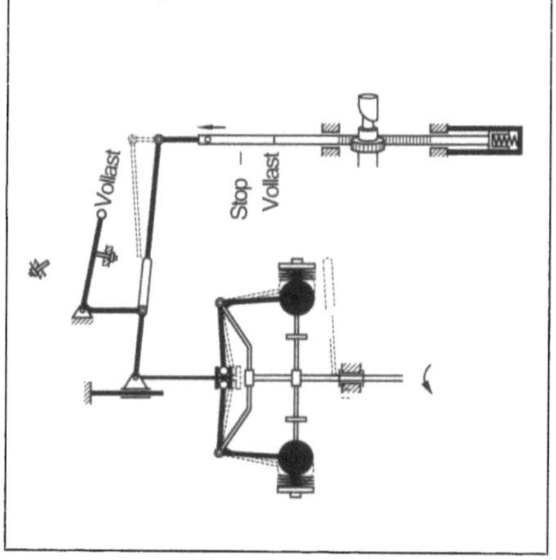

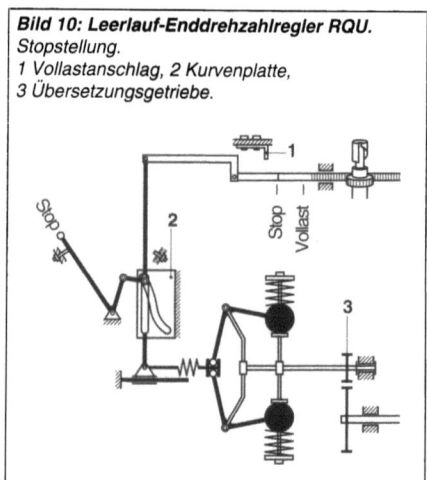

Bild 10: Leerlauf-Enddrehzahlregler RQU.
Stopstellung.
1 Vollastanschlag, 2 Kurvenplatte,
3 Übersetzungsgetriebe.

Mechanische Drehzahl-regelung

Enddrehzahlregler RQ und RQU

Aufbau
Der Aufbau des Enddrehzahlreglers unterscheidet sich von dem des Leerlauf-Enddrehzahlreglers hauptsächlich dadurch, daß die Leerlaufstufe entfällt.

Betriebsverhalten
Im Betrieb verhält sich der Enddrehzahlregler wie die Enddrehzahlstufe des Leerlauf-Enddrehzahlreglers RQ bzw. RQU.

Enddrehzahl
Die Endabregelung beginnt, wenn der Motor die obere Vollastdrehzahl überschreitet. Der Endregelungsweg der Fliehgewichte ist so ausgelegt, daß eine Abregelung von dem maximalen Vollastregelweg auf Nullmengen-Regelweg erreicht wird.

Alldrehzahlregler RQV

Aufbau
Der RQV-Regler hat ähnlichen Aufbau wie der RQ-Regler: die Regelfedern sind in den Fliehgewichten eingebaut, die Fliehgewichte bewegen sich jedoch mit zunehmender Drehzahl innerhalb des vorgeschriebenen Verstellbereichs stetig nach außen (Bild 11). Jeder Verstellhebelstellung ist eine bestimmte Drehzahl zugeordnet, bei der die Abregelung beginnt. Die Bewegungen des Verstellhebels werden über den zweiteiligen Lenkhebel (Kniehebel) und den Kulissenstein auf den Regelhebel und damit auf die Regelstange übertragen. Der Drehpunkt des Regelhebels ist in der Kulissenführung verschiebbar, außerdem ist er in einer am Reglergehäuse befestigten Kurvenplatte geführt, so daß sich das Übersetzungsverhältnis des Regelhebels ändert. Der Verstellbolzen, als Verbindungsglied zwischen Fliehgewichtsmeßwerk und Regelhebel, ist auf Druck und Zug federnd ausgebildet (Schleppfeder).

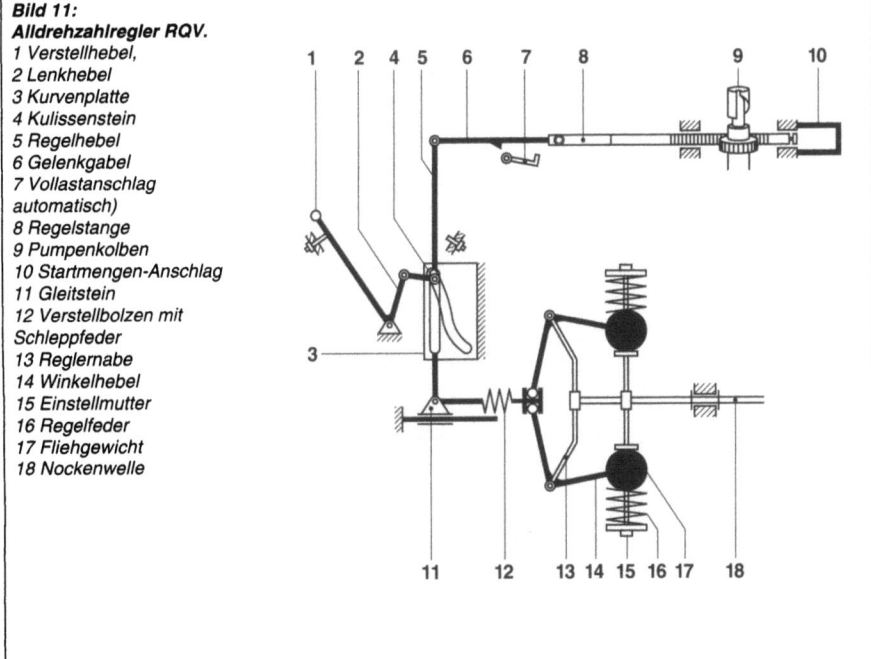

Bild 11:
Alldrehzahlregler RQV.
1 Verstellhebel,
2 Lenkhebel
3 Kurvenplatte
4 Kulissenstein
5 Regelhebel
6 Gelenkgabel
7 Vollastanschlag
automatisch)
8 Regelstange
9 Pumpenkolben
10 Startmengen-Anschlag
11 Gleitstein
12 Verstellbolzen mit Schleppfeder
13 Reglernabe
14 Winkelhebel
15 Einstellmutter
16 Regelfeder
17 Fliehgewicht
18 Nockenwelle

Regler für Reiheneinspritzpumpen

Wie beim RQ-Regler bestehen die in den Fliehgewichten eingebauten Federsätze im allgemeinen aus drei konzentrisch angeordneten Schraubenfedern. Die äußere Feder dient der Leerlaufregelung; sie stützt sich zwischen Fliehgewicht und Einstellmutter für die Federvorspannung ab. Nach Überwindung des kurzen Leerlaufweges (Leerlaufstufe) liegt das Fliehgewicht an dem Federteller an, und es werden auch die inneren Federn wirksam, die zwischen Federteller und Einstellmutter eingebaut sind (Bilder 12 und 13).

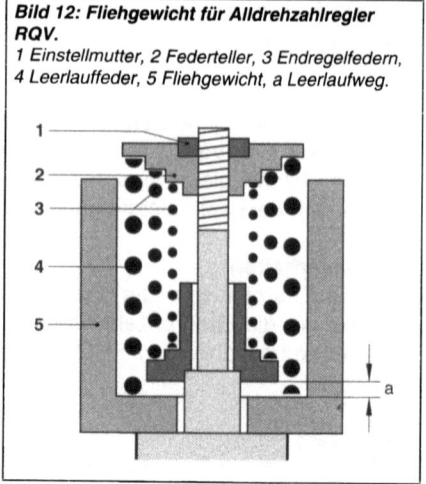

Bild 12: Fliehgewicht für Alldrehzahlregler RQV.
1 Einstellmutter, 2 Federteller, 3 Endregelfedern, 4 Leerlauffeder, 5 Fliehgewicht, a Leerlaufweg.

Bild 13: Alldrehzahlregler RQV.
1 Regelstange, 2 Spielausgleichsfeder, 3 Vollastanschlag, 4 Einstellmutter, 5 Regelfeder, 6 Fliehgewicht, 7 Gelenkgabel, 8 Regelhebel, 9 Kulissenstein, 10 Lenkhebel, 11 Kurvenplatte, 12 Winkelhebel, 13 Gleitstein, 14 Verstellbolzen (federnd).

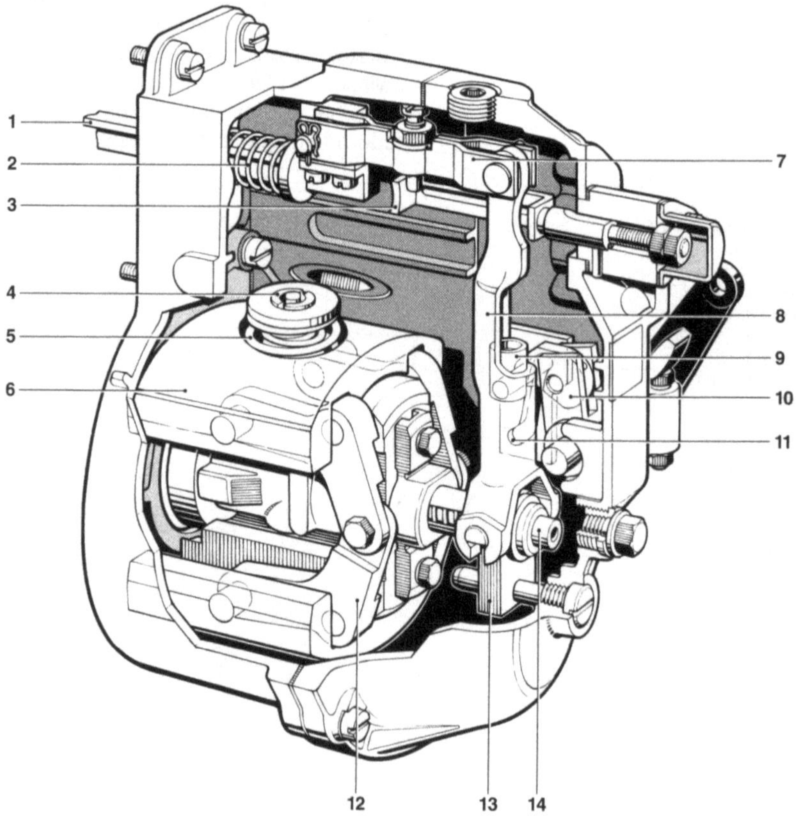

Starten des Motors

Beim Einsteuern der Startmenge verhält sich der RQV-Regler wie der RQ, es gibt jedoch folgenden Unterschied: Wenn der Fahrer das Pedal beim ersten Hochlaufen des Motors voll durchtritt, so wird bei Erreichen der Leerlauf-Drehzahl nicht wie beim RQ auf die Vollast abgeregelt, sondern die Regelstange bleibt in der Startmengen-Position, bis die Enddrehzahl erreicht ist. Erst nach dem ersten Abregelvorgang schnappt der Vollastanschlag in seine Betriebsstellung (Bild 14).

Betriebsverhalten

Leerlaufdrehzahl (Bild 15)

Nach dem Anspringen des Motors und Loslassen des Verstellhebels (Fahrpedal) geht dieser in die Leerlaufstellung zurück. Auch die Regelstange geht in die Leerlaufstellung zurück, die vom jetzt arbeitenden Regler bestimmt wird (Punkt L in Diagramm, Bild 17).

Zwischendrehzahl (Bild 16)

Wird der Motor bei irgendeiner mit dem Verstellhebel (Fahrpedal) eingestellten Drehzahl belastet oder entlastet, so hält der Alldrehzahlregler die eingestellte Drehzahl durch Vergrößern oder Verkleinern der Fördermenge innerhalb der durch den P-Grad bestimmten Grenzen ein.
Beispiel: Der Fahrer hat den Verstellhebel von der Leerlaufstellung in eine Stellung gebracht, die einer gewünschten Geschwindigkeit des Fahrzeugs entsprechen soll. Die Bewegung des Verstellhebels wird über den Lenkhebel auf den Regelhebel übertragen. Die Übersetzung des Regelhebels ist veränderlich und wird gleich oberhalb des Leerlaufgebiets so groß, daß schon ein verhältnismäßig kleiner Teil des Verstellhebel- oder Fliehgewichtswegs genügt, um die Regelstange bis zum eingestellten Vollast-Anschlag zu verschieben (Weg L – B' in Diagramm, Bild 17); ein fester Regelstangenanschlag (keinesfalls ein federnder) muß also vorhanden sein.

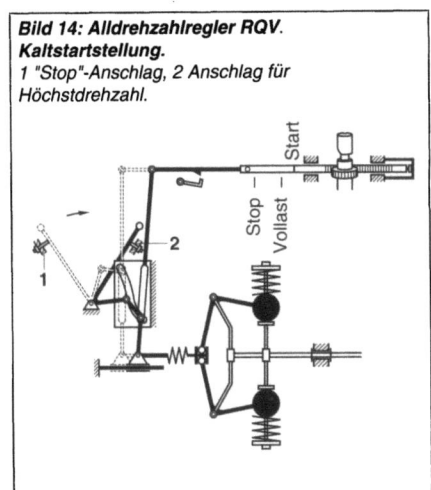

Bild 14: Alldrehzahlregler RQV. Kaltstartstellung.
1 "Stop"-Anschlag, 2 Anschlag für Höchstdrehzahl.

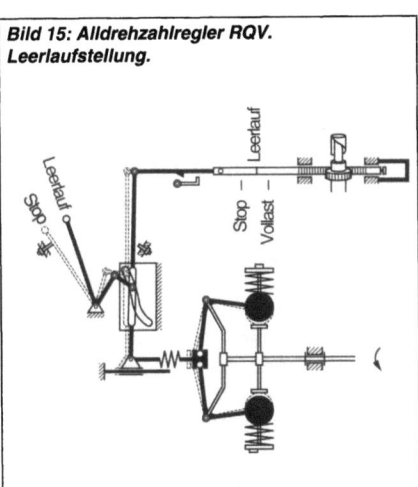

Bild 15: Alldrehzahlregler RQV. Leerlaufstellung.

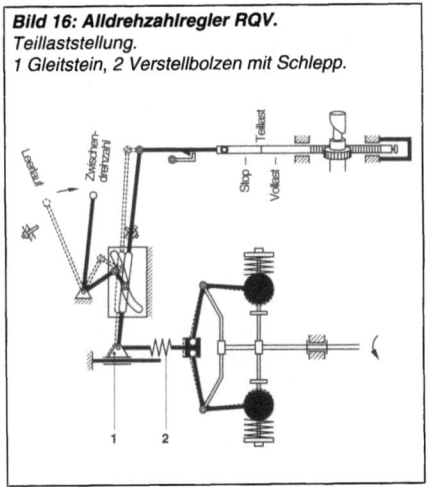

Bild 16: Alldrehzahlregler RQV. Teillaststellung.
1 Gleitstein, 2 Verstellbolzen mit Schlepp.

Mechanische Drehzahlregelung

Regler für Reiheneinspritzpumpen

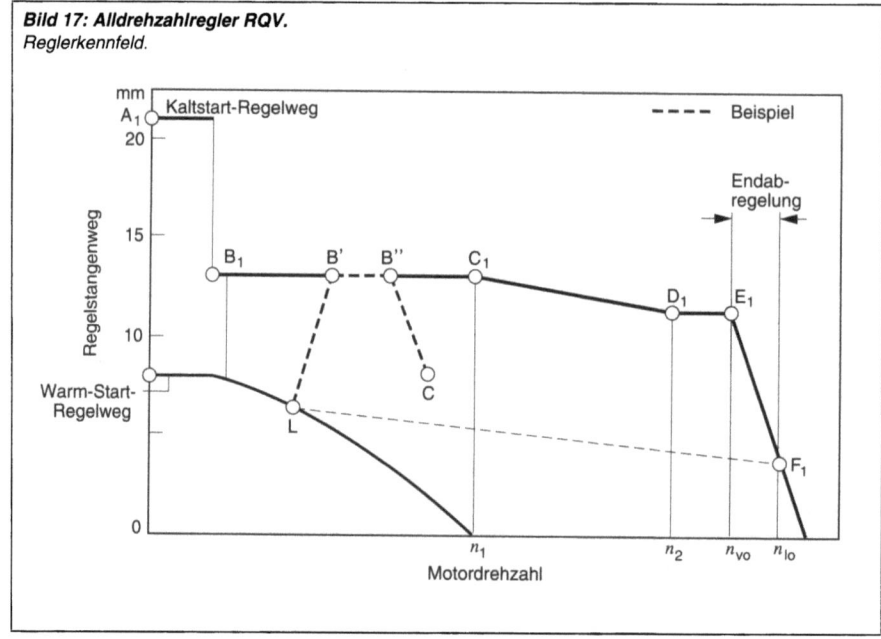

Bild 17: Alldrehzahlregler RQV. Reglerkennfeld.

Die weitere Schwenkbewegung des Verstellhebels führt zum Spannen der Schleppfeder. Die Regelstange bleibt einstweilen auf "Voll" und bewirkt eine schnelle Drehzahlsteigerung des Motors (Bild 17, Weg B' – B"). Die Fliehgewichte wandern dabei nach außen, die Regelstange bleibt aber so lange auf "Voll", bis sich die Schleppfeder entspannt hat. Dann erst wirken die Fliehgewichte auf den Regelhebel, und die Regelstange wird dabei in Richtung "Stop" verschoben. Die Fördermenge wird also wieder kleiner und die Drehzahl begrenzt. Diese Drehzahlgrenze des Motors entspricht der Stellung des Verstellhebels und der Lage der Fliehgewichte (Weg B" – C).

Jeder Stellung des Verstellhebels ist daher während des Betriebs ein ganz bestimmter Drehzahlbereich zugeordnet, solange der Motor nicht überlastet oder beim Abwärtsfahren (Schiebebetrieb) durch das Fahrzeug angetrieben wird. Wird nun die Belastung des Motors z.B. am Berg etwas größer, so sinkt die Motor- und Reglerdrehzahl. Dadurch gehen die Fliehgewichte nach innen und verschieben die Regelstange in Richtung "Voll", wodurch der Motor in seiner Drehzahl gehalten wird, die bestimmt ist von Verstellhebellage und P-Grad. Ist jedoch die Steigung (gleichbedeutend mit Belastung) so groß, daß die Regelstange zwar bis zum Anschlag "Voll" verschoben, die Drehzahl aber trotzdem kleiner wird, so gehen die Fliehgewichte entsprechend dieser Drehzahl noch mehr zusammen und schieben den Verstellbolzen nach links. Die Fliehgewichte wollen die Regelstange also in Richtung "Voll" weiter verschieben. Da aber die Regelstange am Vollastanschlag anliegt und nicht mehr in Richtung "Voll" ausweichen kann, wird die Schleppfeder gespannt. Dies bedeutet, daß der Motor überlastet ist. Der Fahrer wird in diesem Fall auf einen kleineren Gang umschalten müssen. Beim Bergabwärtsfahren ist es umgekehrt. Der Motor wird vom Fahrzeug angetrieben und beschleunigt. Dadurch gehen die Fliehgewichte nach außen, und die Regelstange wird bis zum Anschlag in Richtung "Stop" verschoben. Erhöht sich dann die Drehzahl noch mehr, wird (Regelstange in "Stop"-Stellung!) die Schleppfeder in entgegengesetzter Richtung gespannt. Das oben beschriebene Verhalten des

Reglers gilt grundsätzlich für alle Stellungen des Verstellhebels, wenn sich die Belastung oder Drehzahl des Motors aus irgendeinem Grund so stark ändert, daß die Regelstange in ihren Endlagen "Voll" oder "Stop" anliegt.

Angleichung

Die Angleichung erfolgt zwischen n_1 und n_2 (Bild 17) im Vollastfall entlang Linie $C_1 - D_1$. Beim RQV-Regler ist die Angleichvorrichtung in einem besonderen Regelstangen-Anschlag oder in einer Angleichlasche, die die normale Gelenkgabel ersetzt, eingebaut (Beschreibung im Abschnitt "Regelstangenanschläge").

Enddrehzahl (Bild 18)

Wenn der Motor die obere Vollastdrehzahl überschreitet, beginnt die Endabregelung $E_1 - F_1$ (Bild 17). Die Fliehgewichte gehen dabei nach außen, die Regelstange bewegt sich in Richtung "Stop". Bei vollständiger Entlastung des Motors wird die obere Leerlaufdrehzahl n_{lo} erreicht.

Alldrehzahlregler RQUV

Aufbau

Der Alldrehzahlregler RQUV wird zur Regelung sehr niederer Drehzahlen verwendet, wie sie z.B. bei Bootsmotoren vorkommen. Er ist eine Abart des RQV-Reglers.
Diese Ausführung gibt es mit verschiedenen Übersetzungen ins Schnelle (ungefähr 1:1,5 bis 1:3,7) zwischen der antreibenden Nockenwelle der Einspritzpumpe und der Reglernabe (Bild 19). Das Übersetzungsverhältnis des Regelhebels ist ähnlich wie beim RQV-Regler veränderlich
Aus diesem Grund besitzt dieser Regler ebenfalls eine Kurvenplatte (Bild 20).
Der RQUV-Regler kommt bei ZW-, P9- und P10-Einspritzpumpen zum Einsatz.

Betriebsverhalten

Wirkungsweise und Betriebsverhalten entsprechen dem RQV-Regler, jedoch ohne Startmenge.

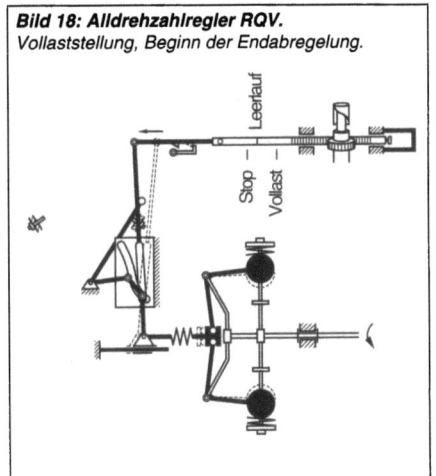

Bild 18: Alldrehzahlregler RQV.
Vollaststellung, Beginn der Endabregelung.

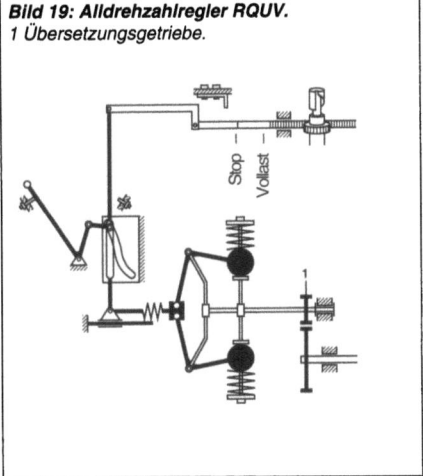

Bild 19: Alldrehzahlregler RQUV.
1 Übersetzungsgetriebe.

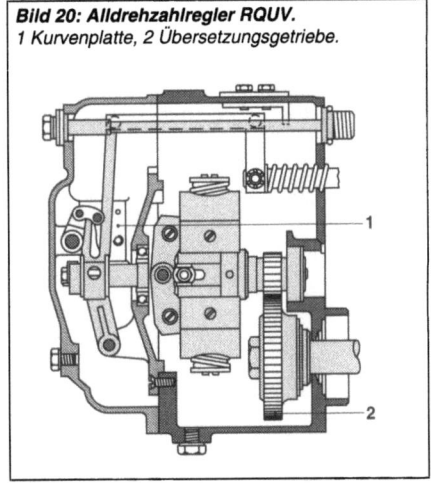

Bild 20: Alldrehzahlregler RQUV.
1 Kurvenplatte, 2 Übersetzungsgetriebe.

Mechanische Drehzahlregelung

Regler für Reiheneinspritzpumpen

Alldrehzahlregler RQV..K

Aufbau
Der RQV-K-Regler (Bild 21, 22) hat grundsätzlich das gleiche Fliehgewichtsmeßwerk mit in den Fliehgewichten eingebauten Regelfedern wie der RQV-Regler. Das wesentliche Unterscheidungmerkmal ist die Art der Angleichung. Während bei allen andern Reglern die Angleichung praktisch auf eine Verminderung der Fördermenge bei Vollast und steigender Drehzahl hinausläuft, kann die Vollastfördermenge bei der Bauart RQV-K sowohl vergrößert als auch verkleinert werden.

Starten des Motors
Wie bereits beim RQ-Regler beschrieben, ist die Betriebsanleitung für den Motor zu beachten. Wenn die Kaltstartmenge erforderlich ist, muß der Verstellhebel des Reglers in Stellung Enddrehzahl gebracht werden (Bild 23).
Die Wippe schwenkt dabei unter dem Vollastanschlag durch, die Regelstange geht auf Startmenge A_1 (Diagramm, Bild 26). Ein Anschlag für die Startmenge befindet sich an der Einspritzpumpe. Nach dem Einschalten des Starters spritzt die Einspritzpumpe die für den Start notwendige Fördermenge (Startmenge) über die Einspritzdüse in den Motor. Auch beim RQV..K-Regler kann die Startmenge mit einem temperaturabhängigen Anschlag beeinflußt werden.

Betriebsverhalten
<u>Leerlaufdrehzahl (Bild 24)</u>
Ist der Motor angesprungen, wird der Verstellhebel in die Leerlaufstellung zurückgenommen.

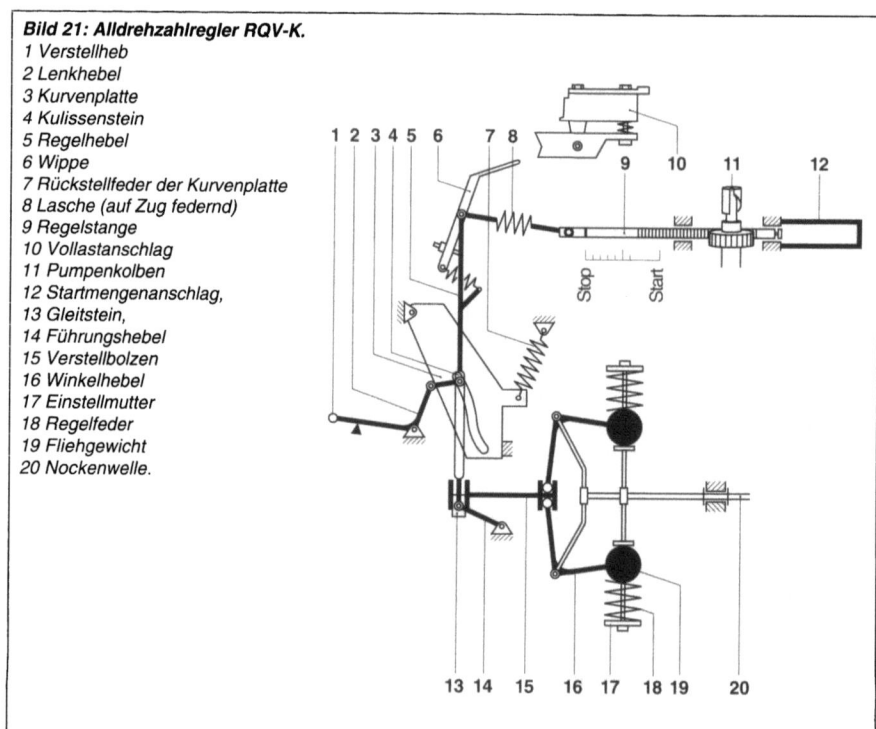

Bild 21: Alldrehzahlregler RQV-K.
1 Verstellheb
2 Lenkhebel
3 Kurvenplatte
4 Kulissenstein
5 Regelhebel
6 Wippe
7 Rückstellfeder der Kurvenplatte
8 Lasche (auf Zug federnd)
9 Regelstange
10 Vollastanschlag
11 Pumpenkolben
12 Startmengenanschlag,
13 Gleitstein,
14 Führungshebel
15 Verstellbolzen
16 Winkelhebel
17 Einstellmutter
18 Regelfeder
19 Fliehgewicht
20 Nockenwelle.

Bild 22: Alldrehzahlregler RQV-K.
1 Vollastanschlag mit Kurvenbahn, 2 Regelstange, 3 Einstellmutter, 4 Regelfeder, 5 Fliehgewicht,
6 Wippe, 7 Verstellhebel, 8 Kurvenplatte, 9 Kulissenstein, 10 Regelhebel, 11 Gleitstein,
12 Winkelhebel, 13 Verstellbolzen, 14 Führungshebel.

Mechanische Drehzahlregelung

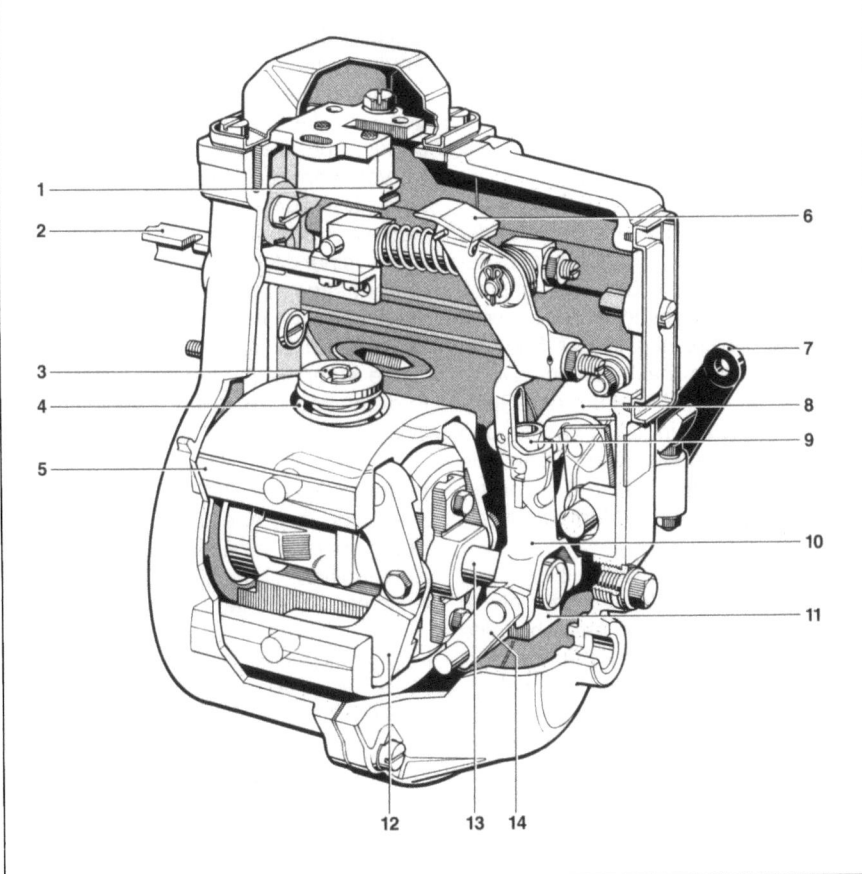

Bild 23: Alldrehzahlregler RQV-K.
Kaltstartstellung.
1 Startmengenanschlag.

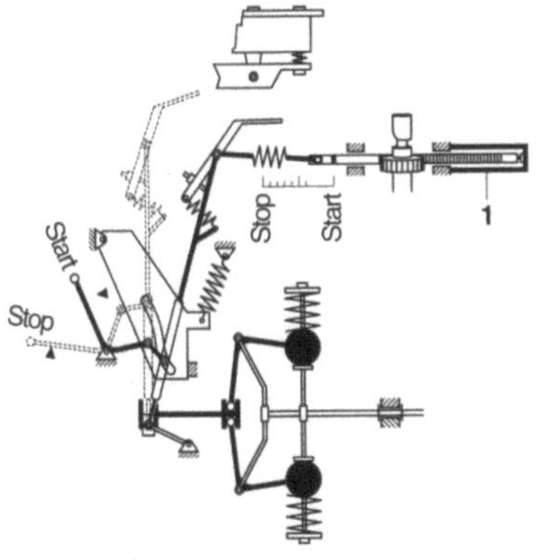

Bild 24: Alldrehzahlregler RQV-K.
Leerlaufstellung.
1 Wippe, 2 Vollastanschlag mit Kurvenbahn (einstellbar).

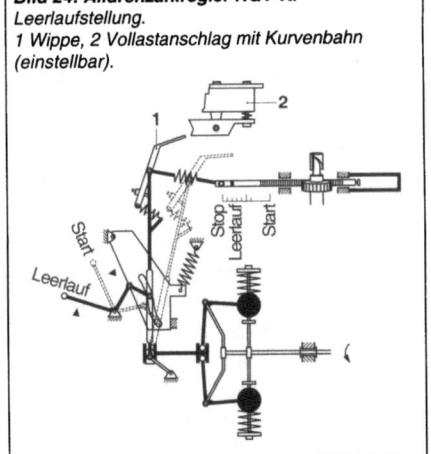

Regler für Reiheneinspritzpumpen

Hierbei gleitet die federnde Wippe unter dem Vollastanschlag in die Leerlaufstellung zurück. Der Motor läuft nun mit Leerlaufdrehzahl.

<u>Zwischendrehzahl</u>
Die Kurvenscharen z.B. bei B zeigen die Möglichkeiten der Regelung von Zwischendrehzahlen.

<u>Niedere Zwischendrehzahl und Vollastmenge (Bild 25)</u>
Wird der Verstellhebel z.B. aus der Leerlaufstellung auf Enddrehzahl gestellt, so bewegt sich der Kulissenstein entlang der Kurvenbahn in der Kurvenplatte und gleichzeitig in der Führung des Regelhebels nach unten. Dabei schwenkt der Regelhebel um den Drehpunkt am Gleitstein nach rechts und schiebt die Regelstange über die Lasche in Richtung Vollast. Die Fördermenge nimmt zu und die Motordrehzahl steigt.
Die Fliehgewichte bewegen sich nach außen und die Muffe wandert etwas nach rechts. Dadurch entsteht eine Schwenkbewegung; der Führungshebel und der Regelhebel werden angehoben, so daß die Wippe an der Kurvenbahn des Vollastanschlags entlang gleitet (Weg A – B auf der Kennlinie, Bild 26).
Beim Vorlegen des Verstellhebels hebt nach dem Anlegen der Wippe an der Kurvenbahn die Kurvenplatte von ihrem Anschlag am Gehäuse entgegen der Kraft der Rückstellfeder ab.

<u>Angleichung</u>
Die Angleichung kommt beim RQV-K-Regler dadurch zustande, daß die am oberen Ende des Regelhebels befindliche Wippe eine Kurvenbahn am Vollastanschlag abtastet, die dem Kraftstoffbedarf des Motors nachgebildet ist. Die Lasche, als Verbindung zwischen Regelhebel und Regelstange, überträgt diese Bewegung auf die Regelstange. Dadurch wird eine dem gewünschten Drehmomentverlauf entsprechende Vollastfördermenge erreicht.
Die Fördermenge kann abhängig von der Kurvenform, sowohl vergrößert, als auch vermindert werden. Der Vollastanschlag kann zur Einstellung der Fördermenge in Längsrichtung verschoben werden.

<u>Mittlerer Zwischendrehzahl mit Angleichung und Vollastmenge (Bild 27)</u>
Steigt die Drehzahl weiter an, so bewegen sich die Fliehgewichte weiter nach außen und die Wippe gleitet an der Kurvenbahn des Vollastanschlags entlang. Bis zur Richtungsänderung der Kurve bei B findet eine Angleichung im Sinne einer Vergrößerung der Vollastfördermenge bei steigender Drehzahl statt (negative Angleichung), nach dem Umkehrpunkt eine Angleichung im Sinne einer Verminderung der Vollastfördermenge (positive Angleichung, Weg B – C auf der Kennlinie, Bild 26).

<u>Enddrehzahl (Bild 28)</u>
Am Ende der Angleichung, wenn der Abregelbeginn erreicht ist, legt sich die Kurvenplatte wieder gegen den Anschlag am Gehäuse.

Bild 25: Alldrehzahlregler RQV-K.
Vollastmenge bei niederer Drehzahl.
Beginn der negativen Angleichung.
1 Wippe
2 Lasche
3 Regelhebel
4 Rückstellfeder
5 Kurvenplatte
6 Kulissenstein
7 Muffe
8 Gleitstein
9 Führungshebel

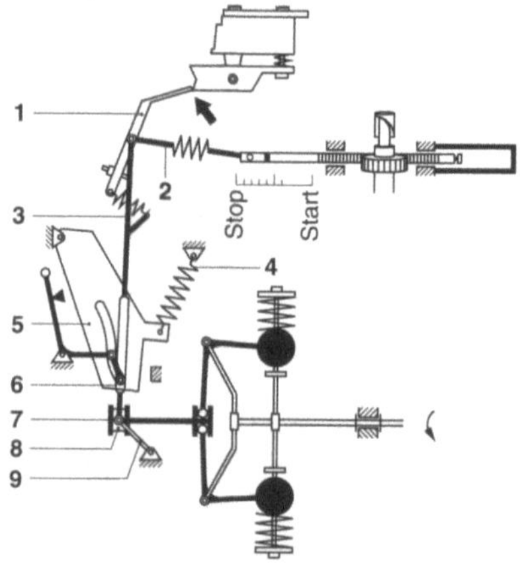

Mechanische Drehzahlregelung

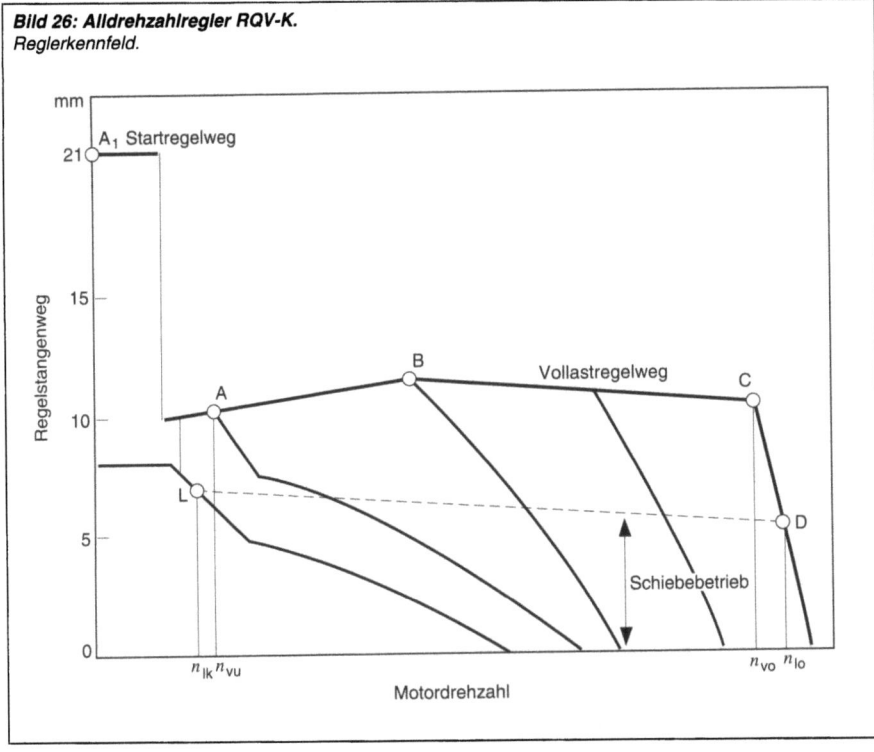

Bild 26: Alldrehzahlregler RQV-K.
Reglerkennfeld.

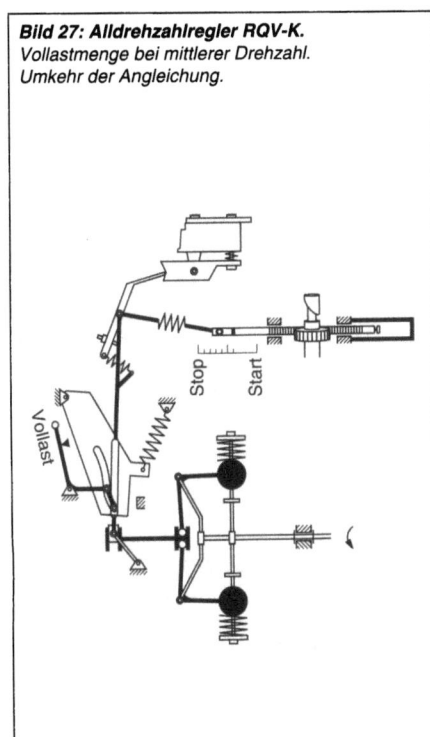

Bild 27: Alldrehzahlregler RQV-K.
Vollastmenge bei mittlerer Drehzahl.
Umkehr der Angleichung.

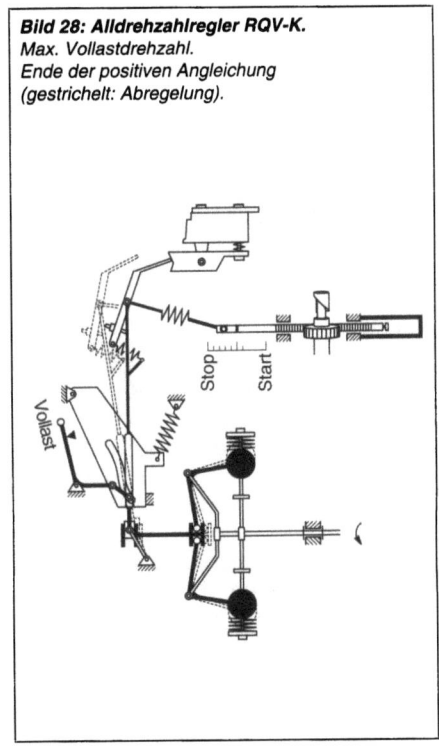

Bild 28: Alldrehzahlregler RQV-K.
Max. Vollastdrehzahl.
Ende der positiven Angleichung
(gestrichelt: Abregelung).

Regler für Reiheneinspritzpumpen

Steigt die Drehzahl weiter an, so beginnt die Regelung der Enddrehzahl (Abregelung). Die Fliehgewichte bewegen sich weiter nach außen und die Muffe wandert entsprechend nach rechts. Infolgedessen schwenkt der Regelhebel um den Drehpunkt am Kulissenstein mit seinem oberen Teil nach links. Dabei bewegt sich die Regelstange in Richtung "Stop" (Weg C – D auf der Kennlinie, Bild 26).

Jeder Stellung des Verstellhebels ist während des Betriebs ein ganz bestimmter Drehzahlbereich zugeordnet, solange der Motor nicht überlastet oder beim Abwärtsfahren durch das Fahrzeug angetrieben wird. Wird nun die Belastung des Motors z.B. am Berg etwas größer, so sinkt die Motor- und Reglerdrehzahl. Dadurch gehen die Fliehgewichte nach innen und verschieben die Regelstange in Richtung "Voll", wodurch der Motor in seiner Drehzahl gehalten wird, die bestimmt ist von Verstellhebelstellung (oder Fahrpedal). Ist jedoch die Belastung (gleichbedeutend mit Steigung) so groß, daß die Regelstange zwar bis zum Anschlag "Voll" verschoben, die Drehzahl aber trotzdem kleiner wird, so gehen die Fliehgewichte entsprechend dieser Drehzahl noch mehr zusammen und schieben die Muffe weiter in Richtung "Voll".

Da aber die Regelstange nicht mehr in Richtung "Voll" ausweichen kann, bewegt sich der untere Teil des Regelhebels gegen den Widerstand der Rückstellfeder für die Kurvenplatte nach links und hebt damit die Kurvenplatte von ihrem Anschlag ab.

Beim Bergabwärtsfahren ist es umgekehrt: Der Motor wird vom Fahrzeug angetrieben und beschleunigt. Dadurch gehen die Fliehgewichte nach außen, und die Regelstange wird in Richtung "Stop" verschoben. Erhöht sich dann die Drehzahl noch mehr (Regelstange in "Stop"-Stellung!), so gibt die federnde Lasche, die den Regelhebel mit der Regelstange verbindet, nach. Bremst der Fahrer das Fahrzeug etwas ab oder schaltet er in einen höheren Gang, so verkürzt sich die Lasche wieder auf ihre normale Länge.

Das oben beschriebene Verhalten des Reglers gilt grundsätzlich für alle Stellungen des Verstellhebels, wenn sich die Belastung oder die Drehzahl des Motors aus irgendeinem Grund so stark ändert, daß die Regelstange in ihren Endlagen "Voll" oder "Stop" anliegt.

Alldrehzahlregler RSV

Aufbau

Der Alldrehzahlregler RSV (Bild 29,30) hat einen anderen Aufbau als die vergleichbare Bauart RQV. Er hat nur eine Regelfeder, die schwenkbar ist. Beim Einstellen der Drehzahl am Verstellhebel ändert sich deren Lage und Spannung so, daß das am Spannhebel wirksame Drehmoment mit dem durch die Fliehkräfte hervorgerufenen Drehmoment bei der gewünschten Drehzahl im Gleichgewicht steht. Sämtliche Einstellungen am Verstellhebel und die Fliehgewichtswege werden über das Reglergestänge auf die Regelstange übertragen.

Die am oberen Ende des Regelhebels eingehängte Startfeder zieht die Regelstange in Startstellung, wobei sich automatisch die Startmenge einstellt. Vollastanschlag und Angleichvorrichtung sind im Regler eingebaut. Zur Stabilisierung des Leerlaufs dient die im Reglerdeckel eingebaute Leerlauf-Zusatzfeder mit Einstellschraube.

Die Regelfeder ist an einem Ende im Spannhebel, am anderen Ende an der Wippe eingehängt. Durch die Schraube an der Wipe läßt sich der wirksame Hebelarm der Regelfeder zum Spannhebel-Drehpunkt verändern. Dadurch kann ohne Federaustausch der P-Grad in gewissen Grenzen eingestellt werden, ein Vorteil des RSV-Reglers. Für höhere Drehzahlen stehen leichtere Fliehgewichte zur Verfügung.

Bild 29: Alldrehzahlregler RSV.
1 Regelstange, 2 Lasche, 3 Wippe, 4 Schwenkhebel, 5 Reglergehäuse, 6 Startfeder, 7 Verstellhebel, 8 Reglerdeckel, 9 "Stop"-/Leerlaufanschlag, 10 Spannhebel, 11 Führungshebel, 12 Regelfeder, 13 Leerlauf-Zusatzfeder, 14 Angleichfeder, 15 Fliehgewicht, 16 Führungsbuchse, 17 Regelhebel, 18 Vollastanschlag.

Mechanische Drehzahlregelung

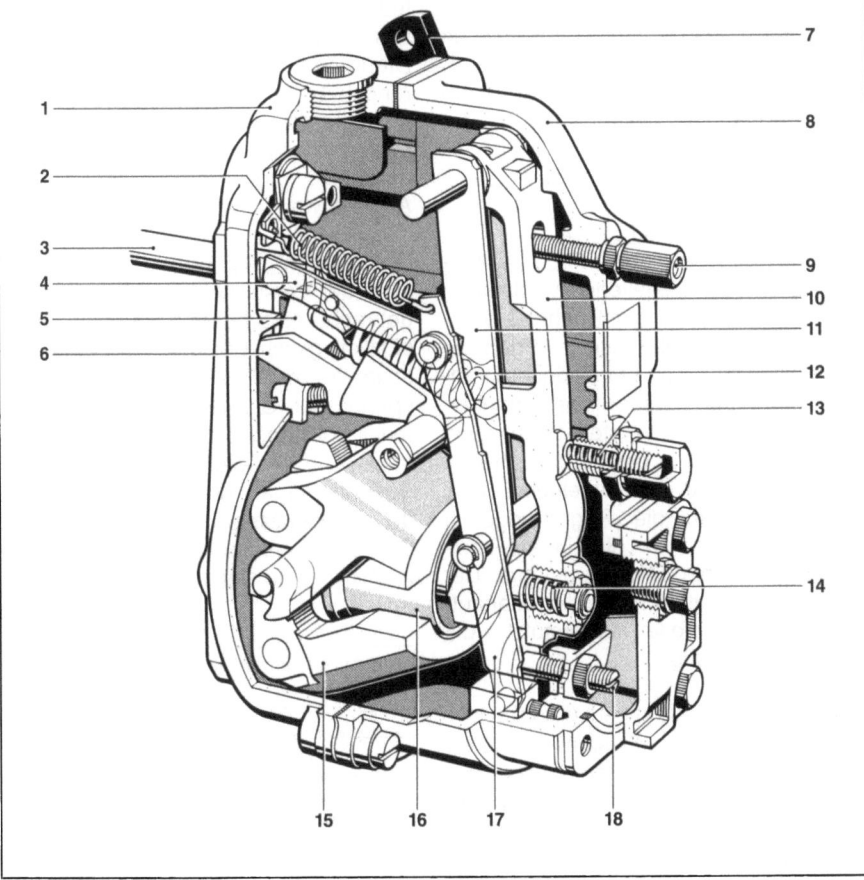

Bild 30: Alldrehzahlregler RSV.
1 Pumpenkolben
2 Regelstange
3 Anschlag für Höchstdrehzahl
4 Verstellhebel
5 Startfeder
6 Schwenkhebel
7 Wippe
8 Nockenwelle
9 Reglernabe
10 Fliehgewicht
11 Verstellbolzen
12 "Stop"-/Leerlaufanschlag
13 Führungshebel
14 Regelhebel
15 Regelfeder
16 Leerlauf-Zusatzfeder
17 Spannhebel
18 Angleichfeder
19 Vollastanschlag

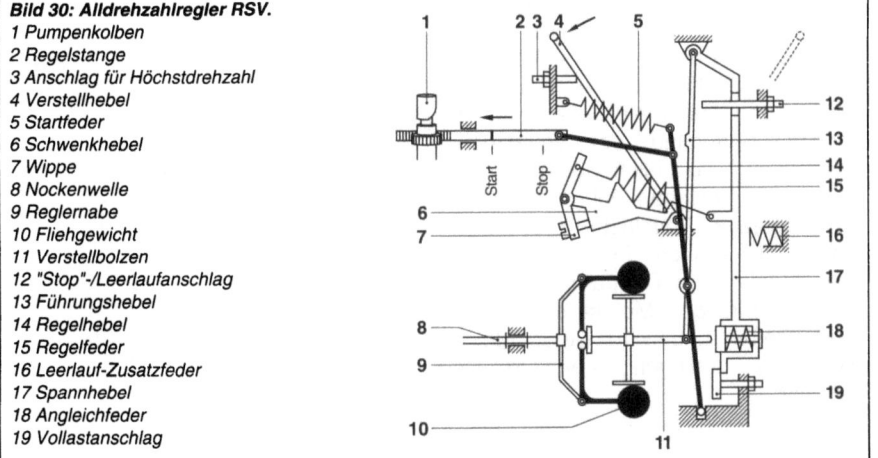

Regler für Reiheneinspritzpumpen

Starten des Motors
Beim RSV-Regler steht bei Stillstand des Motors die Regelstange unabhängig von der Verstellhebellage immer im Punkt A (Kennlinie, Bild 32). Deshalb wird insbesondere für diesen Reglertyp die Zusatzeinrichtung TAS empfohlen (siehe Beschreibung "Temperaturabhängiger Startanschlag").

Betriebsverhalten

Leerlaufdrehzahl (Bild 31)
Der Verstellhebel liegt am Leerlaufanschlag an. Die Regelfeder ist dadurch fast entspannt und steht nahezu senkrecht. Sie wirkt sehr weich, so daß die Fliehgewichte schon bei niedriger Drehzahl nach außen schwingen. Infolgedessen geht der Verstellbolzen nach rechts und mit ihm der Führungshebel. Dieser schwenkt den Regelhebel nach rechts, so daß die Regelstange in Richtung "Stop" in die Leerlaufstellung L (Kennlinie, Bild 32) gelangt. Der Spannhebel legt sich an die Leerlauf-Zusatzfeder; diese unterstützt die Leerlauf-Regelung.

Niedere Zwischendrehzahl (Bild 33)
Schon eine verhältnismäßig kleine Verschiebung des Verstellhebels über die Leerlaufstellung hinaus genügt, um die Regelstange von ihrer Ausgangsstellung (Punkt L in Bild 32) bis in ihre Vollast-Stellung zu bringen (Punkt B' in Bild 32). Die Einspritzpumpe fördert die Vollastmenge in die Motorzylinder, und die Drehzahl steigt (Weg B' – B").
Sobald die Fliehkraft größer wird als die der Stellung des Verstellhebels entsprechende Spannung der Regelfeder, schwenken die Fliehgewichte nach außen und schieben Führungsbuchse, Verstellbolzen, Regelhebel und Regelstange auf kleinere Fördermenge zurück (Punkt C im Diagramm, Bild 32). Die Drehzahl des Motors erhöht sich nicht weiter und wird unter gleichbleibenden Bedingungen vom Regler gehalten.

Angleichung
Bei Reglern mit Angleichvorrichtung wird, sobald der Spannhebel am Vollast-Anschlag anliegt, die Angleichfeder mit steigender Drehzahl stetig zusammengedrückt (Weg D – E im Diagramm, Bild 32), wobei sich Führungshebel, Regelhebel und Regelstange entsprechend in Richtung "Stop" bewegen und die Fördermenge "angleichen", d.h. um den Betrag des Angleichwegs verringern.

Enddrehzahl (Bild 34)
Wird der Verstellhebel auf Endanschlag gebracht, so arbeitet der Regler grundsätzlich gleich wie unter "Niedere Zwischendrehzahl" beschrieben. Allerdings spannt der Schwenkhebel die Regelfeder vollständig. Die Regelfeder zieht daher mit größerer Kraft den Spannhebel an den Vollast-Anschlag, die Regelstange auf "Voll". Die Drehzahl des Motors steigt und die Fliehkraft wird stetig größer.

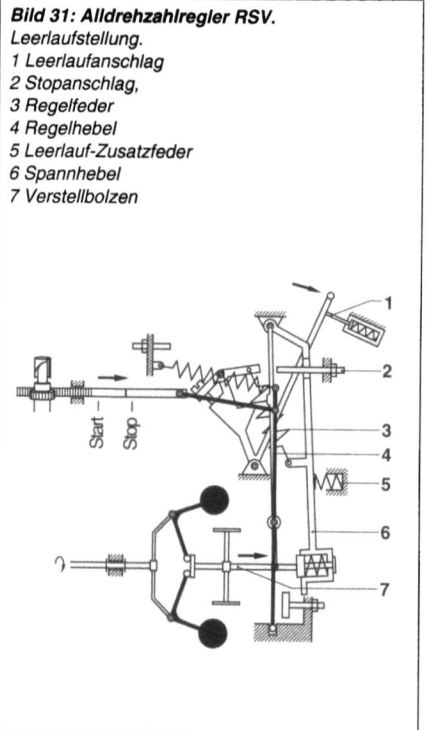

Bild 31: Alldrehzahlregler RSV.
Leerlaufstellung.
1 Leerlaufanschlag
2 Stopanschlag,
3 Regelfeder
4 Regelhebel
5 Leerlauf-Zusatzfeder
6 Spannhebel
7 Verstellbolzen

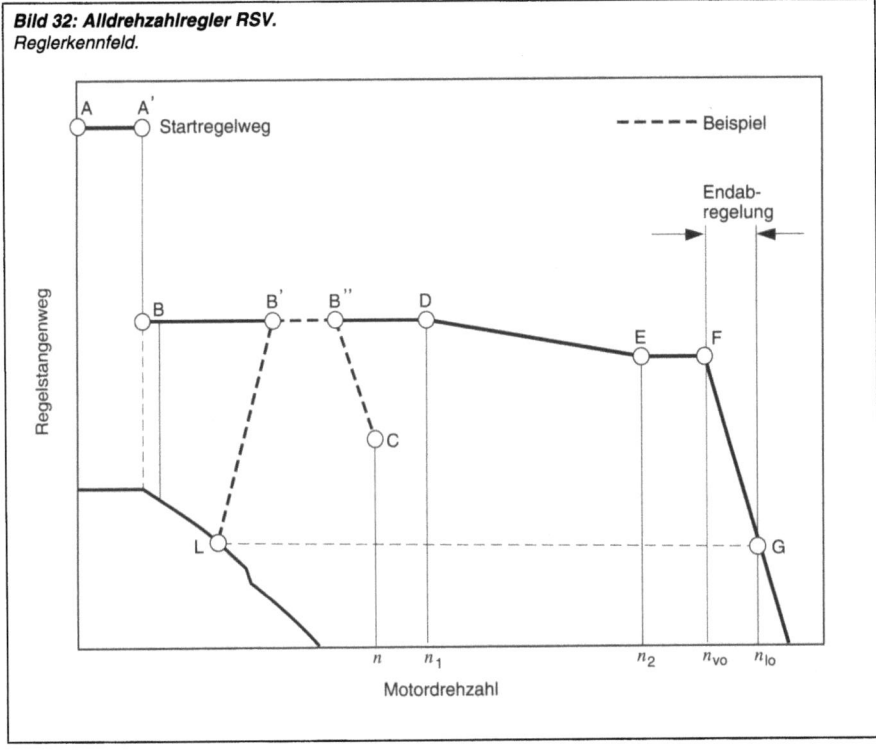

Bild 32: Alldrehzahlregler RSV.
Reglerkennfeld.

Mechanische Drehzahlregelung

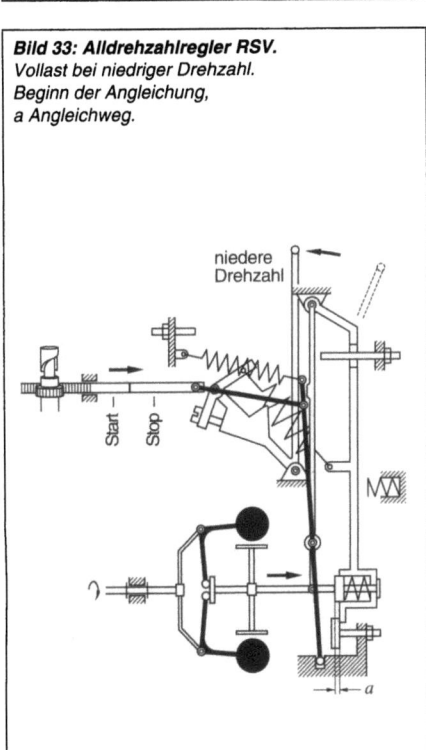

Bild 33: Alldrehzahlregler RSV.
Vollast bei niedriger Drehzahl.
Beginn der Angleichung,
a Angleichweg.

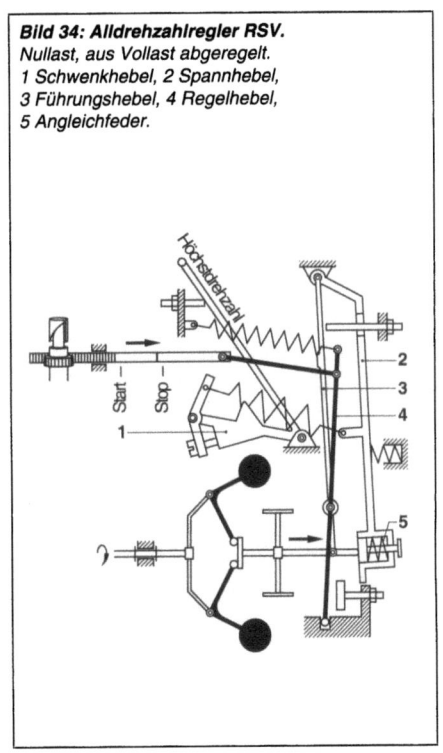

Bild 34: Alldrehzahlregler RSV.
Nullast, aus Vollast abgeregelt.
1 Schwenkhebel, 2 Spannhebel,
3 Führungshebel, 4 Regelhebel,
5 Angleichfeder.

Regler für Reiheneinspritzpumpen

Bei Erreichen der oberen Vollastdrehzahl n_{vo} überwindet die Fliehkraft die Spannung der Regelfeder, der Spannhebel weicht nach rechts aus. Verstellbolzen mit Führungshebel und über Regelhebel gekuppelte Regelstange bewegen sich in Richtung "Stop" (Weg F – G im Diagramm, Bild 32), bis sich bei dem neuen Belastungszustand eine entsprechend verkleinerte Einspritzmenge eingestellt hat.

Bei vollständiger Entlastung des Motors wird die obere Leerlaufdrehzahl n_{lo} erreicht.

Stillsetzen des Motors

Stillsetzen mit Verstellhebel (Bild 35)
Motoren mit Reglern ohne besondere Abstellvorrichtung werden stillgesetzt, indem der Verstellhebel des Reglers in "Stop"-Stellung gebracht wird. Dabei drückt die Nase des Schwenkhebels (schräger Pfeil in Bild 35, Pos. 1) auf den Führungshebel. Dieser schwenkt nach rechts und nimmt den Regelhebel und damit auch die Regelstange nach "Stop" mit. Weil der Verstellbolzen von den Regelfedern entlastet ist, schwenken die Fliehgewichte aus.

Stillsetzen mit Abstellhebel (Bild 36)
Bei Reglern mit besonderer Abstellvorrichtung kann die Regelstange auf "Stop" gestellt werden, wenn der Abstellhebel in "Stop"-Stellung gebracht wird.

Durch Drücken des Abstellhebels auf "Stop" wird der Regelhebel mit seinem oberen Teil um den Drehpunkt C im Führungshebel nach rechts geschwenkt. Über die Lasche wird dabei die Regelstange nach "Stop" gezogen. Eine nicht abgebildete Rückführfeder bringt den Abstellhebel nach Loslassen in die Ausgangsstellung zurück.

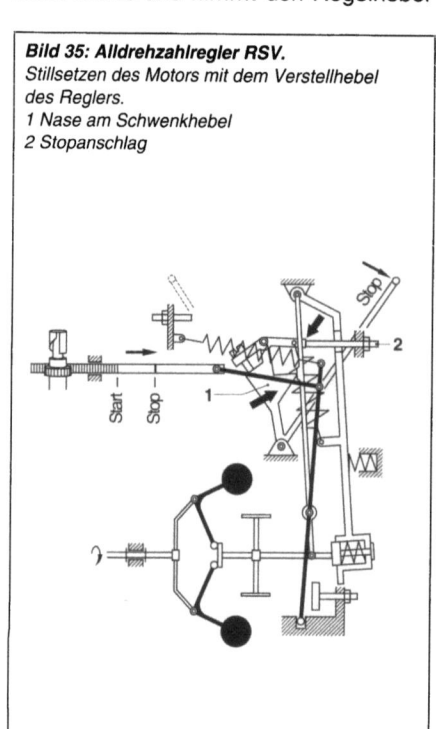

Bild 35: Alldrehzahlregler RSV.
Stillsetzen des Motors mit dem Verstellhebel des Reglers.
1 Nase am Schwenkhebel
2 Stopanschlag

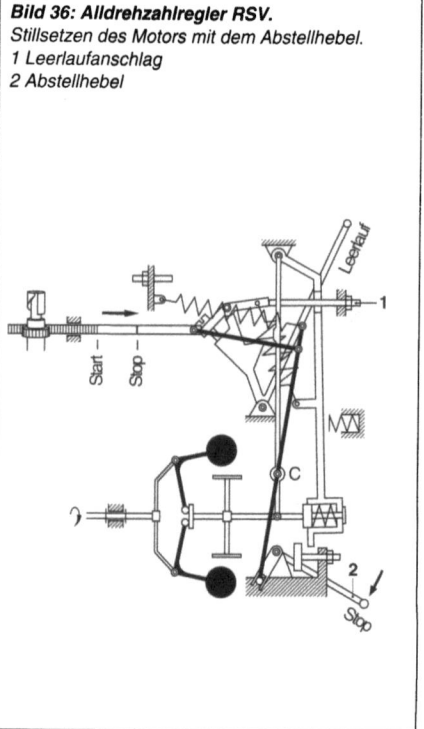

Bild 36: Alldrehzahlregler RSV.
Stillsetzen des Motors mit dem Abstellhebel.
1 Leerlaufanschlag
2 Abstellhebel

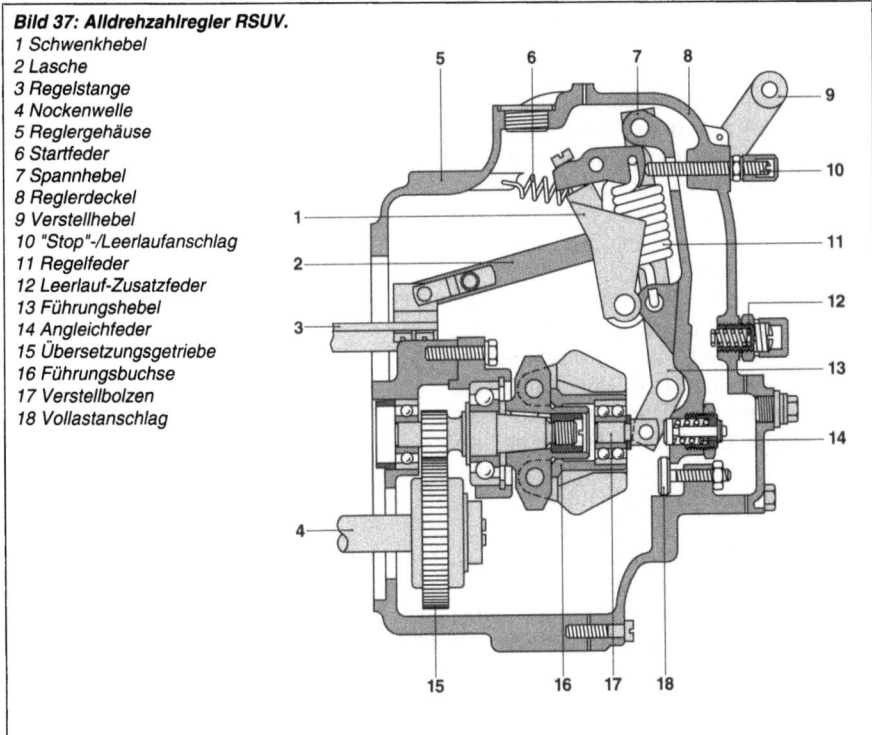

Bild 37: Alldrehzahlregler RSUV.
1 Schwenkhebel
2 Lasche
3 Regelstange
4 Nockenwelle
5 Reglergehäuse
6 Startfeder
7 Spannhebel
8 Reglerdeckel
9 Verstellhebel
10 "Stop"-/Leerlaufanschlag
11 Regelfeder
12 Leerlauf-Zusatzfeder
13 Führungshebel
14 Angleichfeder
15 Übersetzungsgetriebe
16 Führungsbuchse
17 Verstellbolzen
18 Vollastanschlag

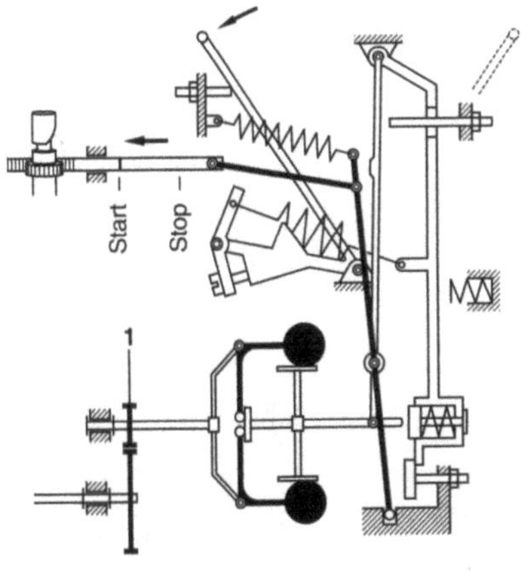

Mechanische Drehzahlregelung

Bild 38: Alldrehzahlregler RSUV.
Max. Drehzahl.
1 Übersetzungsgetriebe.

Alldrehzahlregler RSUV

Aufbau
Der Alldrehzahlregler RSUV wird zur Regelung sehr niedriger Drehzahlen verwendet, wie sie z.B. bei langsam laufenden Bootsmotoren vorkommen. Er unterscheidet sich im Aufbau vom Drehzahlregler RSV im wesentlichen durch das Übersetzungsgetriebe ins Schnelle, das zwischen der antreibenden Nockenwelle der Einspritzpumpe und der Reglernabe eingebaut ist (Bild 37).
Alldrehzahlregler RSUV finden Verwendung bei Reiheneinspritzpumpen der Größe P.

Betriebsverhalten
Wirkungsweise und Betriebsverhalten entsprechen dem Drehzahlregler RSV.
Bild 38 zeigt den Alldrehzahlregler RSUV in der Stellung bei maximaler Drehzahl.

Regler für Reiheneinspritzpumpen

Leerlauf-Enddrehzahlregler RS

Aufbau

Der Leerlauf-Enddrehzahlregler RS (entstanden aus dem Alldrehzahlregler RSV) weist geringe Verstellhebelkräfte auf. Der Verstellhebel, der beim RSV-Regler die Schwenkfeder spannt und damit zum Einstellen der Drehzahl dient, ist mit einem einstellbaren Anschlag am Reglerdeckel in der Stellung der Enddrehzahl blockiert. Es ist auch möglich, eine Zwischendrehzahl einzustellen (z.B. für Fahrzeuge mit Nebenantrieb). Der Abstellhebel des RSV-Regler dient beim RS-Regler als Fahrhebel mit umgekehrter Betätigungsrichtung (Bilder 39 und 40).

Starten des Motors

Zum Starten wird der Fahrhebel in Richtung Vollast geschwenkt. Er drückt dabei den Verstellbolzen über Regelhebel und Führungshebel gegen die Federkapsel, deren Leerlauffeder die Regelstange auf Startmenge bringt (Bild 42).

Betriebsverhalten

Leerlaufdrehzahl

Schon bei niedriger Drehzahl schwingen die Fliehgewichte nach außen. Infolgedessen geht der Verstellbolzen nach rechts und mit ihm der Führungshebel. Der Führungshebel schwenkt den Regelhebel nach rechts, so daß die Regelstange in Richtung "Stop" in die Leerlaufstellung L (Kennlinie, Bild 41) gelangt. Außerdem drückt der Verstellbolzen gegen die Federkapsel, in der zusätzlich zur Angleichfeder eine Leerlauffeder für die Leerlaufregelung eingebaut ist. Leerlaufanschlagschraube und Leerlauf-Zusatzfeder des RSV-Reglers entfallen.

Enddrehzahl

Überschreitet die Motordrehzahl die obere Vollastdrehzahl, bewegt sich die Regelstange in Richtung "Stop" (Weg E – F Bild 41). Bei vollständiger Entlastung erreicht der Motors die obere Leerlaufdrehzahl.

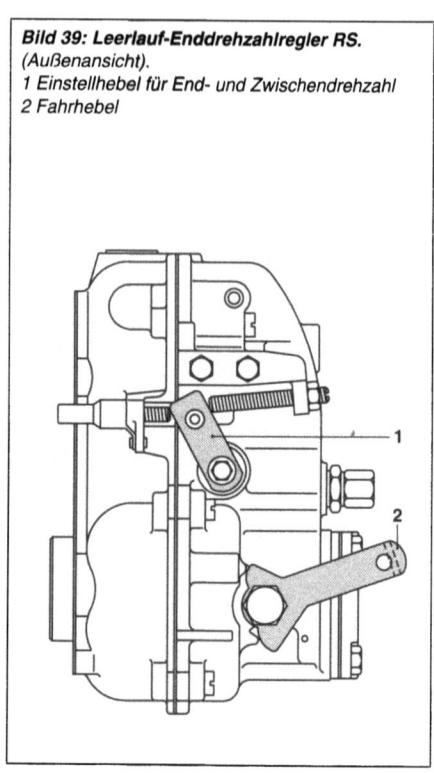

Bild 39: Leerlauf-Enddrehzahlregler RS. (Außenansicht).
1 Einstellhebel für End- und Zwischendrehzahl
2 Fahrhebel

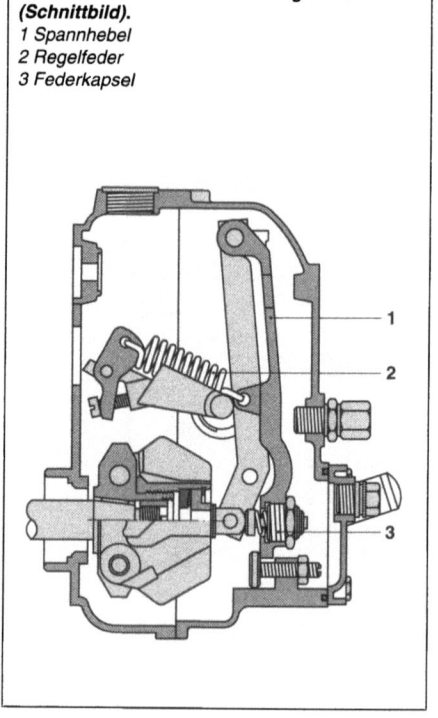

Bild 40: Leerlauf-Enddrehzahlregler RS. (Schnittbild).
1 Spannhebel
2 Regelfeder
3 Federkapsel

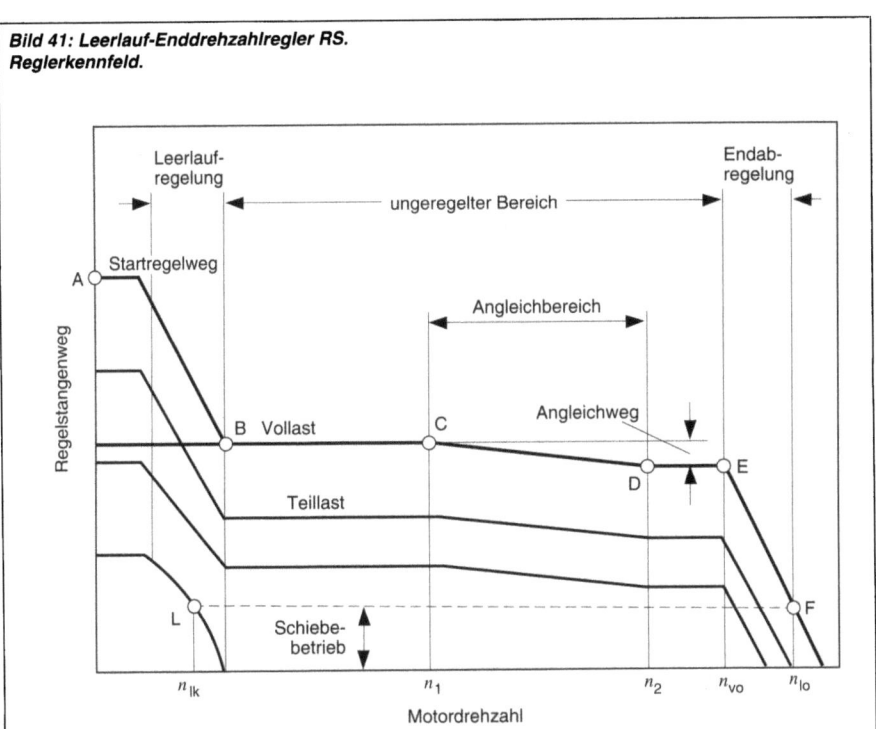

Bild 41: Leerlauf-Enddrehzahlregler RS.
Reglerkennfeld.

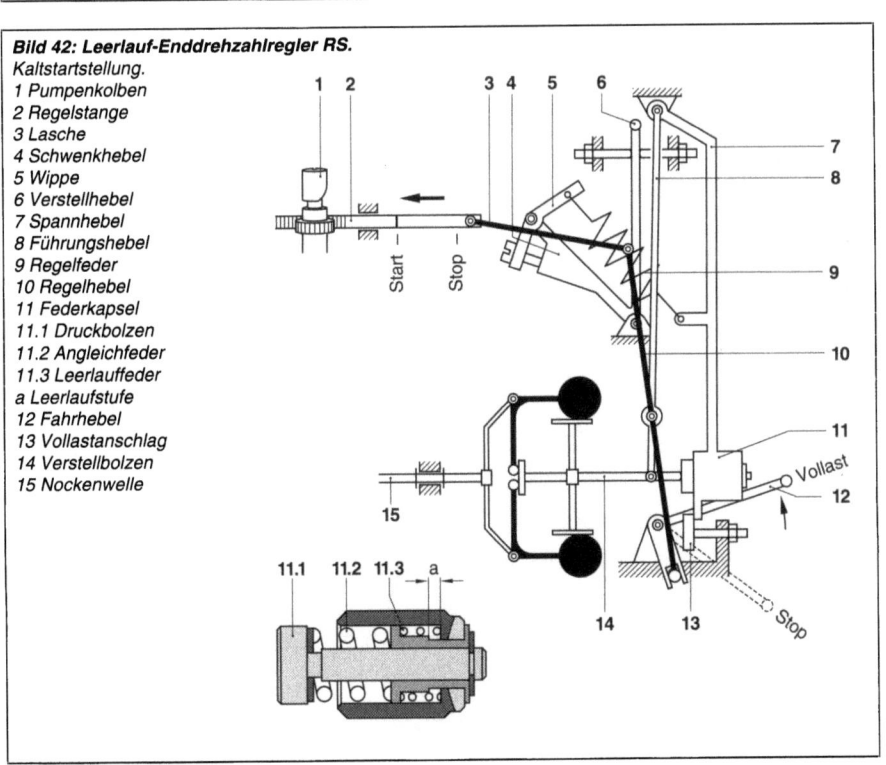

Bild 42: Leerlauf-Enddrehzahlregler RS.
Kaltstartstellung.
1 Pumpenkolben
2 Regelstange
3 Lasche
4 Schwenkhebel
5 Wippe
6 Verstellhebel
7 Spannhebel
8 Führungshebel
9 Regelfeder
10 Regelhebel
11 Federkapsel
11.1 Druckbolzen
11.2 Angleichfeder
11.3 Leerlauffeder
a Leerlaufstufe
12 Fahrhebel
13 Vollastanschlag
14 Verstellbolzen
15 Nockenwelle

Mechanische Drehzahlregelung

Regler für Reiheneinspritzpumpen

Leerlauf-Enddrehzahlregler RSF

Aufbau

Der mechanische Fliehkraftregler RSF wurde als Leerlauf-Enddrehzahlregler speziell für Fahrzeugmotoren (F = Fahrzeugregler) mit Diesel-Reiheneinspritzpumpen der Größe M entwickelt. Er ist für Straßenfahrzeuge (Pkw und Nkw) geeignet, bei denen nur eine Regelung der Leerlauf- und Enddrehzahl erforderlich ist. Im ungeregelten Zwischenbereich betätigt der Fahrer mit dem Fahrpedal unmittelbar die Regelstange der Einspritzpumpe und stellt damit das erforderliche Drehmoment ein (Diagramm, Bild 43).

Der RSF-Regler entspricht hohen Anforderungen an Regelverhalten, Bedienbarkeit und Fahrkomfort. Er ist vorzugsweise für moderne schnellaufende Pkw-Dieselmotoren bestimmt. Außerdem bietet er die Möglichkeit von Korrekturaufschaltungen und einfacher Einstellbarkeit.

Erläuterung zu Bild 43:
a Leerlaufbereich (Arbeitsbereich der Leerlauffeder), **b** erweiterter Leerlaufbereich bei Nullast und unterer Teillast (Arbeitsbereich der Leerlauf- und Leerlaufzusatzfeder), **c** ungeregelter Bereich, **d** Angleichbereich (Arbeitsbereich der Angleichfeder), **e** Angleichweg, **f** Abregelbereich (Arbeitsbereich der Regelfeder), **g** Endabregelung auf obere Leerlaufdrehzahl, **h** Beginn der Leerlaufzusatzfeder-Abschaltung,
S Startstellung bei durchgetretenem Fahrpedal (Kaltstart), **S'** Startstellung, wenn Fahrpedal nicht betätigt wird (Warmstart), **L** untere Leerlaufstellung, **O** obere Leerlaufstellung,
n_{lu} untere Leerlaufdrehzahl,
n_{lo} obere Leerlaufdrehzahl,
n_{vo} obere Vollastdrehzahl (Enddrehzahl),
n_1 Drehzahl bei Angleichbeginn,
n_2 Drehzahl bei Angleichende.

Der Regleraufbau gliedert sich in die zwei Teilbereiche: Meßwerk und Stellwerk (Bild 44).

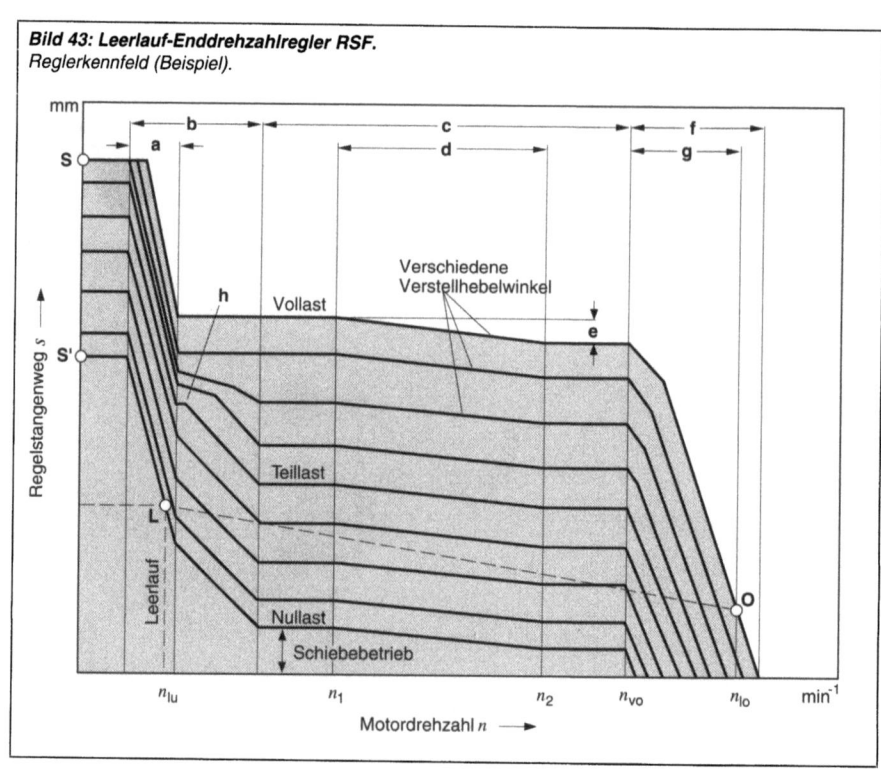

Bild 43: Leerlauf-Enddrehzahlregler RSF. Reglerkennfeld (Beispiel).

Mechanische Drehzahlregelung

Meßwerk Stufe 1 (Leerlauf)
Der Kraftfluß geht von den Fliehgewichten (22) aus und verläuft über die Regler-muffe (20) und den Führungshebel (9) zur Leerlauf- (12) und Leerlaufzusatzfeder (14) – beides Blattfedern.

Meßwerk Stufe 2 (bis Endabregelung)
Nachdem der Leerlaufweg durchlaufen ist, verläuft der Kraftfluß von der Reglermuffe (20) über die Angleich-Federkapsel (18) und den Spannhebel (16) zur Regelfeder (17).
Beim Ausschwenken der Fliehgewichte (22) wird die Reglermuffe (20) in Achsrichtung verschoben. Außer dem Leerlauf, Vollast-Angleichbereich und Abregelbereich steht die Reglermuffe still und die für die Fahrleistung notwendige Einspritzmenge wird über den Verstellhebel des Stellwerkes eingestellt.
Am Drehpunkt B ist der Führungshebel (9) beweglich mit der Reglermuffe verbunden. Außerdem bewegen sich Führungshebel und Spannhebel (16) um den Drehpunkt A.

Stellwerk
Die Sollwerteingabe erfolgt vom Verstellhebel (6) über Lenk- (5) und Umlenkhebel (11) auf den Regelhebel (13) und über die Lasche (2) auf die Regelstange (4) der Einspritzpumpe.
Die federnde Lasche kompensiert den Mehrweg des Regelhebels. Wie der Führungshebel ist auch der Umlenkhebel im Drehpunkt B der Reglermuffe beweglich eingehängt und zusätzlich über einen weiteren Anschlußbolzen mit dem Regelhebel (13) verbunden.
Der untere Lagerpunkt des Regelhebels dient zum Einstellen der Vollastmenge durch die Vollast-Einstellschraube (19) und außerdem als federnde Ausweichmöglichkeit für den Regelhebel, womit bei Überdrehzahl der zusätzliche Muffenweg aufgenommen wird.
An der nach außen geführten Lagerwelle des Anschlaghebels (3) ist ein Abstellhebel (1) befestigt, der zum Abstellen des Motors betätigt werden kann. Der Anschlaghebel zieht dabei die Regelstange in Richtung "Stop".

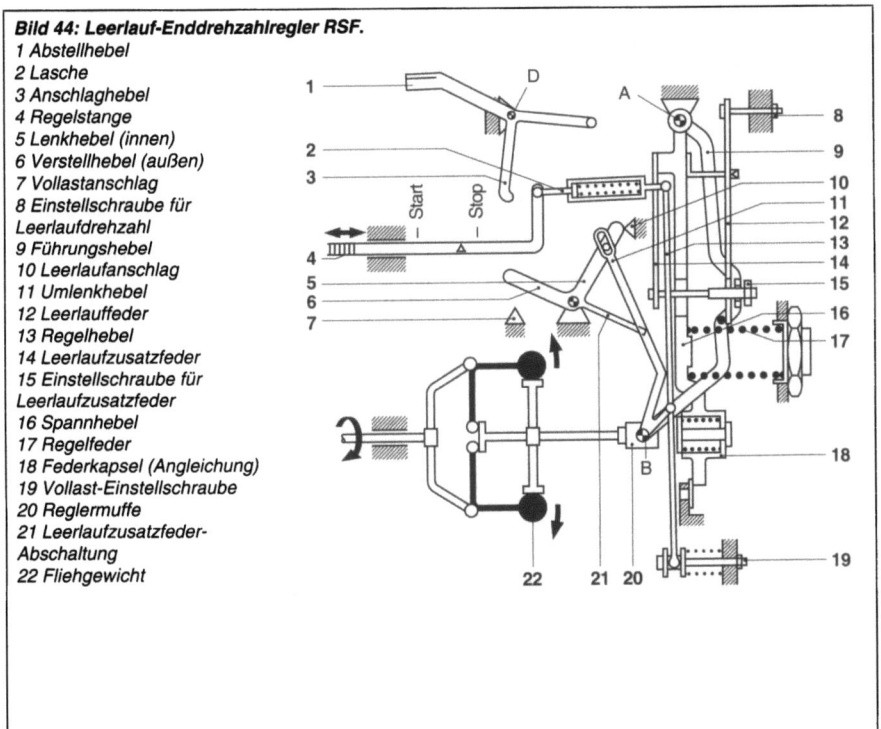

Bild 44: Leerlauf-Enddrehzahlregler RSF.
1 Abstellhebel
2 Lasche
3 Anschlaghebel
4 Regelstange
5 Lenkhebel (innen)
6 Verstellhebel (außen)
7 Vollastanschlag
8 Einstellschraube für Leerlaufdrehzahl
9 Führungshebel
10 Leerlaufanschlag
11 Umlenkhebel
12 Leerlauffeder
13 Regelhebel
14 Leerlaufzusatzfeder
15 Einstellschraube für Leerlaufzusatzfeder
16 Spannhebel
17 Regelfeder
18 Federkapsel (Angleichung)
19 Vollast-Einstellschraube
20 Reglermuffe
21 Leerlaufzusatzfeder-Abschaltung
22 Fliehgewicht

Regler für Reiheneinspritzpumpen

Starten des Motors

Zum Starten des Motors ist die Bedienungsanleitung des Fahrzeugherstellers zu beachten. In der Regel kann der Motor ohne Betätigung des Fahrpedals gestartet werden (Bild 45). Nur bei tiefen Temperaturen und kaltem Motor wird der Verstellhebel (6) bis zum Vollastanschlag (7) – einem festen Anschlag am Reglergehäuse – vorgelegt, wobei das Fahrpedal ganz durchgedrückt ist. Der Umlenkhebel (11) bewegt sich um den Drehpunkt B und nimmt den Regelhebel (13) in Richtung Start mit. Dadurch verschiebt sich die Regelstange (4) in Startstellung, so daß der Motor die erforderliche Startmenge erhalten kann. Eine schnelle Abregelung aus der Startposition des Reglers wird dadurch ermöglicht, daß in Vollaststellung des Verstellhebels die Leerlaufzusatzfeder (14) durch eine Abschaltung (21) vom Führungshebel (9) abgedrückt wird.

Betriebsverhalten

Leerlaufdrehzahl (Bild 46)

Beim Entlasten des Fahrpedals nach dem Starten des Motors nimmt eine Rückholfeder den Verstellhebel (6) durch eine Rückholfeder in die Leerlaufstellung zurück. Dadurch liegt der Lenkhebel (5) an der Leerlaufanschlagschraube (10) an.

Die Leerlaufdrehzahl stabilisiert sich während des Warmlaufs entlang der Leerlaufregelkurve bei Punkt L (Bild 62). Bei steigender Drehzahl schwenken die Fliehgewichte (22) nach außen und schieben die Reglermuffe (20) nach rechts. Beim Durchlaufen der Leerlaufstufe wird die Regelstange (4) durch die Muffenbewegung über den Umlenkhebel (11) und Regelhebel (13) in Richtung "Stop" verschoben. Gleichzeitig schwenkt der Führungshebel (9) durch die Muffenbewegung um den Drehpunkt A und drückt gegen die Leerlaufblattfeder (12), deren Vorspannung (und damit die Leerlaufdrehzahl)

Bild 45: Leerlauf-Enddrehzahlregler RSF. *Kaltstartstellung (nur die am Regelvorgang beteiligten Bauteile sind abgebildet).*
4 Regelstange, 6 Verstellhebel (außen),
7 Vollastanschlag, 9 Führungshebel,
11 Umlenkhebel, 13 Regelhebel,
14 Leerlaufzusatzfeder,
21 Leerlaufzusatzfeder-Abschaltung.

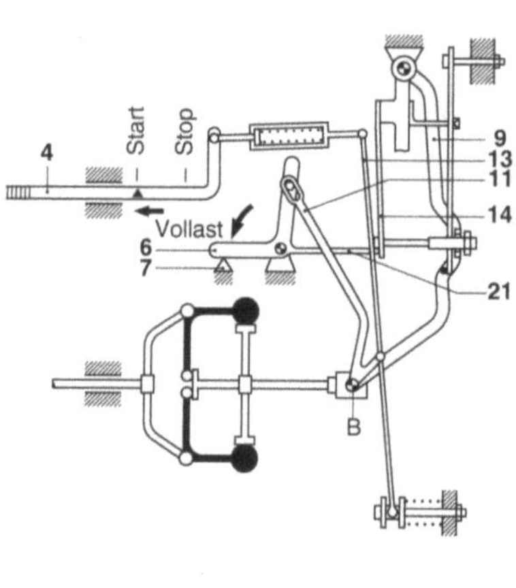

Bild 46: Leerlauf-Enddrehzahlregler RSF. *Leerlaufstellung (nur die am Regelvorgang beteiligten Bauteile sind abgebildet).*
4 Regelstange, 5 Lenkhebel (innen),
6 Verstellhebel, 8 Einstellschraube für Leerlaufdrehzahl, 9 Führungshebel,
10 Leerlaufanschlag, 11 Umlenkhebel,
12 Leerlauffeder, 13 Regelhebel,
14 Leerlaufzusatzfeder, 15 Einstellschraube für Leerlaufzusatzfeder, 18 Federkapsel (Angleichung), 20 Reglermuffe, 22 Fliehgewicht.

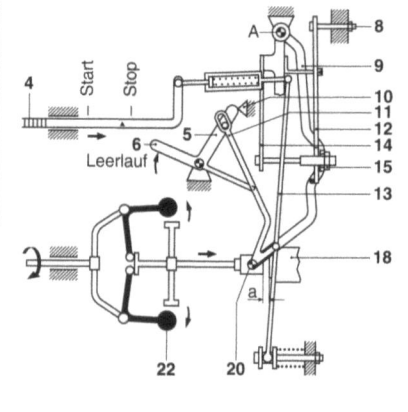

über die Einstellschraube (8) einstellbar ist. Bei einer bestimmten Drehzahl legt sich der Führungshebel auch an die Einstellmutter der Leerlaufzusatzfeder (14) an.

Zwischendrehzahl
Nach dem Durchlaufen der Leerlaufstufe (a) kommen Reglermuffe (20) und Federkapsel (18) für die Angleichung zur Anlage. Im ungeregelten Bereich zwischen Leerlauf- und Enddrehzahl verändern die Fliehgewichte (22) ihre Lage bis zum Erreichen der Enddrehzahl außer dem kleinen Weg für die Angleichung nicht mehr. Die Regelstangenlage und damit die Einspritzmenge wird über die Position des Verstellhebels (6) direkt gewählt, d.h. der Fahrer stellt die Fördermenge (z.B. um Fahrgeschwindigkeit zu erhöhen oder Steigung zu befahren) mit dem Fahrpedal ein (Verstellhebelposition zwischen Leerlauf- und Vollastanschlag). Beim Durchtreten des Fahrpedals geht die Regelstange auf Vollastmenge.

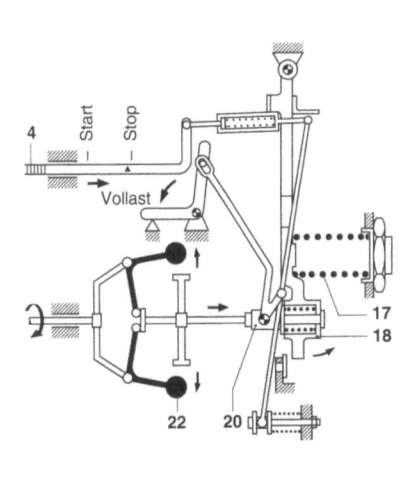

Bild 47: Leerlauf-Enddrehzahlregler RSF. Vollaststellung.
(Nur die am Regelvorgang beteiligten Bauteile sind abgebildet).
4 Regelstange, 17 Regelfeder, 18 Federkapsel (Angleichung), 20 Reglermuffe, 22 Fliehgewicht.

Angleichung
Bei vorgesehener Angleichung wird die Vollast-Fördermenge bei Überschreiten der Drehzahl n_1 verringert, denn die auf die Reglermuffe (20) wirkende Fliehkraft überwiegt gegenüber der Kraft der in der Federkapsel (18) eingebauten Angleichfeder. Die Angleichfeder gibt nach und dadurch verschiebt sich die Regelstange (4) bei weiter steigender Drehzahl um den Angleichweg. Bei Drehzahl n_2 ist die Angleichung beendet. Der RSF-Regler kann außer der positiven eine negative Angleichung enthalten. Die Regel-stangenlage wird dabei durch eine Federkombination gesteuert.

Enddrehzahl (Bild 47)
Die Vollastmenge wird bei durchgetretenem Fahrpedal so lange eingespritzt, bis die obere Vollastdrehzahl n_{vo} (Enddrehzahl) erreicht ist. Steigt die Motordrehzahl über die Vollastdrehzahl hinaus an reicht die Kraft der ausschwenkenden Fliehgewichte (22) aus, um die Regelfeder (17) zu überdrücken. Die Endabregelung setzt ein. Dabei steigt die Drehzahl noch etwas an, der Regelstangenweg wird durch die Verschiebung in Richtung "Stop" kleiner und infolgedessen nimmt die Fördermenge ab. Der Abregelbeginn ist von der Vorspannung der Regelfeder abhängig. Die obere Leerlaufdrehzahl n_{lo} stellt sich ein, wenn der Motor vollständig entlastet ist.
Im Schiebebetrieb bei Bergabwärtsfahrt wird der vom Fahrzeug angetriebene Motor beschleunigt. Dabei wird kein Kraftstoff eingespritzt (Schubabschaltung).

Stillsetzen des Motors
Durch manuelles Betätigen des Abstellhebels (1) wird die Regelstange (4) über den Anschlaghebel (3) in die "Stop"-Stellung gezogen. Die Kraftstoffzufuhr wird unterbrochen und der Motor dadurch stillgesetzt. Das Stillsetzen kann auch durch eine pneumatisch betätigte Abstellvorrichtung erfolgen.

Mechanische Drehzahlregelung

Regler für Reiheneinspritzpumpen

Anpaß- und Abstelleinrichtungen

Verstellhebelanschläge

An jedem Regler gibt es für den minimalen und den maximalen Verstellhebelwinkel je einen Anschlag. Wenn der Fahrer das Pedal voll durchtritt, schlägt der Verstellhebel an einer einstellbaren Anschlagschraube an. Verstellt man diese Schraube, so verändert sich
– bei einem Leerlauf-Enddrehzahlregler der Regelweg, d.h. die Einspritzmenge,
– bei einem Alldrehzahlregler die maximale Drehzahl.
Diese Anschlagschraube ist grundsätzlich plombiert, bei einem unbefugten Eingriff erlöscht der Garantieanspruch.
An dem anderen Anschlag wird in der Regel der untere Leerlauf eingestellt. Der Anschlag kann starr oder federnd ausgeführt werden.

Starrer Anschlag

Bei einem starren Anschlag (Bild 1) muß die Einspritzausrüstung mit einer zusätzlichen Vorrichtung zum Abstellen des Motors ausgerüstet sein.

Federnder Anschlag

Bei einem federnden Anschlag (Bild 2) erreicht man nach Überdrücken der Leerlaufposition die Stopstellung.
Bei Bedarf läßt sich der untere Anschlag auch auf "Stop" einstellen; dann muß jedoch motorseitig ein Leerlaufanschlag vorhanden sein.

Anschläge für Mindermengen oder Zwischendrehzahl

Als Sonderausstattung gibt es Anschläge für eine Zwischenstellung des Verstellhebels:
Je nach Reglertyp läßt sich mit einem "Mindermengenanschlag" die Vollastmenge vermindern bzw. mit einem "Zwischendrehzahlanschlag" eine Drehzahl unterhalb der Nenndrehzahl einstellen (Bilder 3 und 4).

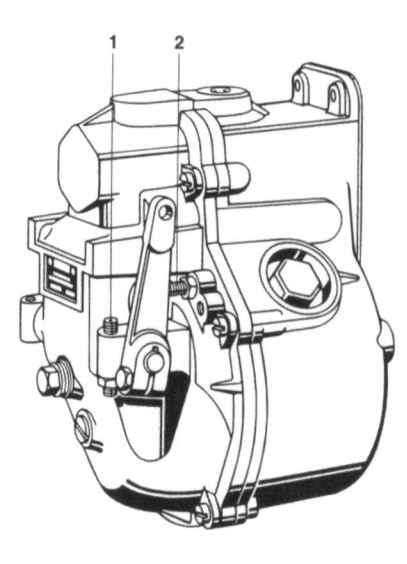

Bild 1: Starre Verstellhebelanschläge.
1 Anschlag für unteren Leerlauf (oder "Stop"),
2 Anschlag für Vollastmenge bei Leerlauf-Enddrehzahlregler bzw. für Nenndrehzahl bei Alldrehzahlregler.

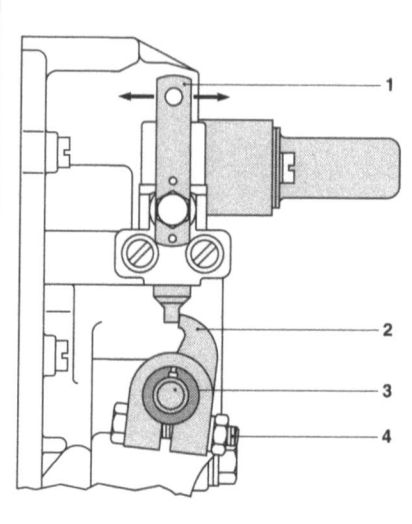

Bild 2: Anschläge.
Für Mindermenge bei Leerlauf-Enddrehzahlregler bzw. für Zwischendrehzahl bei Alldrehzahlregler (Außenansicht).
1 Hebel, 2 Anschlaghebel, 3 Verstellhebelwelle, 4 Spannschraube.

Bild 3: Federnder Verstellhebelanschlag (RQ und RQV).
1 Feder, 2 Gewindebuchse, 3 Bolzen,
4 Anschlaghebel, 5 Verschlußschraube,
6 Gegenmutter, 7 Befestigungswinkel,
8 Verstellhebelwelle, 9 Spannschraube,
a "Stop", b Leerlauf.

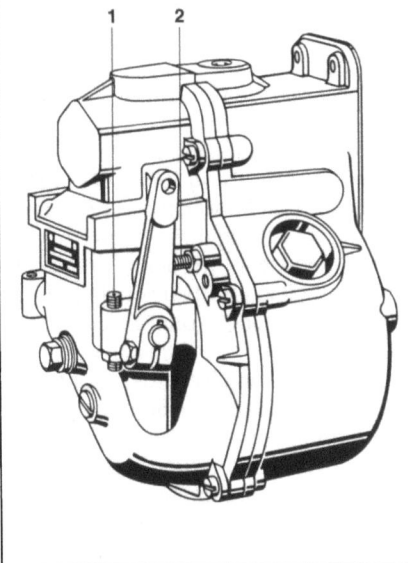

Regelstangenanschläge

Außer den Anschlägen für Leerlauf bzw. "Stop", Vollastmenge oder Höchstdrehzahl (bei jedem Regler für den Verstellhebelweg vorhanden) ist ein besonderer Anschlag erforderlich, der den Regelstangenweg bei Vollast- oder bei Startmenge begrenzt.

Außerdem gibt es Vollastanschläge zur Erfüllung besonderer Korrekturaufgaben. Regelstangenanschläge gibt es für den Anbau an die Einspritzpumpe und an den Regler. Im folgenden werden einige Ausführungen näher erklärt.

Starrer Startmengenanschlag

Der starre Startmengenanschlag wird vorwiegend bei RQ-Reglern mit niedriger Leerlaufdrehzahl verwendet. Wenn der Motor läuft, wird die Startmehrmenge durch den Regler abgezogen und kann sich nicht nachteilig (durch Rauchentwicklung) bemerkbar machen (Bild 5).

Anpaßeinrichtungen

Bild 4: Anschläge.
Für Mindermengen und Zwischendrehzahl.
a) Gesperrt
b) entriegelt
1 Hebel
2 Gehäuse
3 Feder
4 Schaltwelle
5 Bolzen
6 Verstellhebelwelle

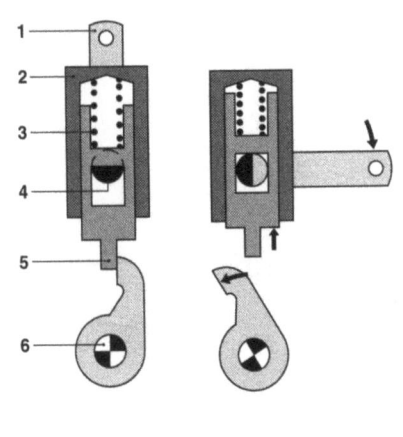

Bild 5: Starrer Regelstangenanschlag.
Für Drehzahlregler RQ zur
Startmengenbegrenzung.
1 Einstellung der Startmehrmenge
2 Anschlagbolzen
3 Anschlagnase
4 Startmengenbegrenzung
5 Gelenkgabel

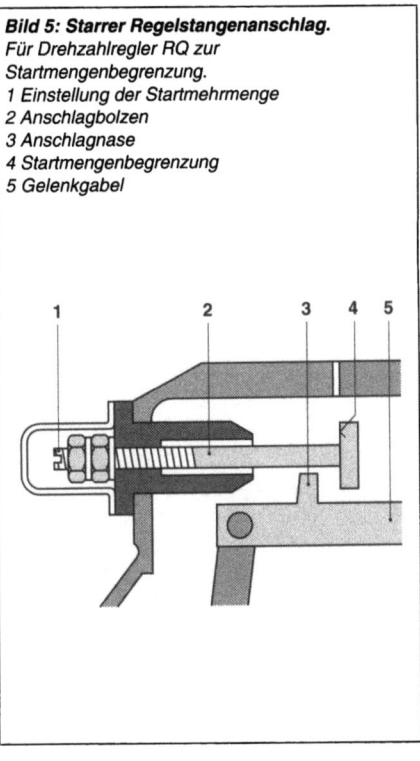

Regler für Reiheneinspritzpumpen

Federnder Startmengenanschlag für RQ-Regler

Beim Starten (Fahrpedal ganz durchgetreten) geht der Anschlagbolzen gegen den Federwiderstand auf die eingestellte Startmenge. Die Feder im Anschlag wirkt gegen die Leerlauffeder und leitet so ein früheres Zurückgehen der Regelstange aus der Startstellung ein, d.h. beim schnellen Gasgeben aus dem Leerlauf wird ein teilweises Einschieben der Startmenge verhindert (Bild 6).

Automatischer Vollastanschlag

Bei Motorstillstand überdrücken die Regelfedern der Fliehgewichte über den Verstellbolzen die Kipphebelfeder; der Kipphebel schiebt die Anschlaglasche mit der Vollastanschlagnase nach unten (Pfeile). Beim Starten des Motors kann also die Regelstange beim Durchtreten des Fahrpedals bis in Startstellung geführt werden (Bild 8a). Nach dem Starten des Motors bewegt sich der Verstellbolzen unter dem Einfluß der Fliehkraft vom Kipphebel weg. Aus dem gleichen Grund geht die Regelstange von der Startmenge auf kleinere Menge zurück. Infolgedessen drückt die Kipphebelfeder den Kipphebel mit seinem langen Schenkel nach oben. Die Nase an der Anschlaglasche begrenzt den Weg der Regelstange am Anschlagstück der Gelenkgabe wieder auf Vollastmenge (Bild 8b).

Anschlag mit außenliegender Angleichvorrichtung für RQV-Regler

An diesem außenliegenden Anschlag können Vollastregelweg und Angleichung eingestellt werden (Angleichbeginn, Angleich-Verlauf, Angleichweg). Eine Angleichung kommt durch das Zusammenspiel von Schleppfeder des Reglers und Angleichfeder zustande, wobei die Federn aufeinander genau abgestimmt sein müssen (Bild 7). Sofern auch ein Zughebel für die Freigabe der Startmenge angebracht ist, entfällt der Kipphebel, d.h. die drehzahlgesteuerte Freigabe (Bild 9)

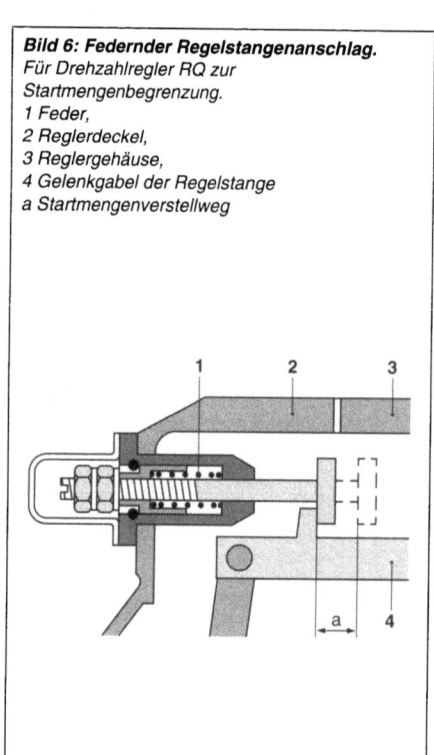

Bild 6: Federnder Regelstangenanschlag.
Für Drehzahlregler RQ zur Startmengenbegrenzung.
1 Feder,
2 Reglerdeckel,
3 Reglergehäuse,
4 Gelenkgabel der Regelstange
a Startmengenverstellweg

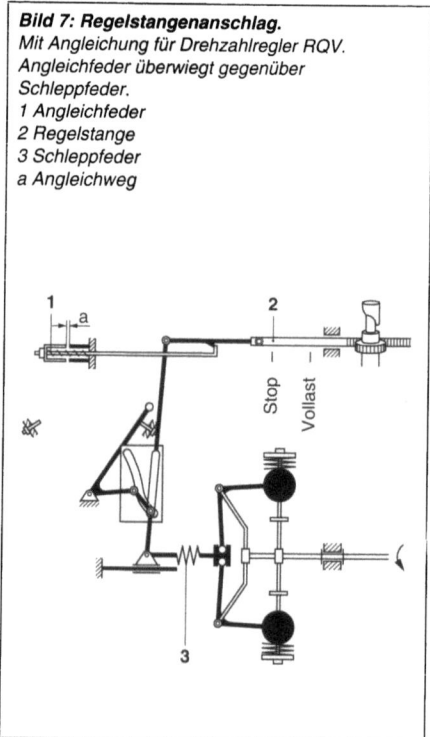

Bild 7: Regelstangenanschlag.
Mit Angleichung für Drehzahlregler RQV.
Angleichfeder überwiegt gegenüber Schleppfeder.
1 Angleichfeder
2 Regelstange
3 Schleppfeder
a Angleichweg

Bild 8: Automatischer Vollast-Regelstangenanschlag.
Für Drehzahlregler RQV.
a) Freigabe der Startmenge
b) auf Vollastmenge
1 Vollastmengeneinstellung
2 Reglerdeckel
3 Reglergehäuse
4 Vollastanschlag
5 Gelenkgabel
6 Regelstange
7 Kipphebel
8 Regelhebel
9 Verstellhebelwelle
10 Kipphebelfeder
11 Verstellbolzen
a Startmengenverstellweg

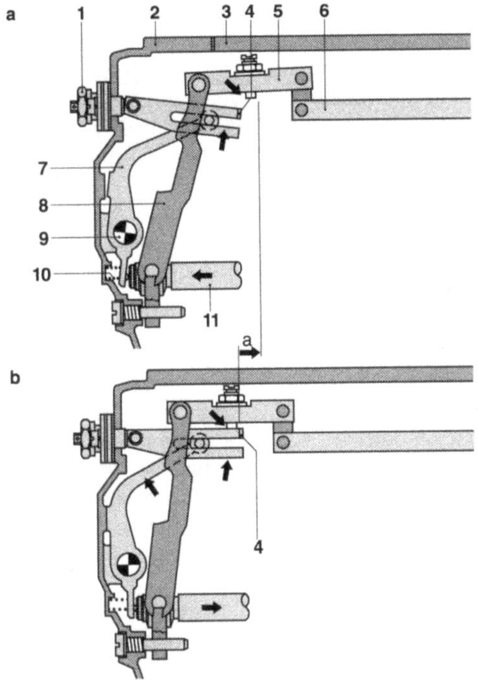

Bild 9: Regelstangenanschlag.
Für Drehzahlregler RQV mit Zughebel für Startmehrmenge und mit Angleichung.
a) Stellung Startmenge,
b) Stellung Vollastmenge mit Angleichung.
1 Sperrbolzen
2 Reglerdeckel
3 Gelenkgabel
4 Regelhebel
5 Zughebel
6 Rückstellfeder für Zughebel
7 Gewindebuchse
8 Angleichfeder
9 Einstellschraube
a Angleichweg
b Startmengenverstellweg

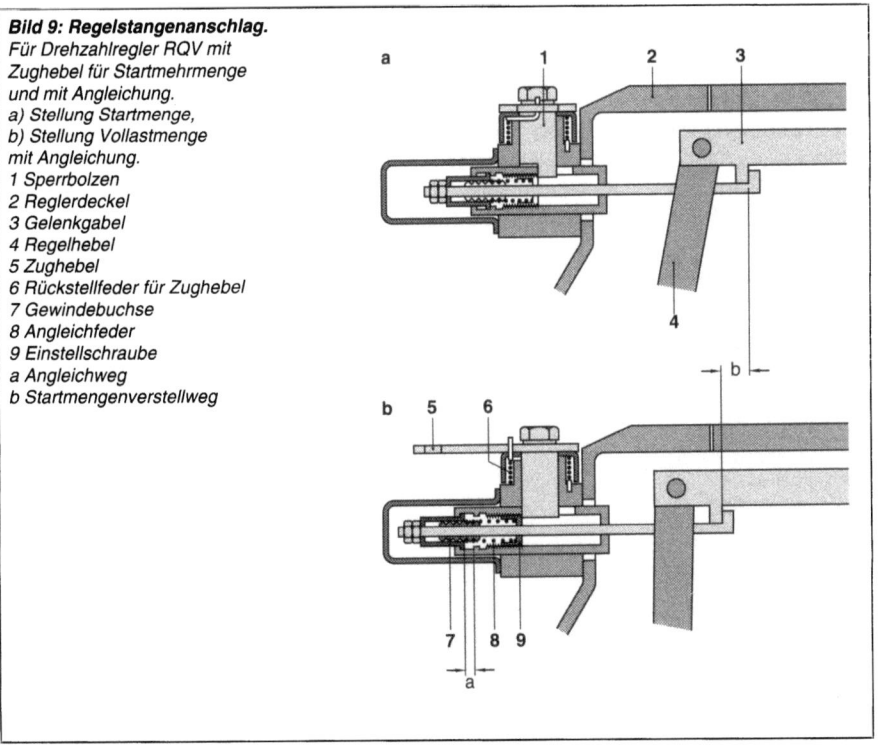

Anpaß-einrichtungen

Regler für Reiheneinspritzpumpen

Anschlag mit innenliegender Angleichvorrichtung für RQV-Regler

Der Regelstangenanschlag mit innenliegender Angleichung für RQV-Regler weist ein Vorstehmaß von nur ca. 25% im Vergleich zur Baulänge des Anschlags mit außenliegender Angleichung auf. Mit diesem Anschlag für beengte Einbauverhältnisse läßt sich nur der Angleichbeginn und der Angleichweg einstellen, nicht jedoch die Angleichrate (Bild 10).

Pumpenseitige Anschläge

Meistens wird die Vollastmenge am Regler eingestellt. Es gibt auch feste und federnde Regelstangenanschläge zum Anbau an der Antriebsseite der E inspritzpumpe. Sie stellen in der Regel die maximal zulässige Startmenge ein, vereinzelt auch die Vollastmenge.

Feste Ausführung

Ein auf die Start-Mehrmenge eingestellter fester Anschlag nach Bild 11 kann den reglerseitigen Anschlag nach Bild 5 ersetzen. Ein auf Vollast eingestellter fester Anschlag läßt eine Start-Mehrmenge grundsätzlich nicht zu.

Federnde Ausführung

Der pumpenseitige, federnde Regelstangenanschlag nach Bild 12 kann den reglerseitigen Anschlag nach Bild 6 ersetzen, die Funktion ist gleich.

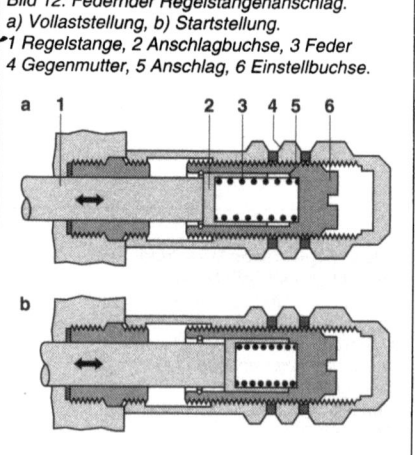

Bild 11: Fester Regelstangenanschlag.
1 Regelstange, 2 Verschlußkappe,
3 Einstellschraube, 4 Anschlagfläche.

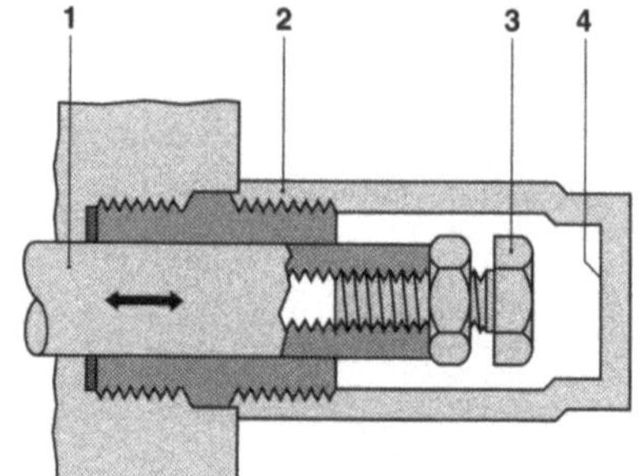

Bild 12: Federnder Regelstangenanschlag.
a) Vollaststellung, b) Startstellung.
1 Regelstange, 2 Anschlagbuchse, 3 Feder
4 Gegenmutter, 5 Anschlag, 6 Einstellbuchse.

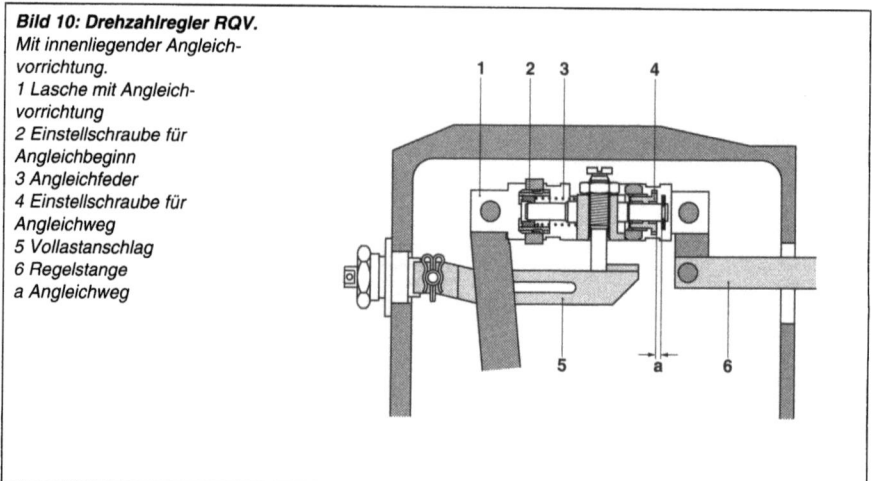

Bild 10: Drehzahlregler RQV.
Mit innenliegender Angleichvorrichtung.
1 Lasche mit Angleichvorrichtung
2 Einstellschraube für Angleichbeginn
3 Angleichfeder
4 Einstellschraube für Angleichweg
5 Vollastanschlag
6 Regelstange
a Angleichweg

Ladedruckabhängiger Vollastanschlag (LDA)

Anwendung

Bei aufgeladenen Motoren ist die Vollastmenge auf den Ladedruck abgestimmt. Im unteren Drehzahlbereich ist der Ladedruck aber niedriger und dadurch das Gewicht der Luftfüllung in den Motorzylindern geringer. Im entsprechenden Verhältnis muß deshalb die Vollastmenge dem verminderten Luftgewicht angepaßt werden. Der ladedruckabhängige Vollastanschlag (LDA) vermindert die Vollastfördermenge im unteren Drehzahlbereich von einem bestimmten (wählbaren) Ladedruck an. Vom LDA gibt es Ausführungen sowohl zum Anbau an die Einspritzpumpe als auch zum Anbau an den Regler (oben oder hinten). Die im folgenden beschriebene Ausführung ist für den Anbau an den RSV-Regler bestimmt (Bilder 13 und 14).

Aufbau und Funktion

Der Aufbau ist bei allen derartigen Regelstangenanschlägen grundsätzlich gleich. Zwischen dem oben auf dem Regler aufschraubbaren Gehäuse und einem entsprechenden Deckel ist eine Membran luftdicht eingespannt. Im Deckel befindet sich ein Anschlußstutzen für den Ladedruck. Von unten wirkt eine Druckfeder auf die Membran.

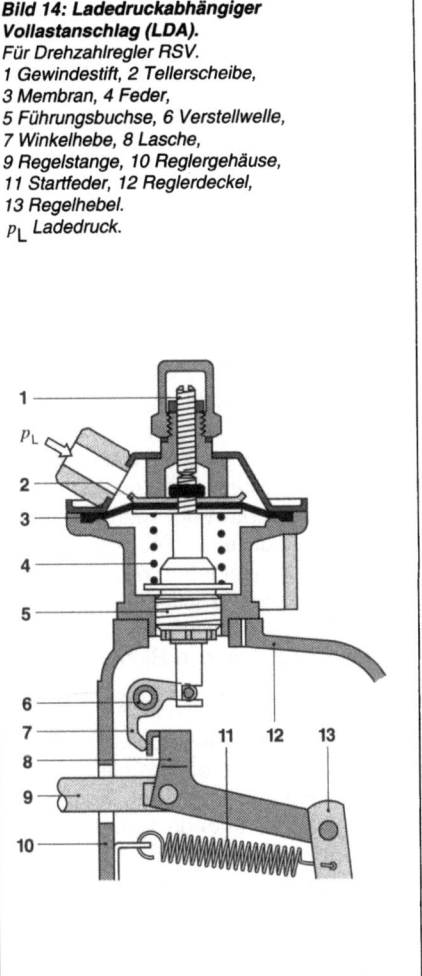

Bild 14: Ladedruckabhängiger Vollastanschlag (LDA).
Für Drehzahlregler RSV.
1 Gewindestift, 2 Tellerscheibe,
3 Membran, 4 Feder,
5 Führungsbuchse, 6 Verstellwelle,
7 Winkelhebe, 8 Lasche,
9 Regelstange, 10 Reglergehäuse,
11 Startfeder, 12 Reglerdeckel,
13 Regelhebel.
p_L Ladedruck.

Anpaßeinrichtungen

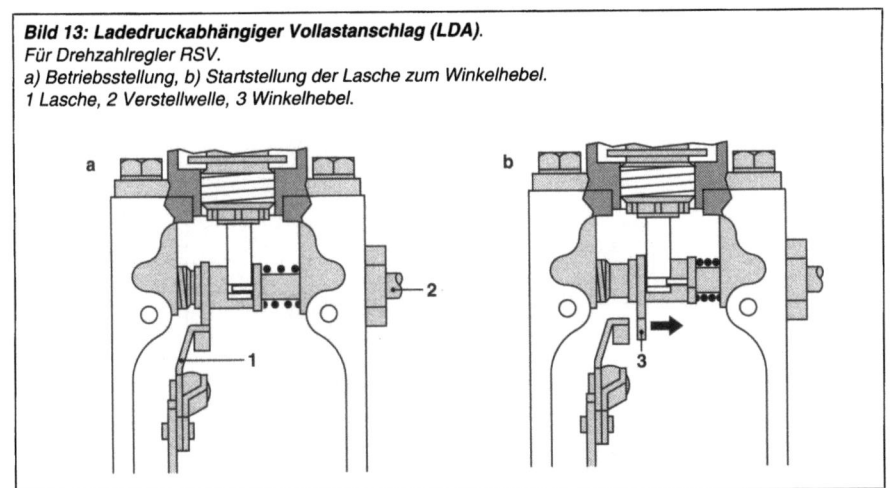

Bild 13: Ladedruckabhängiger Vollastanschlag (LDA).
Für Drehzahlregler RSV.
a) Betriebsstellung, b) Startstellung der Lasche zum Winkelhebel.
1 Lasche, 2 Verstellwelle, 3 Winkelhebel.

Regler für Reihen-einspritz-pumpen

Die Druckfeder stützt sich auf der Gegenseite an einer mit Gewinde ins Gehäuse eingeschraubten Führungsbuchse ab. Die Vorspannung der Druckfeder kann somit in Grenzen verändert werden.

Mit der Membran ist ein Bolzen verschraubt, der an seinem unteren Ende eine Quernut hat. In diese Nut greift ein im Winkelhebel befestigter Zapfen ein. Nach Anbau des LDA können mit dem Gewindestift Korrekturen vorgenommen werden. Wird die Membran durch Ladedruck beaufschlagt, so bewegt sich der Bolzen entgegen der Kraft der Druckfeder. Den größten Weg legt der Bolzen bei vollem Ladedruck zurück. Der Bolzen wirkt über den im Reglergehäuse auf einer Achse drehbar gelagerten Winkelhebel und über die Lasche auf die Regelstange der Einspritzpumpe. Bei fallendem Ladedruck wird die Regelstange in Richtung "Stop" bewegt (Bild 15).

Eine Ausführung des LDA für RQV-Regler ist in Bild 16 dargestellt.
Damit die Regelstange zum Starten des Motors auf Startmenge gebracht werden kann, läßt sich der Winkelhebel durch seitliches Verschieben der Verstellwelle außer Eingriff mit der Lasche bringen. Dies kann entweder über Seilzug oder Gestänge durch Handbe-

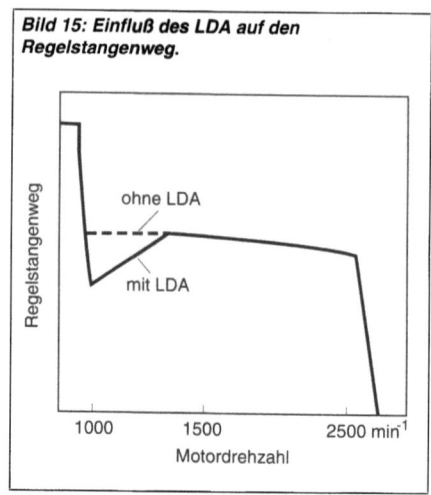

Bild 15: Einfluß des LDA auf den Regelstangenweg.

tätigung erfolgen; es gibt auch Reglerausführungen mit elektromagnetischer Betätigung der Verstellwelle, wobei der Elektromagnet nur während des Anlaßvorgangs wirksam ist. Durch ein Temperaturglied kann die Stromzufuhr zum Magneten unterbunden werden, wenn aufgrund der Motortemperatur eine Startmenge nicht erforderlich ist. Die hydraulische Startmengenverriegelung (HSV) als weitere Möglichkeit arbeitet mit Motoröldruck. Bei dieser Ausführung verriegelt der nach dem Starten des Motors sich aufbauende Öldruck die Startmehrmenge. Die hydraulische Startmengenverriegelung wird seitlich an das Reglergehäuse angeschraubt.

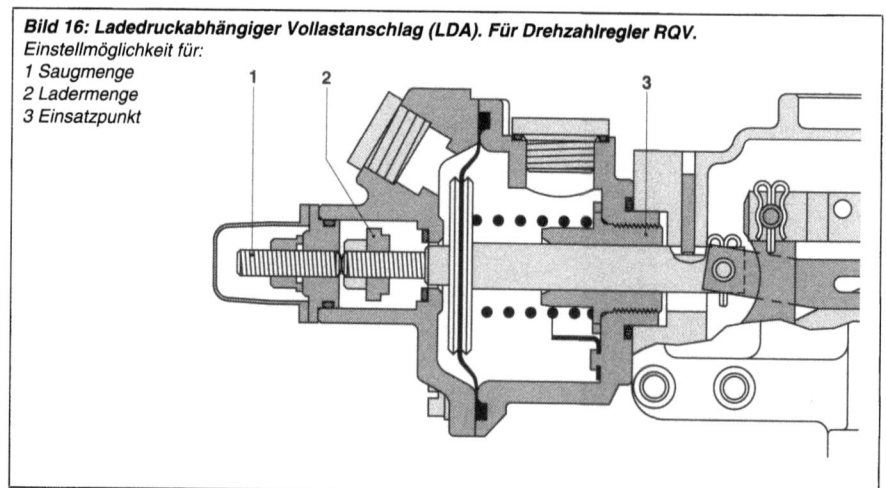

Bild 16: Ladedruckabhängiger Vollastanschlag (LDA). Für Drehzahlregler RQV.
Einstellmöglichkeit für:
1 Saugmenge
2 Ladermenge
3 Einsatzpunkt

Atmosphärendruckabhängiger Vollastanschlag (ADA)

Anwendung

Für Fahrten bei extrem großen Höhenunterschieden muß die eingespritzte Kraftstoffmenge von einer gewissen Höhe an der schlechter werdenden Luftfüllung der Motorzylinder angepaßt werden.
Der atmosphärendruckabhängige Vollastanschlag (ADA, Bilder 17 und 18) reduziert die Einspritzmenge mit zunehmender Höhenlage bzw. sinkendem Luftdruck (bei RQ(V)- und RSF-Reglern am Reglerdeckel angebaut).

Aufbau und Funktion

Beim RQV-Regler besteht der ADA aus einer senkrecht in einem Gehäuse eingebauten Barometerdose, die mit einer Einstellschraube und einem entgegenwirkendem federbelastetem Gewindebolzen auf eine bestimmte Höhenlage eingestellt werden kann. Bei zunehmender Höhe dehnt sich die Barometerdose aus. Der federbelastete Gewindebolzen an der Unterseite der Barometerdose und die am Gewindebolzen angeschraubte Gabel übertragen die Längenänderungen auf die schwenkbar befestigte Kurvenscheibe. Die Kurvenscheibe wirkt auf den Bolzen, der mit der Anschlaglasche verbunden ist. Die Kurvenscheibe schwenkt nach unten. Der mit der Anschlaglasche verbundene Bolzen zieht die Regelstange in Richtung "Stop", und die Fördermenge verrringert sich. Zieht sich die Barometerdose mit abnehmender Höhe zusammen, erhöht sich die Fördermenge. Zur Einstellung der Vollastmenge ist die Kurvenscheibe in der Waagrechten über eine Schraube verstellbar.
Anordnung und Aufbau sind beim RSF-Regler ähnlich, wobei hier ein federbelasteter Gewindebolzen und die daran angehängten Hebel die Höhenänderungen auf die Regelstange der Einspritzpumpe übertragen (Bild 18). Beim RQ-Regler ist die konstruktive Ausführung ähnlich.

Anpaßeinrichtungen

Bild 17: Korrektur des Regelstangenweges durch den ADA (Beispiel).

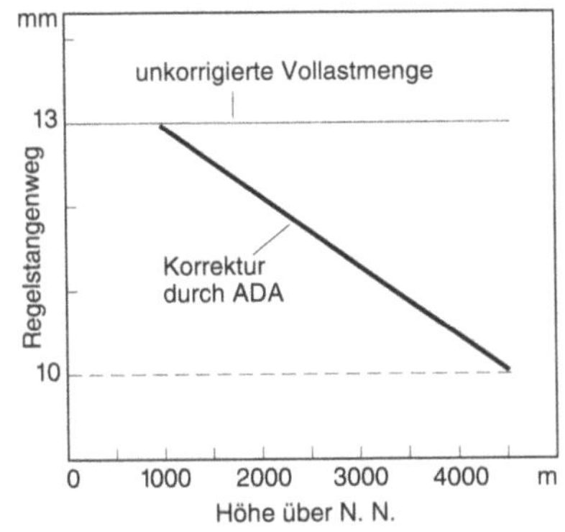

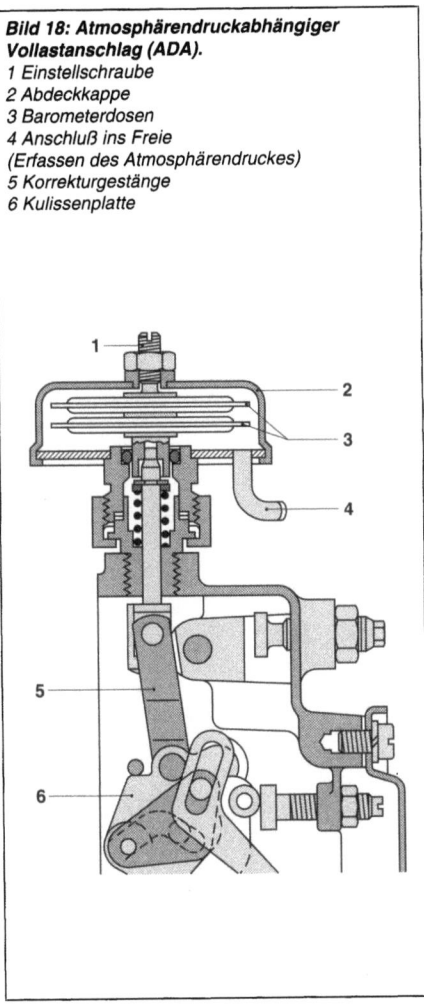

Bild 18: Atmosphärendruckabhängiger Vollastanschlag (ADA).
1 Einstellschraube
2 Abdeckkappe
3 Barometerdosen
4 Anschluß ins Freie
(Erfassen des Atmosphärendruckes)
5 Korrekturgestänge
6 Kulissenplatte

Regler für Reiheneinspritzpumpen

Ladedruckabhängiger Vollastanschlag, absolut messend (ALDA)

Anwendung

Der Ladedruck des aufgeladenen Motors baut auf dem jeweils herrschenden Atmosphärendruck auf, dessen Einfluß sich besonders stark beim Durchfahren großer Höhenunterschiede auswirkt. Atmosphären- und Ladedruck zusammen ergeben den Absolutdruck.

Aufbau und Funktion

Der absolut messende ladedruckabhängige Vollastanschlag des RFS-Reglers verfügt ebenfalls über (auf eine Höhenlage einstellbare) Druckdosen, auf die der Absolutdruck aus dem Saugrohr des Motors über einen Anschluß wirken kann. Die Druckdosen reagieren auf jede Druckveränderung mit einer Längenänderung und passen damit über ein Hebelwerk und die Regelstange die Einspritzmenge an (Bild 19).

Bild 19: *Absolut messender ladedruckabhängiger Vollastanschlag (ALDA).*
1 Anschluß zum Saugrohr des Motors (Erfassen des Absolutdruckes), 2 Einstellschraube, 3 Druckdose, 4 Barometerdosen, 5 Korrekturgestänge, 6 Kulissenplatte.

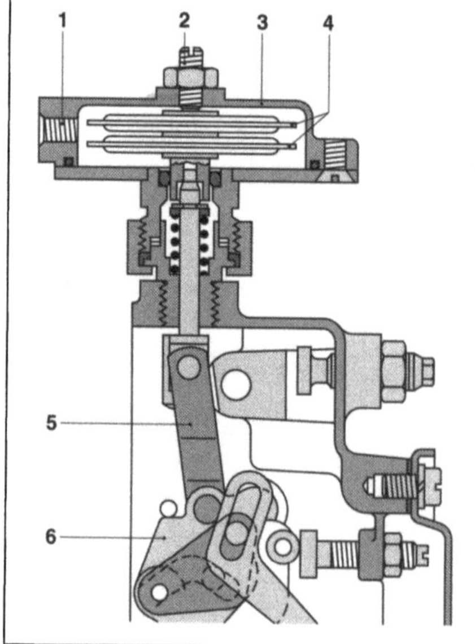

Pneumatische Leerlaufanhebung (PLA)

Anwendung

Der Fördermengenbedarf eines Dieselmotors im Leerlauf reduziert sich mit zunehmender Motortemperatur.
Die temperaturabhängige Leerlaufanhebung beim RSF-Regler erhöht im kalten Zustand die Leerlaufdrehzahl und verbessert damit die Warmlaufphase des Motors. Sie verhindert das Absterben des kalten Motors beim Zuschalten von weiteren Verbrauchern wie z.B. Servolenkung, Klimaanlage usw. Bei Erreichen einer bestimmten Temperatur ist sie nicht mehr wirksam (Bild 20).

Aufbau und Funktion

Abhängig von der Temperatur wird die Druckdosen-Membran mit Unterdruck beaufschlagt. Sie verschiebt einen Verstellbolzen und verändert die Vorspannung an der Leerlauffeder. Über das Reglergestänge bewegt sich nun die Regelstange in Richtung "mehr Menge".

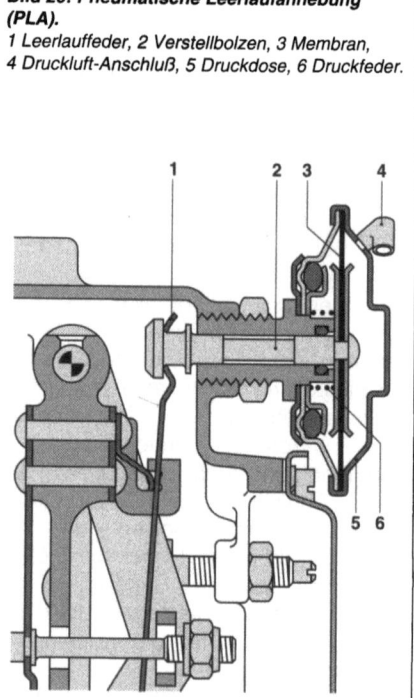

Bild 20: *Pneumatische Leerlaufanhebung (PLA).*
1 Leerlauffeder, 2 Verstellbolzen, 3 Membran, 4 Druckluft-Anschluß, 5 Druckdose, 6 Druckfeder.

Elektronische Leerlaufregelung (ELR)

Anwendung
Anstelle der üblichen pneumatischen Leerlaufanhebung (PLA) kann beim RSF-Regler für höhere Ansprüche die Leerlaufdrehzahl elektronisch geregelt werden.

Aufbau und Funktion
Die elektronische Leerlaufregelung besteht aus:
- elektronischem Steuergerät und
- elektrischem Stellmagnet.

Das elektronische Steuergerät regelt über den elektrischen Stellmagnet für alle Temperatur- und Belastungszustände die erforderliche Leerlaufdrehzahl ein. Wie das Bild 21 zeigt, ist der Stellmagnet dabei am RSF-Reglerdeckel so angeordnet, daß der stromdurchflossene Magnetanker die Kraft der Leerlauffeder verstärken und dadurch die Leerlaufdrehzahl erhöhen kann.

Anti-Ruckel-Dämpfung (ARD)

Anwendung
Auftretende Ruckelschwingungen lassen sich bei Fahrzeugen mit hohem Komfortansprüchen durch den Einbau einer Anti-Ruckel-Dämpfung (ARD) am RSF-Regler weitgehend beseitigen.

Aufbau und Funktion
Die Anti-Ruckel-Dämpfung besteht aus
- Drehzahlsensor,
- elektronischem Steuergerät und
- elektrischem Stellmagnet.

Das elektronische Steuergerät erfaßt die Signale des Drehzahlsensors und wertet diese aus. Um das Ruckeln des Fahrzeugs bei aufkommenden Ruckelschwingungen zu vermeiden, steuert es den am RSF-Reglerdeckel sitzende Stellmagnet (Bild 21) so an, daß dieser im Gegentakt zu den Ruckelschwingungen den unteren Aufhängepunkt des Regelhebels auf kleineren Regelweg hin verschiebt. Dadurch wird die Einspritzmenge entsprechend vermindert.

Anpaßeinrichtungen

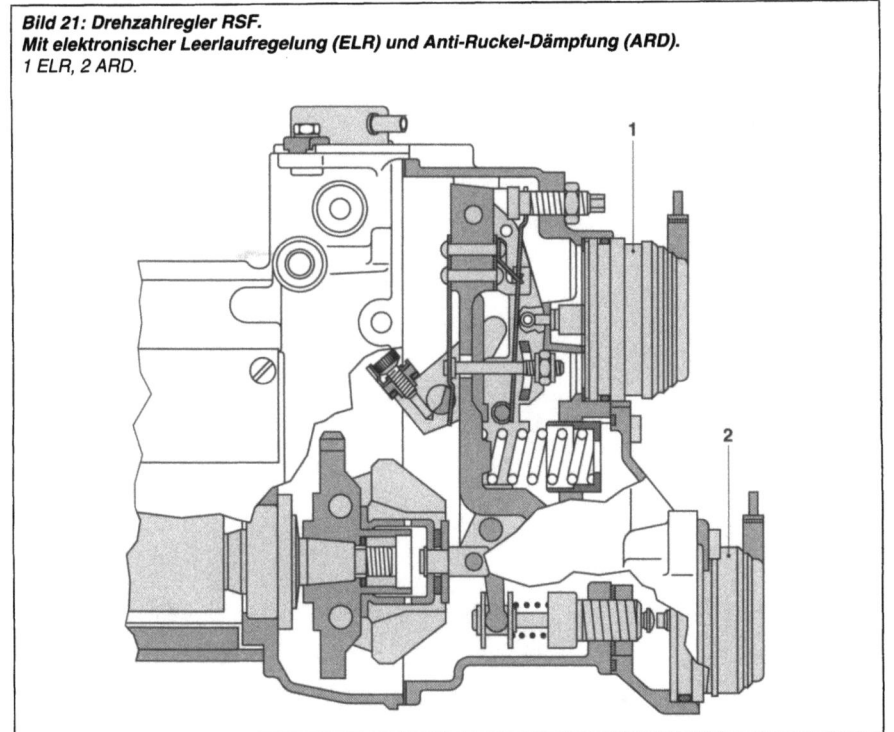

Bild 21: Drehzahlregler RSF.
Mit elektronischer Leerlaufregelung (ELR) und Anti-Ruckel-Dämpfung (ARD).
1 ELR, 2 ARD.

Regler für Reiheneinspritzpumpen

Förderbeginngeber (FBG)

Anwendung

Eine präzise Zuordnung des Förderbeginns zur Stellung der Motorkurbelwelle ist äußerst wichtig, um die an einen modernen Dieselmotor gestellten Anforderungen zu erfüllen:
– Optimaler Verbrennungsablauf zur Einhaltung der verschärften Abgasgesetze,
– Geräuschminderung,
– Optimierung des Kraftstoffverbrauchs.

Mit dem Förderbeginn-Einstellverfahren läßt sich der Förderbeginn der am Dieselmotor angebauten Einspritzpumpe mit geringem Aufwand genauer einstellen als mit den herkömmlichen Methoden.

Aufbau und Funktion

Auf dem Fliehgewichtsträger des Reglers ist eine zahnförmige Signalmarke angebracht, die in der Stellung "Förderbeginn Zylinder 1" genau in der Mitte vor einer Aufnahmebohrung im Reglergehäuse steht.

Bild 22 zeigt die entsprechende Förderbeginn-Einstellvorrichtung für den RSF-Regler. Bei der ähnlichen Ausführung für die RQ- und RQV-Regler befindet sich die Signalmarke auf einem Zeiger, der mit der Reglernabe fest verbunden ist.

Das Auge am Reglergehäuse ist einstellbar auf einem Verschiebeflansch angeordnet. In die Aufnahmebohrung können eingeschraubt werden:

– Ein Induktivgeber für Messungen bei laufendem Motor. Damit ist auch die Prüfung der Spritzversteller-Funktion in Abhängigkeit von der Drehzahl möglich (Bild 22a).

– Ein Lichtsignalgeber zum Wiederauffinden des Förderbeginns bei stehendem Motor (Bild 22b).

– Ein Arretierbolzen zum Blockieren der Nockenwelle in Förderbeginnstellung, so daß ein schneller und exakter Anbau der Einspritzpumpe an den Motor möglich ist. Er rastet in die Signalmarke ein und verhindert damit ein unbeabsichtigtes Verdrehen der Einspritzpumpen-Nockenwelle (Bild 22c).

– Eine Verschlußschraube, mit der die Aufnahmebohrung nach Abschluß der Förderbeginn-Einstellung für den normalen Betriebszustand wieder verschlossen wird (Bild 22d)

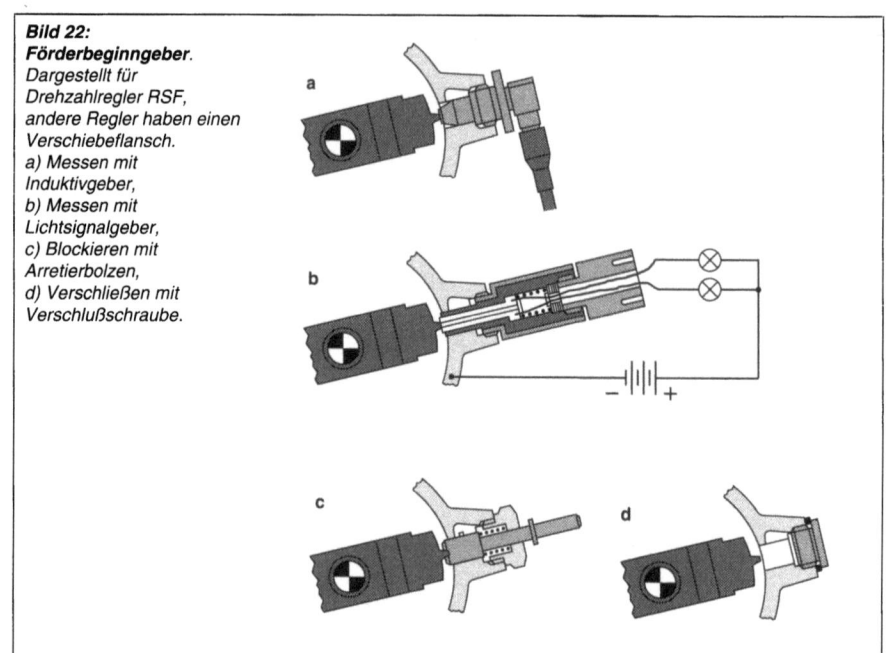

Bild 22:
Förderbeginngeber.
Dargestellt für Drehzahlregler RSF, andere Regler haben einen Verschiebeflansch.
a) Messen mit Induktivgeber,
b) Messen mit Lichtsignalgeber,
c) Blockieren mit Arretierbolzen,
d) Verschließen mit Verschlußschraube.

Regelweggeber (RWG)

Anwendung
Der Regelweggeber bzw. Regelwegsensor eignet sich zur Messung des Regelweges, d.h. er erfaßt die Position der Regelstange in der Reiheneinspritzpumpe. Er liefert ein Signal für verschiedene Funktionen am Motor bzw. im Fahrzeug. Beispiele dafür sind:
– Schaltpunktsignal für hydraulische Getriebe,
– Lastsignal als Schalthinweis für mechanische Getriebe,
– Signal für Kraftstoffverbrauchsmessung,
– Stellsignal für Abgasrückführung,
– Signal für Diagnose.

Aufbau
Der Sensor besteht aus einem weichmagnetischen Blechpaket, auf dessen äußeren Schenkeln zwei Spulen (Meßspule und Referenzspule) befestigt sind (Bild 23).
Der Meß-Kurzschlußring zum Erfassen des Regelweges ist an der Regelstange befestigt und wird mit dieser berührungslos über den unteren (feststehenden) Schenkel verschoben.
Der obere Schenkel mit dem festen Referenz-Kurzschlußring bildet eine Referenzeinheit.
Die Verbindung des Regelweggebers mit der elektronischen Auswerteschaltung erfolgt über ein dreipoliges Kabel mit Stecker.

Funktion
Der Meßeffekt beruht auf folgenden Gegebenheiten:
Die Kurzschlußringe, die den jeweiligen Schenkel des Blechpaketes umschließen, schirmen die von den Spulen erzeugten magnetischen Wechselfelder ab. Die Ausdehnung der Felder wird auf den Bereich zwischen Spule und Kurzschlußring begrenzt. Dies führt bei dem beweglichen Meß-Kurzschlußring zu einer von der Stellung des Kurzschlußringes abhängigen Induktivität (Bild 23). Eine Auswerteschaltung wandelt das Verhältnis von Meßinduktivität zu Referenzinduktivität in ein dem Regelweg proportionales Spannungsverhältnis um (Bild 24).

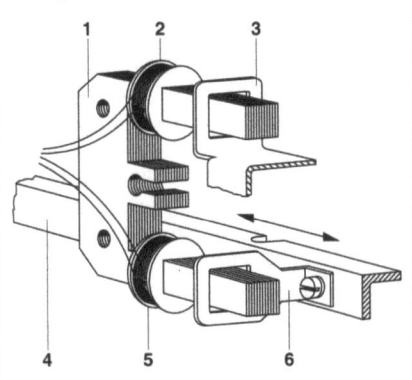

Bild 23: *Regelweggeber* (Funktionsprinzip).
1 Geblechter Eisenkern, 2 Referenzspule, 3 Kurzschlußring (feststehend), 4 Regelstange, 5 Meßspule, 6 Kurzschlußring (beweglich).

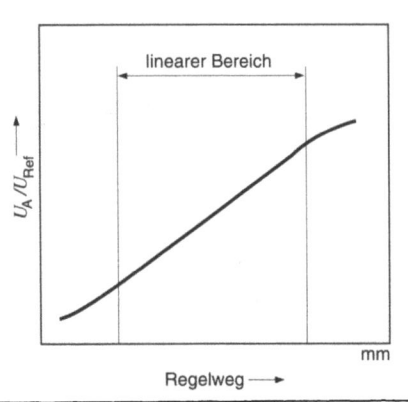

Bild 24: *Spannungsverhältnis.*
Von Meß- und Referenzinduktivität, abhängig vom Regelweg.

Anpaßeinrichtungen

Anbau
Der Regelweggeber sitzt bei P- und MW-Reiheneinspritzpumpen im Pumpengehäuse in Höhe und auf der Seite der Regelstange.
Es besteht auch die Möglichkeit, die Reiheneinspritzpumpen für einen nachträglichen Anbau des Regelweggebers vorzubereiten. Der dafür vorgesehene Anbauflansch am Pumpengehäuse ist dann mit einem Deckel verschlossen. Beim RSF-Regler ist der Regelweggeber im Reglergehäuse eingebaut.

Regler für Reiheneinspritzpumpen

Temperaturabhängiger Startanschlag (TAS)

Anwendung

Bei modernen Motoren ist eine erhöhte Startmenge nur bei tiefen Außentemperaturen und kaltem Motor erforderlich. Aus Umweltschutzgründen sollte das unnötige Einspritzen einer Startmehrmenge vermieden werden. Hierfür gibt der "Temperaturabhängige Startanschlag" (TAS) beim Starten nur den erforderlichen Regelweg frei, der vom Motorenhersteller festgelegt wurde. Diese Vorrichtung ist für fast alle Regler verfügbar.

Aufbau und Funktion

Mit Hilfe eines von der Umgebungstemperatur gesteuerten Dehnstoffelements oder eines temperaturgesteuerten Elektromagneten wird der Warmstartmengenbedarf über den Einspritzpumpen-Regelstangenweg begrenzt und dadurch der Motorumgebungstemperatur zugeordnet.

Je nach Einbaumöglichkeit der Einspritzpumpe und Reglerausführung ergeben sich für Dehnstoffelement bzw. Elektromagnet folgende Bauformen:

Bei vorhandenem Freiraum an der Antriebsseite der Pumpe wirkt das Dehnstoffelement direkt auf die Regelstange (Bild 25).

Bild 25: TAS.
Direkt auf Regelstange wirkend, mit Dehnstoffelement.
1 Regelstange, 2 Anschlagbolzen, 3 Dehnstoffelement.

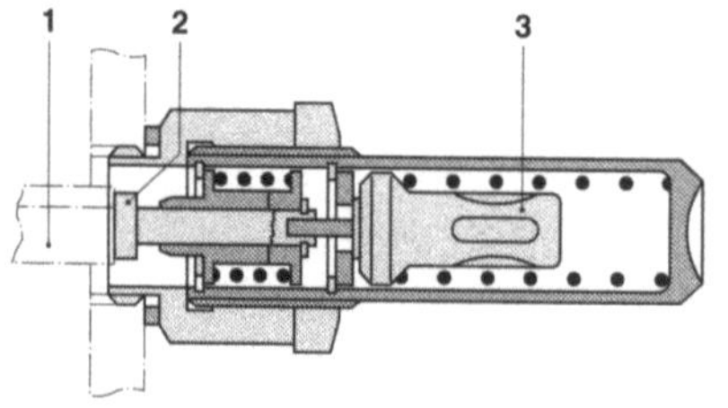

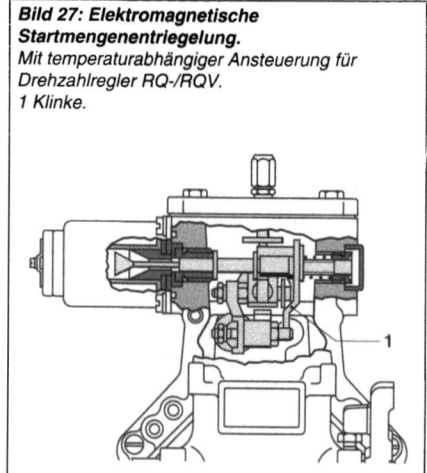

Bild 27: Elektromagnetische Startmengenentriegelung.
Mit temperaturabhängiger Ansteuerung für Drehzahlregler RQ-/RQV.
1 Klinke.

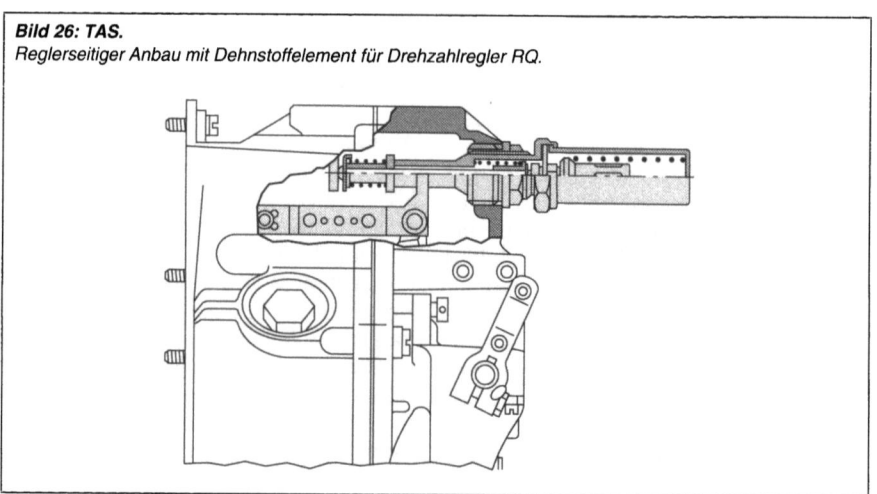

Bild 26: TAS.
Reglerseitiger Anbau mit Dehnstoffelement für Drehzahlregler RQ.

Bild 28. Elektromagnetische Startmengenentriegelung.
Mit temperaturabhängiger Ansteuerung für Drehzahlregler RSV mit Regelstangenanschlag oder LDA.1 Klinke.

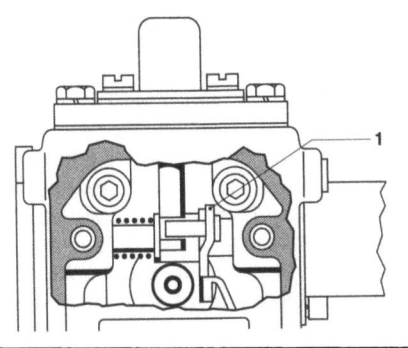

Bild 29: TAS-Lasche für Drehzahlregler RQ.
1 Dehnstoffgeber.

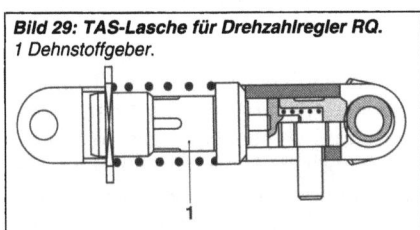

Bild 30: Mechanische Startmengenverriegelung.
Mit Dehnstoffelement für Drehzahlregler RQ-/RQV mit LDA.

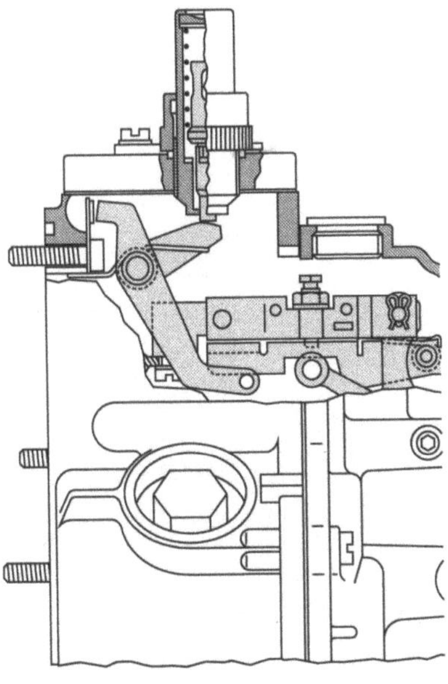

Dargestellt ist die Warmstartlage, d.h. der Anschlagbolzen wird durch den Stellstift des Dehnstoffelementes gegen eine Feder verschoben, sodaß nur eine begrenzte Regelstangenlage möglich ist. Bei dieser Anordnung ist der Warmstartregelweg gleich oder größer als der Vollastregelweg.

Beim reglerseitigen Anbau (Bild 26) ist im Falle eines RQ-Reglers das Dehnstoffelement am Reglerdeckel angebaut. Das Dehnstoffelement bewirkt in Verbindung mit den Federkräften eine Reduzierung des Startweges beim Warmstart. In diesem Fall ist die Warmstartregellage gleich oder größer als die Vollastregellage.

Bei Elementen mit Startnut gilt folgende Regel für Kalt- bzw. Warmstart:
Kaltstart: mit Start-Mehrmenge und mit Spätverschiebung.
Warmstart: ohne Start-Mehrmenge, ohne Spätverschiebung.

Serienmäßig für RQ/RQV-Regler im Einsatz ist auch die Startmengenentriegelung durch einen Elektromagneten, der temperaturabhängig angesteuert werden kann. Bei Kaltstart wird durch Verschiebung der Klinke die Regelstange für den notwendigen Startweg freigegeben. Bei warmem Motor ist der Magnet abgeschaltet und die Klinke sperrt, so daß die Warmstartmenge der Vollastmenge entspricht (Bild 27).

Bei RQ/RQV-Reglern mit reglerseitigem LDA erfolgt die temperaturabhängige Startregellage mittels Dehnstoffelement über eine Hebelanordnung im Regler, die je nach Kalt- oder Warmstart eine Startmengen- oder Saugmengen-Regellage erlaubt (Bild 28).

Anpaßeinrichtungen

Regler für Reiheneinspritzpumpen

Stabilisator

Anwendung

Der Stabilisator eignet sich vorzugsweise für Regler von Stromerzeugungsaggregaten zur Stabilisierung von grenzstabilen oder leicht instabilen Systemen und zur Verkleinerung des P-Grades bei stabilen Systemen, jedoch nicht zur Ausregelzeit-Verkürzung und zur Verkleinerung des dynamischen P-Grades.

Aufbau und Funktion

Der Stabilisator arbeitet hydraulisch. Er besteht aus einem Kolben, der mit sehr kleinem Spiel in ein am Reglerdeckel angeschraubtes Gehäuse eingepaßt ist. Der Kolbenraum ist mit einem Ölreservoir über eine einstellbare Drosselbohrung verbunden. Eine Zug-Druck-Feder am Kolben ist beim RSV-Regler mit dem Spannhebel, beim RQV-Regler mit dem Verstellbolzen spielfrei verbunden. Das an den Motorölkreislauf angeschlossene Ölreservoir ist so ausgebildet, daß bei den üblichen Schräglagen keine Luft in den Kolbenraum gelangen kann (Bilder 31 und 32).

Bei Drehzahländerungen oder -schwingungen wird die Bewegung der Fliehgewichte durch eine vorübergehend hinzugeschaltete Feder gedämpft. Sie erhöht den dynamischen P-Grad. Nach dem Einschwingen auf den neuen Betriebszustand wird die Zusatzfeder wieder abgeschaltet, d.h. der statische P-Grad wird durch den Stabilisator nicht verändert. Bei einer Bewegung der Fliehgewichte nach innen oder außen wird die Stabilisatorfeder auseinandergezogen oder zusammengedrückt. Ihre Federsteifigkeit addiert sich zur Steifigkeit der Reglerfedern und erzeugt dadurch vorübergehend einen größeren P-Grad, der stabilisierend auf den gesamten Regelkreis wirkt. Da das andere Federende aber am Hydraulikkolben eingehängt ist, wird der Kolben so lange verschoben, bis die Kraft der Stabilisatorfeder zu Null wird. Die dämpfende Wirkung des Stabilisators hängt von der Federkonstanten der

Bild 31: Drehzahlregler RSV mit Stabilisator
1 Drosselschraube, 2 Ölzulaufleitung, 3 Reglerdeckel, 4 Hohlschraube mit Zulaufdrossel,
5 Ölspeicherraum, 6 Gehäuse, 7 Kolben, 8 Haltebolzen, 9 Stabilisatorfeder, 10 Verschlußschraube,
11 Gewindebuchse, 12 Sechskantmutter, 13 Vollast-Einstellschraube.

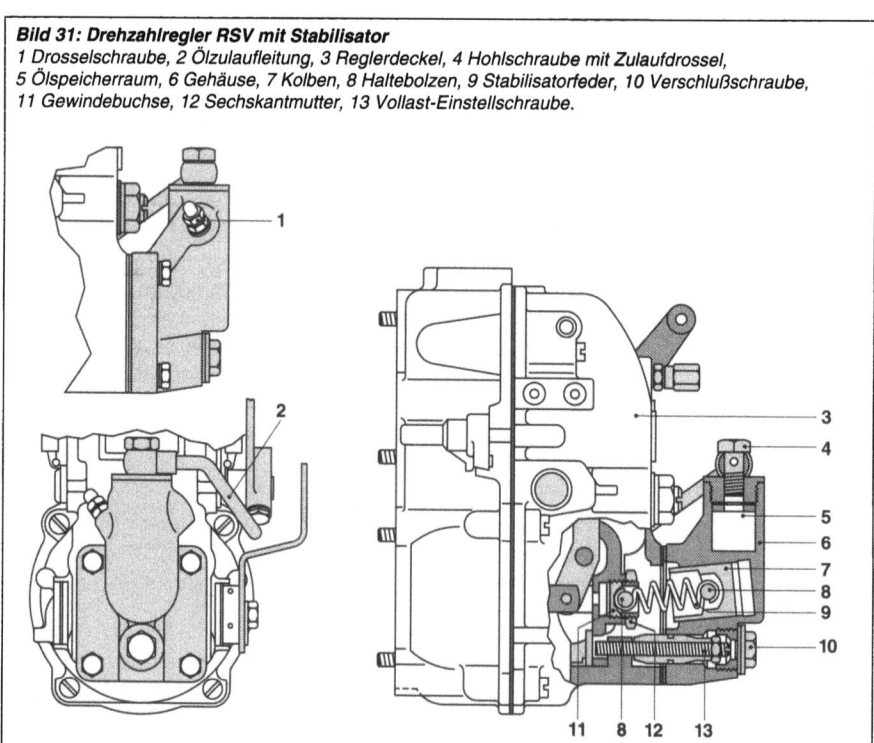

Stabilisatorfeder (verschiedene Federn) und der Einstellung der Drosselschraube zwischen Kolbenraum und Ölreservoir ab. Da ein vollständig entlüfteter Kolbenraum Voraussetzung für eine einwandfreie Funktion ist, entlüftet sich der Stabilisator selbständig. Bei erster Inbetriebnahme oder nach Stillstandszeiten ist die volle Wirksamkeit erst nach einer kurzen Anlaufphase gewährleistet.

Pneumatische Abstellvorrichtung (PNAB)

Anwendung
Zum Abstellen des Motors wird der Schlüssel auf "Stop" gedreht.

Aufbau und Funktion
Durch die Schlüsseldrehung wirkt Unterdruck auf die Membran in der Abstellvorrichtung des RSF-Reglers und zieht die Regelstange in "Stop"-Stellung. Dazu benötigt das Fahrzeug eine Unterdruckpumpe (Bild 33).

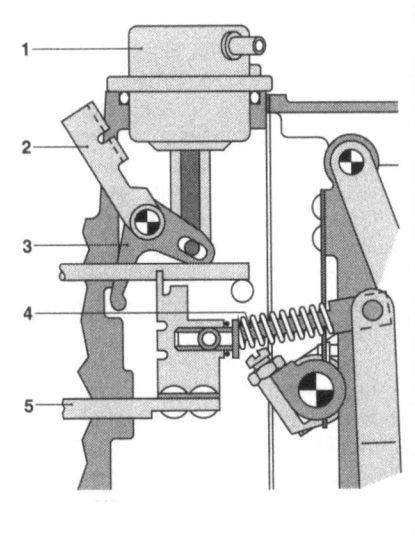

Bild 33: Pneumatische Abstellvorrichtung (PNAB).
1 Pneumatische Abstellvorrichtung, 2 Abstellhebel für manuelle Betätigung, 3 Anschlaghebel, 4 federnde Lasche, 5 Regelstange.

Anpaß- und Abstelleinrichtungen

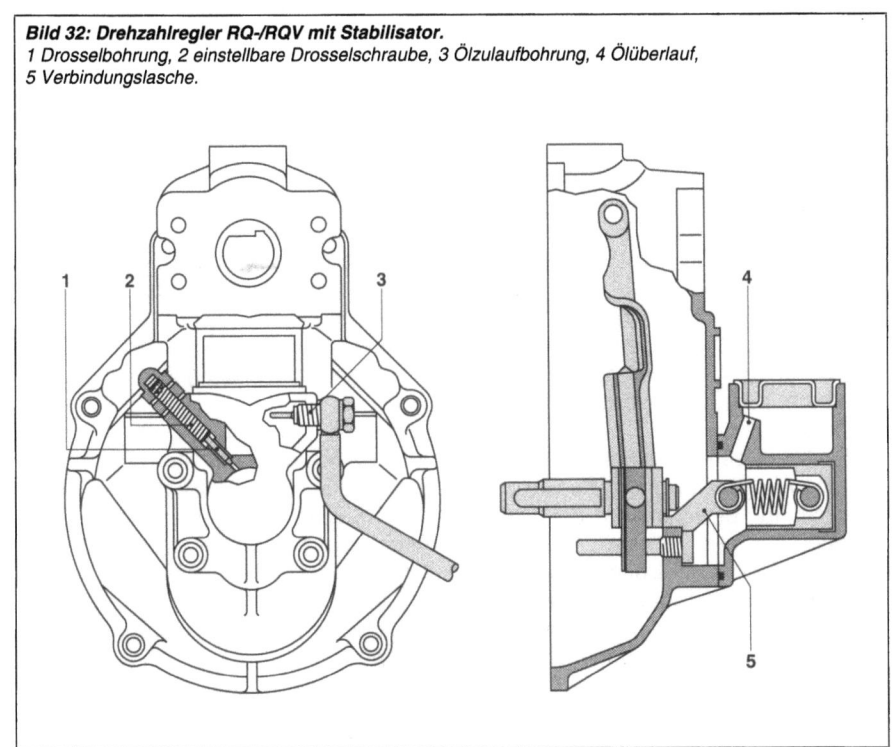

Bild 32: Drehzahlregler RQ-/RQV mit Stabilisator.
1 Drosselbohrung, 2 einstellbare Drosselschraube, 3 Ölzulaufbohrung, 4 Ölüberlauf, 5 Verbindungslasche.

Regler für Reiheneinspritzpumpen

Elektronische Regelung (EDC)*

* EDC: <u>E</u>lectronic <u>D</u>iesel <u>C</u>ontrol

Die mechanische Drehzahlregelung erfaßt die verschiedenen Betriebszustände und gewährleistet eine hohe Qualität der Gemischaufbereitung.

Die elektronische Dieselregelung berücksichtigt zusätzliche Anforderungen (Bild 1). Sie ermöglicht durch elektrisches Messen, flexible elektronische Datenverarbeitung und Regelkreise mit elektrischen Stellern eine erweiterte Verarbeitung von Einflußgrößen, die bisher mechanisch nicht berücksichtigt werden konnten.

Die elektronische Dieselregelung gestattet auch einen Datenaustausch mit anderen elektronischen Systemen (z.B. Antriebsschlupfregelung, elektronische Getriebesteuerung) und damit eine Integration in das Fahrzeug-Gesamtsystem.

Systemblöcke

Die elektronische Dieseleinspritzregelung gliedert sich in drei Systemblöcke (Bild 2):
1. Sensoren und Sollwertgeber zum Erfassen der Betriebsbedingungen und Sollwerte. Sie wandeln verschiedene physikalische Größen in elektrische Signale um.
2. Steuergerät zur Verarbeitung der Informationen nach bestimmten mathematischen Rechenvorgängen (Regelalgorithmen) zu elektrischen Ausgangssignalen.
3. Stellwerk zum Umsetzen der elektrischen Ausgangssignale des Steuergerätes in Bewegungen der Regelstange.

Das an der Einspritzpumpe befestigte Stellwerk ersetzt den mechanischen Drehzahlregler; es verschiebt die Regelstange mit einem Linearmagnet.

Komponenten

Sensoren und Sollwertgeber
Die Sensoren und Sollwertgeber der elektronischen Dieselregelung zeichnen sich durch hohe Meßgenauigkeit und Langzeitkonstanz aus.

<u>Drehzahlsensor</u>
Ein Induktivgeber im Stellwerk der Reiheneinspritzpumpe erfaßt die Drehzahl der Einspritzpumpe.

<u>Regelwegsensor</u>
Ein ebenfalls im Stellwerk integrierter Regelwegsensor registriert die Regelstangenposition der Einspritzpumpe.

<u>Ladedrucksensor</u>
Ein piezoresistiver Sensor mißt den Ladedruck auf der Druckseite des Laders.

<u>Temperatursensoren</u>
Temperatursensoren messen die Temperatur von Ansaug- bzw. Ladeluft, Kühlwasser und Kraftstoff.

<u>Fahrgeschwindigkeitssensor</u>
Das Signal des (beim Nkw stets vorhandenen) Tachographen oder eines separaten Fahrgeschwindigkeitssensors dient zur Ermittlung der Fahrgeschwindigkeit.

<u>Fahrpedalgeber</u>
Ein Potentiometer erfaßt die Fahrpedalstellung, über die der Fahrer Einfluß auf die Drehmoment- bzw. Drehzahlvorgabe ausübt. Es ersetzt das mechanische Fahrpedalgestänge.

<u>Bedienteil</u>
Am Bedienteil kann der Fahrer den Sollwert für Zwischendrehzahl und Fahrgeschwindigkeit eingeben oder löschen. Auch ein begrenztes Verändern der Leerlaufdrehzahl ist möglich.

<u>Schalter für Bremse, Motorbremse und Kupplung</u>
Beim Betätigen von Bremse, Motorbremse und Kupplung geben Schalter jeweils ein Signal an das Steuergerät.

Elektronische Regelung

Bild 1: Einspritzsystem mit elektronisch geregelter Reiheneinspritzpumpe.
1 Kraftstoffbehälter, 2 Förderpumpe, 3 Kraftstoffilter, 4 Reiheneinspritzpumpe, 5 elektrische Abstellvorrichtung (ELAB), 6 Kraftstoff-Temperatursensor, 7 Regelwegsensor, 8 Stellwerk mit Linearmagnet, 9 Drehzahlsensor, 10 Einspritzdüse, 11 Kühlflüssigkeit-Temperatursensor, 12 Fahrpedalgeber, 13 Schalter für Kupplung, Bremse, Motorbremse, 14 Bedienteil, 15 Warnlampe und Diagnoseanschluß, 16 Tachograph oder Fahrgeschwindigkeitssensor, 17 Steuergerät, 18 Luft-Temperatursensor, 19 Ladedrucksensor, 20 Turbolader, 21 Batterie, 22 Glüh-Start-Schalter.

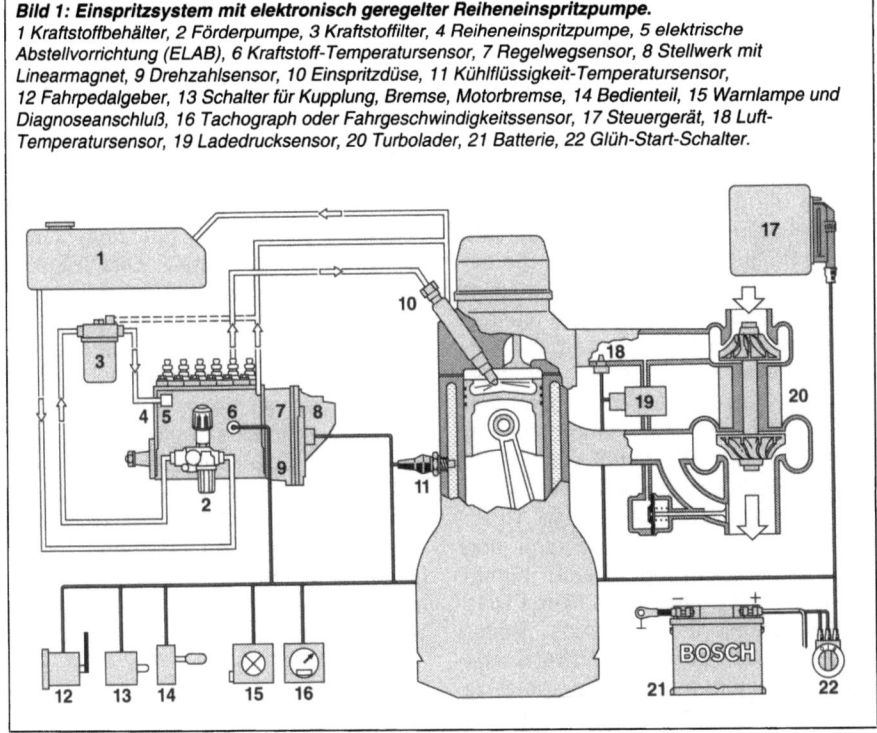

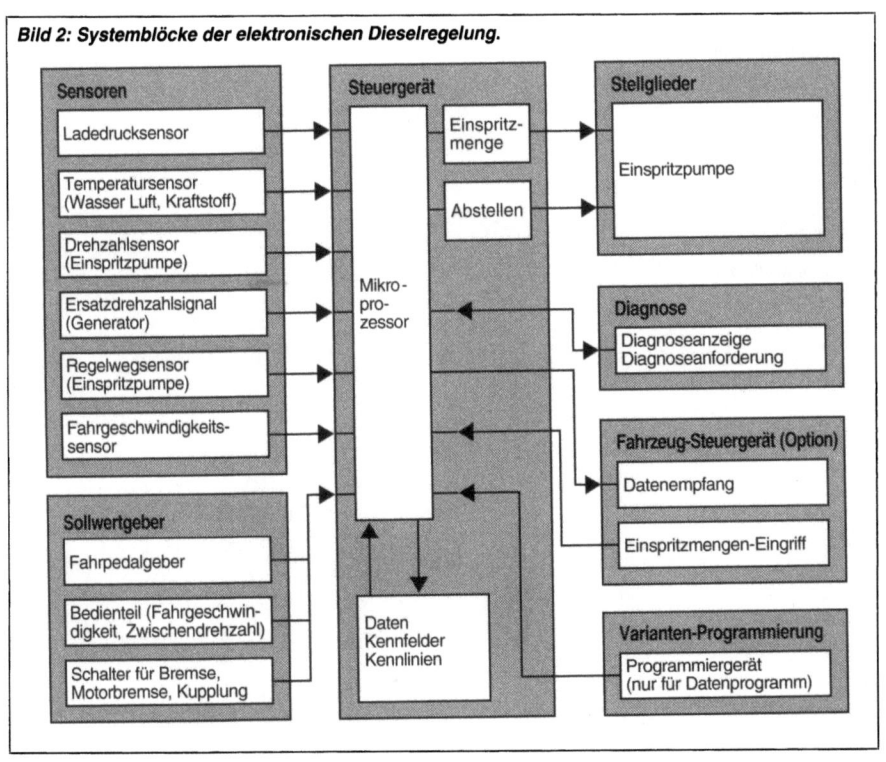

Bild 2: Systemblöcke der elektronischen Dieselregelung.

Regler für Reiheneinspritzpumpen

Steuergerät

Das in Digitaltechnik aufgebaute elektronische Steuergerät erfaßt und verarbeitet die Signale der verschiedenen Sensoren und Sollwertgeber. Der Schaltungsaufbau des Steuergeräts umfaßt die Mikroprozessoren mit integrierten Ein- und Ausgangsanpassungsschaltungen sowie Speichereinheiten und Einrichtungen zum Umformen der Eingangssignale in rechnerkonforme Größen. Im Steuergerät können mehrere Kennfelder in Abhängigkeit von verschiedenen Steuergrößen (z.B. Last, Drehzahl, Temperatur von Kühlflüssigkeit, Kraftstoff und Luft sowie Ladedruck) abgespeichert sein.

Last und Drehzahl bilden die Basisgrößen, auf die auch der Fahrer über die Fahrpedalstellung Einfluß nimmt. Die weiteren Steuergrößen bilden Hilfsgrößen. Damit läßt sich das Steuergerät auf den jeweiligen Anwendungsfall mit seinen motor- und fahrzeugspezifischen Belangen abstimmen. Das Einlesen der motorspezifischen Daten in den Datenspeicher erfolgt direkt nach Fertigstellung des Steuergerätes oder auch beim Motor- bzw. Fahrzeughersteller.

Durch diese Anpassungsmöglichkeiten kann das elektronische Steuergerät ohne Änderung der Hardware für verschiedene Motor- und Fahrzeugvarianten Anwendung finden. Das Steuergerät, ausgelegt für die im Fahrzeugeinsatz typischen Umgebungstemperaturen, läßt sich im Fahrerhaus oder an geeigneten Stellen im Motorraum unterbringen. Um die hohen Anforderungen an seine Störsicherheit zu erfüllen, verfügt es über kurzschlußfeste und gegen Störimpulse vom Bordnetz geschützte Ein- und Ausgänge. Filter und Abschirmungen ermöglichen einen hohen EMV-Schutz (EMV: Elektromagnetische Verträglichkeit) gegen Störeinstrahlung von außen.

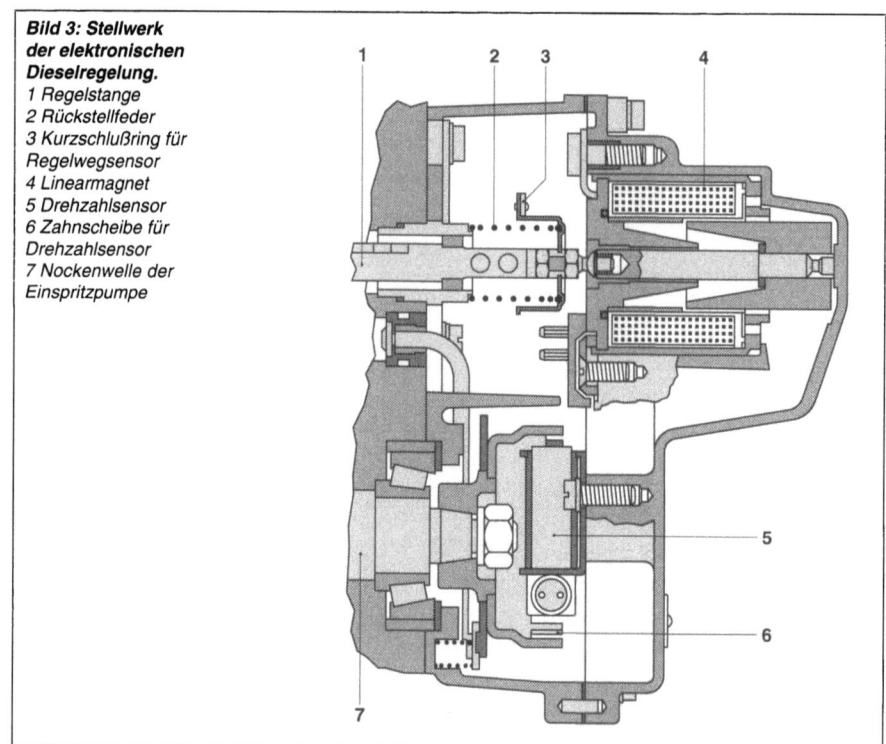

Bild 3: Stellwerk der elektronischen Dieselregelung.
1 Regelstange
2 Rückstellfeder
3 Kurzschlußring für Regelwegsensor
4 Linearmagnet
5 Drehzahlsensor
6 Zahnscheibe für Drehzahlsensor
7 Nockenwelle der Einspritzpumpe

Elektronische Regelung

Stellwerk

Die eingespritzte Kraftstoffmenge ergibt sich aus Regelstangenposition und Drehzahl (wie bei Reiheneinspritzpumpen mit mechanischer Drehzahlregelung).

Der Linearmagnet des direkt an der Einspritzpumpe befestigten Stellwerks verstellt die Regelstange der Reiheneinspritzpumpe.

Im stromlosen Zustand des Magneten drückt eine Feder die Regelstange in Stopposition und unterbricht damit die Kraftstoffzufuhr.

Mit ansteigendem Strom erzielt der Magnet gegen den Druck dieser Feder einen zunehmenden Regelweg, der einer größeren Einspritzmenge entspricht.

Somit erfolgt über die Stromhöhe ein kontinuierliches Einstellen zwischen Null und maximaler Einspritzmenge (Bild 3).

Regelkreise (Bild 4)

Einspritzmenge

Start, Leerlauf, Motorleistung, Rußemission und Fahrverhalten werden entscheidend durch die eingespritzte Kraftstoffmenge beeinflußt. Dementsprechend sind Kennfelder für Start, Leerlauf, Vollast, Fahrpedalcharakteristik, Rauchbegrenzung und Pumpencharakteristik im Steuergerät einprogrammiert.

Als Ersatzgröße für die Kraftstoffmenge wird die Position der Regelstange verwendet. Für das Fahrverhalten kann eine von mechanischen Drehzahlreglern bekannte RQ- oder RQV-Regelcharakteristik vorgegeben werden. Über das Potentiometer zum Erfassen der Fahrpedalstellung nimmt der Fahrer Einfluß auf Drehmoment bzw. Drehzahl. Das Steuergerät ermittelt unter Berücksichtigung der gespeicherten Kennfeldwerte und der Istwerte der Sensoren die Solleinspritzmenge bzw. den Sollwert für die

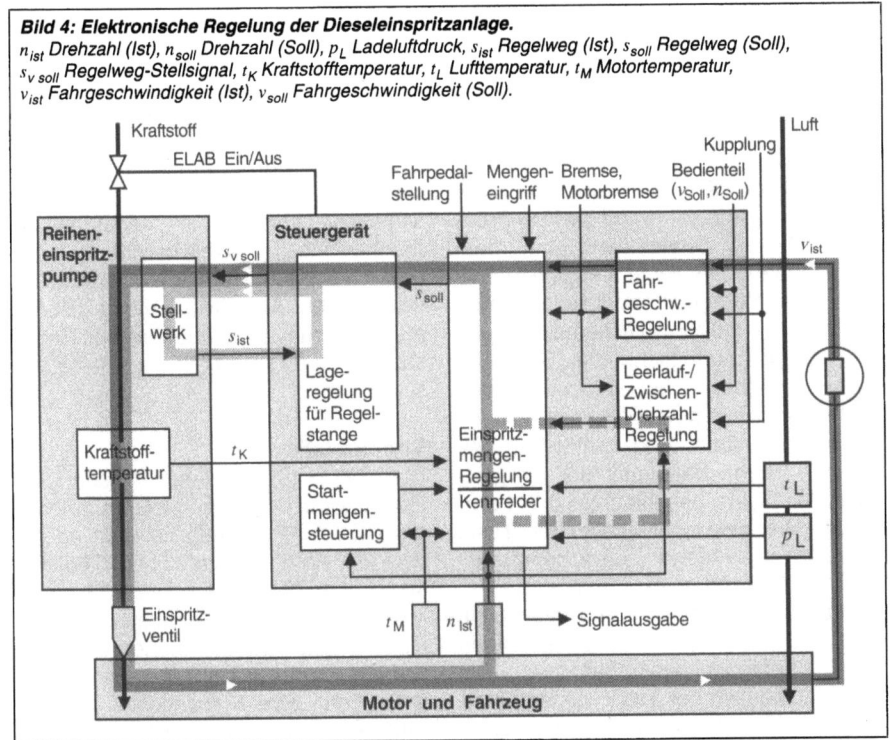

Bild 4: Elektronische Regelung der Dieseleinspritzanlage.
n_{ist} Drehzahl (Ist), n_{soll} Drehzahl (Soll), p_L Ladeluftdruck, s_{ist} Regelweg (Ist), s_{soll} Regelweg (Soll), $s_{v\,soll}$ Regelweg-Stellsignal, t_K Kraftstofftemperatur, t_L Lufttemperatur, t_M Motortemperatur, v_{ist} Fahrgeschwindigkeit (Ist), v_{soll} Fahrgeschwindigkeit (Soll).

Regler für Reiheneinspritzpumpen

Regelstangenposition der Reiheneinspritzpumpe. Dieser Sollwert ist die Führungsgröße des Regelkreises. Ein Lageregler im Steuergerät, der die Ist-Stellung der Regelstange und damit die Regelabweichung erfaßt, sorgt für eine korrekte und schnelle Einstellung der erforderlichen Regelstangenposition.

Leerlaufdrehzahl
Die Leerlaufdrehzahl wird lastunabhängig auf einen Sollwert geregelt. Sie läßt sich im Bedarfsfall ohne zusätzliche Hilfsmittel über das Bedienteil der Fahrgeschwindigkeitsregelung verändern.

Zwischendrehzahl
Für Nebenabtriebe (z.B. Kranbetrieb) kann eine Zwischendrehzahlregelung aktiviert werden. Der entsprechende Regler kann lastunabhängig eine vorgegebene Drehzahl regeln. Er wird über das Bedienteil der Fahrgeschwindigkeitsregelung bei Fahrzeugstillstand aktiviert. Auf Tastendruck läßt sich eine Festdrehzahl im Datenspeicher abrufen. Zusätzlich lassen sich über das Bedienteil beliebige Drehzahlen vorwählen.

Fahrgeschwindigkeit
Zur Ermittlung der Fahrgeschwindigkeit wertet der Fahrgeschwindigkeitsregler das Signal des Tachographen oder eines Fahrgeschwindigkeitssensors aus. Dieses Signal wird mit dem vorgegebenen Sollwert verglichen und für eine Fahrgeschwindigkeitsbegrenzung verwendet. Ein Bedienteil mit vier Funktionen ermöglicht das Eingeben oder Löschen des einzuregelnden Fahrgeschwindigkeits-Sollwertes:
1. Beschleunigen und Setzen (Speichern). Beim Betätigen der entsprechenden Taste beschleunigt das Fahrzeug. Die beim Loslassen der Taste (Setzen) vorliegende Geschwindigkeit wird als Sollwert gespeichert.
2. Verzögern und Setzen (Speichern). Beim Betätigen der entsprechenden Taste verzögert das Fahrzeug. Die beim Loslassen der Taste (Setzen) vorliegende Geschwindigkeit gilt wiederum als Fahrgeschwindigkeits-Sollwert, auf den sich die Regelung einstellt.
3. Wiederaufnahme. Einregeln des zuletzt gespeicherten Fahrgeschwindigkeits-Sollwerts nach Tastedruck.
4. Ausschalten. Aufheben der Fahrgeschwindigkeitsregelung durch Tastendruck.

Weitere Funktionen

Motorbremsfunktion
Beim Betätigen der Motorbremse wird die Einspritzmenge alternativ entweder auf Null- oder Leerlaufmenge eingeregelt. Das Steuergerät erfaßt für diesen Zweck die Stellung des Motorbremsschalters.

Überhitzungsschutz
Beim Überschreiten einer vorgegebenen Temperatur für die Kühlflüssigkeit wird das maximale Drehmoment herabgesetzt.

Rollstartsperre
Bei abgestellter EDC hält eine Rückstellfeder die Regelstange in Stopposition und verhindert dadurch beim unbeabsichtigten Anrollen eines Fahrzeugs das Anspringen des Motors.

Schlüsselstop
Die "Stop"-Funktion mit dem Zündschlüssel ersetzt die herkömmliche mechanische Abstellvorrichtung. Sie unterbricht die Stromzufuhr sowohl zur elektrischen Abstellvorrichtung (ELAB) als auch zum Linearmagnet der Regelstange und sperrt damit die Kraftstoffzufuhr.

Schnittstelle
Über eine Signalleitung lassen sich EDC-interne Größen (z.B. Einspritzmenge oder Fahrpedalstellung) an andere Fahrzeugsysteme (z.B. Getriebesteuerung) übertragen. Diese Systeme können über eine getrennte Leitung die eingespritzte Kraftstoffmenge zwischen Leerlauf und Vollast vorgeben (Mengeneingriff). Eine Kompatibilität mit ASR (Antriebsschlupfregelung) ist möglich.

Sicherheitskonzept

Selbstüberwachung

Dieses Konzept umfaßt eine Selbstüberwachung der Sensoren, des Stellwerks und der Mikroprozessoren durch das Steuergerät und weitgehend redundante Funktionen. Das Diagnosesystem zeigt nach Betätigen eines Schalters durch eine Warnlampe im Instrumentenfeld schadhafte Komponenten an.

Ersatzfunktionen

Im System sind umfassende Ersatzfunktionen integriert. Fällt zum Beispiel der Drehzahlsensor aus, dient das Signal der Klemme W des Drehstromgenerators als Ersatzdrehzahl. Beim Ausfall wichtiger Sensoren leuchtet die Warnlampe auf.

Abstellfunktion

Zusätzlich zur Sperrwirkung der Regelstange in Stopposition sperrt im stromlosen Zustand das im Kraftstoffzulauf angebrachte Magnetventil die Kraftstoffversorgung. Diese separate elektrische Abstelleinrichtung (ELAB) stellt den Motor auch ab, wenn z.B. das Kraftstoffmengenstellwerk ausfällt.

Vorteile

– Optimales Motorverhalten in jedem Betriebspunkt durch Abfrage von motorspezifischen Kennfeldern.
– Klare Trennung der Einzelfunktionen. Reglercharakteristik und Einspritzmengenverlauf sind nicht mehr voneinander abhängig; deshalb vielfältigere Einflußmöglichkeiten bei der Applikation.
– Erweiterte Verarbeitung von Einflußgrößen, die bisher mechanisch nicht berücksichtigt werden konnten (z.B. Kompensation der Kraftstofftemperatur, lastunabhängige Leerlaufdrehzahlregelung).
– Hohe Regelgenauigkeit und -konstanz über die gesamte Motorlaufzeit durch Reduzierung von Toleranzeinflüssen.
– Verbesserung des Fahrverhaltens. Die Speicherung von Kennfeldern erlaubt die Wahl von Parametern in weiten Grenzen und ermöglicht damit eine Optimierung des Systems Motor-Fahrzeug.
– Erweiterter Funktionsumfang. Funktionen wie Fahrgeschwindigkeits- und Zwischendrehzahlregelung sind ohne großen Zusatzaufwand realisierbar.
– Kopplung mit anderen elektronischen Fahrzeugsystemen eröffnet Möglichkeiten, die das Fahrzeug in Zukunft insgesamt komfortabler, wirtschaftlicher, umweltfreundlicher und sicherer machen (z.B. Getriebesteuerung oder ASR).
– Deutliche Reduzierung des Raumbedarfs beim Pumpeneinbau, da mechanische Aufschaltgruppen an der Einspritzpumpe entfallen.
– Varianten nach Bedarf. Kennfelder oder Parameter werden erst am Ende des Produktionsbandes bei Bosch oder auch beim Motor- bzw. Fahrzeughersteller individuell in das Steuergerät eingelesen. Dadurch läßt sich das Steuergerät für verschiedene Motor- und Fahrzeugvarianten einsetzen.

Elektronische Regelung

Reaktion des Steuergerätes

Ausfall	Überwachung von	Reaktion bei Fehler	Warnlampe	Diagnoseausgabe
Korrektursensoren	Signalbereich	weniger Kraftstoffmenge		●
Systemsensoren	Signalbereich	Notfahrfunktion (abgestuft)	●	●
Rechner	Programmlaufzeit (Selbsttest)	Notfahrfunktion	●	
Mengenstellwerk	bleibende Regelabweichung	Abstellen des Motors	●	●

Regler für Reiheneinspritzpumpen

Reglereinstellung und Reglerprüfung

Der fertig montierte und voreingestellte Regler wird zur endgültigen Einstellung und Prüfung der mechanischen Funktionstüchtigkeit an die Reiheneinspritzpumpe angebaut. Regler und Reiheneinspritzpumpe werden dann als Einheit auf einem Einspritzpumpen-Prüfstand eingestellt (Bild 1).

Im Vergleich der elektronischen Regelung (EDC) zur mechanischen Regelung sind bei der Einstellung und Prüfung grundsätzliche Unterscheidungsmerkmale zu berücksichtigen:

Beim mechanischen Regler sind alle Baugruppen, die die Reglercharakteristik betreffen (Fliehgewichtsteil, Federsätze, Korrektureinrichtungen wie Angleichfederkapsel, Anschläge usw.), direkt im Reglergehäuse enthalten. Abgestimmt auf die jeweilige Reglercharakteristik müssen deshalb diese Baugruppen auch in der dafür ausgelegten Ausführung eingebaut werden. Beim Einstell- und Prüfvorgang werden dann in Übereinstimmung mit dem jeweiligen Regelweg-Kennfeld bei verschiedenen charakteristischen Belastungsstufen folgende Überprüfungen vorgenommen (Beispiel: Leerlauf-Enddrehzahlregler RSF):
– Regelwegmessung und Messung der Muffenlagen,
– Einstellung der Drehzahlstufen, Fördermengen und Verstellhebellagen,
– Prüfen des Angleichverlaufs, der Leerlaufzusatzfeder und deren Abschaltung sowie der Lastaufnahme,
– Funktion der Abstellvorrichtung usw.

Für den Prüfvorgang muß jeweils Schmieröl in die Reiheneinspritzpumpe und den Drehzahlregler eingefüllt werden (Beispiel: Reiheneinspritzpumpe Größe M mit Leerlauf-Enddrehzahlregler RSF). Für den eigentlichen Fahrbetrieb werden Reiheneinspritzpumpe

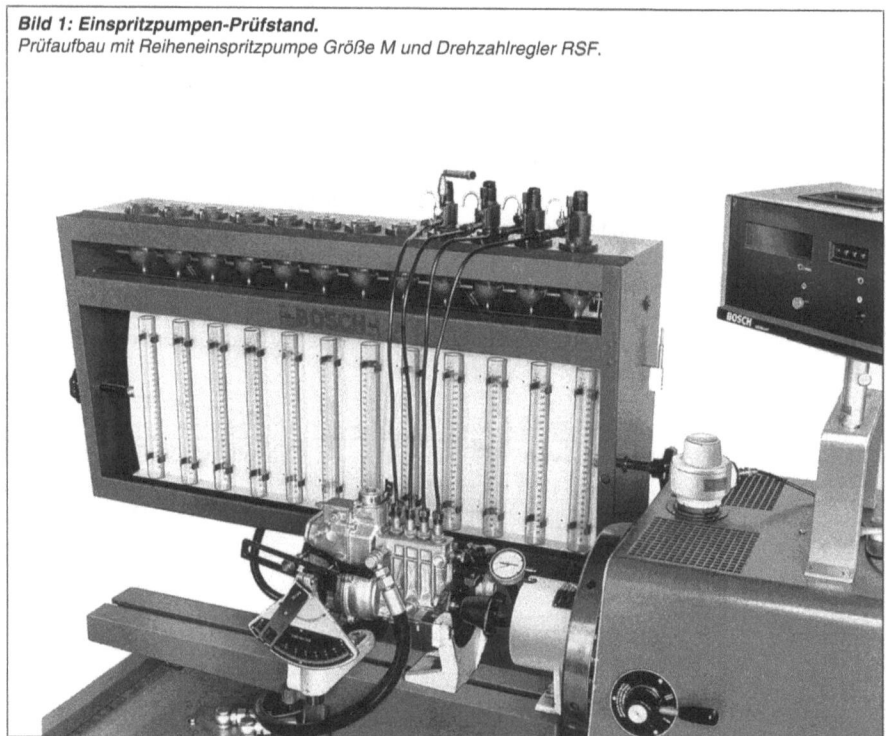

Bild 1: Einspritzpumpen-Prüfstand.
Prüfaufbau mit Reiheneinspritzpumpe Größe M und Drehzahlregler RSF.

und Drehzahlregler jedoch gemeinsam an den Ölkreislauf des Fahrzeugmotors angeschlossen. Der Ölzulauf erfolgt dann über die Nockenwelle oder das Gehäuse der Reiheneinspritzpumpe.

Für die Förderbeginn-Prüfung und Förderbeginn-Einstellung eignet sich das schon zuvor beschriebene Förderbeginn-Geber-System. Dabei dient der Induktivgeber zur dynamischen und der Lichtsignalgeber zur statischen Förderbeginneinstellung zum Rerenzsignal des OT-Gebers am laufenden bzw. stehenden Motor. Diese Geber können jeweils in eine Aufnahmebohrung am Reglergehäuse eingeschraubt werden. Im Service sind die gleichen Geber verwendbar. Der bei drehender Einspritzpumpe im Geber ausgelöste Impuls wird mit einem Adaptergerät so umgeformt, daß zur Prüfung des vorgeschriebenen Differenzwinkels zwischen Kurbelwellenposition und Förderbeginn der Einspritzpumpe der handelsübliche Bosch-Motortester eingesetzt werden kann (Bild 2).

Bei der elektronischen Regelung ist das Stellwerk unabhängig von der Regelcharakteristik immer gleich. Kennfelder, Korrekturen usw. werden ausschließlich vom elektronischen Steuergerät bestimmt und sind als Bestandteil der Software speziell zu überprüfen. Kennfelder oder Parameter werden am Ende des Produktionsbandes bei Bosch oder auch beim Motor- bzw. Fahrzeughersteller individuell in das Steuergerät eingelesen. Dadurch läßt sich dasselbe Steuergerät für verschiedene Motor- und Fahrzeugvarianten einsetzen.

Das Stellwerk besitzt keine spezielle Ölfüllung. Es verfügt neben Linearmagnet und Sensoren auch über eine Ölförderpumpe, die das in das Stellwerk gelangte Öl in den Nockenwellenraum der Einspritzpumpe zurückzufördern.

Reglereinstellung und -prüfung

Bild 2: Förderbeginneinstellung.
Bei einer Reiheneinspritzpumpe mit Drehzahlregler mit dem Förderbeginn-Geber-System.
1 Motortester, 2 Adaptergerät, 3 Reiheneinspritzpumpe mit Drehzahlregler, 4 Förderbeginn-Geber, 5 OT-Geber.

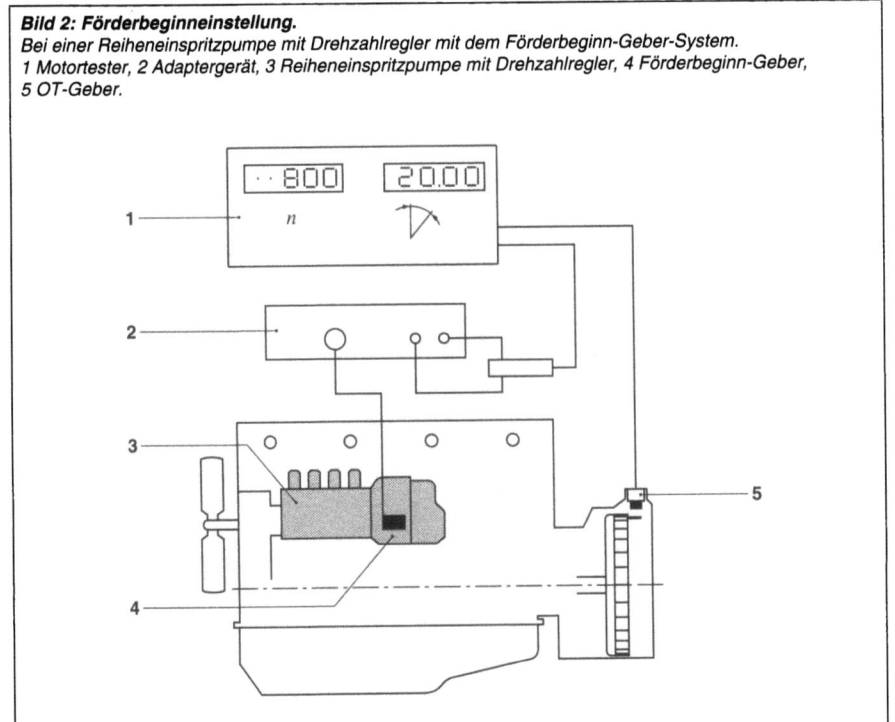

Einzeleinspritzpumpen

Einzeleinspritzpumpen

Einzeleinspritzpumpen PF

Aufbau

1-Zylinder-Einspritzpumpen des Typs PF haben keine eigene Nockenwelle (F Fremdantrieb).
PF-Einspritzpumpen und PE-Reiheneinspritzpumpen entsprechen sich in ihrer Arbeitsweise. Die PF-Einspritzpumpen eignen sich für Klein-, Mittel- und Großmotoren (Bild 1). Sie werden über einen Flansch am Motor befestigt.
Der Einsatz der PF-Einspritzpumpen ermöglicht bei Mehrzylindermotoren die Verwendung sehr kurzer Einspritzleitungen, da jedem Motorzylinder eine Einspritzpumpe zugeordnet ist. Daher wird ein Mehrzylindermotor auch nur mit einem Pumpen- und Druckleitungstyp ausgerüstet. Die PF-Einspritzpumpe wird mit einer Fixiereinrichtung, die die Einspritzpumpe auf ihrer Vollastmenge festhält, ausgeliefert, um zusätzliche Einstellarbeiten beim Einbau der Einspritzpumpe zu vermeiden.

Regelung

Bei Großmotoren ist der Regler unmittelbar am Motorgehäuse angebaut. Die von ihm bestimmte Mengenverstellung zum Zweck der Drehzahlregelung wird über ein in den Motor integriertes Ge-

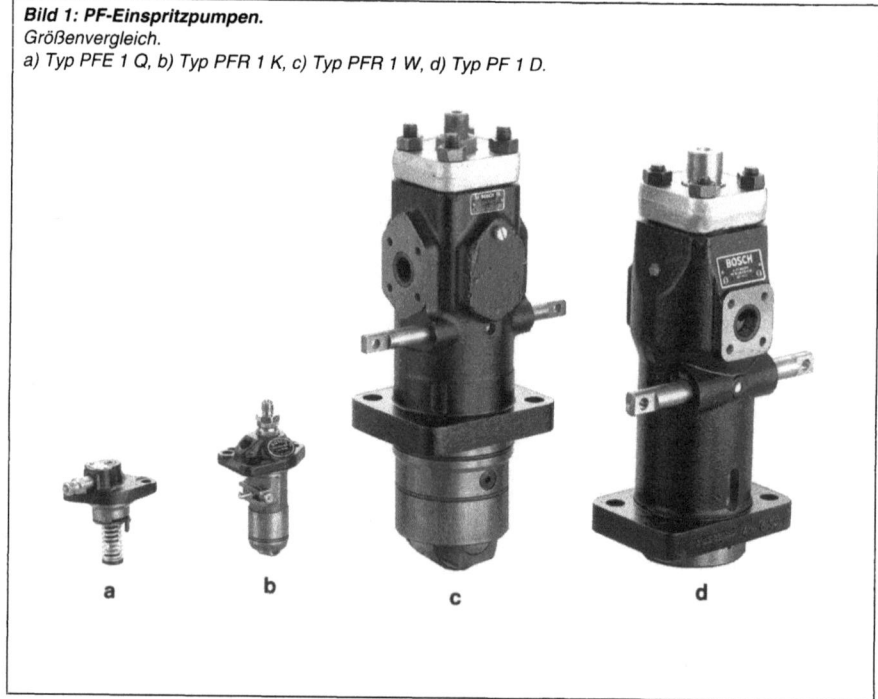

Bild 1: PF-Einspritzpumpen.
Größenvergleich.
a) Typ PFE 1 Q, b) Typ PFR 1 K, c) Typ PFR 1 W, d) Typ PF 1 D.

stänge zu den einzelnen Pumpen übertragen. Es sind mechanisch-hydraulische, elektronische und in seltenen Fällen rein mechanische Regler im Einsatz. Ein federndes Zwischenglied im Übertragungsgestänge zu jeder einzelnen Einspritzpumpe erlaubt die Regelung auch für den Fall, daß bei einer Einspritzpumpe der Verstellmechanismus blockieren sollte.

Kraftstoffversorgung
Für die Kraftstoffversorgung, das Filtern des Kraftstoffes und das Entlüften der Einspritzanlage sind dieselben Anforderungen wie für die PE-Reiheneinspritzpumpen maßgebend. Bei PF-Einspritzpumpen beträgt der von Zahnradpumpen gewährleistete Druck etwa 3...10 bar; die geförderte Kraftstoffmenge ist etwa 3...5 mal so groß wie die Einspritzmenge. Eine Feinfilterung mit Maschenweiten von 10...30 µm soll Verunreinigungen vom Einspritzsystem fernhalten. PF-Einspritzpumpen mit einer Leistung von über 100 kW/Zylinder werden nicht nur zur Förderung von Diesel-Kraftstoff eingesetzt. Die von ihnen versorgten Motoren verarbeiten auch Schweröl mit Viskositäten bis zu 700 mm²/s bei 50 °C. Um dieses Schweröl fördern zu können, ist eine Vorwärmung auf bis zu 150 °C vorzunehmen, womit die erforderliche Einspritzviskosität von ca. 10...20 mm²/s erreicht wird.

Spritzverstellung
Die Antriebsnocken für die einzelnen PF-Einspritzpumpen befinden sich auf der Nockenwelle für die Ventilsteuerung des Motors. Deshalb ist eine Spritzverstellung durch eine Relativverdrehung der Nockenwelle zu den Antriebszahnrädern nicht möglich. Hier kann durch Verstellung eines Zwischengliedes, beispielsweise einer Schwinge zwischen Nockenwelle und Rollenstößel, ein Verstellwinkel von einigen Winkelgraden bewirkt werden. Damit kann eine Verbrauchs- bzw. Emissionsoptimierung oder auch eine Anpassung an die Zündwilligkeit unterschiedlicher Kraftstoffarten erreicht werden (Bild 2).

Einzeleinspritzpumpen PF

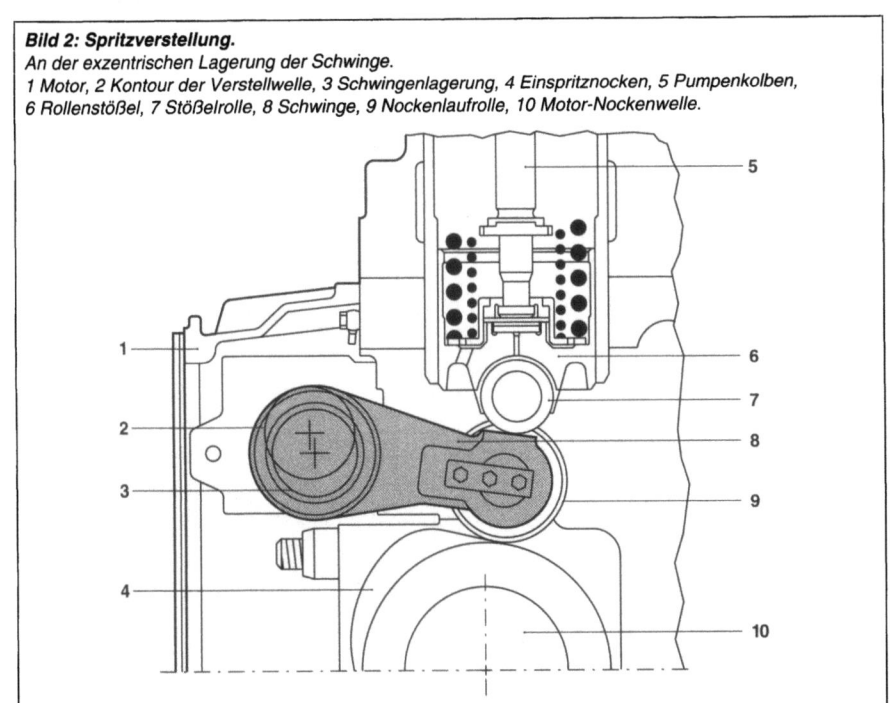

Bild 2: Spritzverstellung.
An der exzentrischen Lagerung der Schwinge.
1 Motor, 2 Kontour der Verstellwelle, 3 Schwingenlagerung, 4 Einspritznocken, 5 Pumpenkolben, 6 Rollenstößel, 7 Stößelrolle, 8 Schwinge, 9 Nockenlaufrolle, 10 Motor-Nockenwelle.

Einzeleinspritzpumpen

Baugrößen

PF-Pumpen bis 50 kW/Zylinder

Die Einsatzgebiete dieser 1-Zylinder-Einspritzpumpen sind z.B. Dieselmotoren kleiner Baumaschinen, Pumpen, Traktoren und Stromaggregate.

Die Pumpentypen PFE 1 A.. und PFE 1 Q.. werden in 1-Zylinder-Bauart ohne integrierten Rollenstößel gefertigt (Bild 4). Der Rollenstößel für diese Pumpen läuft direkt im Motorgehäuse. Bei beiden Baureihen wird der Kolben zur Fördermengenregulierung durch einen Regellenker verdreht, der in die im Motorblock gelagerte Regelstange eingreift. Die Pumpentypen PFR..K mit integriertem Rollenstößel gibt es in 1-, 2-, 3- und 4-Zylinder-Motoren. Die Kolben werden bei allen Versionen über eine gezahnte Regelhülse verdreht und eine im Pumpengehäuse gelagerte Regelstange (Bild 3).

Die maximale Pumpendrehzahl liegt bei kleinen PF-Einspritzpumpen bei etwa 1800 min^{-1}. Je nach Kolbendurchmesser (ø 5...9 mm) beträgt die maximale Vollast-Einspritzmenge bis zu 95 mm^3 pro Hub und der maximal zulässige Spitzendruck in der Einspritzleitung (pumpenseitig) 600 bar.

Die Einspritzpumpen werden mit Gleichraumventilen (mit oder ohne Rückströmdrossel), ausgerüstet. Bei hohen Pumpenbelastungen und gesteigerten Anforderungen an die Einspritzmengenstabilität kommen Gleichdruckventile zum Einsatz.

PF-Pumpen ab 50 kW/Zylinder

Mit diesen 1-Zylinder-Einspritzpumpen werden Dieselmotoren mit einer Zylinderleistung bis 1000 kW ausgerüstet. Sie dienen zur Förderung von Diesel-Kraftstoff und Schweröl verschiedener Viskositäten (Bild 5). Bis zu einem pumpenseitigen Spitzendruck von ca. 1200 bar werden durchgehende Kolbenbohrungen in die Pumpenzylinder der Pumpen eingearbeitet. Bei Anwendungen bis ca. 1500 bar werden

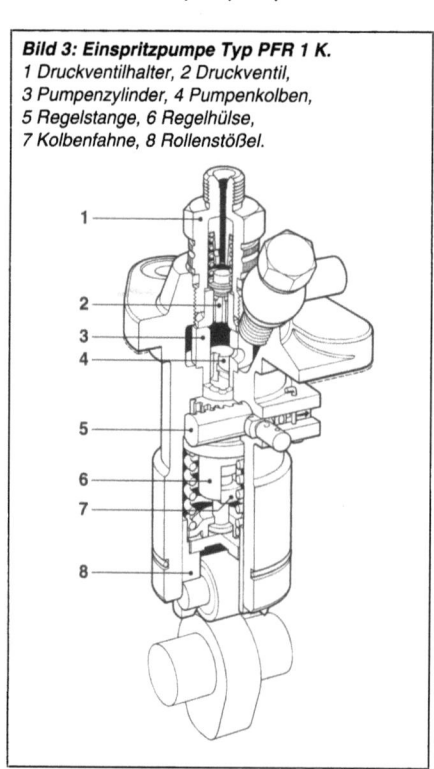

Bild 3: Einspritzpumpe Typ PFR 1 K.
1 Druckventilhalter, 2 Druckventil,
3 Pumpenzylinder, 4 Pumpenkolben,
5 Regelstange, 6 Regelhülse,
7 Kolbenfahne, 8 Rollenstößel.

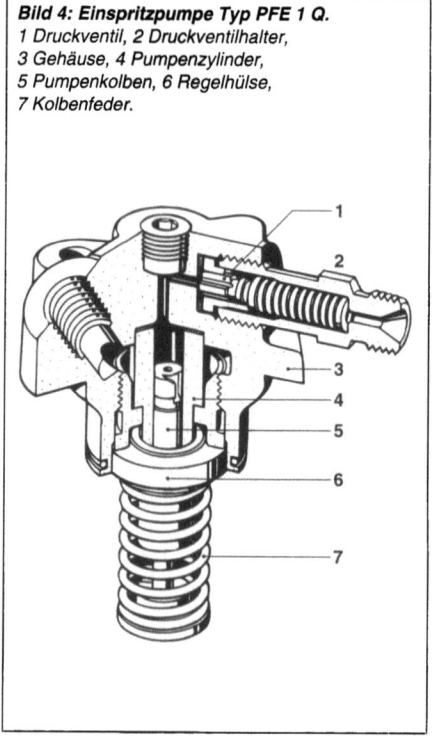

Bild 4: Einspritzpumpe Typ PFE 1 Q.
1 Druckventil, 2 Druckventilhalter,
3 Gehäuse, 4 Pumpenzylinder,
5 Pumpenkolben, 6 Regelhülse,
7 Kolbenfeder.

Sacklochelemente verwendet, um die Verformung im Elementkopfbereich gering zu halten (Bild 6).

Prallschrauben in unmittelbarer Nähe der Steuerbohrungen des Pumpenzylinders schützen das Gehäuse vor Beschädigungen durch die energiereichen Absteuerstrahlen beim Förderende.

Das Druckventil ist zum Pumpenzylinder und zum Flansch hin durch geläppte Planflächen hochdruckfest abgedichtet. Ein Druckausgleich an den Pumpenkolben verhindert unsymmetrische Belastungen. Die Steuerkanten an den Pumpenkolben sind wie bei den Pumpenkolben der Reiheneinspritzpumpen angeordnet. Mit dem Verdrehen des Pumpenkolbens über eine Regelstange mit Regelweganzeige wird die Fördermenge verstellt.

Die Verdünnung des Motorschmieröls mit Diesel-Kraftstoff wird z.B. durch ein Pumpenelement mit Leckrückführung und eine zusätzliche Ölsperre für Leckkraftstoff verhindert. Im Pumpenzylinder ist dann eine zweite Ringnut (Sperrnut) mit einer Sperrölzulaufbohrung eingearbeitet. In diese Nut wird gefiltertes Öl mit einem Überdruck von 3...5 bar gepreßt. Dieser Druck ist bei normalen Betriebsdrehzahlen höher als der Druck im Pumpensaugraum und wirkt als Ölsperre für Leckkraftstoff. Die geringe Leckmenge (ein Gemisch aus Kraftstoff und Sperröl) kann über einen getrennten Ablauf (Mischölabführung) abgeführt und in einen Auffangtank abgeleitet werden.

Der Rollenstößel der PFR-Pumpe bzw. die Führungsbuchse der PF-Pumpe werden bei Einspritzpumpen für Schwerölbetrieb wie auch die Regelhülse über einen eigenen Anschluß mit Motoröl geschmiert.

Einzeleinspritzpumpen PF

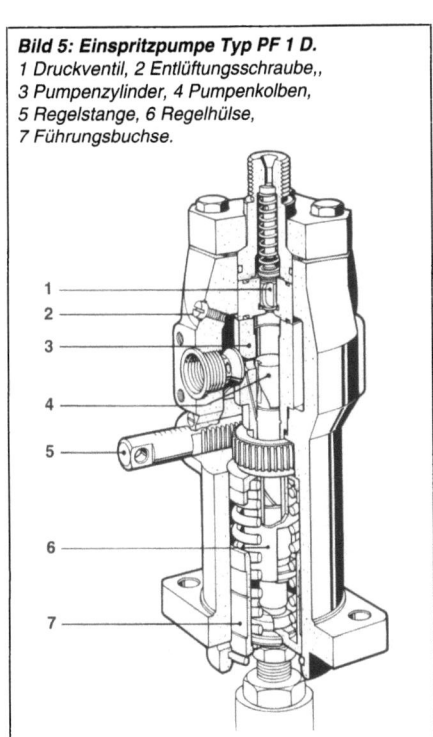

Bild 5: Einspritzpumpe Typ PF 1 D.
1 Druckventil, 2 Entlüftungsschraube,, 3 Pumpenzylinder, 4 Pumpenkolben, 5 Regelstange, 6 Regelhülse, 7 Führungsbuchse.

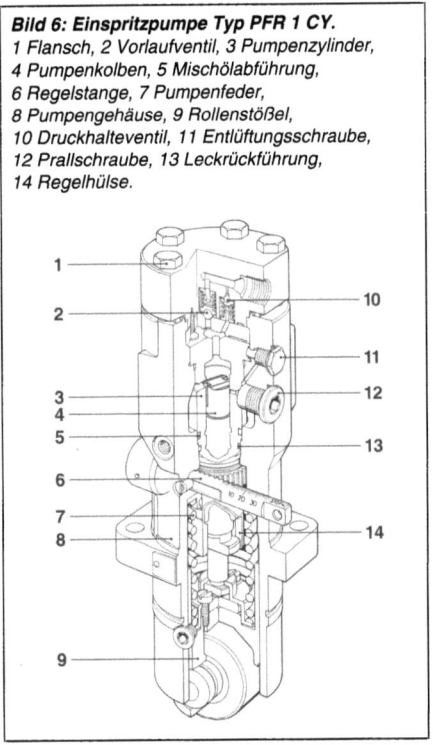

Bild 6: Einspritzpumpe Typ PFR 1 CY.
1 Flansch, 2 Vorlaufventil, 3 Pumpenzylinder, 4 Pumpenkolben, 5 Mischölabführung, 6 Regelstange, 7 Pumpenfeder, 8 Pumpengehäuse, 9 Rollenstößel, 10 Druckhalteventil, 11 Entlüftungsschraube, 12 Prallschraube, 13 Leckrückführung, 14 Regelhülse.

Einzeleinspritzpumpen

Neue Einspritzsysteme

Pumpe-Düse-Einheit (PDE)

Die Pumpe-Düse-Einheit (PDE) – kurz Pumpedüse – wird direkt in den Zylinderkopf eingebaut. Einspritzpumpe und Einspritzdüse bilden bei dieser Konstruktion eine Einheit. Diese wird von der Motor-Nockenwelle angetrieben. Zu jeder Pumpedüse gehört ein schnellschaltendes Magnetventil, das Einspritzbeginn und -ende steuert. Bei geöffnetem Magnetventil fördert die Pumpedüse Kraftstoff in den Rücklauf. Schließt das Magnetventil, dann spritzt die Pumpedüse Kraftstoff in den Motorzylinder. Der Schließzeitpunkt bestimmt den Einspritzbeginn, die Schließdauer (Dauer des geschlossenen Zustandes) die Einspritzmenge. Ein elektronisches Steuergerät mit Kennfeldregelung steuert das Magnetventil an, so daß Einspritzbeginn und -ende frei programmierbar und damit unabhängig von der Kolbenstellung im Motorzylinder sind. Im Vergleich zur Benzineinspritzung muß das Diesel-Magnetventil den 300- bis 500fachen Druck beherrschen und dabei 10- bis 20mal schneller schalten.

Bei herkömmlichen Einspritzsystemen begrenzen die physikalischen Eigenschaften der Druckleitungen zwischen Einspritzpumpe und Einspritzdüse den maximalen Einspritzdruck. Da diese Druckleitungen bei der Pumpedüse entfallen, sind Einspritzdrücke bis 1500 bar möglich. Mit diesem hohen Einspritzdruck und durch die elektronische Kennfeldregelung von Einspritzbeginn und Einspritzdauer (bzw. -menge) ist eine deutliche Reduzierung der Schadstoffemissionen des Dieselmotors möglich. Elektronische Regelkonzepte ermöglichen Zusatzfunktionen wie temperaturgesteuerten Spritzbeginn, Laufruheregelung, Ruckeldämpfung und künftig auch eine Piloteinspritzung

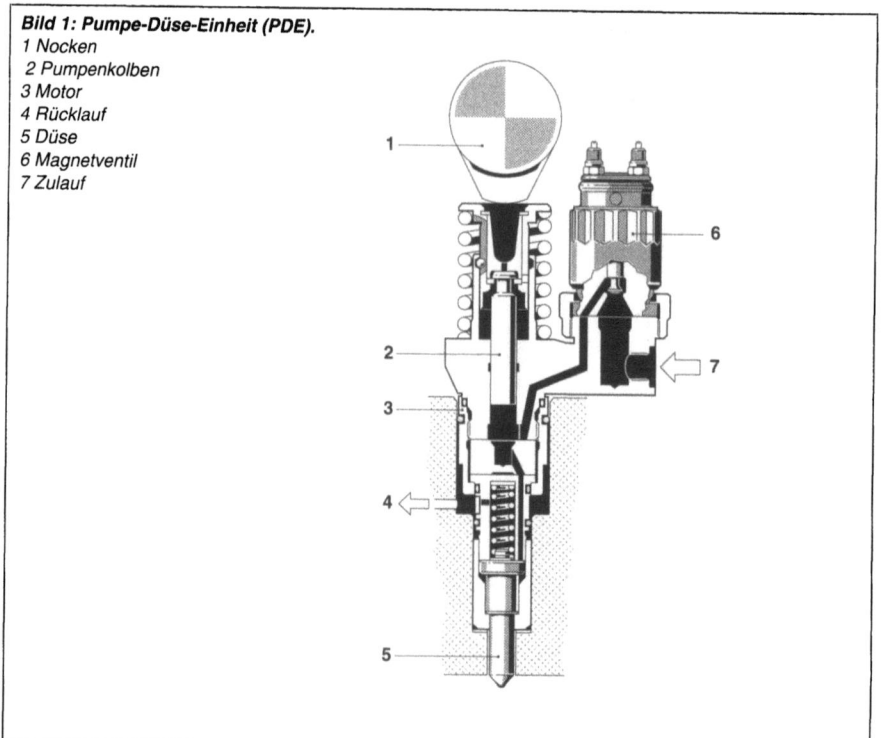

Bild 1: Pumpe-Düse-Einheit (PDE).
1 Nocken
2 Pumpenkolben
3 Motor
4 Rücklauf
5 Düse
6 Magnetventil
7 Zulauf

spritzung zur weiteren Geräuschreduzierung. Die Pumpedüse ermöglicht außerdem das Abschalten einzelner Zylinder im Teillastbetrieb (Bild 1).

Pumpe-Leitung-Düse (PLD)

Das Pumpe-Leitung-Düse-System (PLD) ist ein modular aufgebautes Hochdruckeinspritzsystem. In seiner Regelungstechnik ist es mit dem System der Pumpe-Düse-Einheit eng verwandt. Wie die Pumpedüse verfügt das PLD-System über eine Einspritzpumpe je Motorzylinder, die von der Nockenwelle des Motors über einen zusätzlich angebrachten Einspritznocken angetrieben wird. Mit einem elektronisch angesteuerten, schnellschaltenden Magnetventil werden Einspritzzeitpunkt und -menge für jeden Zylinder exakt zugemessen, also:
– die Kraftstofförderung zur Düse,
– eine Unterbrechung der Förderung,
– eine Rückförderung des Kraftstoffes zum Kraftstoffbehälter ermöglicht.

Die Pumpe-Leitung-Düse setzt wie das PDE-System – mit vergleichbarer Erfassung der maßgebenden Motor- und Umgebungsbedingungen – die aufgenommenen Größen in einen jeweils optimalen Einspritzbeginn und in die exakte Einspritzmenge um. Die Bausteine (Module) dieses Einspritzsystems sind:
– die Hochdruckpumpe mit dem angebauten Magnetventil (MV),
– die kurze Hochdruckleitung und
– die Düsenhalterkombination (DHK).
Das Pumpe-Leitung-Düse-System verwirklicht mit diesem modularen Aufbau (im Gegensatz zur kompakten Bauweise des PDE-Systems) eine vielfältiger einsetzbare, ebenfalls direktgesteuerte Hochdruckeinspritzung.
Andere Charakteristiken dieses Systems sind die Fehlererkennung, die Möglichkeiten des Notbetriebs und der Diagnose sowie die Option, über vorhandene Schnittstellen mit anderen Regelsystemen in Verbindung treten zu können (Bild 2).

Neue Einspritzsysteme

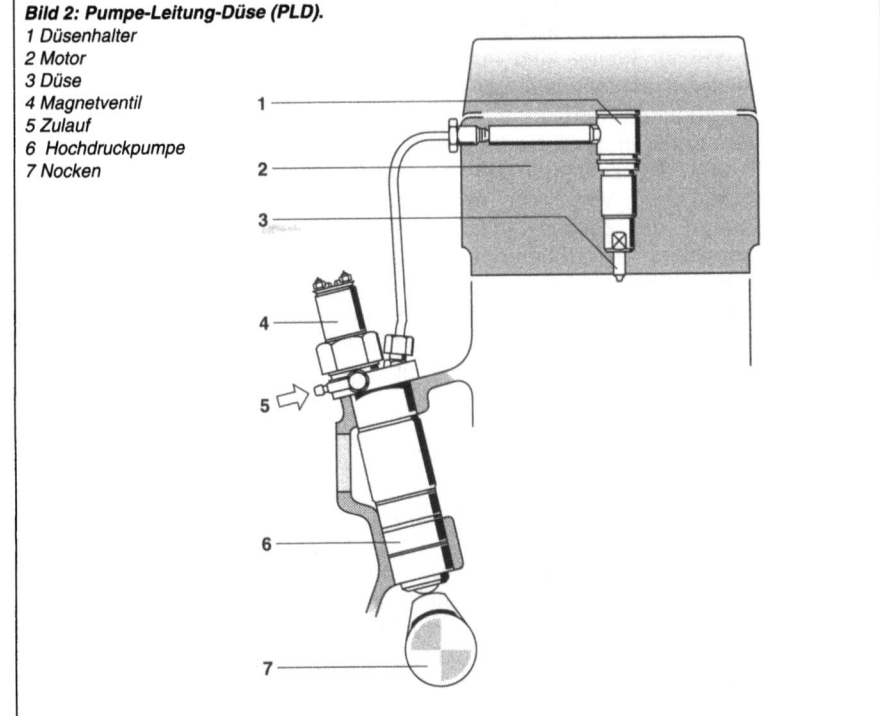

Bild 2: Pumpe-Leitung-Düse (PLD).
1 Düsenhalter
2 Motor
3 Düse
4 Magnetventil
5 Zulauf
6 Hochdruckpumpe
7 Nocken

Verteilereinspritzpumpen VE

Einspritzanlagen

Aufgaben

Die Einspritzanlage sorgt für die Kraftstoffversorgung des Dieselmotors. Dazu erzeugt die Einspritzpumpe den zum Einspritzen benötigten Druck. Der Kraftstoff wird über die Druckleitung zur Einspritzdüse gefördert und in den Verbrennungsraum eingespritzt.

Zur Einspritzanlage gehören außerdem: der Kraftstoffbehälter, der Kraftstofffilter, die Kraftstofförderpumpe, die Einspritzdüsen, die Kraftstoffleitungen, der Drehzahlregler und der Spritzversteller (bei Bedarf).

Die Verbrennungsvorgänge im Dieselmotor hängen in entscheidendem Maße davon ab, in welcher Menge und auf welche Weise der Kraftstoff dem Verbrennungsraum zugeführt wird.

Die wichtigsten Kriterien sind hierbei: der Zeitpunkt und die Zeitdauer seiner Einspritzung, seine Verteilung im Verbrennungsraum, der Zeitpunkt des Verbrennungsbeginns, die zugeführte Kraftstoffmenge je °Kurbelwinkel und die Gesamtmenge des zugeführten Kraftstoffes entsprechend der Motorbelastung. Für die einwandfreie Funktion des Dieselmotors muß das Zusammenspiel aller Einflußgrößen optimiert werden.

Bauarten

Für die unterschiedlichsten Anwendungen im Bereich der Dieseleinspritzung wurden immer weiter verbesserte Einspritzpumpen entwickelt. Reihen-, Verteiler- und Einzylinder-Einspritzpumpen verschiedenster Größen und Ausführungen stehen so heute zur Verfügung. Folgende Einspritzsysteme entsprechen dem gegenwärtigen technischen Stand:
– die Reiheneinspritzpumpe (PE) mit mechanischem oder elektrischem Regler und einem bei Bedarf angebauten Spritzversteller.
– die Hubschieber-Reiheneinspritzpumpe (PE) mit elektrischem Regler und beliebig veränderbarem Förderbeginn (ohne vorgebautem Spritzversteller).
– die Einzylinder-Einspritzpumpe (PF),
– die Verteilereinspritzpumpe (VE) mit mechanischem oder elektronischem Regler und integriertem Spritzversteller,
– die Pumpe-Düse-Einheit (PDE), als ein kompaktes System und
– die Pumpe-Leitung-Düse (PLD), als modulares System der Kraftstoffeinspritzung.

Übersicht

Merkmale	Dieseleinspritzpumpen			
	VE	PE	PF	PDE/PLD
Einspritzdruck in bar (pumpenseitig)	bis 700	bis 1150	bis 1500	bis 1500
Verwendung	schnelllaufende Pkw/Nkw-Motoren	Nkw, Sonderfahrzeuge, stationäre Motoren	Schiffsmotoren, Baumaschinen	Nkw, Pkw
Zylinderleistung in kW/Zylinder	bis 25	bis 70	bis 1000	bis 70

Einspritztechnik

Anwendungsbereich

Kleine, schnellaufende Dieselmotoren erfordern eine Einspritzanlage mit geringem Gewicht und kleinem Einbauvolumen. Die Verteilereinspritzpumpen VE erfüllen diese Forderungen durch Zusammenfassen von Förderpumpe, Hochdruckpumpe, Drehzahlregler und Spritzversteller in einem kleinen, kompakten Aggregat. Nenndrehzahl, Leistung und Bauform des Dieselmotors geben den Anwendungsbereich und die Auslegung der Verteilereinspritzpumpe vor.

Zum Einsatz gelangen die Verteilereinspritzpumpen bei Pkw, Lkw, Schleppern und Stationärmotoren.

Baugruppen

In der Verteilereinspritzpumpe VE ist im Gegensatz zur Reiheneinspritzpumpe auch für Mehrzylindermotoren (Bild 1) nur ein Pumpenzylinder und ein Pumpenkolben vorhanden. Der von dem Pumpenkolben geförderte Kraftstoff wird über eine Verteilernut auf die der Zylinderzahl des Motors entsprechenden Auslässe verteilt. Das geschlossene Gehäuse der Verteilereinspritzpumpe vereint folgende Baugruppen:
- Hochdruckpumpe mit Verteiler,
- mechanischer Drehzahlregler,
- hydraulischer Spritzversteller,
- Flügelzellen-Förderpumpe,
- Abstellvorrichtung und
- motorspezifische Anpaßeinrichtungen.

In Bild 2 sind die Baugruppen und ihre Aufgaben zusammengestellt. Zusätzlich kann die Verteilereinspritzpumpe mit verschiedenen Anpaßeinrichtungen ausgestattet werden. Sie ermöglichen eine weitere individuelle Anpassung an die spezifischen Eigenschaften des Dieselmotors.

Bild 1: Verteilereinspritzpumpe VE an einem 4-Zylinder-Dieselmotor.

Verteilereinspritzpumpen

Aufbau

Auf der im Pumpengehäuse gelagerten Antriebswelle der Verteilereinspritzpumpe sitzt die Flügelzellen-Förderpumpe. Darauf stützt sich der nachfolgend angeordnete Rollenring, der nicht mit der Antriebswelle verbunden ist, aber ebenfalls in dem Pumpengehäuse gelagert ist. Die Hubscheibe – die sich auf den Rollen des Rollenrings abstützt und von der Antriebswelle angetrieben wird – erzeugt eine Dreh-Hub-Bewegung, die auf den Verteilerkolben übertragen wird. Der mit dem Pumpengehäuse verschraubte Verteilerkopf führt den Verteilerkolben. Im Verteilerkopf sind die elektrische Abstellvorrichtung zur Unterbrechung der Kraftstoffzufuhr, die Verschlußschraube mit Entlüftungsschraube und die Druckventile mit den Druckventilhaltern befestigt. Ist die Verteilereinspritzpumpe zusätzlich mit einer mechanischen Abstellvorrichtung ausgestattet, so befindet sich diese im Reglerdeckel.

Die Antriebswelle (Zahnrad mit Gummidämpfer) treibt über ein Zahnradpaar die Reglergruppe an. Die Reglergruppe ist mit den Fliehgewichten und der Reglermuffe ausgestattet. Die Reglermechanik, die sich aus Einstellhebel, Starthebel und Spannhebel zusammensetzt, ist in dem Gehäuse drehbar gelagert. Von ihr wird die Position des Regelschiebers auf dem Pumpenkolben beeinflußt. An der Oberseite der Reglermechanik greift die Regelfeder ein, die über die Verstellhebelwelle mit dem außenliegenden Verstellhebel verbunden ist. Die Verstellhebelwelle ist in dem Reglerdeckel gelagert, wobei über den Verstellhebel die Pumpenfunktion beeinflußt wird. Der Reglerdeckel

Bild 2: Baugruppen und ihre Funktionen.
1 Flügelzellen-Förderpumpe mit Druckregelventil. Kraftstoff ansaugen und im Pumpeninnenraum Druck erzeugen.
2 Hochdruckpumpe mit Verteiler. Einspritzdruck erzeugen, Kraftstoff fördern und verteilen.
3 Mechanischer Drehzahlregler. Drehzahl regeln, Fördermenge durch die Regeleinrichtung im Regelbereich verändern.
4 Elektromagnetisches Abstellventil. Kraftstoffzufuhr unterbrechen.
5 Spritzversteller. Förderbeginn in Abhängigkeit von der Drehzahl und zum Teil der Last verstellen.

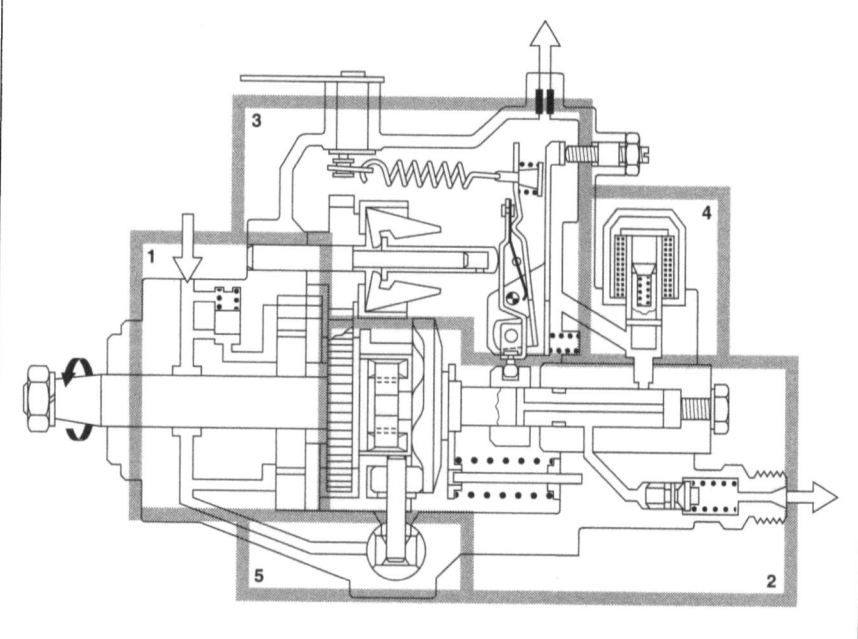

schließt die Verteilereinspritzpumpe nach oben ab. In ihm sind außerdem die Vollastmengen-Einstellschraube, die Überströmdrossel oder das Überströmventil und die Drehzahl-Einstellschrauben angebracht. An der Unterseite der Verteilereinspritzpumpe ist quer zur Pumpenlängsachse der hydraulische Spritzversteller eingebaut. Seine Funktion wird von dem Innenraumdruck – der von der Flügelzellen-Förderpumpe und dem Drucksteuerventil bestimmt wird – beeinflußt. Er ist auf beiden Pumpenseiten durch einen Deckel verschlossen (Bilder 2 und 3).

Pumpenantrieb

Über eine Antriebseinrichtung des Dieselmotors erfolgt der Antrieb der Verteilereinspritzpumpe. Bei Viertaktmotoren beträgt hierbei die Pumpendrehzahl die Hälfte der Kurbelwellendrehzahl des Dieselmotors, daß heißt also Nockendrehzahl. Der Antrieb der Verteiler-Einspritzpumpe erfolgt zwangsläufig, und zwar so, daß die Antriebswelle der Verteilereinspritzpumpe völlig synchron zur Kolbenbewegung des Motors läuft. Realisiert wird dieser zwangsläufige Antrieb durch die Verwendung von Zahnriemen, Steckritzel, Zahnrad oder Kette. Verteilereinspritzpumpen gibt es für Rechtslauf und für Linkslauf. Hierbei ist jedoch je nach Drehrichtung die Einspritzfolge unterschiedlich, aber immer so, daß die Auslässe in der geometrischen Reihenfolge der Anordnung spritzen. Um Verwechslungen mit der Bezeichnung der Motorzylinder zu vermeiden, sind die Auslässe der Verteilereinspritzpumpe mit A, B, C usw. bezeichnet. Verteilereinspritzpumpen sind für Motoren bis max. 6 Zylinder geeignet.

Einspritztechnik

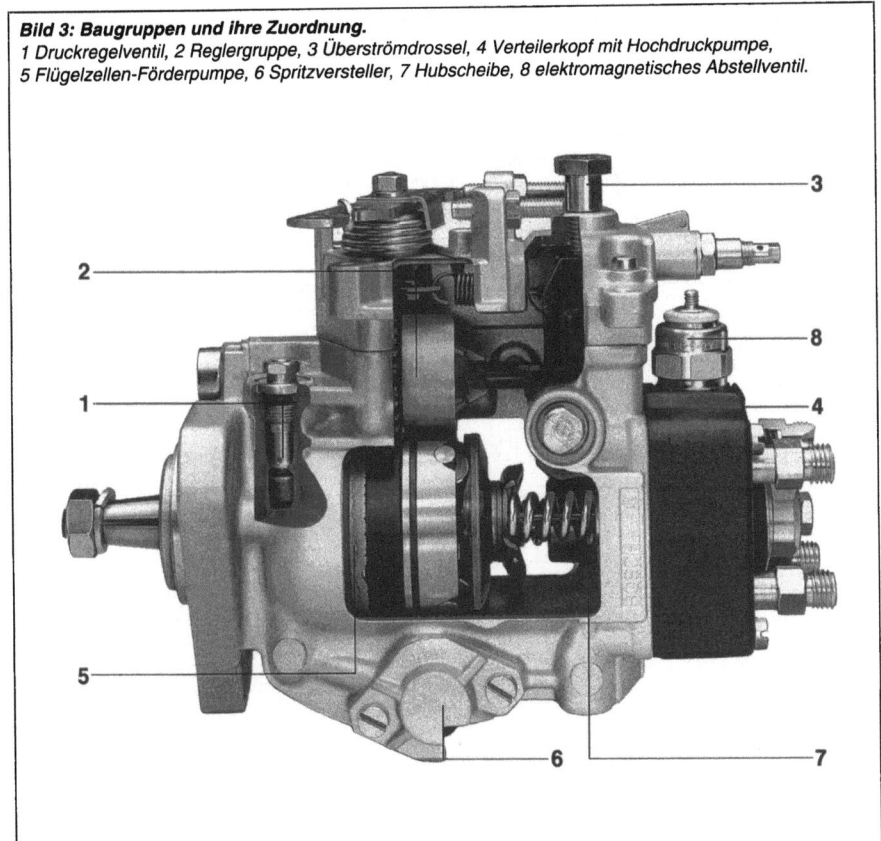

Bild 3: Baugruppen und ihre Zuordnung.
1 Druckregelventil, 2 Reglergruppe, 3 Überströmdrossel, 4 Verteilerkopf mit Hochdruckpumpe, 5 Flügelzellen-Förderpumpe, 6 Spritzversteller, 7 Hubscheibe, 8 elektromagnetisches Abstellventil.

Verteilereinspritzpumpen

Kraftstofförderung

Die Kraftstoff-Förderungen in einer Einspritzanlage mit Verteiler-Einspritzpumpe gliedert sich in die Niederdruck- und die Hochdruckförderung auf (Bild 1).

Niederdruckförderung

Niederdruckteil

Der Niederdruckteil einer Einspritzanlage mit Verteilereinspritzpumpe umfaßt Kraftstoffbehälter, Kraftstoffleitungen, Kraftstoffilter, Flügelzellen-Förderpumpe, Druckregelventil und Überströmdrossel.

Die Flügelzellen-Förderpumpe saugt den Kraftstoff aus dem Kraftstoffbehälter an und fördert dabei pro Umdrehung eine annähernd konstante Kraftstoffmenge in den Pumpeninnenraum. Um im Pumpeninnenraum einen definierten Druck in Abhängigkeit von der Drehzahl zu bekommen, ist hierzu ein Druckregelventil notwendig. Mit dem Druckregelventil kann bei einer bestimmten Drehzahl ein definierter Druck eingestellt werden. Der Druck steigt dann proportional mit der Drehzahl (d.h. je höher die Drehzahl, desto höher der Pumpeninnenraumdruck). Ein Teil der geförderten Kraftstoffmenge fließt über das Druckregelventil zur Saugseite zurück. Zur Kühlung und selbsttätigen Entlüftung der Verteilereinspritzpumpe fließt ebenfalls Kraftstoff über die an dem Reglerdeckel angebrachte Überströmdrossel in den Kraftstoffbehälter zurück (Bild 2). Anstelle der Überströmdrossel kann auch ein Überströmventil zur Anwendung kommen.

Leitungsanordnung

Für die Funktion der Einspritzpumpe ist es erforderlich, daß der Kraftstoff dem Hochdruckteil der Einspritzpumpe kontinuierlich, blasenfrei und unter Druck zugeführt wird. Bei Pkw und leichten Nkw ist in der Regel der Höhenunterschied zwischen Kraftstoffbehälter und Einspritzpumpe gering, die Leitungslänge günstig und der Leitungsquer-

Bild 1: Kraftstoff-Förderung in einer Einspritzanlage mit Verteilereinspritzpumpe.
1 Kraftstoffbehälter, 2 Kraftstoffzuleitung (Saugdruck), 3 Kraftstoffilter, 4 Verteilereinspritzpumpe, 5 Druckleitung (Hochdruck), 6 Einspritzdüse, 7 Kraftstoffrückleitung (drucklos), 8 Glühstiftkerze.

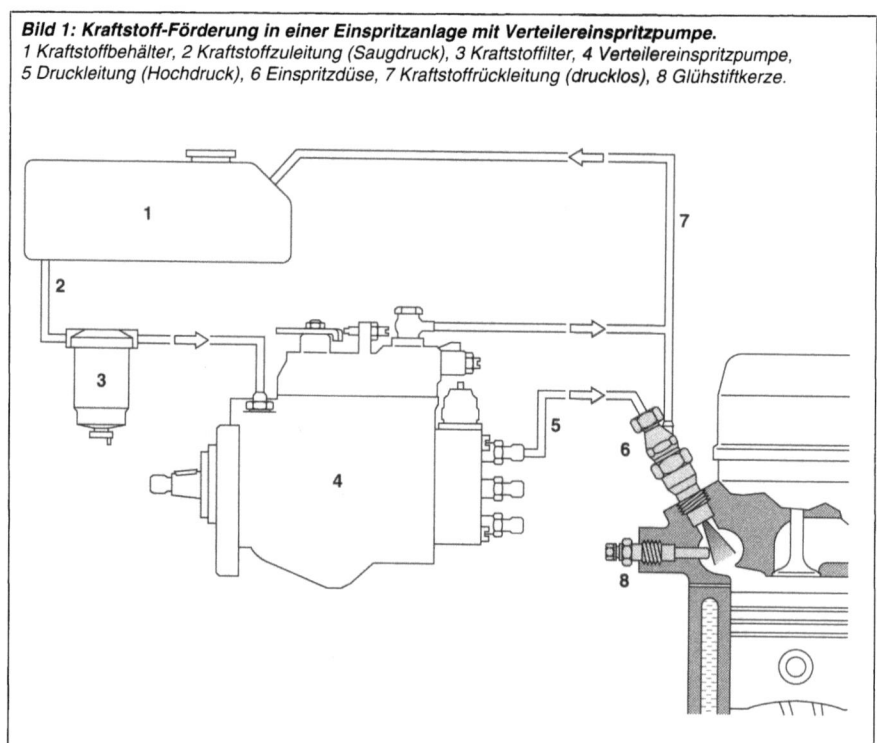

schnitt so groß bemessen, daß die Saugleistung der in der Verteilereinspritzpumpe eingebauten Flügelzellen-Förderpumpe ausreichend ist.
In Fahrzeugen mit ungünstigem Höhenunterschied oder (und) längerer Leitung zwischen Kraftstoffbehälter und Einspritzpumpe wird eine Vorförderpumpe installiert. Sie überbrückt die Leitungs- und Filterwiderstände und erhöht die Filterstandzeit. Ein Falltankbetrieb wird hauptsächlich bei Schleppern und Stationärmotoren angewandt.

Kraftstoffbehälter
Kraftstoffbehälter müssen korrosionsfest und bei doppeltem Betriebsüberdruck, mindestens aber bei 0,3 bar Überdruck, dicht sein. Auftretender Überdruck muß durch geeignete Öffnungen, Sicherheitsventile oder dergleichen selbsttätig entweichen. Kraftstoff darf aus dem Füllverschluß oder den Druckausgleich-Einrichtungen auch bei Schräglage, Kurvenfahrt oder Stößen nicht ausfließen. Kraftstoffbehälter müssen so vom Motor getrennt sein, daß auch bei Unfällen eine Entzündung nicht zu erwarten ist. Für Fahrzeuge mit offenem Führerhaus, für Zugmaschinen und für Kraftomnibusse gelten außerdem besondere Bestimmungen für die Montagehöhe und für die Abschirmung des Kraftstoffbehälters.

Kraftstoffleitungen
Für den Niederdruckteil können neben Stahlrohren auch flexible Leitungen mit Stahlgeflechtarmierung verwendet werden, die schwer brennbar sind und so angeordnet sein müssen, daß mechanische Beschädigungen verhindert werden und daß abtropfender oder verdunstender Kraftstoff sich weder ansammeln noch entzünden kann.

Kraftstoffilter
Der Hochdruckteil der Einspritzpumpe und die Einspritzdüse sind mit einer Genauigkeit von wenigen Tausendstel Millimetern gefertigt. Dies bedeutet, daß Verunreinigungen im Kraftstoff die

Kraftstoff-förderung

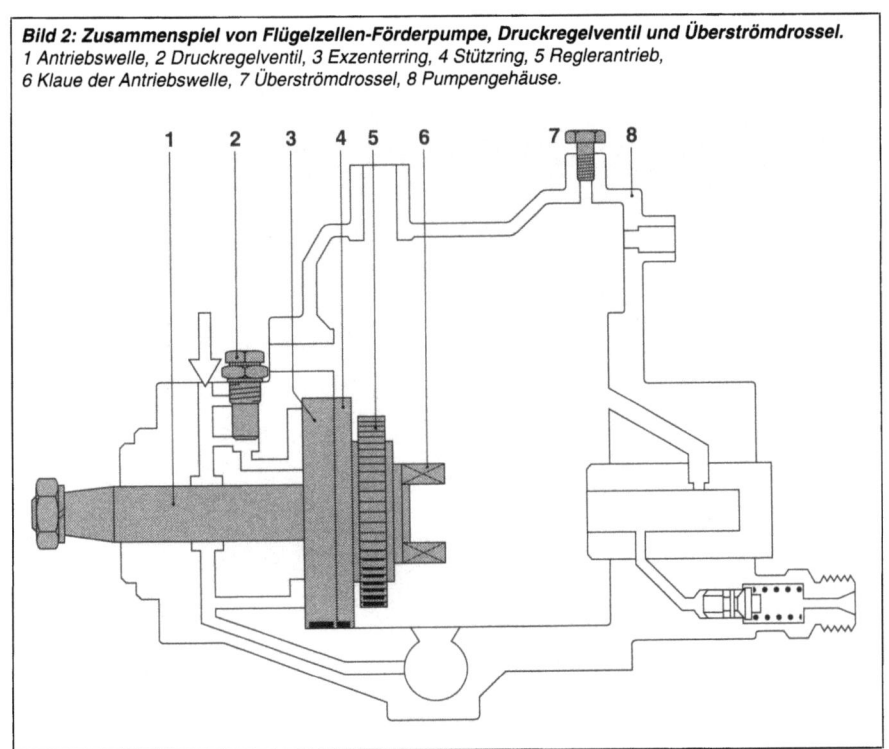

Bild 2: Zusammenspiel von Flügelzellen-Förderpumpe, Druckregelventil und Überströmdrossel.
1 Antriebswelle, 2 Druckregelventil, 3 Exzenterring, 4 Stützring, 5 Reglerantrieb,
6 Klaue der Antriebswelle, 7 Überströmdrossel, 8 Pumpengehäuse.

Verteilereinspritzpumpen

Funktion beeinträchtigen können. Eine schlechte Filterung kann zu Schäden an Pumpenkomponenten, Druckventilen und Einspritzdüsen führen. Der Einsatz eines speziell auf die Erfordernisse der Einspritzanlage abgestimmten Kraftstoffilters ist deshalb Voraussetzung für einen störungsfreien Betrieb und eine lange Lebensdauer. Kraftstoff kann Wasser in gebundener Form (Emulsion) oder ungebundener Form (z.B. Kondenswasserbildung infolge Temperaturwechsels) enthalten. Wenn dieses Wasser zur Einspritzpumpe gelangt, bleiben Schäden durch Korrosion nicht aus. Verteilereinspritzpumpen benötigen deshalb Kraftstoffilter mit Wassersammelraum. Das Wasser muß in entsprechenden Intervallen abgelassen werden. Mit zunehmender Anwendung des Dieselmotors in Pkw hat sich ein Bedarf für eine automatische Wasserwarneinrichtung ergeben. Sie zeigt über eine Warnlampe an, wenn Wasser abgelassen werden muß.

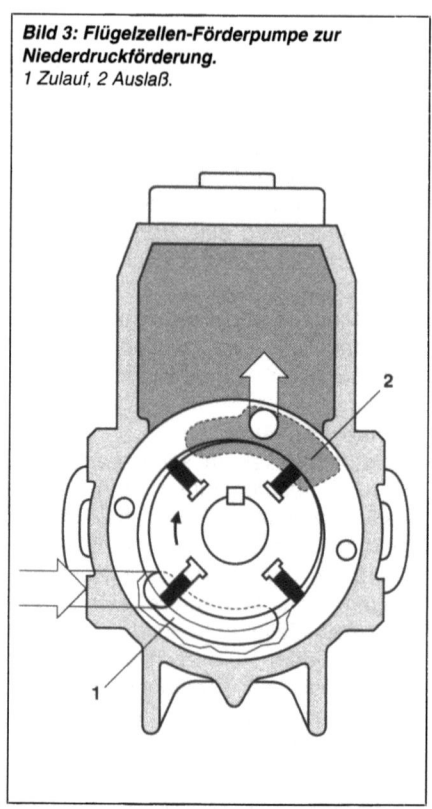

Bild 3: Flügelzellen-Förderpumpe zur Niederdruckförderung.
1 Zulauf, 2 Auslaß.

Bild 4: Flügelzellen-Förderpumpe mit Flügelrad auf der Antriebswelle.

Kraftstoff-förderung

Flügelzellen-Förderpumpe

In der Verteilereinspritzpumpe ist die Flügelzellen-Förderpumpe (Bilder 3 und 4) um die Antriebswelle angeordnet. Das Flügelrad ist hierbei zentrisch auf der Antriebswelle angebracht und wird von einer Scheibenfeder mitgenommen. Ein im Gehäuse gelagerter Exzenterring umschließt das Flügelrad.

Die infolge der Drehbewegung wirksam werdende Fliehkraft drückt die vier Flügel des Flügelrades nach außen gegen den Exzenterring. Der Kraftstoff, der sich zwischen Flügelunterseite und Flügelrad befindet, unterstützt diese nach außen gehende Bewegung der Flügel. Der Kraftstoff gelangt über die Zulaufbohrung im Gehäuse der Verteilereinspritzpumpe und eine nierenförmig gestaltete Aussparung in den durch das Flügelrad, den Flügel und den Exzenterring gebildeten Raum. Aufgrund der Drehbewegung wird der Kraftstoff, der sich zwischen den Flügeln befindet, zur oberen nierenförmigen Aussparung gefördert und über eine Bohrung in den Pumpeninnenraum gedrückt. Gleichzeitig gelangt ein Teil des Kraftstoffs über eine zweite Bohrung zum Druckregelventil.

Druckregelventil

Das Druckregelventil (Bild 5) ist über eine Bohrung mit der oberen nierenförmigen Aussparung verbunden und in unmittelbarer Nähe der Flügelzellen-Förderpumpe angebracht. Das Druckregelventil ist ein federbelastetes Schieberventil, mit dem der Pumpeninnenraumdruck in Abhängigkeit von der geförderten Kraftstoffmenge verändert werden kann. Steigt der Kraftstoffdruck über einen bestimmten Wert, öffnet der Ventilkolben die Rücklaufbohrung, so daß der Kraftstoff über einen Kanal zur Saugseite der Flügelzellen-Förderpumpe zurückfließen kann. Ist der Kraftstoffdruck zu niedrig, bleibt die Rücklaufbohrung infolge der Federkraft geschlossen. Die einstellbare Vorspannung der Druckfeder bestimmt den Öffnungsdruck.

Überströmdrossel

Die Überströmdrossel (Bild 6) ist im Reglerdeckel der Verteilereinspritzpumpe eingeschraubt und steht mit dem Pumpeninnenraum in Verbindung. Sie läßt über eine kleine Bohrung eine variable Menge Kraftstoff zum Kraftstoffbehälter zurückfließen. Für den abfliessenden Kraftstoff stellt die Bohrung einen Widerstand dar, wodurch im Pumpeninnenraum der Kraftstoffdruck aufrecht erhalten bleibt. Da im Pumpeninnenraum ein genau definierter Kraftstoffdruck in Abhängigkeit von der Drehzahl benötigt wird, sind Überströmdrossel und Druckregelventil in ihrer Funktion aufeinander abgestimmt.

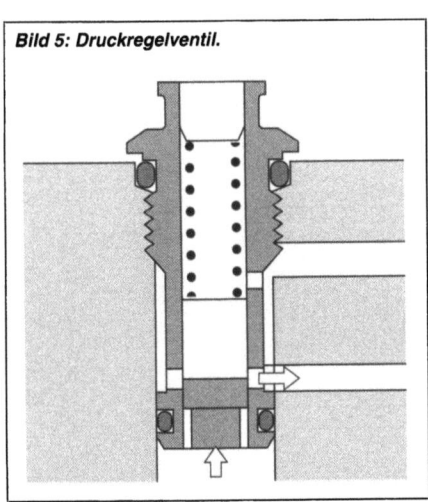

Bild 5: Druckregelventil.

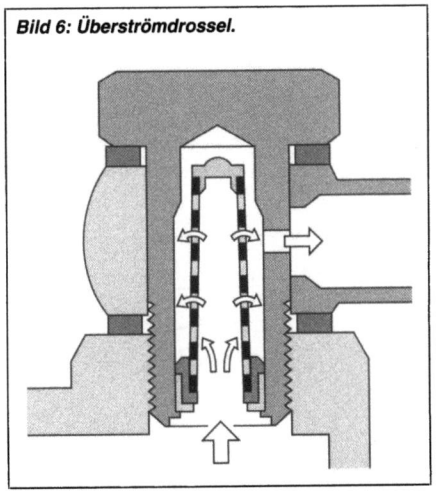

Bild 6: Überströmdrossel.

Verteiler-einspritzpumpen

Hochdruckförderung

Hochdruckteil

Im Hochdruckteil der Einspritzpumpe wird der zum Einspritzen benötigte Kraftstoffdruck erzeugt. Der Kraftstoff wird hierbei über Druckventil, Druckleitung und Düsenhalter zur Einspritzdüse gefördert.

Antrieb des Verteilerkolbens

Die Drehbewegung der Antriebswelle wird über eine Kupplungseinheit auf den Verteilerkolben übertragen (Bild 7). Hierbei greifen die Klauen von Antriebswelle und Hubscheibe in die dazwischen angeordnete Kreuzscheibe ein. Von der Hubscheibe (Axialnocken) wird die reine Drehbewegung der Antriebswelle in eine Dreh-Hub-Bewegung umgewandelt. Dies erfolgt dadurch, daß die Nockenbahn der Hubscheibe auf den Rollen des Rollenrings abläuft. In der Hubscheibe ist der Verteilerkolben mit seinem zylindrischen Paßstück eingesetzt und durch einen Stift in seiner Zuordnung fixiert. Die Bewegung des Verteilerkolbens in Richtung "Oberer Totpunkt" (OT) bewerkstelligt der Nocken der Hubscheibe; für die Bewegung in Richtung "Unterer Totpunkt" (UT) sorgen die beiden symmetrisch angeordneten Kolbenrückholfedern. Sie stützen sich an dem Verteilerkopf ab und wirken auf den Verteilerkolben über eine Federbrücke. Außerdem verhindern die Kolbenrückholfedern ein Abspringen der Hubscheibe von den Rollen des Rollenrings infolge hoher Beschleunigung. Damit der Verteilerkolben nicht aus seiner Mittenlage herausgedrückt werden kann, sind die Kolbenrückholfedern in ihrer Höhe genau aufeinander abgestimmt.

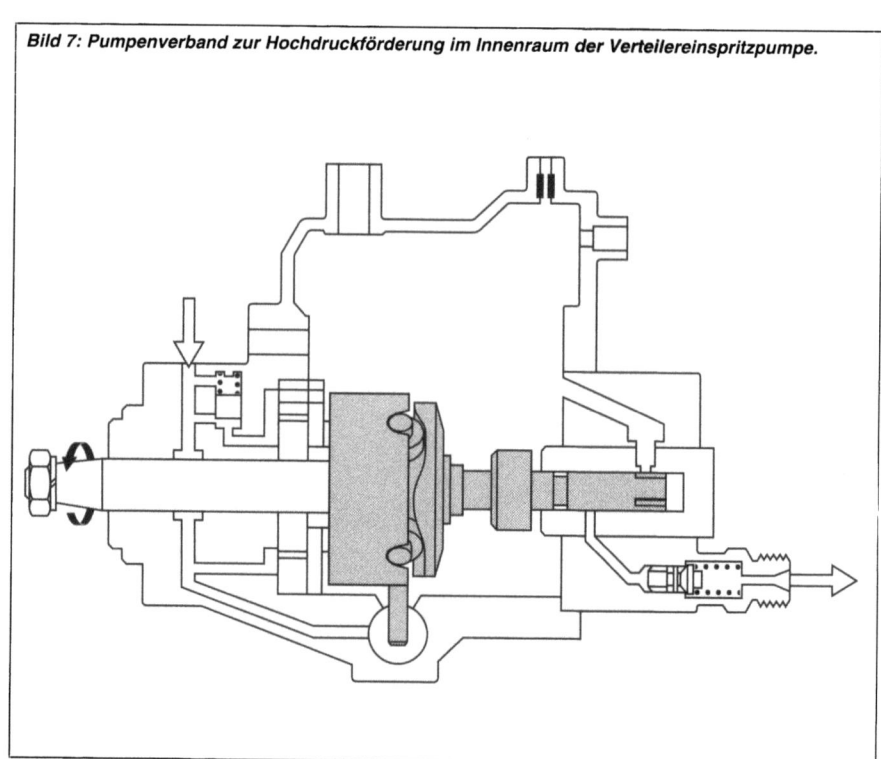

Bild 7: Pumpenverband zur Hochdruckförderung im Innenraum der Verteilereinspritzpumpe.

Kraftstoff-förderung

Bild 8: Pumpenverband mit Verteilerkörper.
Erzeugt den Hochdruck und verteilt den Kraftstoff auf die entsprechende Einspritzdüse.
1 Kreuzscheibe, 2 Rollenring, 3 Hubscheibe, 4 Ausgleichsscheiben, 5 Verteilerkolben, 6 Federbrücke, 7 Regelschieber, 8 Verteilerflansch, 9 Druckventilhalter, 10 Kolbenrückholfeder.
4...8 Verteilerkörper.

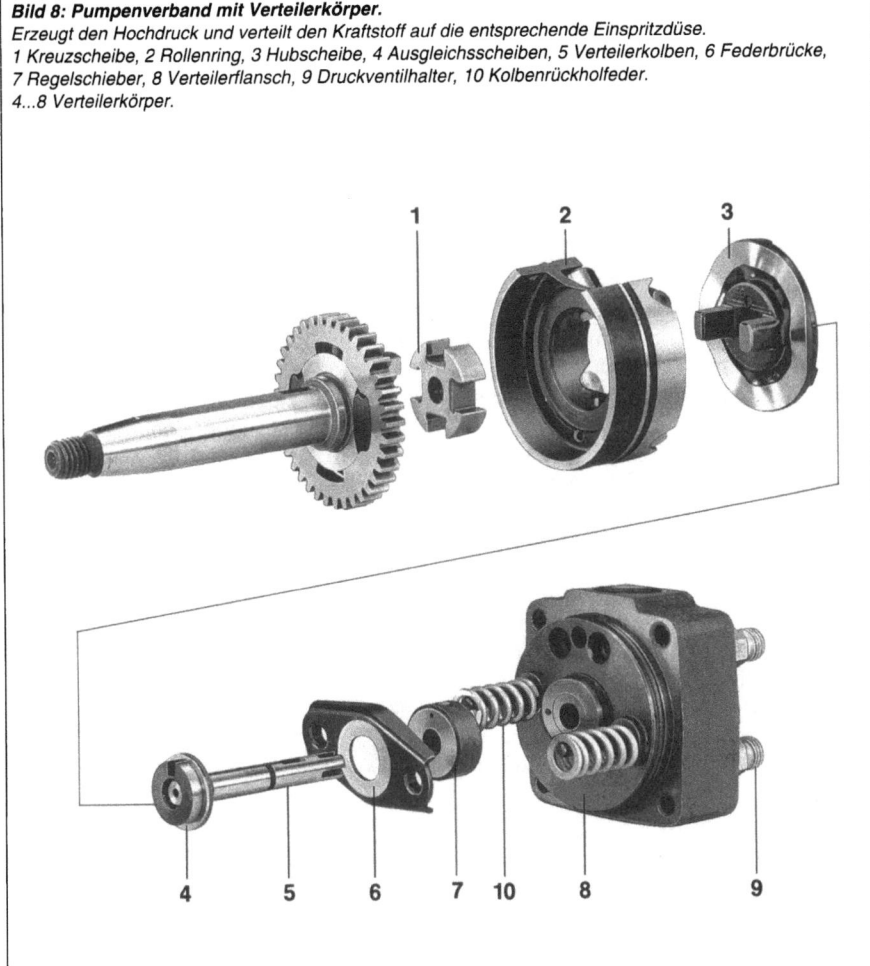

Hubscheiben und Nockenformen

Die Hubscheibe mit der Nockenform beeinflußt den Einspritzdruck und die Spritzdauer. Die hierzu entscheidenden Kriterien sind Nockenhub und Erhebungsgeschwindigkeit. Je nach Gestaltung des Verbrennungsraumes und Verbrennungsverfahrens der verschiedenen Motortypen muß eine individuelle Abstimmung der Einspritzbedingungen erfolgen. Aus diesem Grund wird für jeden Motortyp eine spezielle Nockenbahn errechnet, die dann auf der Stirnseite der Hubscheibe aufgebracht wird. Die so festgelegte Hubscheibe ist dann in die entsprechende Verteilereinspritzpumpe eingebaut. Hubscheiben sind deshalb zwischen verschiedenen Verteilereinspritzpumpen nicht austauschbar.

Verteilerkörper

Im Verteilerkörper (Bild 8) sind Verteilerkolben, Verteilerbüchse und Regelschieber so fein ineinander eingepaßt (eingeläppt), daß sie auch bei sehr hohen Drücken abdichten. Geringe Leckverluste sind unvermeidlich und mit Rücksicht auf die Schmierung des Verteilerkolbens sogar notwendig. Es darf deshalb nur der vollständige Verteilerkörper ausgewechselt werden, keinesfalls Verteilerkolben, Verteilerkopf oder Regelschieber allein.

Verteiler-einspritzpumpen

Kraftstoff-Zumessung

Die Kraftstoff-Förderung von Einspritzpumpen ist ein dynamischer Vorgang. Sie setzt sich aus mehreren Hubphasen zusammen (Bild 9). Der zum Einspritzen notwendige Druck wird von der Kolbenpumpe erzeugt.

Die Hub- und Förderphasen des Verteilerkolbens in Bild 10 geben die Kraftstoffzumessung zu einem Motorzylinder wieder. Dabei stehen bei einem Vierzylindermotor für die UT- und OT-Bewegung eine viertel Umdrehung des Verteilerkolbens zur Verfügung, bei einem Sechszylindermotor eine sechstel Umdrehung.

Bewegt sich der Verteilerkolben vom oberen zum unteren Totpunkt, so fließt durch den offenen Einlaßquerschnitt Kraftstoff in den Hochdruckraum oberhalb des Kolbens. Durch die Drehbewegung wird im unteren Totpunktbereich der Einlaßquerschnitt geschlossen und die Verteilernut für einen definierten Auslaß geöffnet. Der im Hochdruckraum und · in der Innenbohrung aufgebaute Druck öffnet das Druckventil und der Kraftstoff wird durch die Druckleitung zu der im Düsenhalter eingebauten Einspritzdüse gepreßt. Der Nutzhub ist beendet, sobald die querliegende Steuerbohrung des Verteilerkolbens die Steuerkante des Regelschiebers erreicht (Förderende). Von diesem Zeitpunkt an wird kein Kraftstoff mehr zur Einspritzdüse gefördert und das Druckventil schließt die Druckleitung.

Der Kraftstoff strömt durch die nun bestehende Verbindung zwischen Steuerbohrung und Pumpeninnenraum während der Kolbenbewegung bis zum oberen Totpunkt in den Pumpeninnenraum zurück. In dieser Phase wird der Einlaßquerschnitt wieder geöffnet.

Beim Kolbenrücklauf wird durch die Dreh-Hub-Bewegung die querliegende Steuerbohrung des Verteilerkolbens geschlossen. Der Hochdruckraum oberhalb des Verteilerkolbens wird durch den offenen Einlaßquerschnitt erneut mit Kraftstoff gefüllt.

Bild 9: Die umlaufende Hubscheibe wälzt sich mit ihrer Nockenbahn auf den Rollen des Rollenrings ab, wobei sie sich anhebt (oberer Totpunkt) und absenkt (unterer Totpunkt).

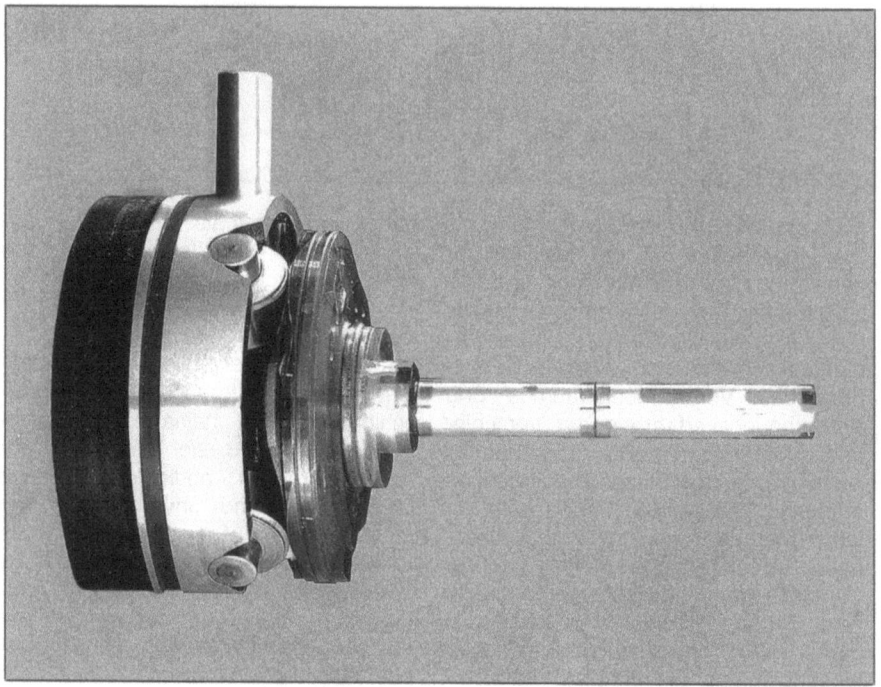

Bild 10: Verteilerkolben mit Hub- und Förderphasen.

Kraftstoff-förderung

Einlaßquerschnitt schließen.
Im UT schließt der Steuerschlitz (1) den Einlaßquerschnitt und die Verteilernut (2) öffnet den Auslaß.

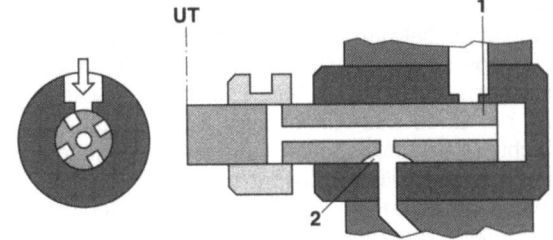

Kraftstoff-Förderung.
Während der Hub-Bewegung setzt der Verteilerkolben den Kraftstoff im Hochdruckraum (3) unter Druck. Der Kraftstoff wird über die Auslaßbohrung (4) zur Einspritzdüse gefördert.

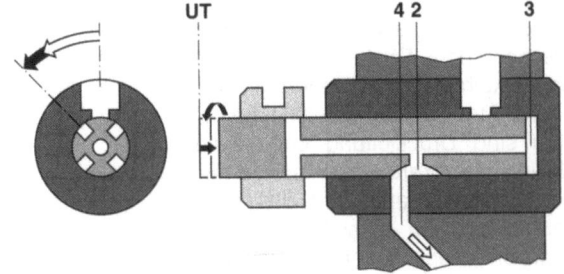

Absteuerung.
Die Kraftstoff-Förderung ist beendet, sobald der Regelschieber (5) den Absteuerquerschnitt (6) öffnet.

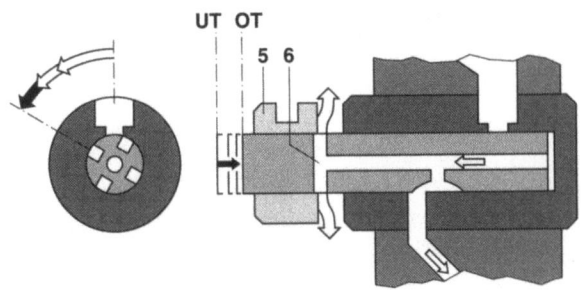

Kraftstoff-Zulauf.
Kurz vor OT wird der Einlaßquerschnitt geöffnet. Während des Kolbenrücklaufs zum UT wird der Hochdruckraum gefüllt und der Absteuerquerschnitt wieder geschlossen. Die Auslaßbohrung wird ebenfalls verschlossen.

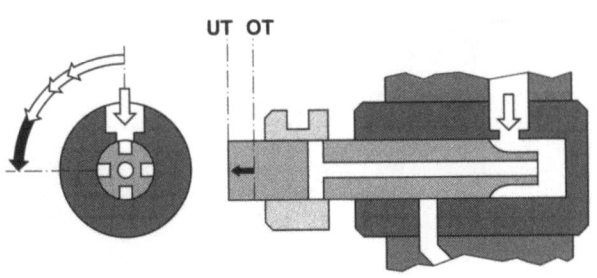

Verteilereinspritzpumpen

Druckventil

Das Druckventil schließt die Einspritzleitung zur Pumpe hin ab. Es hat die Aufgabe, die Einspritzleitung nach Beendigung der Förderphase durch Entnahme eines definierten Volumens vom Einspritzdruck zu entlasten. Damit wird ein exaktes Schließende der Einspritzdüse am Ende des Einspritzvorgangs erreicht. Gleichzeitig sollen, unabhängig von der jeweiligen Einspritzmenge, stabile Druckbedingungen zwischen den Einspritzvorgängen in der Druckleitung aufgebaut werden.

Das Druckventil ist ein Kolbenventil. Es wird durch den Kraftstoffdruck geöffnet und durch die Ventilfeder geschlossen.

Zwischen den Förderhubphasen des Verteilerkolbens für einen Motorzylinder ist das Druckventil geschlossen. Dadurch sind Druckleitung und Auslaßbohrung des Verteilerkopfes getrennt. Beim Fördervorgang wird das Druckventil durch den entstehenden Hochdruck von seinem Ventilsitz abgehoben. Über die in einer Ringnut auslaufenden Längsnuten strömt der Kraftstoff durch den Druckventilhalter, die Druckleitung und den Düsenhalter zur Einspritzdüse.

Sobald das Förderende erreicht ist (Absteuerquerschnitt des Verteilerkolbens geöffnet), sinkt der Druck der Hochdruckseite auf den des Pumpeninnenraumes, und die Ventilfeder und der Standdruck in der Einspritzleitung drücken das Druckventil auf seinen Sitz zurück (Bild 11).

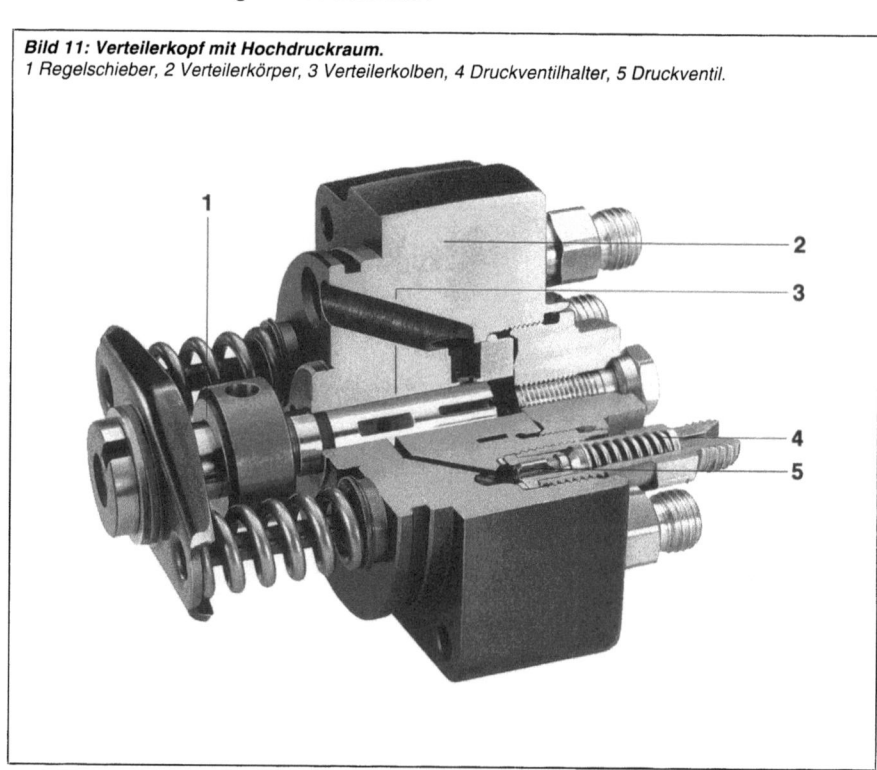

Bild 11: Verteilerkopf mit Hochdruckraum.
1 Regelschieber, 2 Verteilerkörper, 3 Verteilerkolben, 4 Druckventilhalter, 5 Druckventil.

Druckventil mit Rückströmdrossel

Durch die notwendige exakte Druckentlastung am Ende des Einspritzvorganges werden Druckwellen erzeugt, die am Druckventil reflektiert werden und zu einem erneuten Öffnen der Düsennadel oder zu Unterdruckphasen in der Einspritzleitung führen. Die Folge dieser Vorgänge sind Nachspritzer mit negativer Auswirkung auf die Abgasemission bzw. Kavitation mit Verschleißerscheinungen in der Einspritzleitung oder an der Düse. Um Reflexionen zu verhindern, wird eine Drosselbohrung am Druckventil vorgeschaltet, die nur in Rückströmrichtung wirkt. Die Rückströmdrossel setzt sich aus einer Ventilplatte und einer Druckfeder zusammen, so daß die Drossel in Förderrichtung unwirksam ist, in Rückströmrichtung dagegen der Dämpfungseffekt eintritt (Bild 12).

Gleichdruckventil

Bei schnellaufenden Direkteinspritzmotoren reicht häufig die "Volumenentlastung" durch das Druckventil mit Entlastungskolben nicht aus, um im gesamten Betriebskennfeld Kavitation, Nachspritzer und Rückblasen der Verbrennungsgase in die Düsenhalterkombination sicher zu vermeiden. In diesen Fällen kommen Gleichdruckventile zum Einsatz, die das Hochdrucksystem (Leitung und Düsenhalterkombination) über ein einseitig wirkendes Rückschlagventil auf einen einstellbaren Druck, z.B. 60 bar, entlasten (Bild 13).

Druckleitungen

In einer Einspritzanlage sind die Druckleitungen auf den Einspritzverlauf abgestimmt. Sie dürfen bei Wartungsarbeiten nicht verändert werden. Die Druckleitungen verbinden die Einspritzpumpe mit den Düsenhaltern und sind ohne scharfe Biegungen verlegt. Bei Fahrzeugmotoren sind die Druckleitungen meistens mit Klemmstücken, die in definierten Abständen angebracht sind, fixiert. Druckleitungen sind aus nahtlosen Stahlrohren gefertigt.

Kraftstoffförderung

Bild 12: Druckventil mit Rückströmdrossel.
1 Druckventilhalter, 2 Rückströmdrossel, 3 Ventilfeder, 4 Ventilträger, 5 Kolbenschaft, 6 Entlastungskolben.

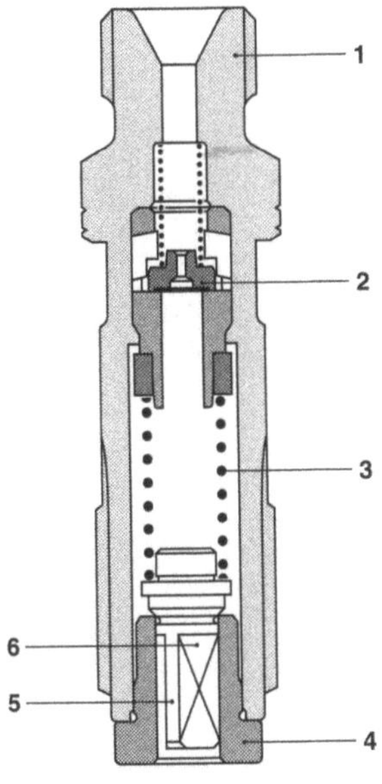

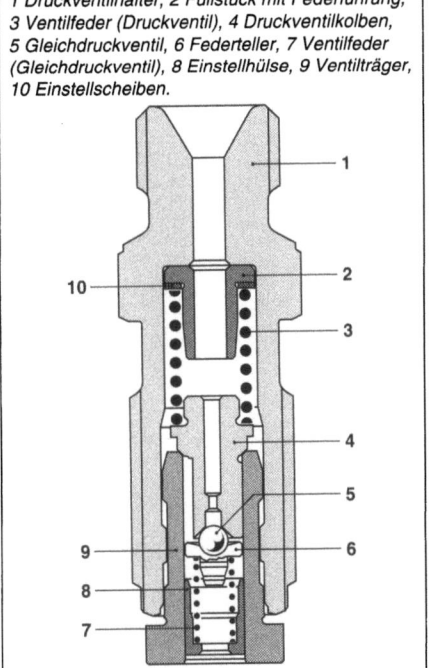

Bild 13: Gleichdruckventil.
1 Druckventilhalter, 2 Füllstück mit Federführung, 3 Ventilfeder (Druckventil), 4 Druckventilkolben, 5 Gleichdruckventil, 6 Federteller, 7 Ventilfeder (Gleichdruckventil), 8 Einstellhülse, 9 Ventilträger, 10 Einstellscheiben.

Verteilereinspritzpumpen

Mechanische Drehzahlregelung

Anwendung

Das Fahrverhalten von Diesel-Fahrzeugen befriedigt dann, wenn der Motor allen Fahrpedalbewegungen willig folgt: Beim Anfahren darf der Motor nicht zum Absterben neigen. Das Fahrzeug muß bei Änderungen der Fahrpedalstellung ohne Ruckeln beschleunigen oder verzögern. Bei gleichbleibender Fahrpedalstellung und konstanter Steigung der Fahrbahn muß die Fahrgeschwindigkeit gleich bleiben. Bei losgelassenem Fahrpedal soll der Motor das Fahrzeug bremsen. Diese Aufgaben erfüllt beim Dieselmotor der Drehzahlregler in der Verteilereinspritzpumpe.

Die Reglergruppe, bestehend aus Fliehkraftregler und Hebelverband, arbeitet äußerst feinfühlig und bestimmt die Stellung des Regelschiebers und somit den Förderhub und damit die Einspritzmenge. Durch verschiedene Ausführungen des Hebelverbandes kann das Führungsverhalten angepaßt werden (Bild 1).

Aufgaben des Drehzahlreglers

Jeder Regler hat als Grundaufgabe die Begrenzung der Enddrehzahl. Weitere Aufgaben sind je nach Reglerart das Konstanthalten bestimmter Drehzahlen wie der Leerlaufdrehzahl bzw. der Drehzahlen eines bestimmten oder des gesamten Drehzahlbereichs zwischen Leerlauf- und Enddrehzahl. Aus den verschiedenen Regelaufgaben ergeben sich verschiedene Reglerarten (Bild 2):

– Leerlaufregelung: Beim Dieselmotor wird die vorgegebene Leerlaufdrehzahl vom Regler in der Einspritzpumpe geregelt.

– Enddrehzahlregelung: Die höchste Vollastdrehzahl darf bei durchgedrücktem Fahrpedal bei Entlastung höchstens auf die obere Leerlaufdrehzahl ansteigen. Der Regler berücksichtigt

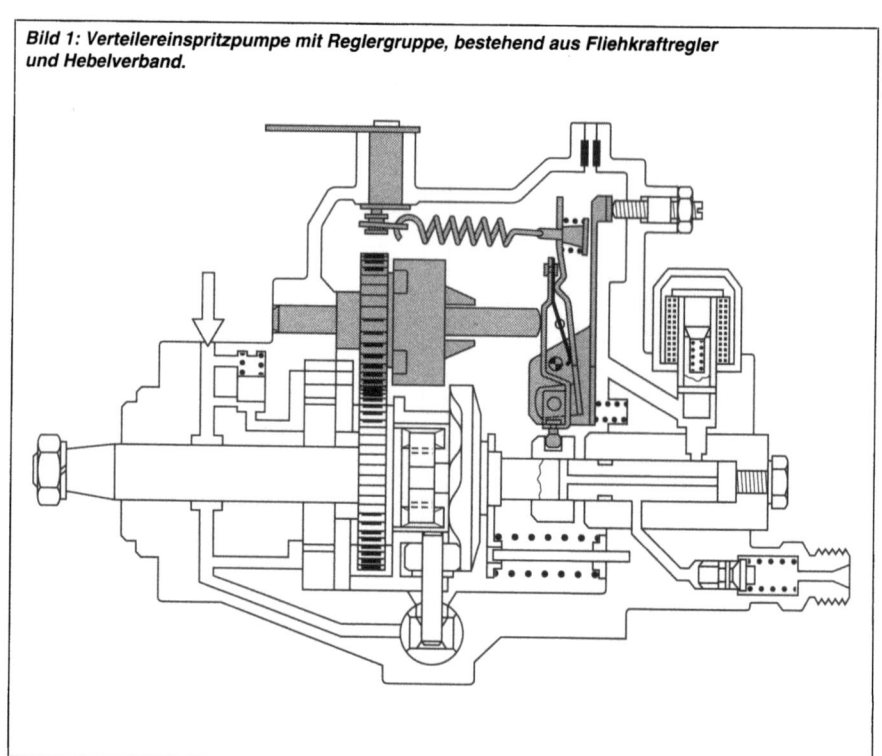

Bild 1: Verteilereinspritzpumpe mit Reglergruppe, bestehend aus Fliehkraftregler und Hebelverband.

dies durch eine Zurücknahme des Regelschiebers in Richtung "Stop"; der Motor bekommt weniger Kraftstoff.

– Zwischendrehzahlregelung: Eine Zwischendrehzahlregelung findet bei Alldrehzahlreglern statt. Bei dieser Reglerart können auch Drehzahlen zwischen Leerlauf- und Enddrehzahl in gewissen Grenzen konstant gehalten werden. Die Drehzahl n schwankt also je nach Belastung innerhalb des Leistungsbereiches des Motors nur zwischen n_{VT} (eine Drehzahl der Vollastkurve) und n_{LT} (bei unbelastetem Motor).

An den Regler werden außer seiner eigentlichen Aufgabe noch Steuerungsaufgaben gestellt:
– Freigabe oder Sperrung der für das Starten notwendigen größeren Kraftstoffmenge,
– Veränderung der Vollastmenge in Abhängigkeit von der Drehzahl (Angleichung).

Für diese zusätzlichen Aufgaben sind zum Teil Anpaßeinrichtungen erforderlich.

Bild 2: Drehzahlregler-Kennlinien.
a) Leerlauf-Enddrehzahlregler,
b) Alldrehzahlregler.
1 Startmenge, 2 Vollastmenge, 3 Angleichung (Plus), 4 Endabregelung, 5 Leerlauf.

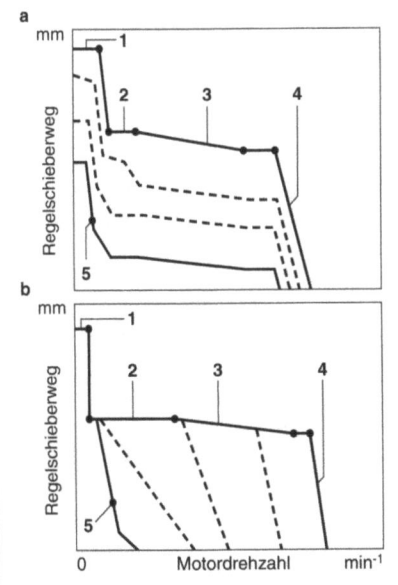

Regelgenauigkeit

Als Maß für die Abregelgenauigkeit eines Reglers gilt der Proportionalgrad (P-Grad). Er ist die prozentuale Drehzahlzunahme, wenn der Dieselmotor bei unveränderter Verstellhebellage entlastet wird. Die Drehzahlerhöhung darf dann im Regelbereich einen bestimmten Wert nicht überschreiten. Als Maximalwert gilt die obere Leerlauf-Drehzahl. Sie stellt sich ein, wenn der Dieselmotor von seiner höchsten Drehzahl unter Vollast bis auf seine Nullast entlastet wird. Der Drehzahlanstieg ist proportional zur Laständerung. Er ist um so größer, je größer die Laständerung ist.

$$\delta = \frac{n_{lo} - n_{vo}}{n_{vo}}$$

oder in %:

$$\delta = \frac{n_{lo} - n_{vo}}{n_{vo}} \cdot 100\%$$

mit
δ P-Grad
n_{lo} obere Leerlaufdrehzahl
n_{vo} obere Vollastdrehzahl

Welcher P-Grad erwünscht ist, richtet sich nach den Einsatzbedingungen des Dieselmotors. So wird zum Beispiel bei Stromerzeugungsanlagen ein kleiner P-Grad bevorzugt, damit bei Laständerungen die Drehzahländerungen und damit die Frequenzänderungen klein bleiben. Bei Kraftfahrzeugen ist ein großer P-Grad besser, weil dies bei kleinen Belastungsänderungen (Beschleunigen oder Verzögern des Kraftfahrzeuges) zu einer stabilen Regelung führt und ein besseres Fahrverhalten bewirkt. Ein kleiner P-Grad würde im Kraftfahrzeug zu ruckartigem Verhalten bei Belastungsänderungen führen.

Mechanische Drehzahlregelung

Verteilereinspritzpumpen

Alldrehzahlregler

Der Alldrehzahlregler regelt alle Drehzahlen zwischen Start und Enddrehzahl. Beim Alldrehzahlregler kann neben der Leerlauf- und Nenndrehzahl auch der dazwischenliegende Bereich geregelt werden. Mit dem Fahrpedal kann hierbei jede Drehzahl eingestellt und abhängig vom P-Grad mehr oder weniger genau konstant gehalten werden (Bild 4).

Dies ist zum Beispiel erforderlich, wenn Nebenaggregate (Seilwinde, Löschwasserpumpe, Kranbetrieb usw.) am Nutzfahrzeug oder vom Stationärmotor betrieben werden. Aber auch in Nutzfahrzeugen und bei landwirtschaftlichen Fahrzeugen (Schlepper, Mähdrescher) ist er oftmals in Anwendung.

Aufbau

Von der Antriebswelle wird die Reglergruppe, die sich aus Fliehgewichtsgehäuse und Fliehgewichten zusammensetzt, angetrieben.

Die Reglergruppe ist hierbei auf der in dem Gehäuse fixierten Reglerachse drehbar gelagert. Durch die Fliehgewichte werden die radialen Fliehgewichtswege in axiale Bewegungen der Reglermuffe umgewandelt. Reglermuffenkraft und Reglermuffenweg beeinflussen die Position der Reglermechanik. Sie setzt sich aus Einstellhebel, Spannhebel und Starthebel zusammen. Durch das Zusammenwirken von Federkraft und Muffenkraft ist die Stellung der Reglermechanik definiert. Die Verstellbewegung wird auf den Regelschieber übertragen und damit die Fördermenge bestimmt.

Startverhalten

Die Fliehgewichte und die Reglermuffe befinden sich bei Stillstand der Verteilereinspritzpumpe in der Ausgangsstellung (Bild 3a). Der Starthebel wird von der Startfeder in die Startstellung gedrückt. Hierbei dreht sich der Starthebel um seinen Drehpunkt M_2. Gleichzeitig wird über den Kugelbolzen des

Bild 3: Alldrehzahlregler Start- und Leerlaufbetrieb.
a) Startstellung, b) Leerlaufstellung.
1 Fliehgewichte, 2 Reglermuffe, 3 Spannhebel, 4 Starthebel, 5 Startfeder, 6 Reglerschieber, 7 Steuerbohrung des Verteilerkolbens, 8 Verteilerkolben, 9 Einstellschraube, Leerlaufdrehzahl, 10 Drehzahl-Verstellhebel, 11 Hebel, 12 Verstellhebelwelle, 13 Regelfeder, 14 Haltebolzen, 15 Leerlauffeder.
a Weg der Startfeder, c Weg der Leerlauffeder, h_1 max. Nutzhub, Start, h_2 min. Nutzhub, Leerlauf, M_2 Drehpunkt für 4 und 5.

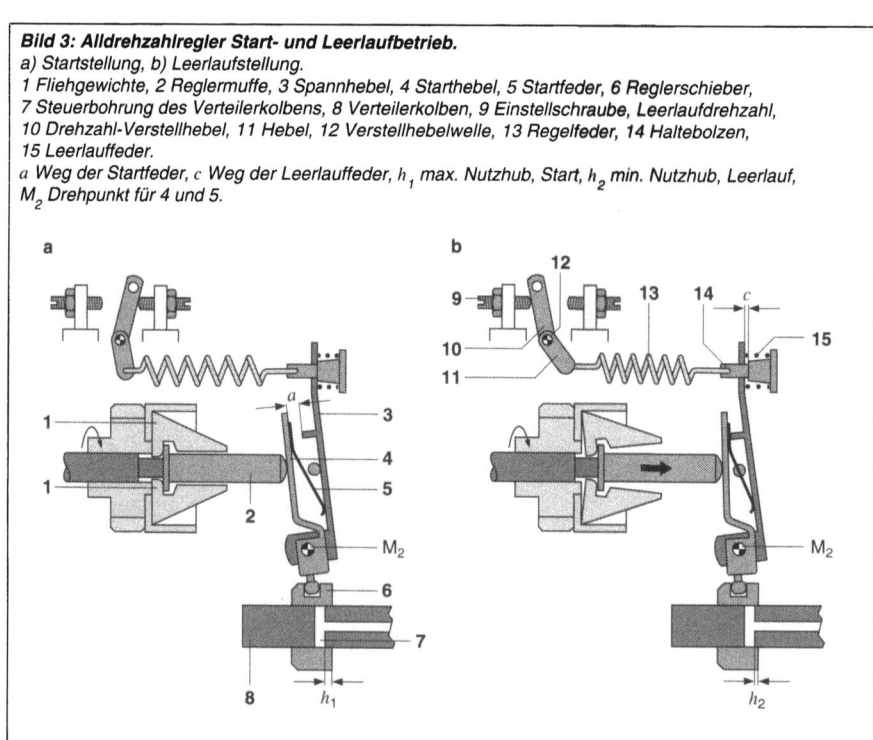

Starthebels der Regelschieber auf dem Verteilerkolben in die Startmengenstellung verschoben. Daraus resultiert, daß der Verteilerkolben einen großen Nutzhub (maximales Fördervolumen entspricht Startmenge) bis zur Absteuerung zurücklegen muß. Beim Starten ergibt sich dadurch die Startmenge.

Der Einstellhebel ist im Pumpengehäuse drehbar gelagert und kann durch die Fördermengeneinstellschraube verstellt werden (in Bild 3 nicht dargestellt). Im Einstellhebel sind Start- und Spannhebel ebenfalls drehbar gelagert. Der Starthebel besitzt an der Unterseite einen Kugelbolzen, der in den Regelschieber eingreift, wogegen an seiner Oberseite die Startfeder befestigt ist. An der Oberseite des Spannhebels befindet sich auf einem Haltebolzen die Leerlauffeder. Außerdem ist in dem Haltebolzen die Regelfeder eingehängt. Ein Hebel und die Verstellhebelwelle bilden die Verbindung mit dem Drehzahl-Verstellhebel.

Schon eine geringe Drehzahl genügt, um die Reglermuffe gegen die weiche Startfeder um den Betrag a zu verschieben. Der Starthebel dreht sich dabei wieder um den Drehpunkt M_2, und die Startmenge wird automatisch auf die Leerlaufmenge reduziert.

Leerlaufregelung

Nach dem Anspringen des Dieselmotors und dem Loslassen des Fahrpedals geht der Drehzahl-Verstellhebel in die Leerlaufstellung (Bild 3b). Bis an den Anschlag der Leerlauf-Einstellschraube. Die Leerlaufdrehzahl ist so gewählt, daß der Motor in unbelastetem oder gering belastetem Zustand mit Sicherheit ruhig läuft.

Die Regelung übernimmt die auf dem Haltebolzen angebrachte Leerlauffeder. Sie hält das Gleichgewicht zu der von den Fliehgewichten erzeugten Kraft.

Dieser Kräfteausgleich bestimmt die Stellung des Regelschiebers zur Steuerbohrung im Verteilerkolben und somit der Nutzhub fest. Bei Drehzahlen über dem Leerlaufbereich ist der Federweg c durchlaufen und die Leerlauffeder überdrückt. Durch die "gehäusefeste" Leerlauffeder (LFG) kann der Leerlauf unabhängig von der Fahrpedalstellung eingestellt und gegebenenfalls temperatur- oder lastabhängig erhöht werden.

Lastbetrieb

Im Betriebsfall hat der Drehzahl-Verstellhebel im Schwenkbereich je nach der gewünschten Drehzahl bzw. Geschwindigkeit des Fahrzeugs eine bestimmte Stellung. Diese Stellung wird von dem Fahrer durch eine entsprechende Stellung des Fahrpedals vorgegeben. Bei Drehzahlen über dem Leerlaufbereich sind Startfeder und Leerlauffeder überdrückt. Sie haben auf die Regelung keinen Einfluß. Die Regelung übernimmt die Regelfeder.

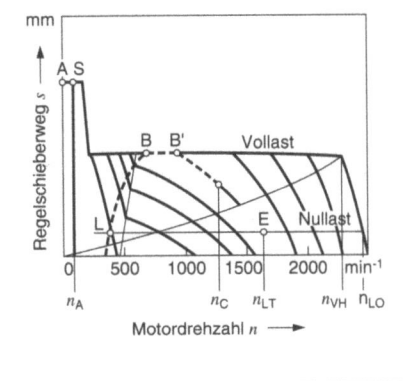

Bild 4: Reglerkennfeld des Alldrehzahlreglers.
A: Startstellung des Regelschiebers.
S: Start des Motors mit der Startmenge.
S–L: Reduzierung der Startmenge auf die Leerlaufmenge.
L: Leerlaufdrehzahl n_{LN} nach dem Anlaufen des Motors (ohne Last).
L–B: Beschleunigungsphase des Motors, nachdem der Drehzahl-Verstellhebel von der Leerlauf auf eine Solldrehzahl n_c eingestellt worden ist.
B–B': Regelschieber bleibt für eine kurze Zeit in der Vollaststellung und bewirkt eine schnelle Drehzahlsteigerung.
B'–C: Zurücknahme des Regelschiebers (weniger Menge, höhere Drehzahl), entsprechend dem P-Grad hält das Fahrzeug die gewünschte Geschwindigkeit bzw. die Drehzahl n_c im Teillastbereich ein.
E: Drehzahl n_{LT}, die nach Entlastung des Motors bei unveränderter Drehzahl-Verstellhebellage erreicht wird.

Mechanische Drehzahlregelung

Verteilereinspritzpumpen

Beispiel (Bild 5):
Der Fahrer bringt den Drehzahl-Verstellhebel über das Fahrpedal in eine bestimmte Stellung, die einer gewünschten (höheren) Geschwindigkeit entsprechen soll. Infolge dieser Verstellbewegung wird die Regelfeder um einen bestimmten Betrag gespannt. Dadurch ist die Wirkung der Regelfederkraft größer als die der Fliehkraft. Starthebel und Spannhebel folgen der Federkraft, wobei sie um den Drehpunkt M_2 schwenken und den Regelschieber aufgrund des konstruktiv bestehenden Übersetzungsverhältnisses in Richtung Mehrmenge verstellen. Die Fördermenge wird somit erhöht und bewirkt eine Drehzahlsteigerung. Die Fliehgewichte bauen größere Kräfte auf, die über die Reglermuffe entgegen der Federkraft wirken.

Der Regelschieber bleibt aber so lange auf "Voll", bis ein Momentengleichgewicht besteht. Steigt die Drehzahl des Motors noch weiter, so gehen die Fliehgewichte nach außen; die Reglermuffenkraft überwiegt. Infolgedessen schwenken Start- und Spannhebel um ihren gemeinsamen Drehpunkt (M_2) und schieben den Regelschieber in Richtung "Stop", so daß der Absteuerquerschnitt früher freigegeben wird. Die Fördermenge kann bis zur "Nullmenge" verringert werden, wodurch die Begrenzung der Drehzahl gewährleistet ist. Jeder Stellung des Drehzahl-Verstellhebels ist daher während des Betriebs ein ganz bestimmter Drehzahlbereich zwischen Vollast und Nullast zugeordnet, solange der Motor nicht überlastet wird. Daraus folgt, daß der Drehzahlregler im Rahmen seines P-Grades die eingestellte Soll-Drehzahl einhält (Bild 4).

Ist die Belastung (z.B. Steigung) so groß, daß der Regelschieber sich in der Vollaststellung befindet, die Drehzahl aber trotzdem sinkt, kann die Kraftstoffmenge nicht mehr erhöht werden. Der Motor ist überlastet und der Fahrer muß in diesem Fall auf einen kleineren Gang zurückschalten.

Bild 5: Alldrehzahlregler, Lastbetrieb.
a) Arbeitsweise bei steigender Drehzahl, b) bei fallender Drehzahl.
1 Fliehgewichte, 2 Drehzahl-Verstellhebel, 3 Einstellschraube Leerlaufdrehzahl, 4 Regelfeder, 5 Leerlauffeder, 6 Starthebel, 7 Spannhebel, 8 Spannhebelanschlag, 9 Startfeder, 10 Regelschieber, 11 Einstellschraube Enddrehzahl, 12 Reglermuffe, 13 Absteuerquerschnitt des Verteilerkolbens, 14 Verteilerkolben.
h_1 Nutzhub Leerlauf, h_2 Nutzhub Vollast, M_2 Drehpunkt für 6 und 7.

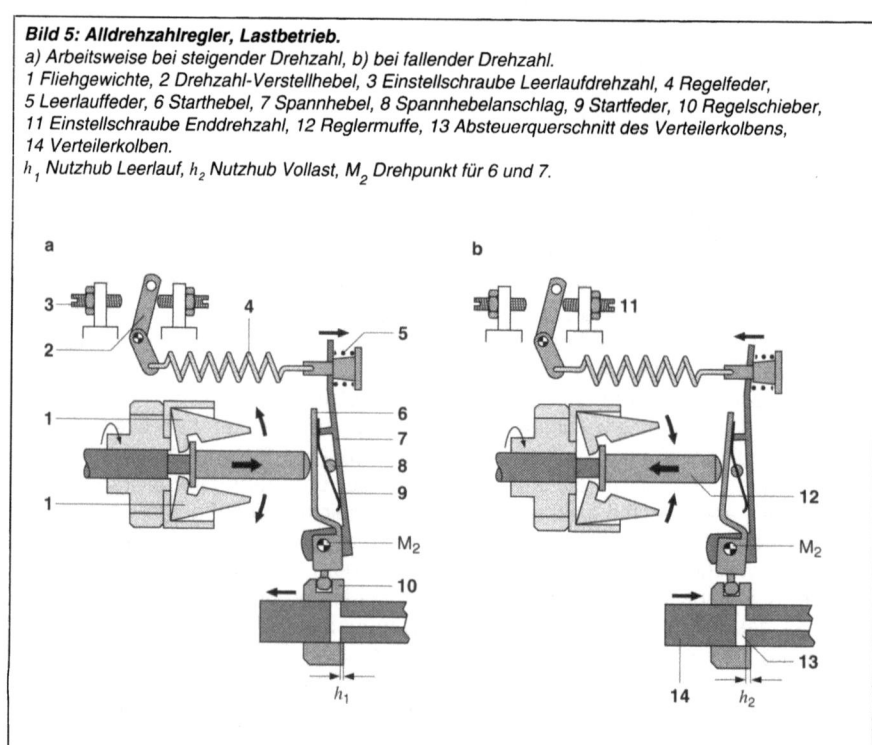

Schiebebetrieb

Beim Bergabwärtsfahren (Schiebebetrieb) wird der Motor vom Fahrzeug angetrieben und beschleunigt. Infolgedessen drückt die Reglermuffe gegen den Start- und Spannhebel. Beide Hebel verändern ihre Lage und verschieben den Regelschieber in Richtung weniger Menge, bis sich bei dem neuen Belastungszustand eine entsprechende verkleinerte Fördermenge eingestellt hat, die im Grenzfall Null ist. Das hier beschriebene Verhalten des Alldrehzahlreglers gilt grundsätzlich für alle Stellungen des Drehzahl-Verstellhebels, wenn sich die Belastung oder die Drehzahl aus irgend einem Grund so stark ändert, daß der Regelschieber in seinen Endlagen Voll oder Stop anliegt.

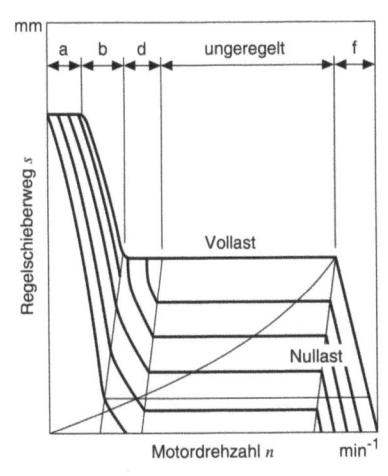

Bild 6: Reglerkennfeld des Leerlauf-Enddrehzahlreglers mit Leerlauffeder und Zwischenfeder.
a: Bereich der Startfeder
b: Bereich der Start- und Leerlauffeder
d: Bereich der Zwischenfeder
f: Bereich der Regelfeder

Leerlauf-Enddrehzahlregler

Der Leerlauf-Enddrehzahlregler regelt nur die Leerlaufdrehzahl und die Enddrehzahl. Der Zwischenbereich wird direkt vom Fahrpedal beeinflußt (Bild 6).

Aufbau
Die Reglergruppe mit den Fliehgewichten und die Regelhebelanordnung sind mit dem bereits erläuterten Alldrehzahlregler vergleichbar. Der Aufbau des Leerlauf-Enddrehzahlreglers unterscheidet sich durch die Regelfeder und deren Einbau. Sie ist als Druckfeder ausgeführt und in einem Führungsglied untergebracht. Die Verbindung zwischen Spannhebel und Regelfeder ist durch einen Haltebolzen realisiert.

Startverhalten
Die Reglermuffe befindet sich in der Ausgangsstellung, da die Fliehgewichte in Ruhe sind. Dadurch ist die Startfeder in der Lage, über den Starthebel und die Reglermuffe die Fliehgewichte in die Innenlage zu drücken. Der Regelschieber auf dem Verteilerkolben befindet sich in der Startmengenposition.

Leerlaufregelung
Nach dem Start des Motors und dem Loslassen des Fahrpedals geht der Drehzahl-Verstellhebel durch die Wirkung der Rückstellfeder in die Leerlaufstellung. Bei steigender Drehzahl erhöht sich die Fliehkraft der Fliehgewichte (Bild 7a), deren Innenschenkel die Reglermuffe gegen den Starthebel drücken. Die Regelung erfolgt von der auf dem Spannhebel angebrachten Leerlauffeder. Durch die Drehbewegung des Starthebels wird der Regelschieber in Richtung "weniger Fördermenge" verschoben. Die Position des Regelschiebers wird hierbei durch das Zusammenwirken von Fliehkraft und Federkraft bestimmt.

Lastbetrieb
Betätigt der Fahrer das Fahrpedal, so wird der Drehzahl-Verstellhebel um einen bestimmten Betrag geschwenkt.

Mechanische Drehzahlregelung

Verteilereinspritzpumpen

Der Wirkungsbereich von Start- und Leerlauffeder ist aufgehoben und die Zwischenfeder ist im Eingriff. Mit der Zwischenfeder erzielt man beim Leerlauf-Enddrehzahlregler einen "weicheren" Übergang zum ungeregelten Bereich. Wird der Drehzahl-Verstellhebel weiter in Richtung Vollast bewegt, so wird der Weg der Zwischenfeder durchfahren, bis der Bolzenbund am Spannhebel anliegt (Bild 7b). Der Wirkungsbereich der Zwischenfeder ist aufgehoben und der ungeregelte Bereich ist wirksam. Der ungeregelte Bereich ergibt sich durch die Vorspannung der Regelfeder. Sie kann in diesem Drehzahlbereich als starr angesehen werden. Die Verstellung des Drehzahl-Verstellhebels (bzw. Fahrpedal) durch den Fahrer kann jetzt direkt über die Reglermechanik an den Regelschieber weitergegeben werden. Damit wird direkt vom Fahrpedal die Fördermenge beeinflußt. Will der Fahrer die Geschwindigkeit erhöhen oder ist eine Steigung zu nehmen, so muß er mehr "Gas geben", ist eine geringere Motorleistung verlangt, so muß er das "Gas zurücknehmen".

Tritt nun bei unveränderter Drehzahl-Verstellhebellage eine Entlastung des Motors ein, so steigt bei gleichbleibender Menge die Drehzahl. Die Fliehkraft erhöht sich, wodurch die Fliehgewichte die Reglermuffe stärker gegen Start- und Spannhebel drücken. Erst wenn die Vorspannung der Regelfeder von der Wirkung der Muffenkraft überwunden ist, wird die Endabregelung im Bereich der Nenndrehzahl wirksam.

Bei vollständiger Entlastung erreicht der Motor die obere Leerlaufdrehzahl und ist somit gegen ein Überdrehen geschützt.

Personenkraftwagen sind vorwiegend mit einer Kombination aus Alldrehzahlregler und Leerlauf-Enddrehzahlregler ausgerüstet.

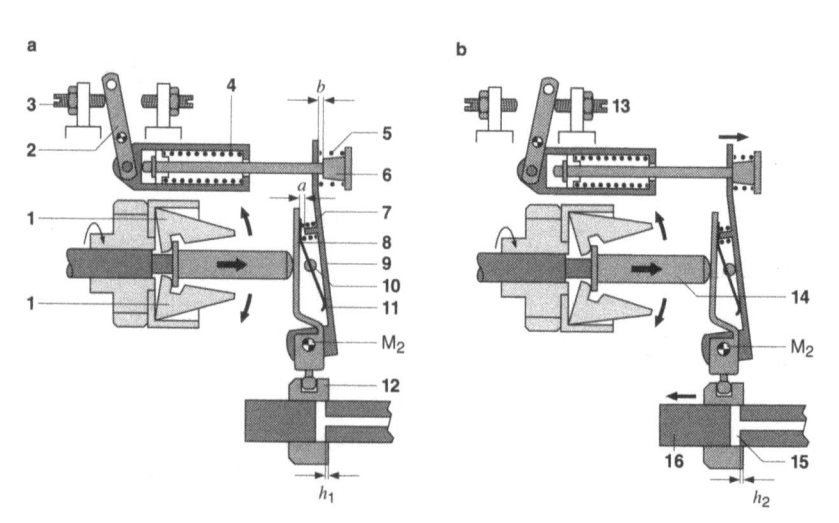

Bild 7: Leerlauf-Enddrehzahlregler.
a) Leerlaufstellung, b) Vollaststellung.
1 Fliehgewichte, 2 Drehzahl-Verstellhebel, 3 Einstellschraube Leerlaufdrehzahl, 4 Regelfeder,
5 Zwischenfeder, 6 Haltebolzen, 7 Leerlauffeder, 8 Starthebel, 9 Spannhebel, 10 Spannhebelanschlag,
11 Startfeder, 12 Regelschieber, 13 Einstellschraube Endabregelung, 14 Reglermuffe,
15 Absteuerquerschnitt des Verteilerkolbens, 16 Verteilerkolben.
a Weg der Start- und Leerlauffeder, b Weg der Zwischenfeder, h_1 Nutzhub Leerlauf, h_2 Nutzhub Vollast,
M_2 Drehpunkt für 8 und 9.

Spritzverstellung

Der Förderbeginn der Verteilereinspritzpumpe kann durch den Spritzversteller drehzahlabhängig gegen die Kurbelwelle des Dieselmotors vorverlegt werden, um den Spritz- und Zündverzug zu kompensieren. Beispiel (Bild 1):
Der Förderbeginn (FB) liegt nach dem Verschluß des Zulaufquerschnitts. Es baut sich ein Pumpenhochdruck auf, der beim Erreichen des Düsenöffnungsdrucks zum Spritzbeginn (SB) führt. Die Zeit zwischen FB und SB heißt Spritzverzug (SV). Bei weiterer Verdichtung erfolgt dann der Verbrennungsbeginn (VB). Die Zeitspanne zwischen SB und VB ist der Zündverzug (ZV). Nach dem Öffnen des Absteuerquerschnitts fällt der Pumpenhochdruck ab (Förderende), dann schließt die Düsennadel (Spritzende, SE). Darauf folgt das Verbrennungsende (VE).

Aufgabe

Beim Fördervorgang der Einspritzpumpe wird die Einspritzdüse durch eine Druckwelle, die sich mit Schallgeschwindigkeit in der Einspritzleitung ausbreitet, geöffnet. Die dafür benötigte Zeit ist im wesentlichen unabhängig von der Drehzahl, jedoch vergrößert sich der Kurbelwinkel zwischen Förderbeginn und Spritzbeginn mit steigender Drehzahl. Das bedarf einer Korrektur durch Vorverlegen des Förderbeginns. Bestimmt wird die Ausbreitungszeit der Druckwelle von der Länge der Einspritzleitung und der Schallgeschwindigkeit, die in Dieselkraftstoff ca. 1500 m/s beträgt. Man bezeichnet die dafür benötigte Zeit als Spritzverzug. Der Spritzbeginn eilt also dem Förderbeginn nach. Wegen dieser Erscheinung öffnet die Einspritzdüse (bezogen auf die Motorkolbenstellung) bei hoher Drehzahl später als bei niedriger Drehzahl. Nach dem Einspritzvorgang benötigt der Dieselkraftstoff eine bestimmte Zeit, um in den gasförmigen Zustand überzugehen und mit der Luft ein zündfähiges Gemisch zu bilden.

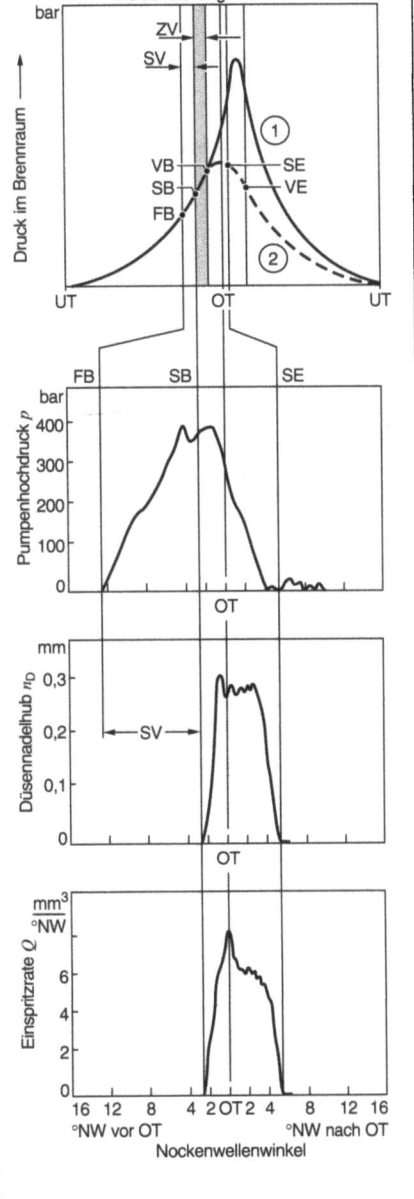

Bild 1: Verlauf eines Arbeitstaktes bei Vollast und niedriger Drehzahl (nicht maßstäblich).
FB Förderbeginn, SB Spritzbeginn,
SV Spritzverzug, VB Verbrennungsbeginn,
ZV Zündverzug, SE Spritzende,
VE Verbrennungsende.
① Verbrennungsdruck,
② Kompressionsdruck,
UT unterer Totpunkt,
OT oberer Totpunkt.

Verteilereinspritzpumpen

Diese Gemischaufbereitungszeit ist unabhängig von der Motordrehzahl. Der dafür benötigte Zeitraum zwischen Einspritzbeginn und Verbrennungsbeginn wird beim Dieselmotor Zündverzug genannt.

Beeinflußt wird der Zündverzug von der Zündwilligkeit des Dieselkraftstoffes (angegeben mit der Cetanzahl), dem Verdichtungsverhältnis, der Lufttemperatur und der Kraftstoffzerstäubung. In der Regel beträgt die Zeitdauer für den Zündverzug etwa eine Millisekunde. Bei konstantem Einspritzbeginn und steigender Motordrehzahl vergrößert sich der Kurbelwinkel zwischen Einspritzbeginn und Verbrennungsbeginn, so daß der Verbrennungsbeginn nicht mehr im richtigen Moment (bezogen auf die Motorkolbenstellung) stattfinden kann.

Da die günstigste Verbrennung und die beste Leistung eines Dieselmotors nur bei einer bestimmten Stellung der Kurbelwelle bzw. Kolbenstellung erreicht wird, ist der Förderbeginn der Einspritzpumpe mit steigender Drehzahl vorzuverlegen, um die Zeitverschiebung, bedingt durch Spritz- und Zündverzug, zu kompensieren. Hierzu dient der drehzahlabhängige Spritzversteller.

Aufbau

Der hydraulisch betätigte Spritzversteller ist in dem Gehäuse der Verteilereinspritzpumpe an der Unterseite quer zur Pumpenlängsachse eingebaut (Bild 2). Hierbei wird der Spritzverstellerkolben im Pumpengehäuse geführt. Auf beiden Seiten ist das Gehäuse durch einen Deckel geschlossen. In dem Spritzverstellerkolben befindet sich eine Bohrung, die den Kraftstoffzulauf ermöglicht, während auf der gegenüberliegenden Seite eine Druckfeder angeordnet ist. Über einen Gleitstein und einen Bolzen ist der Spritzverstellerkolben mit dem Rollenring verbunden, so daß die Hubbewegung in eine Drehbewegung umgesetzt werden kann.

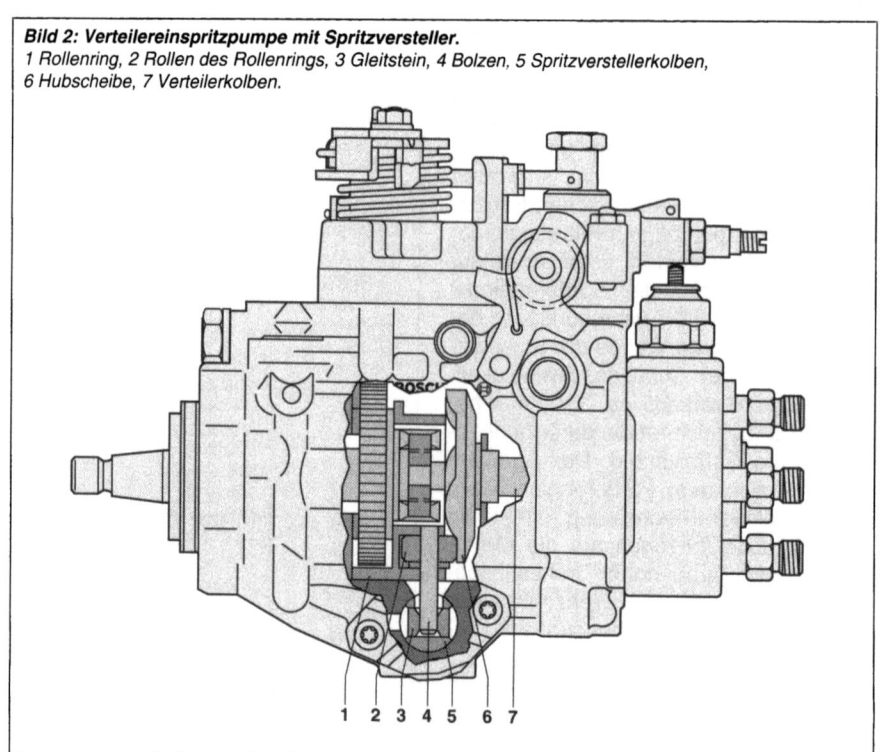

Bild 2: Verteilereinspritzpumpe mit Spritzversteller.
1 Rollenring, 2 Rollen des Rollenrings, 3 Gleitstein, 4 Bolzen, 5 Spritzverstellerkolben, 6 Hubscheibe, 7 Verteilerkolben.

Arbeitsweise

Bei der Verteilereinspritzpumpe wird der Spritzverstellkolben von der vorgespannten Spritzverstellfeder in der Ruhestellung gehalten (Bild 3a). Während des Betriebs wird mit dem Druckregelventil der Kraftstoffdruck im Pumpeninnenraum proportional der Drehzahl reguliert. Infolgedessen wird die der Spritzverstellerfeder entgegengesetzte Kolbenseite mit dem im Pumpeninnenraum wirksamen drehzahlproportionalen Kraftstoffdruck beaufschlagt.

Erst ab einer Drehzahl von 300 min^{-1} überwindet der Kraftstoffdruck (Pumpeninnenraumdruck) die Federvorspannkraft und verschiebt den Spritzverstellerkolben nach links (Bild 3b). Die axiale Kolbenbewegung wird über den Gleitstein und den Bolzen auf den drehbar gelagerten Rollenring übertragen. Dadurch ändert sich die Zuordnung von Hubscheibe und Rollenring so, daß die sich drehende Hubscheibe von den Rollen des Rollenrings zu einem früheren Zeitpunkt angehoben wird. Rollen mit Rollenring sind also gegen Hubscheibe und Verteilerkolben um einen definierten Winkel verdreht. Der mögliche Winkel liegt üblicherweise bei zwölf Grad Nockenwinkel (24 Grad Kurbelwellenwinkel).

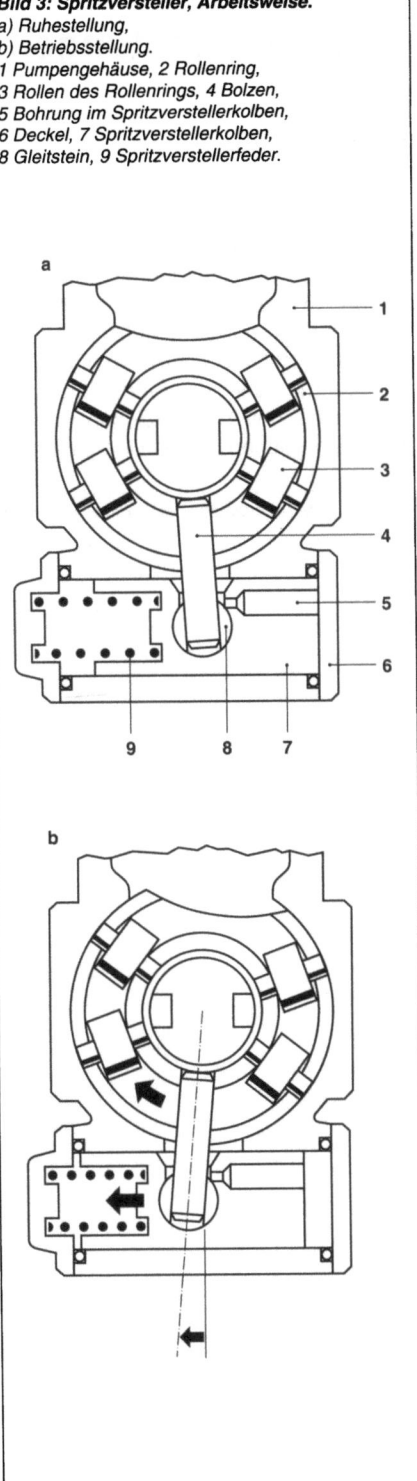

Bild 3: Spritzversteller, Arbeitsweise.
a) Ruhestellung,
b) Betriebsstellung.
1 Pumpengehäuse, 2 Rollenring,
3 Rollen des Rollenrings, 4 Bolzen,
5 Bohrung im Spritzverstellerkolben,
6 Deckel, 7 Spritzverstellerkolben,
8 Gleitstein, 9 Spritzverstellerfeder.

Spritzverstellung

Verteiler-einspritz-pumpen

Anpaß- und Abstelleinrichtungen

Anwendung

Die Verteilereinspritzpumpe ist nach dem Baukastenprinzip konstruiert und kann entsprechend den Motoranforderungen mit verschiedenen Zusatzeinrichtungen ausgestattet sein (Bild 1). Dadurch ergeben sich vielfältige Anpassungsmöglichkeiten, um ein Optimum an Drehmoment, Leistung, Kraftstoffverbrauch und Abgaszusammensetzung zu erreichen. In der Übersicht sind die Anpaßeinrichtungen und deren Einflüsse auf den Dieselmotor zusammengefaßt. Das Blockschaltbild zeigt das Zusammenwirken von Grundgerät und Anpaßeinrichtungen der Verteilereinspritzpumpe (Bild 2).

Angleichung

Unter Angleichung versteht man die drehzahlabhängige Anpassung der Kraftstoff-Fördermenge an die Kraftstoffbedarfs-Kennlinie des Motors.
Bei besonderen Forderungen an die Vollastcharakteristik (Optimierung der Abgaszusammensetzung, der Drehmomentcharakteristik und des Kraftstoff

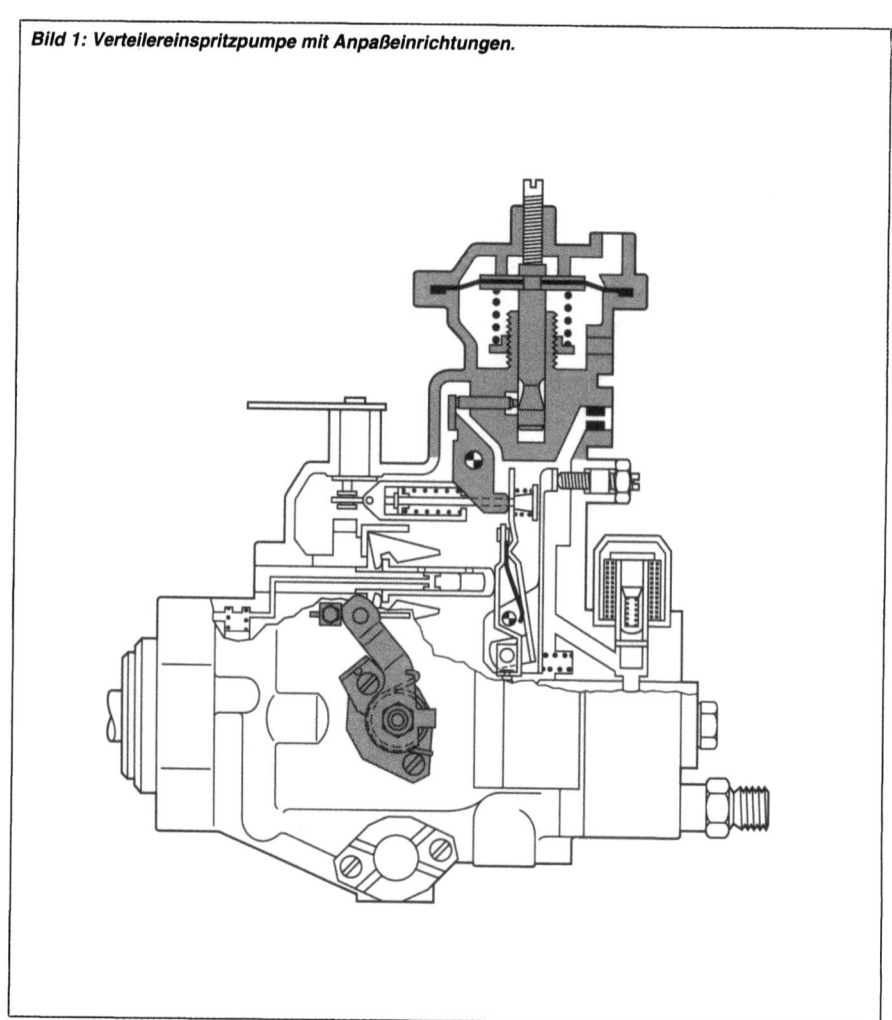

Bild 1: Verteilereinspritzpumpe mit Anpaßeinrichtungen.

Bild 2: Blockschaltbild der Verteilereinspritzpumpe VE mit mechanischer/hydraulischer Vollastangleichung.

LDA Ladedruckabhängiger Vollastanschlag.
Steuerung der Fördermenge in Abhängigkeit vom Ladedruck.

HBA Hydraulisch betätigte Angleichung.
Steuerung der Fördermenge in Abhängigkeit von der Drehzahl (nicht bei aufgeladenen Motoren mit LDA).

LFB Lastabhängiger Förderbeginn.
Förderbeginn der Belastung anpassen, um Geräusch- und Abgasemission zu vermindern.

ADA Atmosphärendruckabhängiger Vollastanschlag.
Steuerung der Fördermenge in Abhängigkeit vom Atmosphärendruck.

KSB Kaltstartbeschleuniger.
Kaltstartverhalten verbessern durch Verändern des Förderbeginns.

GST Gestufte (oder einstellbare) Startmenge.
Vermeiden der Startmengenüberhöhung beim Warmstart.

TLA Temperaturabhängige Leerlaufanhebung.
Warmlauf und Rundlauf durch Erhöhung der Leerlaufdrehzahl bei kaltem Motor verbessern.

ELAB Elektrische Abstellvorrichtung.

A Absteuerquerschnitt, n_{ist} Istdrehzahl (Regelgröße), n_{soll} Solldrehzahl (Führungsgröße), Q_F Fördermenge, t_M Motortemperatur, t_{LU} Umgebungslufttemperatur, p_L Ladedruck, p_A Atmosphärendruck, p_i Pumpeninnenraumdruck.
(1) Vollastangleichung mit Regelhebelgruppe, (2) hydraulische Vollastangleichung.

Anpaßeinrichtungen

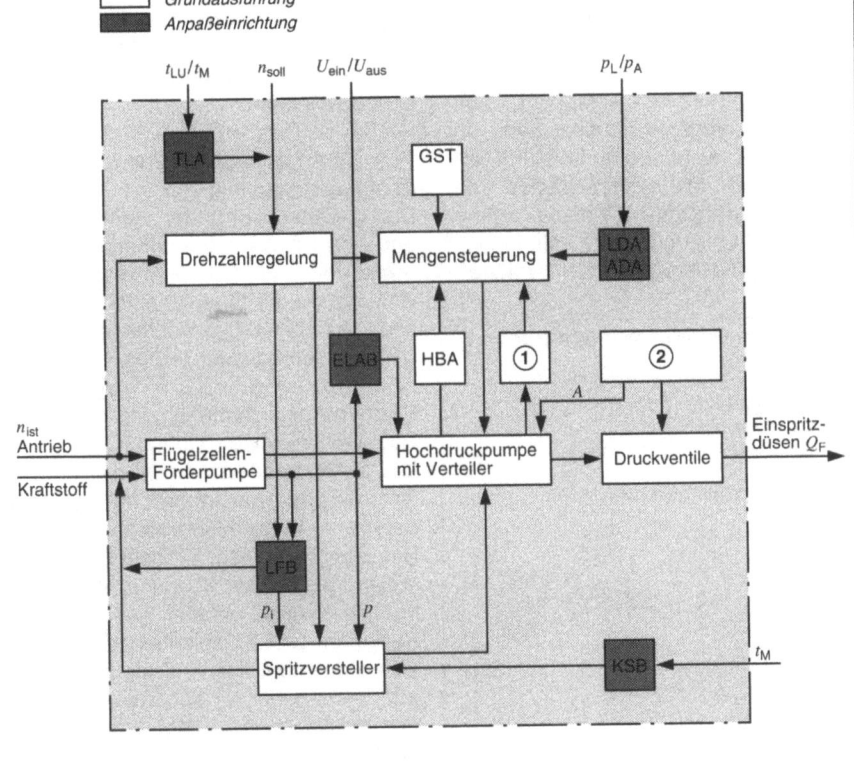

Verteilereinspritzpumpen

verbrauchs) kann eine Angleichung erforderlich sein. Es soll also genausoviel Kraftstoff eingespritzt werden, wie der Motor benötigt. Der Kraftstoffbedarf des Motors steigt zunächst und nimmt bei hoher Drehzahl etwas ab. Bild 3 zeigt die Fördermengen-Kennlinie einer nicht angeglichenen Einspritzpumpe. Daraus geht hervor, daß bei gleicher Stellung des Regelschiebers auf dem Verteilerkolben die Einspritzpumpe bei hoher Drehzahl etwas mehr fördert als bei niedriger Drehzahl. Ursache für die geförderte Mehrmenge der Einspritzpumpe ist die Drosselwirkung an dem Absteuerquerschnitt des Verteilerkolbens. Wird die Fördermenge der Einspritzpumpe so festgelegt, daß das größtmögliche Drehmoment im unteren Drehzahlbereich erreicht wird, so würde der Motor bei höheren Drehzahlen die eingespritzte Kraftstoffmenge nicht mehr rauchfrei verbrennen. Das Resultat zuviel eingespritzten Kraftstoffs wäre eine Überhitzung des Motors und Rauch. Bemißt man dagegen die Höchstfördermenge so, daß sie dem Bedarf des Motors bei seiner Höchstdrehzahl und Vollast entspricht, dann kann bei niederen Drehzahlen der Motor nicht seine volle Leistung abgeben, weil die Fördermenge mit fallender Drehzahl ebenfalls kleiner wird. Die Leistung wäre also nicht "optimal". Die eingespritzte Kraftstoffmenge muß also dem Kraftstoffbedarf des Motors angeglichen werden. Eine Angleichung kann bei der Verteilereinspritzpumpe mit dem Druckventil, dem Absteuerquerschnitt oder einer erweiterten Regelhebelgruppe oder der hydraulisch betätigten Angleichung (HBA) erfolgen. Eine Vollastangleichung mit der Regelhebelgruppe wird dann vorgenommen, wenn eine positive Vollastangleichung mit dem Druckventil nicht mehr ausreicht oder eine negative Vollastangleichung notwendig ist.

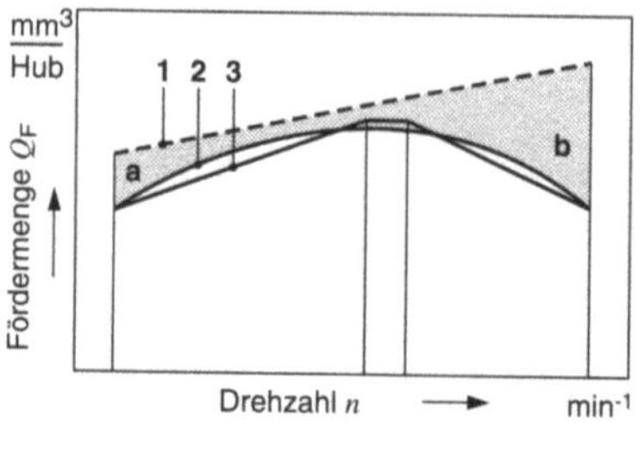

Positive Angleichung
Eine positive Vollastangleichung ist bei den Einspritzpumpen erforderlich, die im oberen Drehzahlbereich zuviel Kraftstoff fördern. Um dies zu vermeiden, ist es notwendig, die Fördermenge der Einspritzpumpe bei steigender Drehzahl zu verringern.

Positive Angleichung mit dem Druckventil
Eine positive Angleichung kann in bestimmten Grenzen mit Druckventilen erreicht werden, z.B. durch eine weichere Druckventilfeder.

Positive Angleichung mit dem Absteuerquerschnitt
Durch Optimierung der Abmessungen und Form des Absteuerquerschnitts im Verteilerkolben läßt sich die Drosselwirkung dieses Querschnitts dazu nutzen, bei hohen Drehzahlen eine Mengenreduzierung zu erreichen.

Positive Angleichung mit der Regelhebelgruppe (Bild 4a)
Die maßgebende Drehzahl für den Angleichbeginn erreicht man mit verschiedenen Angleichfedervorspannungen. Bei Erreichen dieser Drehzahl muß zwischen Muffenkraft (F_M) und Vorspannkraft der Angleichfeder Gleichgewicht bestehen. Der Angleichhebel (6) stützt sich dabei über den Anschlagbolzen (5) am Spannhebel (4) ab. Das freie Ende des Angleichhebels liegt am Angleichbolzen an. Steigert man die Drehzahl, so wird die auf den Starthebel (1) wir-

Bild 3: Fördermengenverlauf mit und ohne Vollastangleichung.
a) Negative, b) positive Angleichung.
1 Zuviel eingespritzter Kraftstoff,
2 Kraftstoffbedarf des Motors,
3 angeglichene Vollastfördermenge,
Rasterfeld:
nicht angeglichene Vollastfördermenge.

kende Muffenkraft größer. Der gemeinsame Drehpunkt (M_4) von Starthebel und Angleichhebel verändert seine Lage. Gleichzeitig kippt der Angleichhebel um den Anschlagbolzen (5) und drückt den Angleichbolzen in Richtung Anschlag. Gleichzeitig dreht der Starthebel um den Drehpunkt (M_2) und schiebt den Regelschieber (8) in Richtung weniger Einspritzmenge. Sobald der Bolzenbund (10) am Starthebel (1) anliegt, ist die Angleichung beendet.

Negative Angleichung
Eine negative Vollastangleichung kann bei den Motoren erforderlich sein, die im unteren Drehzahlbereich Schwarzrauchprobleme haben oder einen besonderen Drehmomentenanstieg realisieren sollen. Ebenso benötigen Ladermotoren oft noch nach Auslauf des ladedruckabhängigen Vollastanschlags (LDA) eine negative Angleichung. In diesen Fällen wird mit steigender Drehzahl die Fördermenge verstärkt erhöht (Bild 3).

Negative Angleichung mit der Regelhebelgruppe (Bild 4b)
Nach Überdrücken der Startfeder (9) stützt sich der Angleichhebel (6) über den Anschlagbolzen 5) am Spannhebel (4) ab. Der Angleichbolzen (7) liegt ebenfalls am Spannhebel an. Wird die Muffenkraft (F_M) infolge Drehzahlerhöhung vergrößert, so drückt der Angleichhebel gegen die vorgespannte Angleichfeder. Ist die Muffenkraft größer als die Federkraft der Angleichfeder, wird der Angleichhebel (6) in Richtung Bolzenbund (10) gedrückt. Infolge-dessen verändert der gemeinsame Drehpunkt (M_4) von Starthebel und Angleichhebel seine Lage. Gleichzeitig dreht der Starthebel um seinen Drehpunkt (M_2) und schiebt den Regelschieber (8) in Richtung Mehrmenge. Sobald der Angleichhebel an dem Bolzenbund anliegt, ist die Angleichung beendet.

Negative Angleichung über hydraulisch betätigte Angleichung (HBA)
Bei Saugmotoren kann zur Formung des Vollastmengenverlaufs über der Drehzahl auch eine ähnlich dem LDA wirkende Angleichung zum Einsatz kommen. Die Verstellkraft des Kolbens wird dabei durch den drehzahlproportionalen Druck im Pumpenraum erzeugt. Im Gegensatz zur Feder-Angleichung lassen sich dadurch (in Grenzen) Vollastkurven über eine Nockenkurve auf dem Verstellbolzen formen.

Anpaßeinrichtungen

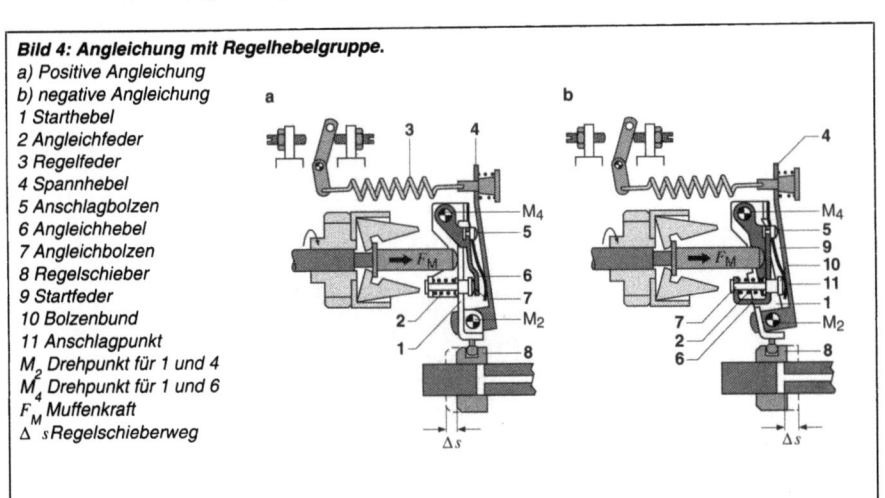

Bild 4: Angleichung mit Regelhebelgruppe.
a) Positive Angleichung
b) negative Angleichung
1 Starthebel
2 Angleichfeder
3 Regelfeder
4 Spannhebel
5 Anschlagbolzen
6 Angleichhebel
7 Angleichbolzen
8 Regelschieber
9 Startfeder
10 Bolzenbund
11 Anschlagpunkt
M_2 Drehpunkt für 1 und 4
M_4 Drehpunkt für 1 und 6
F_M Muffenkraft
Δs Regelschieberweg

Verteiler-einspritz-pumpen

Ladedruck-Anpassung

Abgas-Turboaufladung

Das Prinzip der Abgas-Turboaufladung bei Dieselmotoren bewirkt eine Leistungssteigerung gegenüber einem freisaugenden Dieselmotor bei annähernd gleichbleibenden Abmessungen und Drehzahlen. Die Nutzleistung kann dabei entsprechend der erhöhten Luftmasse gesteigert werden (Bild 6). Außerdem ist oftmals eine Senkung des spezifischen Kraftstoffverbrauchs möglich. Realisiert wird die Aufladung des Dieselmotors z.B. durch einen Abgas-Turbolader (Bild 5).

Die von dem Motor ausgestoßenen Abgase strömen nicht mehr ungenutzt ins Freie, sondern treiben die Abgasturbine des Turboladers an. Seine Drehzahl kann hierbei über 100 000 min^{-1} betragen. Über eine Welle ist die Abgasturbine mit dem Verdichter des Abgas-Turboladers verbunden. Der Verdichter saugt die Luft an und führt sie dem Verbrennungsraum des Motors unter Druck zu. Dabei steigt nicht nur der Druck der angesaugten Luft, sondern auch die Lufttemperatur. Bei zu hohen Temperaturen wird eine Kühlung der Luft zwischen Lader- und Motoreintritt vorgenommen.

Bild 5: Dieselmotor mit Abgasturbolader.

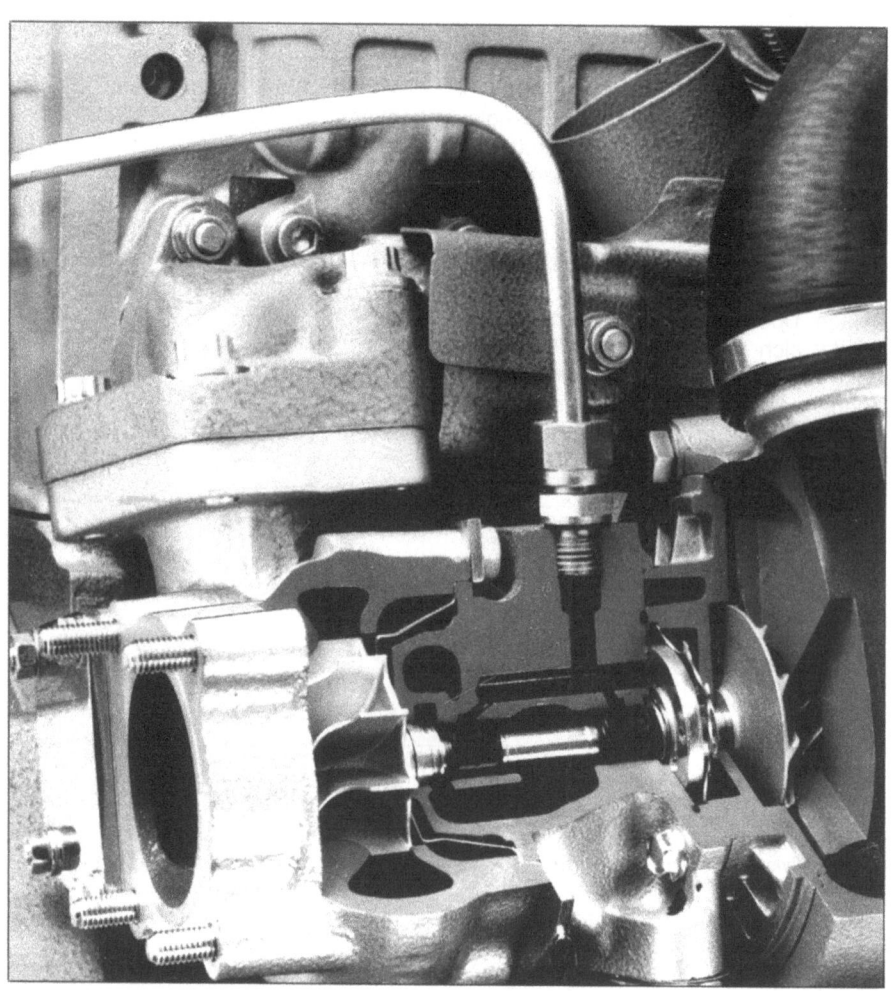

Bild 6: Leistungs- und Drehmomentenvergleich Saugmotor und Ladermotor.

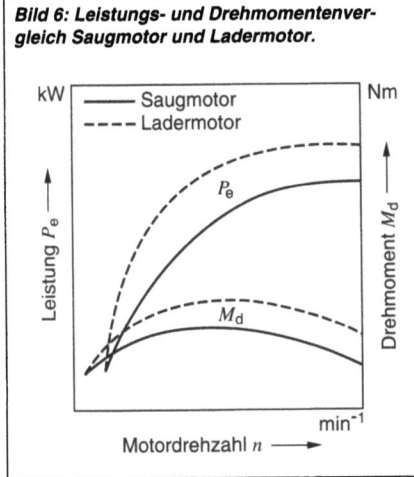

Ladedruckabhängiger Vollastanschlag (LDA)

Der ladedruckabhängige Vollastanschlag reagiert auf den Ladedruck des Abgasturboladers oder mechanischen Laders und hat die Aufgabe, die Vollastfördermenge dem Ladedruck anzupassen (Bilder 6 und 7).

Aufgabe

Der ladedruckabhängige Vollastanschlag wird bei Ladermotoren verwendet. Bei diesen Dieselmotoren ist die Kraftstoffmenge auf die erhöhte Luftfüllung der Motorzylinder (Ladebetrieb) abgestimmt. Läuft der aufgeladene Dieselmotor mit geringerer Luftfüllung der

Anpaß-einrich-tungen

Bild 7: Verteilereinspritzpumpe mit ladedruckabhängigem Vollastanschlag.
1 Regelfeder, 2 Reglerdeckel, 3 Umlenkhebel, 4 Abtaststift, 5 Einstellmutter, 6 Membran, 7 Druckfeder, 8 Verstellbolzen, 9 Steuerkegel, 10 Einstellschraube Vollastmenge, 11 Einstellhebel, 12 Spannhebel, 13 Starthebel.
M_1 Drehpunkt für 3.

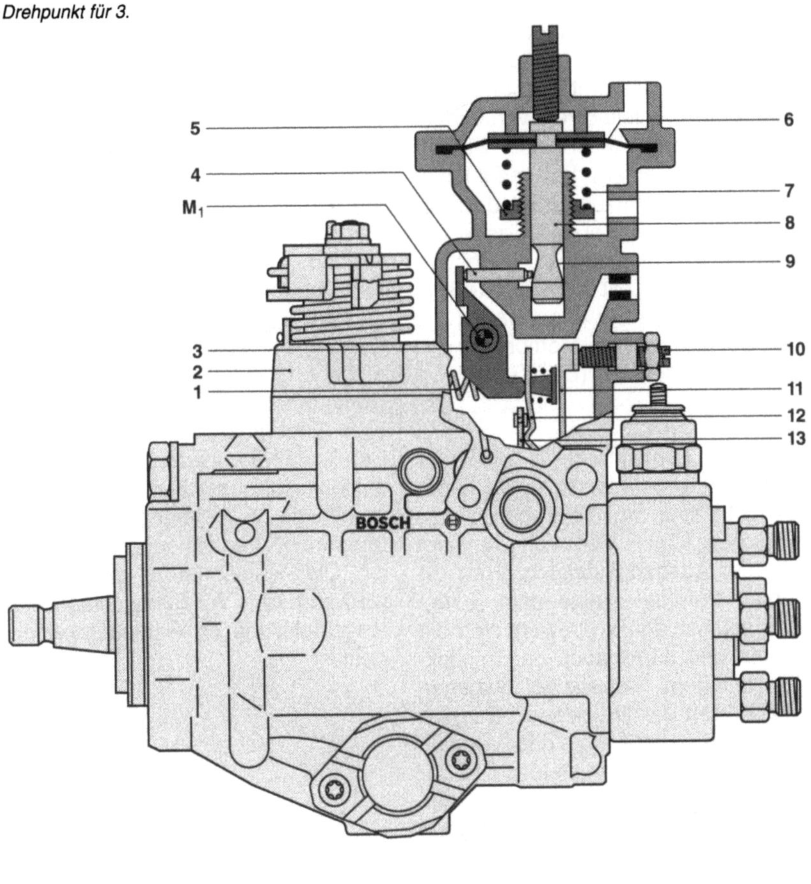

Verteilereinspritzpumpen

Motorzylinder, so muß die Kraftstoffmenge dieser verringerten Luftmasse angepaßt werden. Diese Aufgabe erfüllt der ladedruckabhängige Vollastanschlag, indem er unterhalb eines bestimmten (wählbaren) Ladedrucks die Vollastmenge verringert.

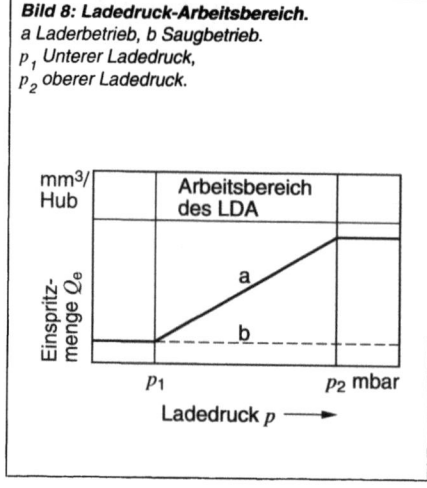

Bild 8: Ladedruck-Arbeitsbereich.
a Laderbetrieb, b Saugbetrieb.
p_1 Unterer Ladedruck,
p_2 oberer Ladedruck.

Aufbau
Der ladedruckabhängige Vollastanschlag ist an der Oberseite der Verteilereinspritzpumpe angebaut. Oben befindet sich der Anschluß für den Ladedruck und die Entlüftungsbohrung. Der Innenraum wird durch eine Membran in zwei voneinander luftdicht getrennte Kammern geteilt. Gegen die Membrane wirkt eine Druckfeder, die auf der Gegenseite von einer Einstellmutter gehalten wird. Mit dieser Einstellmutter kann die Vorspannung der Druckfeder eingestellt werden. Dadurch ist der Einsatzpunkt des ladedruckabhängigen Vollastanschlags auf den Ladedruck des Turboladers abgestimmt. Die Membran ist mit dem Verstellbolzen verbunden. Der Verstellbolzen hat einen Steuerkegel, der von einem Stift abgetastet wird. Der Abtaststift überträgt die Verstellbewegung des Verstellbolzens auf den Umlenkhebel, der den Vollastanschlag verändert. Mit dem Einstellbolzen an der Oberseite des LDA ist die Ausgangsstellung von Membrane und Verstellbolzen definiert (Bild 7).

Arbeitsweise
Im unteren Drehzahlbereich reicht der vom Abgas-Turbolader erzeugte Ladedruck nicht aus, um die Federkraft zu überdrücken. Die Membran befindet sich in der Ausgangsstellung. Wird die Membran infolge steigendem Ladedruck beaufschlagt, so bewegt sich die Membran und damit auch der Verstellbolzen mit dem Steuerkegel entgegen der Federkraft der Druckfeder. Bei dieser vertikalen Bewegung des Verstellbolzens ändert der Abtaststift seine Lage, wodurch der Umlenkhebel um seinen Drehpunkt M_1 eine Drehbewegung ausführt (Bild 7). Durch die wirksame Zugkraft der Regelfeder besteht zwischen Spannhebel, Umlenkhebel, Abtaststift und Steuerkegel eine kraftschlüssige Verbindung. Infolgedessen folgt der Spannhebel der Drehbewegung des Umlenkhebels, so daß Start- und Spannhebel eine Drehbewegung um ihren gemeinsamen Drehpunkt ausführen und den Regelschieber in Richtung Mehrmenge verschieben. Die Kraftstoffmenge wird somit der erhöhten Luftmasse im Verbrennungsraum des Motors angepaßt (Bild 8). Bei sinkendem Ladedruck drückt die Druckfeder unterhalb der Membran den Verstellbolzen nach oben. Die Verstellbewegung der Reglermechanik erfolgt in entgegengesetzter Richtung und die Kraftstoffmenge wird entsprechend dem sich ändernden Ladedruck reduziert. Bei Ausfall des Laders geht der LDA in seine Ausgangsstellung zurück und begrenzt die Vollastmenge so, daß eine rauchfreie Verbrennung gewährleistet ist. Die Vollastmenge mit Ladedruck wird mit der Vollastanschlagschraube eingestellt, die im Reglerdeckel eingebaut ist.

Lastabhängige Anpassung

Der Förderbeginn muß in Abhängigkeit von der Belastung des Dieselmotors in Richtung "früh" oder "spät" verstellt werden.

Lastabhängiger Förderbeginn (LFB)

Aufgabe
Der lastabhängige Förderbeginn ist so ausgelegt, daß bei fallender Last (z.B. von Vollast auf Teillast) bei unveränderter Drehzahl-Verstellhebellage eine Verstellung des Förderbeginns in Richtung "spät" vorgenommen wird. Bei zunehmender Last erfolgt eine Verstellung des Förderbeginn-Zeitpunktes bzw. des Einspritz-Zeitpunktes in Richtung "früh". Mit dieser Anpassung erzielt man einen weicheren Motorlauf und sauberes Abgas in Teillast und Leerlauf.

Aufbau
Die Anpassung "Lastabhängiger Förderbeginn" wird durch Modifikationen an Reglermuffe, Reglerachse und Pumpengehäuse realisiert. Hierbei ist die Reglermuffe mit einem zusätzlichen Steuerquerschnitt und die Reglerachse mit einer Ringnut, einer Längsbohrung sowie mit zwei Querbohrungen versehen. Im Pumpengehäuse ist eine weitere Bohrung vorhanden, so daß durch diese Anordnung eine Verbindung von Pumpeninnenraum zur Saugseite der Flügelzellen-Förderpumpe gegeben ist (Bild 9).

Arbeitsweise
Der Spritzversteller verstellt bei steigender Drehzahl infolge steigenden Förderpumpendruckes den Förderbeginn in Richtung "früh". Mit einer durch den LFB verursachten Druckminderung im Pumpeninnenraum läßt sich eine (relative) Verschiebung nach "spät" erzielen. Die Steuerung erfolgt von der Ringnut der Reglerachse und dem Steuerquerschnitt der Reglermuffe. Mit dem Drehzahl-Verstellhebel kann eine bestimmte Solldrehzahl vorgegeben werden. Um

Anpaß-einrichtungen

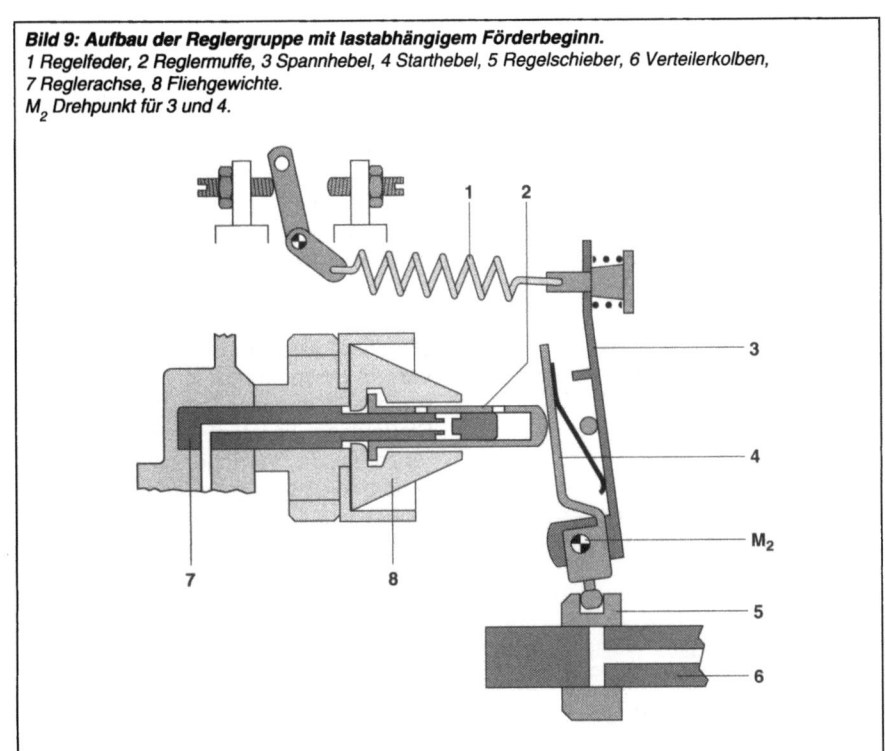

Bild 9: Aufbau der Reglergruppe mit lastabhängigem Förderbeginn.
1 Regelfeder, 2 Reglermuffe, 3 Spannhebel, 4 Starthebel, 5 Regelschieber, 6 Verteilerkolben, 7 Reglerachse, 8 Fliehgewichte.
M_2 Drehpunkt für 3 und 4.

Verteilereinspritzpumpen

diese vorgegebene Solldrehzahl zu erreichen, ist eine Drehzahlerhöhung erforderlich. Bei steigender Drehzahl bewegen sich die Fliehgewichte nach außen und verschieben die Reglermuffe. Damit wird einmal im Rahmen der normalen Regelfunktion die Fördermenge reduziert, und zum zweiten wird der Steuerquerschnitt der Reglermuffe von der Steuerkante der Ringnut in der Reglerachse aufgesteuert. Ein Teil des Kraftstoffs fließt jetzt über die Längs- und Querbohrungen der Reglerachse zur Saugseite und bewirkt im Pumpeninnenraum eine Druckverringerung.

Durch diese Druckverringerung ergibt sich eine neue Lage des Spritzverstellerkolbens. Aufgrund dessen wird der Rollenring zwangsläufig in Pumpendrehrichtung verdreht, was eine Förderbeginnverstellung in Richtung "spät" zur Folge hat. Bei Verringerung der Drehzahl (z.B. durch höhere Last) wird die Reglermuffe so verschoben, daß der Steuerquerschnitt von der Reglermuffe verschlossen wird. Der Kraftstoff im Pumpeninnenraum kann nicht mehr zur Saugseite fließen und der Innenraumdruck erhöht sich. Der Spritzverstellerkolben führt eine Bewegung entgegen der Spritzverstellerfederkraft aus, der Rollenring wird entgegen der Pumpendrehrichtung verstellt und der Förderbeginn wieder in Richtung "früh" verlegt (Bild 10).

Atmosphärendruckabhängige Anpassung

In Höhenlagen ist wegen der geringeren Luftdichte die angesaugte Luftmasse kleiner. Die eingespritzte Vollastmenge kann nicht verbrannt werden. Es kommt zu Rauchentwicklung, und die Motortemperatur steigt. Um dies zu verhindern, ist ein atmosphärendruckabhängiger Vollastanschlag von Vorteil. Er verändert die Vollastmenge in Abhängigkeit vom Luftdruck.

Atmosphärendruckabhängiger Vollastanschlag (ADA)

Aufbau

Der konstruktive Aufbau des ADA der Verteilereinspritzpumpe ist identisch mit dem des LDA. Hinzu kommt eine Steuerdose, die an einem Unterdrucksystem (z.B. Servobremssystem) angeschlossen ist. Die Steuerdose sorgt für einen konstanten Referenzdruck von 700 mbar (Absolutdruck).

Arbeitsweise

Die obere Membranseite des ADA wird vom Atmosphärendruck beaufschlagt. An der Unterseite liegt der durch die Steuerdose konstant gehaltene Referenzdruck an. Verringert sich der Atmosphärendruck (z.B. durch Fahren in großer Höhe), so bewegt sich der Verstellkolben in vertikaler Richtung weg vom unteren Anschlag. Über den Umlenkhebel wird wie beim LDA ein Herabsetzen der Einspritzmenge erreicht (Bild 7).

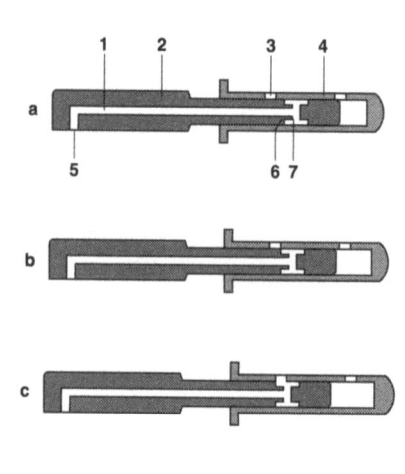

Bild 10: Stellungen der Reglermuffe mit lastabhängigem Förderbeginn.
a) Startstellung (Ausgangsstellung),
b) Vollaststellung kurz vor der Aufsteuerung,
c) Aufsteuerung, Drucksenkung im Innenraum.
1 Längsbohrung der Reglerachse, 2 Reglerachse,
3 Steuerquerschnitt der Reglermuffe,
4 Reglermuffe, 5 Querbohrung der Reglerachse,
6 Steuerkante der Ringnut der Reglerachse,
7 Querbohrung der Reglerachse.

Kaltstartanpassung

Die Kaltstartanpassung verbessert die Kaltstarteigenschaften des Dieselmotors durch Verstellen des Förderbeginns in Richtung "früh". Sie erfolgt entweder durch den Fahrer vom Fahrzeuginnenraum über einen Seilzug oder automatisch durch eine temperaturabhängige Verstellvorrichtung (Bild 11).

Mechanischer Kaltstartbeschleuniger (KSB) am Rollenring

Aufbau

Der KSB ist am Pumpengehäuse angebracht. Hierbei ist der Anschlaghebel über eine Welle mit dem inneren Hebel verbunden, an dem ein Kugelkopf exzentrisch angeordnet ist und in den Rollenring eingreift (es gibt auch eine Ausführung, bei der die Stelleinrichtung am Spritzverstellerkolben eingreift). Die Ausgangsposition des Anschlaghebels ist durch den Anschlag und die Schenkelfeder vorgegeben. An der Oberseite des Anschlaghebels ist der Seilzug befestigt, der eine Verbindung zur manuellen bzw. zur automatischen Verstelleinrichtung herstellt. Die automatische Verstelleinrichtung ist mit einem Halter an der Verteilereinspritzpumpe befestigt, während sich die manuelle Betätigungseinrichtung im Fahrzeuginnenraum befindet (Bild 12).

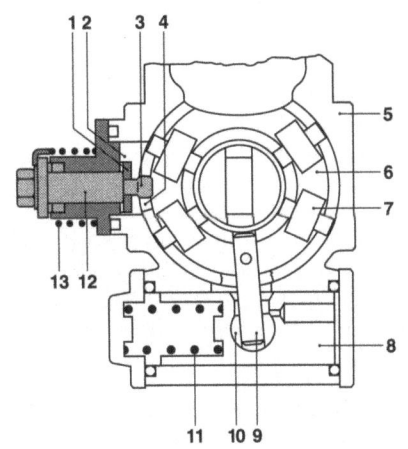

Bild 12: Mechanischer Kaltstartbeschleuniger am Rollenring (Kaltstellung).
1 Hebel, 2 Einstellfenster, 3 Kugelbolzen, 4 Längsnut, 5 Pumpengehäuse, 6 Rollenring, 7 Rollen des Rollenrings, 8 Spritzverstellerkolben, 9 Bolzen, 10 Gleitstein, 11 Spritzverstellerfeder, 12 Welle, 13 Schenkelfed.

Arbeitsweise

Automatischer und manuell betätigter Kaltstartbeschleuniger unterscheiden sich nur durch die äußere Verstelleinrichtung. Die Arbeitsweise ist gleich. Bei nicht betätigtem Seilzug drückt die Schenkelfeder den Anschlaghebel gegen den Anschlag. Kugelbolzen und Rollenring befinden sich in der Ausgangsstellung. Die Betätigungskraft am

Anpaß-einrich-tungen

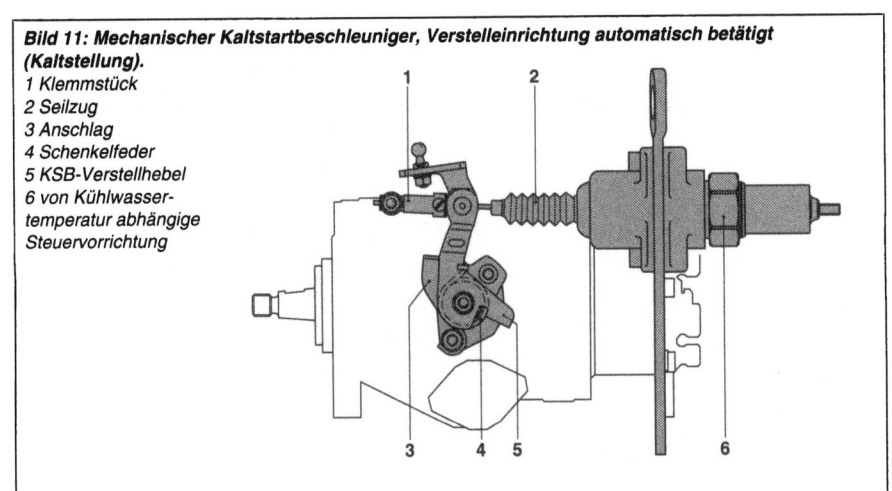

Bild 11: Mechanischer Kaltstartbeschleuniger, Verstelleinrichtung automatisch betätigt (Kaltstellung).
1 Klemmstück
2 Seilzug
3 Anschlag
4 Schenkelfeder
5 KSB-Verstellhebel
6 von Kühlwassertemperatur abhängige Steuervorrichtung

Verteilereinspritzpumpen

Seilzug bewirkt, daß der Anschlaghebel und die Welle sowie der innere Hebel mit dem Kugelbolzen verdreht werden. Durch diese Drehbewegung verändert der Rollenring seine Lage, und der Förderbeginn erfolgt zu einem früheren Zeitpunkt. Der Kugelbolzen greift am Rollenring in eine Längsnut ein. Damit kann der Spritzverstellerkolben den Rollenring erst ab einer bestimmten Drehzahl noch weiter in Richtung "früh" verstellen.

Wird der Kaltstartbeschleuniger vom Fahrer betätigt (Spritzversteller-KSB), so bleibt unabhängig von der vom Spritzversteller gesteuerten Verstellung (a) eine Verstellung von etwa 2,5 °NW bestehen (b). Beim automatischen KSB hängt dieser Betrag von der Motortemperatur bzw. Umgebungstemperatur ab (Bild 13).

Die automatische Verstellung erfolgt mit Hilfe einer Steuervorrichtung, bei der ein temperaturabhängiges Dehnstoffelement die Unterschiede der Motortemperatur in eine Hubbewegung umsetzt. Der Vorteil dabei ist, daß je nach Temperatur immer der optimale Förderbeginn bzw. Einspritzzeitpunkt eingestellt wird.

Je nach Drehrichtung und Anbauseite gibt es verschiedene Hebelanordnungen und Betätigungseinrichtungen.

Temperaturabhängige Leerlaufanhebung (TLA)

Die TLA wird ebenfalls durch die Steuervorrichtung betätigt und ist mit dem automatischen KSB kombiniert. Hierzu drückt der Kugelbolzen des verlängerten KSB-Verstellhebels im kalten Motorzustand gegen den Drehzahl-Verstellhebel und hebt diesen von der Leerlaufanschlagschraube ab. Dadurch wird die Leerlaufdrehzahl erhöht und unrunder Lauf des Motors vermieden. Bei warmem Motor liegt der KSB-Verstellhebel an seinem Anschlag. Infolgedessen liegt auch der Drehzahl-Verstellhebel an der Leerlaufanschlagschraube, und die temperaturabhängige Leerlaufanhebung ist nicht mehr wirksam (Bild 14).

Hydraulischer Kaltstartbeschleuniger

Die Frühverstellung des Spritzbeginns durch Verschieben des Spritzverstellerkolbens ist nur begrenzt anwendbar. Bei der hydraulischen Frühverstellung des Spritzbeginns beaufschlagt der drehzahlabhängige Innenraumdruck den Spritzverstellerkolben. Um gegenüber der normalen Spritzversteller-Kennlinie eine Frühverstellung zu erzielen, wird der Innenraumdruck automatisch angehoben. Hierzu wird über einen Bypass im Druckhalteventil in die automatische Drucksteuerung des Innenraums eingegriffen.

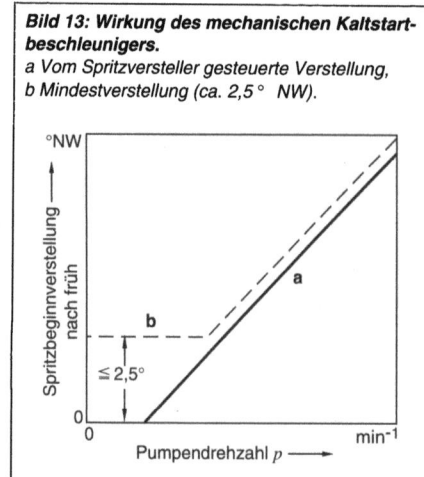

Bild 13: Wirkung des mechanischen Kaltstartbeschleunigers.
a Vom Spritzversteller gesteuerte Verstellung,
b Mindestverstellung (ca. 2,5° NW).

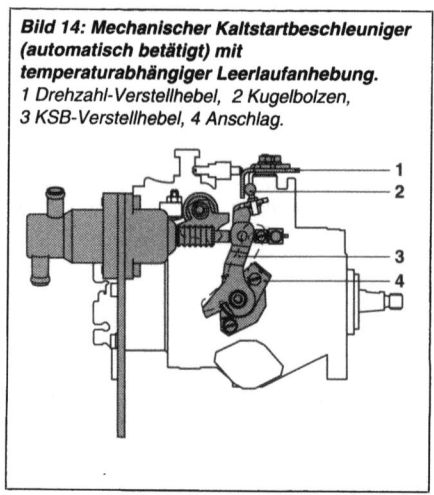

Bild 14: Mechanischer Kaltstartbeschleuniger (automatisch betätigt) mit temperaturabhängiger Leerlaufanhebung.
1 Drehzahl-Verstellhebel, 2 Kugelbolzen,
3 KSB-Verstellhebel, 4 Anschlag.

Aufbau

Der hydraulische Kaltstartbeschleuniger besteht aus einem modifizierten Druckregelventil, einem Druckhalteventil und einem elektrisch beheizten Dehnstoffelement.

Arbeitsweise

Der von der Förderpumpe geförderte Kraftstoff gelangt über den Innenraum der Verteilereinspritzpumpe zur einen Stirnseite des Spritzverstellerkolbens. Er wird zur Spritzbeginnverstellung entsprechend dem Innenraumdruck entgegen der Kraft der Rückstellfeder verschoben. Der Innenraumdruck wird über ein Drucksteuerventil bestimmt, welches einen mit zunehmender Drehzahl und damit zunehmender Fördermenge steigenden Druck einstellt (Bild 15).

Die Druckerhöhung für die KSB-Funktion und der dadurch mögliche frühere Verlauf der Spritzbeginnverstellung (Bild 16, gestrichelte Kurve) wird durch die Drosselbohrung im Druckregelventilkolben erreicht. Dabei wirkt auf der Federseite des Druckregelventils der gleiche Druck. Das KSB-Kugelventil hat ein entsprechend höheres Druckniveau und wird sowohl zur Funktions-Ein- bzw. Ausschaltung in Verbindung mit dem Thermoelement als auch zur Sicherheitsabschaltung verwendet. Über eine Einstellschraube am integrierten

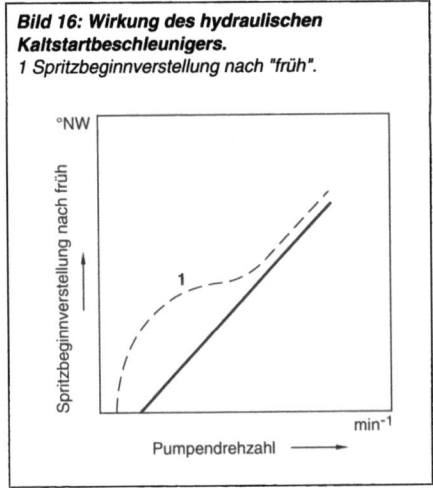

Bild 16: Wirkung des hydraulischen Kaltstartbeschleunigers.
1 Spritzbeginnverstellung nach "früh".

KSB-Steuerventil läßt sich die KSB-Funktion an einem Drehzahlpunkt einstellen. Der Kolbeninnenraumdruck betätigt den Steuerkolben des Regelventils gegen eine Feder. Eine Dämpfungsdrossel vermindert die Druckamplituden auf den Steuerkolben. Über die Steuerkante am Steuerkolben und den Querschnitt am Ventilträger wird der KSB-Druckverlauf gesteuert. Durch entsprechende Auslegung der Federrate am Steuerventil und dem Steuerquerschnitt wird die KSB-Funktion angepaßt. Beim Starten des warmen Motors hat das Dehnstoffelement aufgrund der Umgebungstemperatur das Druckhalteventil schon vor dem Start geöffnet.

Anpaßeinrichtungen

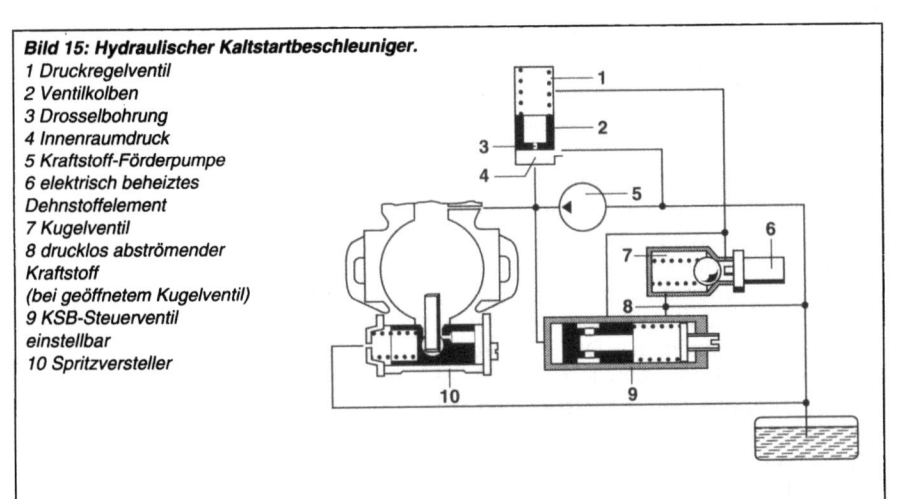

Bild 15: Hydraulischer Kaltstartbeschleuniger.
1 Druckregelventil
2 Ventilkolben
3 Drosselbohrung
4 Innenraumdruck
5 Kraftstoff-Förderpumpe
6 elektrisch beheiztes Dehnstoffelement
7 Kugelventil
8 drucklos abströmender Kraftstoff (bei geöffnetem Kugelventil)
9 KSB-Steuerventil einstellbar
10 Spritzversteller

Verteilereinspritzpumpen

Abstellen

Aufgabe

Das Arbeitsprinzip "Selbstzündung" hat zur Folge, daß der Dieselmotor nur durch Unterbrechen der Kraftstoffzufuhr abgestellt werden kann.

Die mechanisch geregelte Verteilereinspritzpumpe kann wahlweise mit einer mechanischen Abstellvorrichtung und bzw. oder einer elektrischen Abstelleinrichtung ausgerüstet sein.

Elektrische Abstellvorrichtung (ELAB)

Die elektrische Abstellvorrichtung in Verbindung mit dem "Zündschlüssel" (Bild 17) kommt bevorzugt zur Anwendung, da sie einen höheren Bedienungskomfort für den Fahrer bietet.

Das Magnetventil für die Unterbrechung der Kraftstoffzufuhr ist bei der Verteilereinspritzpumpe an der Verteilerkopf-Oberseite eingebaut. In eingeschaltetem Zustand, d.h. bei laufendem Dieselmotor, hält der Magnet die Zulaufbohrung zum Hochdruckraum geöffnet (Anker mit Dichtkegel ist angezogen). Beim Abschalten mit dem Fahrtschalter wird die Magnetspule stromlos. Das Magnetfeld bricht zusammen und die Feder drückt den Anker mit Dichtkegel auf den Ventilsitz zurück. Infolgedessen ist die Zulaufbohrung zum Hochdruckraum unterbrochen, so daß der Verteilerkolben keinen Kraftstoff mehr fördern kann. Schaltungstechnisch gibt es verschiedene Möglichkeiten, die elektrische Abstellung zu realisieren (Zug- oder Druckmagnet).

Mechanische Abstellvorrichtung

Die mechanische Abstellvorrichtung der Verteilereinspritzpumpe ist durch einen Hebelverband realisiert (Bild 18). Er ist in dem Reglerdeckel angeordnet und setzt sich aus äußerem und innerem Stop-Hebel zusammen. Der äußere Stop-Hebel wird von dem Fahrer, z.B. über Seilzug, aus dem Fahrzeuginnenraum bedient. Beim Betätigen des Seilzugs schwenken beide Stop-Hebel um ihren Drehpunkt, wobei der innere Stop-Hebel gegen den Starthebel der Reglermechanik drückt. Der Starthebel dreht um seinen Drehpunkt M_2 und schiebt den Regelschieber in die Stopstellung. Der Absteuerquerschnitt des Verteilerkolbens ist immer aufgesteuert und der Verteilerkolben kann keinen Kraftstoff fördern.

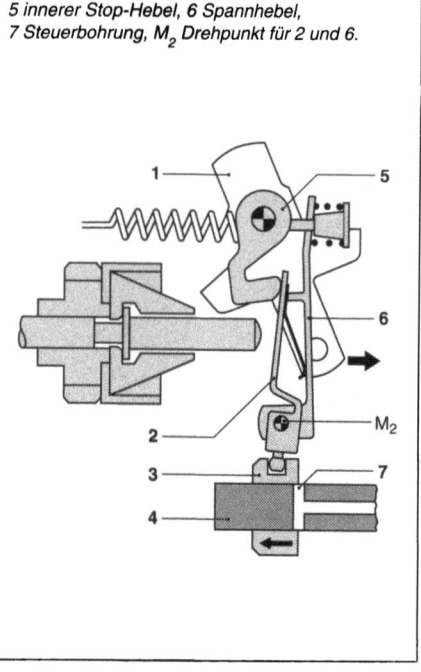

Bild 17: Elektrische Abstellvorrichtung (Zugmagnet).
1 Zulaufbohrung, 2 Verteilerkolben,
3 Verteilerkopf, 4 Zug- bzw. Druckmagnet,
5 Hochdruckraum.

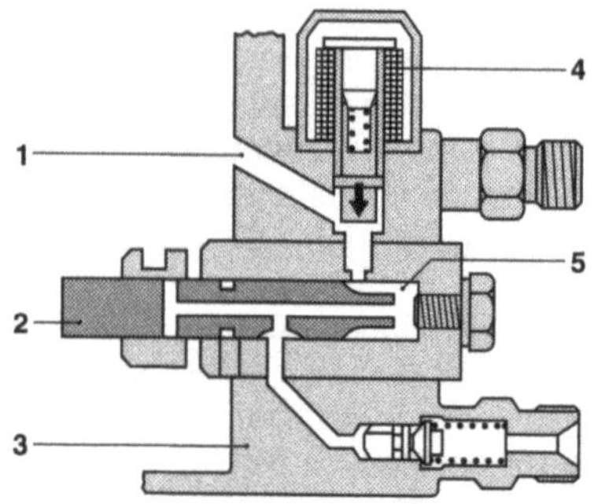

Bild 18: Mechanische Abstellvorrichtung.
1 Äußerer Stop-Hebel, 2 Starthebel,
3 Regelschieber, 4 Verteilerkolben,
5 innerer Stop-Hebel, 6 Spannhebel,
7 Steuerbohrung, M_2 Drehpunkt für 2 und 6.

Prüfen und Einstellen

Prüfstände für Einspritzpumpen

Nur mit genau geprüften und eingestellten Einspritzpumpen und Reglern läßt sich ein optimales Verbrauchs-Leistungsverhältnis des Dieselmotors und die Erfüllung der immer strenger werdenden Abgasvorschriften erreichen. Hierfür ist der Einspritzpumpen-Prüfstand unentbehrlich. ISO-Normen legen wesentliche Rahmenbedingungen für Prüfung und Prüfstand fest und stellen besonders an Steifigkeit und Gleichförmigkeit des Antriebs hohe Anforderungen.

Die zu prüfende Einspritzpumpe wird auf das Prüfstandsbett gespannt und auf ihrer Antriebsseite mit der Kupplung des Prüfstands verbunden. Ihr Antrieb erfolgt über einen Elektromotor (entweder über Hydro- und Schaltgetriebe zur Schwungscheibe und Kupplung oder direkt frequenzgeregelt). Über Prüfölzu- und Prüfölrücklauf wird die Einspritzpumpe mit der Prüfölversorgung des Prüfstands und über Druckleitungen mit der Fördermengen-Meßeinrichtung verbunden. Diese besteht aus Prüfdüsen mit exakt eingestelltem Öffnungsdruck, die über Spritzdämpfer in das Meßsystem einspritzen. Druck und Temperatur des Prüföls sind entsprechend den Prüfvorschriften einstellbar.

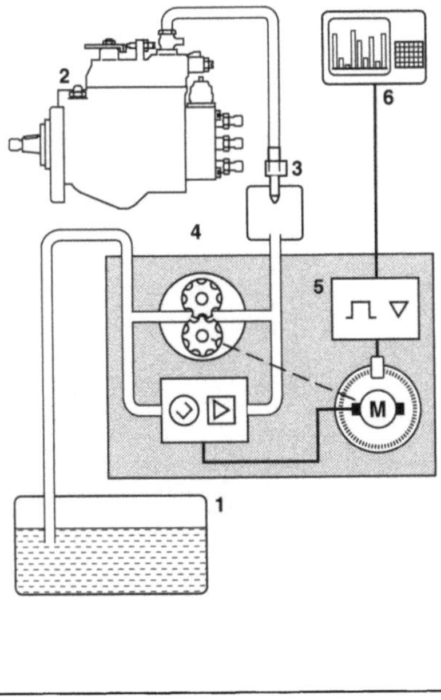

Bei der <u>kontinuierlich arbeitenden Fördermengen-Meßmethode</u> fördert eine Präzisions-Zahnradpumpe pro Zylinder und Zeiteinheit die gleiche Prüfölmenge wie die abgespritzte Menge. Die Drehzahl der Pumpe ist damit ein Maß für die Fördermenge pro Zeiteinheit. Ein Mikroprozessor wertet die Meßergebnisse aus und stellt sie auf einem Bildschirm in Balkenform dar. Kennzeichnend für diese Meßmethode sind hohe Genauigkeit und gute Reproduzierbarkeit der Meßergebnisse (Bild 1).

Bei der <u>Mengenmessung mit Meßgläsern</u> läuft das abgespritzte Prüföl zuerst an den Meßgläsern vorbei direkt zum Prüföltank zurück. Erst wenn nach Einstellen der vorgeschriebenen Hubzahl am Hub-Drehzähler der Meßvorgang gestartet wird, gibt ein Trennschieber den Prüfölzulauf zu den Meßgläsern frei und unterbricht ihn wieder nach Erreichen der eingestellten Hubzahl. Die abgespritzte Prüfölmenge ist an den Meßgläsern ablesbar.

Motortester für Dieselmotoren

Mit Hilfe des Dieselmotortesters läßt sich die Pumpe exakt zum Motor einstellen. Dieses Gerät mißt Förderbeginn, Spritzverstellung und zugehörige Motordrehzahl, ohne daß hierzu die Hochdruckleitungen geöffnet werden müssen. Ein Aufklemmgeber wird auf die Einspritzleitung des ersten Zylinders geklemmt. Zusammen mit Stroboskop oder OT-Geber für die Erfassung der Kurbelwellenposition ermittelt der Dieselmotortester dann Föderbeginn und Spritzverstellung.

Bild 1: Kontinuierliches Mengenmeßsystem.
1 Prüfölbehälter, 2 Einspritzpumpe,
3 Prüfdüse, 4 Meßzelle,
5 Impulszähler, 6 Anzeige-Monitor.

Verteilereinspritzpumpen

Elektronische Regelung (EDC)

Anwendung

Schadstoffarmes Abgas, Leistungssteigerung, Senkung des Kraftstoffverbrauchs und Komfortoptimierung bestimmen vorrangig die Entwicklung des Fahrzeug-Dieselmotors. Damit steigen die Anforderungen an das Kraftstoffeinspritzsystem:
– Feinfühlige Regelung,
– Möglichkeiten zur Verarbeitung zusätzlicher Einflußgrößen,
– geringe Toleranzen und hohe Genauigkeit, auch über lange Zeit.
Die elektronische Dieselregelung (EDC: Electronic Diesel Control) erfüllt diese Anforderungen. Sie ermöglicht elektrisches Messen, flexible elektronische Datenverarbeitung und Regelkreise mit elektrischen Stellern und bietet dadurch im Vergleich zu herkömmlichen mechanischen Reglern verbesserte und neue Regelfunktionen.
Einfluß auf Betriebsverhalten und Verbrennung beim Dieselmotor haben:
– Kraftstoffeinspritzmenge,
– Einspritzbeginn,
– Abgasrückführmenge (ARF),
– Ladedruck.
Zur Optimierung eines Dieselmotors müssen diese Steuergrößen für jeden Betriebszustand optimal eingestellt sein. Um dies zu erreichen, umfaßt die elektronische Dieseleinspritzregelung selbsttätige Regelkreise für die Haupteinflußgrößen.

Systemblöcke

Die elektronische Regelung ist in drei Systemblöcke gegliedert (Bild 1):
1. Sensoren zum Erfassen der Betriebsbedingungen. Verschiedene physikalische Größen werden dabei in elektrische Signale umgewandelt.
2. Steuergerät mit Mikroprozessoren, das die Informationen nach bestimmten

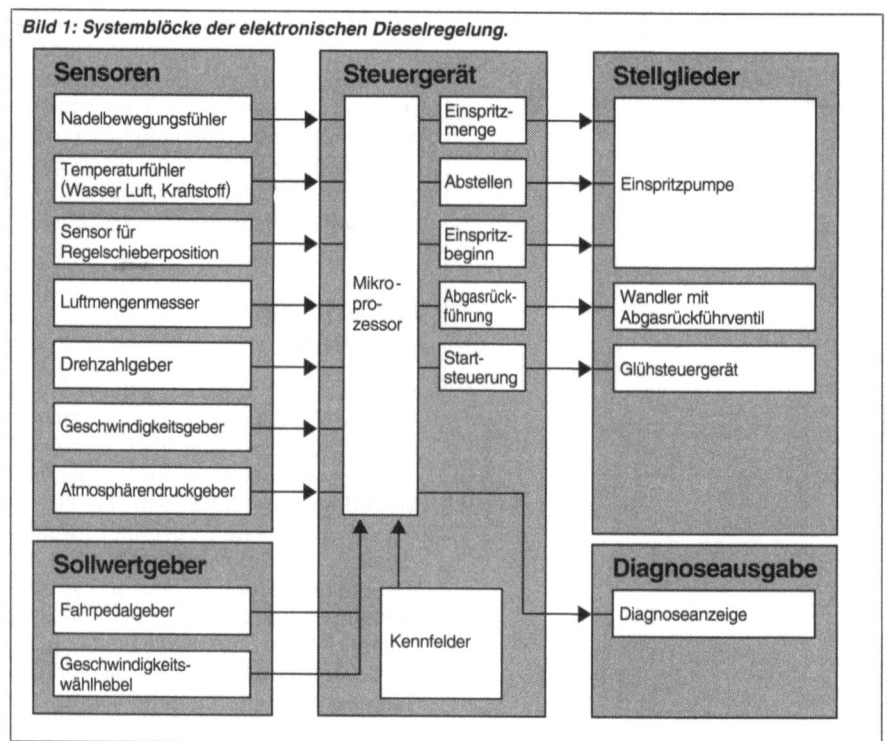

Bild 1: Systemblöcke der elektronischen Dieselregelung.

Regelalgorithmen verarbeitet und elektrische Ausgangssignale abgibt.
3. Stellglieder, die die elektrischen Ausgangssignale des Steuergerätes in mechanische Größen umsetzen.

Komponenten

Sensoren

Die Fahrpedalstellung und die Regelschieberposition der Einspritzpumpe werden durch einen berührenden oder berührungsfreien Winkelsensor, die Drehzahl und die OT-Lage werden durch einen induktiven Sensor erfaßt. Zur Druck- und Temperaturmessung werden Sensoren mit hoher Meßgenauigkeit und Langzeitkonstanz verwendet. Den Spritzbeginn erfaßt ein Sensor, der direkt in den Düsenhalter integriert ist und den Zeitpunkt der Kraftstoffeinspritzung durch Erfassen der Nadelbewegung wiedergibt (Bilder 2 und 3).

Steuergerät

Das elektronische Steuergerät ist in Digitaltechnik aufgebaut. Die Mikroprozessoren mit integrierten Ein- und Ausgangsanpassungsschaltungen sind das Herz des Gerätes. Speichereinheiten und Einrichtungen zum Umformen der Gebersignale in rechnerkonforme Größen vervollständigen den Schaltungsaufbau. Das Steuergerät ist zum Schutz vor äußeren Einflüssen im Fahrgastraum untergebracht.

Im Steuergerät sind verschiedene Kennfelder abgespeichert, die in Abhängigkeit von verschiedenen Parametern wirken wie z.B.: Last, Drehzahl, Kühlwassertemperatur, Luftmenge usw. An die Störsicherheit werden hohe Anforderungen gestellt. Ein- und Ausgänge sind kurzschlußfest und gegen Störimpulse vom Bordnetz geschützt. Schutzschaltung und mechanische Abschirmung ermöglichen einen hohen EMV-Schutz (Elektro Magnetische Verträglichkeit) gegen Störeinstrahlung von außen.

Elektronische Regelung

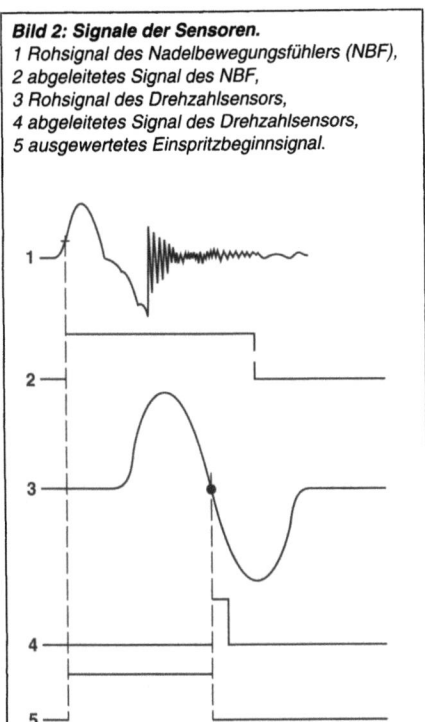

Bild 2: Signale der Sensoren.
1 Rohsignal des Nadelbewegungsfühlers (NBF),
2 abgeleitetes Signal des NBF,
3 Rohsignal des Drehzahlsensors,
4 abgeleitetes Signal des Drehzahlsensors,
5 ausgewertetes Einspritzbeginnsignal.

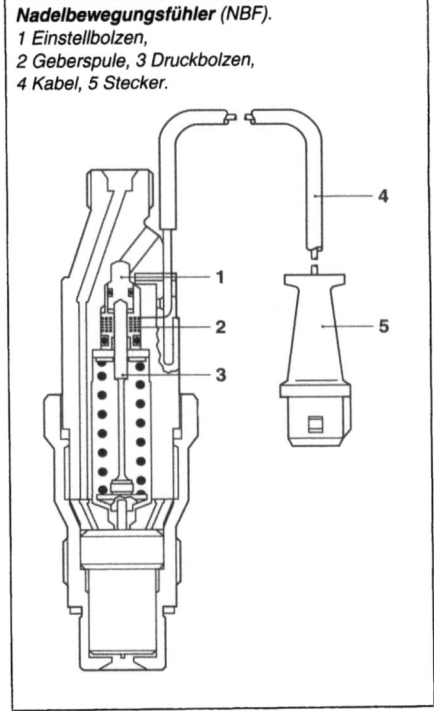

Bild 3: Düsenhalterkombination mit Nadelbewegungsfühler (NBF).
1 Einstellbolzen,
2 Geberspule, 3 Druckbolzen,
4 Kabel, 5 Stecker.

Verteilereinspritzpumpen

Magnetstellwerk zur Einspritzmengenregelung

Das Magnetstellwerk (Drehstellwerk) greift über eine Welle am Regelschieber ein (Bild 4). Die Absteuerquerschnitte werden wie bei der mechanisch geregelten Einspritzpumpe je nach Position früher oder später freigegeben. Die Einspritzmenge kann zwischen null und maximaler Einspritzmenge (z.B. für den Kaltstart) stetig verändert werden. Über einen Winkelsensor (z.B. Potentiometer) wird der Drehwinkel und damit die Lage des Regelschiebers an das Steuergerät zurückgemeldet und dort entsprechend der Drehzahl die Einspritzmenge ermittelt. Im stromlosen Zustand stellen Rückstellfedern am Drehstellwerk aus die Kraftstofffördermenge "Null" ein.

Magnetventil zur Einspritzbeginnregelung

Wie beim mechanischen Spritzversteller wirkt der drehzahlproportionale Pumpeninnenraumdruck auf den Spritzverstellerkolben (Bild 4). Dieser Druck auf der Spritzversteller-Druckseite wird durch das getaktete Magnetventil moduliert.
Bei dauernd geöffnetem Magnetventil (Druckabsenkung) stellen sich späte, bei voll geschlossenem Ventil (Druckanhebung) frühe Einspritzbeginne ein. Dazwischen kann das Tastverhältnis (Verhältnis von geöffneter Zeit zu geschlossener Zeit des Magnetventils) vom elektronischen Steuergerät aus stetig variiert werden.

Bild 4: Verteilereinspritzpumpe für elektronische Dieselregelung.
1 Regelschieberweggeber, 2 Magnetstellwerk für Einspritzmenge, 3 elektromagnetisches Abstellventil, 4 Förderkolben, 5 Magnetventil für Einspritzbeginnverstellung, 6 Regelschieber.

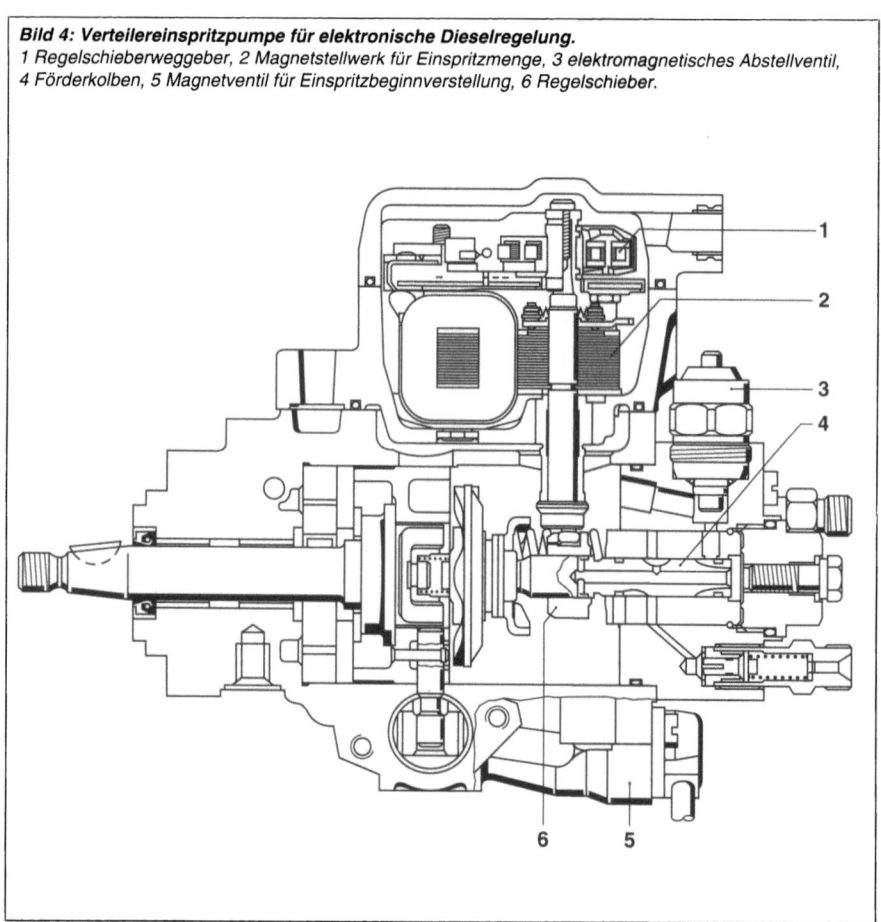

Regelkreise (Bild 5)

Kraftstoffeinspritzmenge

Start, Leerlauf, Leistungs- und Fahrverhalten sowie Rußemission werden durch die Kraftstoffeinspritzmenge maßgeblich beeinflußt. Dementsprechend sind Kennfelder für Startmenge, Leerlauf, Vollast, Fahrpedalcharakteristik, Rauchbegrenzung und Pumpencharakteristik einprogrammiert. Über einen Fahrpedalgeber wird der Drehmoment- bzw. Drehzahlwunsch vom Fahrer vorgegeben.

Im Steuergerät wird unter Berücksichtigung der gespeicherten Kennfeldwerte und der Istwerte der Sensoren ein Vorgabewert für die Position des Drehmagnetstellwerks in der Einspritzpumpe ermittelt. Dieses Stellwerk mit Rückmelder sorgt für die korrekte Einstellung des Regelschiebers.

Einspritzbeginn

Start, Geräusch, Kraftstoffverbrauch und Emission werden durch den Einspritzbeginn maßgeblich beeinflußt. Einprogrammierte Spritzbeginnkennfelder berücksichtigen diese Abhängigkeiten. Die hohe Genauigkeit des Einspritzbeginns wird durch einen Regelkreis gewährleistet. Dazu erfaßt ein Nadelbewegungsfühler (NBF) den tatsächlichen Einspritzbeginn direkt an der Düse und vergleicht ihn mit dem programmierten Einspritzbeginn (Bilder 2 und 3). Eine Abweichung hat eine Änderung des Ansteuer-Tastverhältnisses für das Magnetventil am Spritzversteller zur Folge. Das Tastverhältnis wird so

Elektronische Regelung

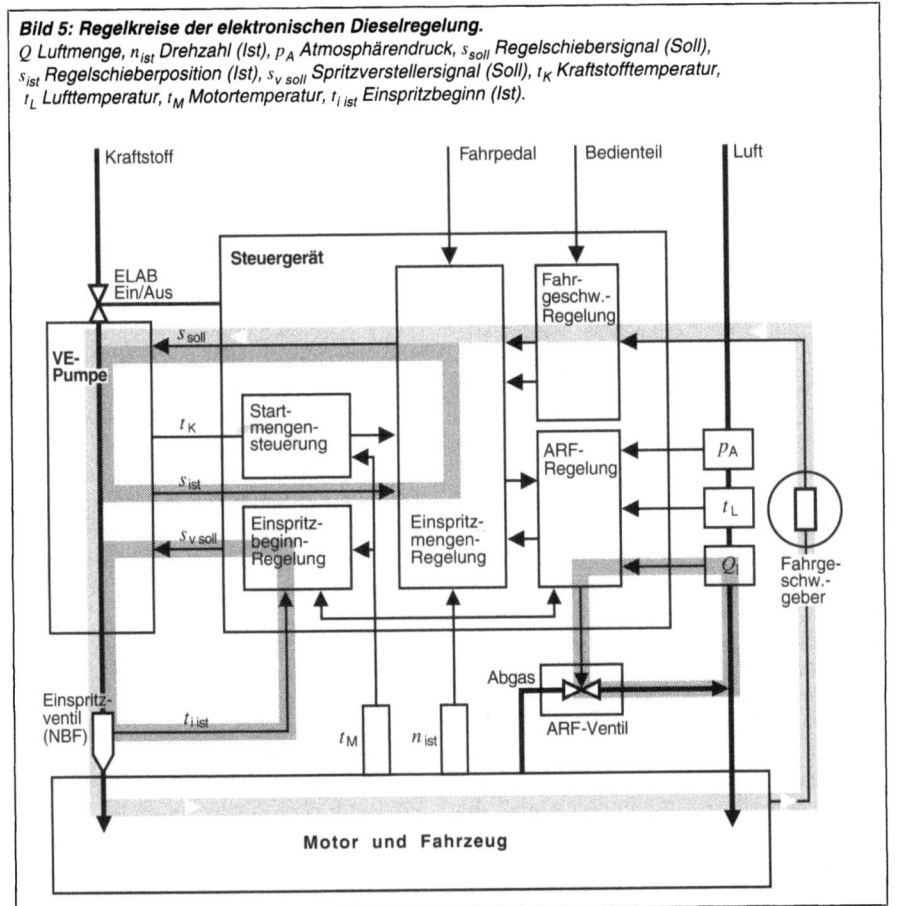

Bild 5: Regelkreise der elektronischen Dieselregelung.
Q Luftmenge, n_{ist} Drehzahl (Ist), p_A Atmosphärendruck, s_{soll} Regelschiebersignal (Soll), s_{ist} Regelschieberposition (Ist), $s_{v\,soll}$ Spritzverstellersignal (Soll), t_K Kraftstofftemperatur, t_L Lufttemperatur, t_M Motortemperatur, $t_{i\,ist}$ Einspritzbeginn (Ist).

Verteiler-einspritzpumpen

lange verändert, bis die Regelabweichung den Wert null hat. Über dieses getaktete Magnetventil wird der Stelldruck am Spritzverstellerkolben moduliert. Damit ist ein vergleichbares dynamisches Verhalten wie bei mechanischer Spritzbeginnverstellung sichergestellt.

Wenn während des Startens und im Schiebebetrieb des Motors (wenn keine Einspritzung stattfindet) nur ungenügende oder keine Einspritzbeginn-Signale zur Verfügung stehen, wird der Regler abgeschaltet und auf einen gesteuerten Betriebszustand umgeschaltet. Das notwendige Tastverhältnis zur Ansteuerung des Magnetventils wird einem programmierten Steuerkennfeld entnommen.

Abgasrückführung

Die Abgasrückführung (ARF) wird zur Emissionsreduzierung eingesetzt. Dazu wird dem Abgas des Motors ein definierter Teilstrom entnommen und der Ansaugluft zugemischt. Die von einem Luftmengenmesser ermittelte Ansaugluftmenge des Motors (proportional zur ARF-Rate) wird vom Steuergerät unter Berücksichtigung weiterer Motor- und Einspritzdaten für jeden Betriebspunkt erfaßt und mit dem programmierten Wert des ARF-Kennfeldes verglichen. Bei einer Abweichung variiert das Steuergerät das Ansteuersignal für einen elektropneumatischen Wandler, der das ARF-Ventil für die erforderliche Abgasrückführmenge verstellt.

Fahrgeschwindigkeit

Ein ausgewertetes Fahrgeschwindigkeitssignal wird mit einem vom Fahrer durch das Bedienteil vorgegebenen Sollwert verglichen. Über die Einspritzmengenregelung wird die für die gewünschte Fahrgeschwindigkeit erforderliche Menge eingestellt.

Erweiterte Funktionen

Die elektronische Regelung bietet erweiterte Funktionen zur Verbesserung des Fahrverhaltens gegenüber der mechanisch geregelten Einspritzpumpe:

Aktive Ruckeldämpfung

Mit der "Aktiven Ruckeldämpfung" (ARD) läßt sich das Auftreten von unkomfortablen Fahrzeuglängsschwingungen vermeiden.

Leerlaufregelung

Die Leerlaufregelung (LLR), die eine auf jeden einzelnen Zylinder abgestimmte Einspritzmenge zumißt, kann ein "Schütteln" des Motors im Leerlaufbereich verhindern.

Sicherheitsmaßnahmen

Selbstüberwachung

Das Sicherheitskonzept umfaßt eine Überwachung der Sensoren, der Stellwerke und der Mikroprozessoren durch das Steuergerät sowie Ersatzfunktionen im Falle eines Komponentenausfalles. Das Diagnosesystem warnt den Fahrer bei Störungen an wichtigen Komponenten durch eine Lampe im Instrumentenfeld und ermöglicht in der Werkstatt eine detaillierte Fehleranalyse.

Ersatzfunktionen

Im System sind viele aufwendige Ersatzfunktionen integriert. Fällt zum Beispiel der Drehzahlgeber aus, wird aus dem Zeitabstand der Spritzbeginnsignale des Nadelbewegungsfühlers ein Ersatzdrehzahlsignal ermittelt. Eine separate elektrische Abstelleinrichtung (ELAB) stellt den Motor ab, wenn zum Beispiel das Mengenstellwerk ausgefallen ist. Nur beim Ausfall wichtiger Sensoren leuchtet die Warnlampe auf. In der untenstehenden Tabelle sind die Reaktionen des Steuergerätes beim Auftreten bestimmter Fehler angegeben.

Diagnoseausgabe

Mit Diagnosegeräten, die für alle elektronischen Fahrzeugsysteme von Bosch verwendet werden können, ist eine Diagnoseausgabe möglich. In Verbindung mit einer speziellen Testfolge lassen sich alle Sensoren einschließlich Stekker und die Funktionen der Steuergeräte systematisch überprüfen.

Reaktion des Steuergerätes

Ausfall	Überwachung von	Reaktion bei Fehler	Warnlampe	Diagnoseausgabe
Korrektursensoren	Signalbereich	weniger Kraftstoffmenge		●
Systemsensoren	Signalbereich	Ersatzfunktion (abgestuft)	●	●
Rechner	Programmlaufzeit (Selbsttest)	Ersatzfunktion	●	●
Mengenstellwerk	bleibende Regelabweichung	Abstellen des Motors	●	●

Vorteile

– Durch flexible Anpassung sind Motorverhalten und Emissionskontrolle optimal.
– Klare Trennung der Einzelfunktionen: der Vollast-Einspritzmengen-Verlauf ist unabhängig ist von Reglercharakteristik und Hydraulikauslegung.
– Erweiterte Verarbeitung von Einflußgrößen, die bisher mechanisch nicht realisierbar waren (z.B. temperaturkorrigierte Charakteristik der Einspritzmenge, lastunabhängige Leerlaufdrehzahlregelung).
– Hohe Genauigkeit über die gesamte Laufzeit durch Regelkreise, die den Einfluß von Toleranzen reduzieren.
– Verbesserung des Fahrverhaltens: Durch Kennfeldspeicherung sind unabhängig von Hydraulikeffekten ideale Regelkennlinien und -parameter festgelegt und in einer Optimierung des Gesamtsystems Motor/Fahrzeug feinangepaßt. Fahrruckeln und Leerlaufschütteln treten nicht auf.
– Eine Kopplung mit anderen elektronischen Fahrzeugsystemen eröffnet Möglichkeiten, die das Fahrzeug in Zukunft insgesamt komfortabler, wirtschaftlicher, umweltfreundlicher und sicherer machen (z.B. Glühanlagen- oder Getriebesteuerung).
– Deutliche Reduzierung des Raumbedarfs für die Einspritzpumpe, da mechanische Aufschaltgruppen an der Einspritzpumpe entfallen.

Abstellen

Das Arbeitsprinzip "Selbstzündung" hat zur Folge, daß der Dieselmotor nur durch Unterbrechen der Kraftstoffzufuhr zum Stillstand gebracht werden.
Bei der elektronischen Dieselregelung wird der Motor über das Mengenstellwerk abgestellt (Vorgabe vom elektronischen Steuergerät: Einspritzmenge null). Die separate elektrische Abstelleinrichtung dient hier – wie zuvor bereits schon beschrieben – nur zur Sicherheitsabschaltung bei einem Defekt des Stellwerks.

Elektronische Regelung

Peripherie von Einspritzanlagen

Düsen und Düsenhalter

Aufgaben

Im Einspritzsystem eines Dieselmotors sind die Einspritzdüsen in den zugehörigen Düsenhaltern das Bindeglied zwischen der Einspritzpumpe und dem Motor. Ihre Aufgaben sind:
– das dosierte Einspritzen,
– das Aufbereiten des Kraftstoffes,
– das Formen des Einspritzverlaufes,
– das Abdichten gegen den Brennraum.
Der Diesel-Kraftstoff wird unter hohem Druck eingespritzt. Der Spitzendruck für den Diesel-Kraftstoff beträgt bis zu 1200 bar, künftig sogar noch darüber. Unter solchen Bedingungen verhält sich der Kraftstoff nicht mehr wie eine starre Flüssigkeit; er ist vielmehr kompressibel. Während der kurzen Förderdauer (ca. 1 ms) wird das Einspritzsystem örtlich "aufgeblasen". Der Düsenquerschnitt bestimmt dabei die Menge des Kraftstoffes, die in den Brennraum des Motors kommt.
Über Lochlänge und -durchmesser, die Strahlrichtung und (mit Einschränkung) die Lochform beeinflußt die Einspritzdüse die Kraftstoffaufbereitung und damit die Leistung sowie den Kraftstoffverbrauch bzw. die Schadstoffemission des Motors.
Der gewünschte Einspritzverlauf kann in gewissen Grenzen durch "richtige" Steuerung des Strömungsquerschnitts der Einspritzdüse (abhängig vom Düsennadelhub) und durch eine Steuerung der Düsennadelbewegung erreicht werden. Schließlich muß die Einspritzdüse das Einspritzsystem gegen die heißen, hoch gespannten Verbrennungsgase (bis ca. 1000 °C) abdichten. Um bei geöffneter Einspritzdüse ein Rückblasen von diesen Gasen zu vermeiden, muß der Druck in der Düsendruckkammer stets höher als der Verbrennungsdruck sein. Mit dieser Maßgabe ist insbesondere am Ende einer Einspritzung (bei bereits gesunkenem Einspritzdruck und stark ansteigendem Verbrennungsdruck) eine sorgfältige Abstimmung von Einspritzpumpe, Einspritzdüse und Druckfeder besonders wichtig.

Bauarten

Die beiden Dieselmotor-Arten, die sich in die Gruppen der Motoren mit unterteiltem Brennraum (Vor- und Wirbelkammermotoren) und nicht unterteiltem Brennraum (Direkteinspritzmotoren) gliedern lassen, erfordern unterschiedliche Düsenkonstruktionen.
Für Vor- oder Wirbelkammermotoren mit unterteiltem Brennraum verwendet man Drosselzapfendüsen mit einem koaxialem Strahl und einer üblicherweise nach innen öffnenden Düsennadel.
Für Direkteinspritzmotoren mit nicht unterteiltem Hauptverbrennungsraum werden Lochdüsen verwendet.

Drosselzapfendüsen

Eine Einspritzdüse (Typ DN..SD..) und ein Düsenhalter (Typ KCA mit Einschraubgewinde) bilden die Standard-Düsenhalterkombination für Vor- und Wirbelkammermotoren. Der Düsenhalter hat in der Normalausführung ein M24x2-Einschraubgewinde und eine Schlüsselweite von 27 mm. Meist kommen DN O SD..Einspritzdüsen mit einem Nadeldurchmesser von 6 mm und einem Strahlöffnungswinkel von 0° zur Anwendung. Seltener findet man Einspritzdüsen mit einem definierten Strahlkegelwinkel (z.B. 12° in Düsen DN 12 SD..). Für beengte Platzverhältnisse im Zylinderkopf gibt es kleinere Halterausführungen (z.B. KCE-Halter).

Ein Kennzeichen der Drosselzapfendüse ist die Steuerung des Ausflußquerschnitts, also der Durchflußmenge in einer direkten Abhängigkeit vom Nadelhub. Während bei der Lochdüse der Querschnitt unmittelbar nach dem Öffnen der Düsennadel stark ansteigt, zeigen Drosselzapfendüsen im Bereich kleiner Nadelhübe einen sehr flachen Querschnittsverlauf. In diesem Hubbereich verbleibt der Drosselzapfen, eine zapfenförmige Verlängerung der Düsennadel, noch im Spritzloch. Als Strömungsquerschnitt steht nur die kleine ringförmige Fläche zwischen dem etwas größeren Spritzloch und dem Drosselzapfen zur Verfügung. Bei großen Nadelhubwerten gibt der Drosselzapfen das Spritzloch vollends frei und der Strömungsquerschnitt nimmt stark zu (Bild 1).

Diese hubabhängige Querschnittsveränderung steuert bis zu einem gewissen Grad den Einspritzverlauf; mithin die eingespritzte Kraftstoffmenge je Zeiteinheit. Zu Beginn der Einspritzung tritt wenig Kraftstoff aus der Einspritzdüse aus, am Ende viel. Dieser Verlauf beeinflußt vor allem das Verbrennungsgeräusch positiv.

Es ist zu beachten, daß bei zu kleinen Querschnittswerten, d.h. bei zu geringen Nadelhüben, die Düsennadel von der Einspritzpumpe stärker in Richtung "Öffnen" beschleunigt wird und damit schnell aus dem Drosselhub austritt. Die zeitabhängige Kraftstoffmenge steigt damit rasch an; das Verbrennungsgeräusch nimmt zu. Ähnlich negativ wirken sich zu kleine Querschnitte am Ende der Einspritzung aus, da beim Schließen der Düsennadel das verdrängte Kraftstoffvolumen nur langsam durch den engen Querschnitt abfließen kann. Das Spritzende wird dadurch ungünstig verschleppt. Es kommt also darauf an, den Querschnittsverlauf mit der Förderrate der Einspritzpumpe und den Besonderheiten des Verbrennungsverfahrens abzustimmen.

Entsprechende Fertigungsverfahren ermöglichen die Herstellung geometrischer Soll-Maße mit engen Toleranzen. Beim Betrieb des Motors verkokt der Drosselspalt jedoch stark und sehr ungleichmäßig. Die Kraftstoffqualität und die Betriebsweise des Motors bestimmen den Grad der Verkokung. Vom Strömungsquerschnitt bleiben meist nur ca. 30% des ursprünglichen Querschnitts frei.

Weniger und gleichmäßiger verkoken Flächenzapfendüsen (Bild 2), eine Sonderbauform der Drosselzapfendüse, de-

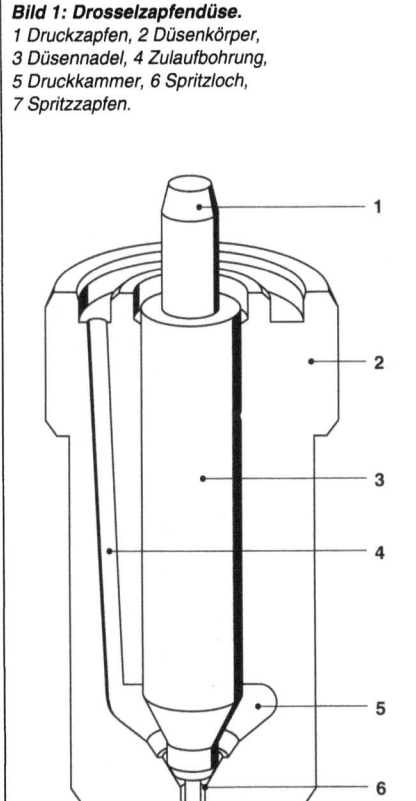

Bild 1: Drosselzapfendüse.
1 Druckzapfen, 2 Düsenkörper, 3 Düsennadel, 4 Zulaufbohrung, 5 Druckkammer, 6 Spritzloch, 7 Spritzzapfen.

ren Ringspaltgröße zwischen Spritzloch und Drosselzapfen annähernd Null ist. Der Drosselzapfen hat hier eine angeschliffene Fläche, die den Strömungsquerschnitt freigibt. Es entsteht ein Strömungskanal, der die Oberfläche, bezogen auf den Strömungsquerschnitt, kleiner und der den Selbstreinigungseffekt größer werden läßt. Die angeschliffene Fläche liegt häufig parallel zur Düsennadelachse. Mit zusätzlicher Neigung steigt der flache Kurventeil für die Durchflußmenge stärker an und bewirkt so einen sanfteren Übergang zum vollen Öffnen der Einspritzdüse. Dies beeinflußt das Teillastgeräusch und das Fahrverhalten günstig (Bild 2). Temperaturen über 220 °C an den Einspritzdüsen bewirken ebenfalls starkes Verkoken. Wärmeschutzplättchen oder -schutzhütchen, die die aus dem Brennraum zufließende Wärme zum Zylinderkopf ableiten, schaffen hier Abhilfe.

Lochdüsen

Die Düsenhalterkombinationen (DHK) für Lochdüsen weisen eine große Variantenvielfalt auf. Im Gegensatz zu den Drosselzapfendüsen ist bei den Lochdüsen die Einbauposition meist vorgegeben. Die unter verschiedenen Winkeln angebrachten Spritzlöcher in dem Düsenkörper müssen passend zum Brennraum ausgerichtet sein. Die Befestigung der Düsenhalterkombination erfolgt daher mit Pratzen oder Hohlschrauben im Zylinderkopf. Zusätzlich sorgt eine Drehfixierung für die richtige Stellung.

Lochdüsen (Bilder 2 und 3) sind mit Nadeldurchmessern von 4 mm (P-Größe) und von 5 bzw. 6 mm (S-Größe) vorhanden, wobei es die Sitzlochdüse nur in der P-Größe gibt. Die Druckfedern müssen den Nadeldurchmessern und den üblichen hohen Öffnungsdruckwerten, die über 180 bar liegen, angepaßt sein. Besonders am Ende der Einspritzung ist die Abdichtfunktion von Bedeutung, denn es besteht die Gefahr, daß Verbrennungsgase in die Einspritzdüse zurückblasen, diese im Dauerbetrieb zerstören und somit hydraulische Instabilität verursachen. Eine Feinabstimmung von Düsennadeldurchmesser und Druckfeder sorgt für diese Abdichtfunktion. In besonderen Fällen ist sogar eine Berücksichtigung der Druckfeder-Schwingungen nötig. Für die Anordnung der Spritzlöcher in der Düsenkuppe der Lochdüsen gibt es drei Bauarten (Bild 2), die sich durch das Kraftstoffvolumen, das am Ende der Einspritzung ungehindert zum Brennraum hin ausdampfen kann, unterscheiden. Die Bauarten mit zylindrischem Sackloch, konischem Sackloch und die Sitzlochdüse haben in dieser Reihenfolge ein sinkendes Kraftstoffvolumen.

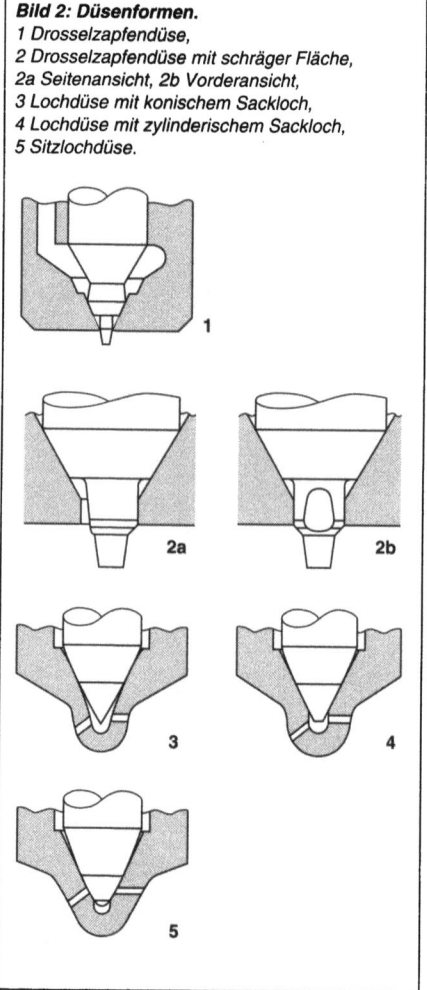

Bild 2: Düsenformen.
1 Drosselzapfendüse,
2 Drosselzapfendüse mit schräger Fläche,
2a Seitenansicht, 2b Vorderansicht,
3 Lochdüse mit konischem Sackloch,
4 Lochdüse mit zylinderischem Sackloch,
5 Sitzlochdüse.

Dementsprechend sinkt auch die Kohlenwasserstoffemission des Motors, da weniger Kraftstoff ausdampft.
Die mechanische Festigkeit der Düsenkuppe begrenzt die Spritzlochlänge nach unten. Sie liegt zur Zeit bei zylindrischem und konischem Sackloch bei 0,6...0,8 mm. Bei der Sitzlochdüse beträgt die minimale Spritzlochlänge 1 mm, wobei dazu eine besondere Bearbeitungsart beim Einbringen der Spritzlöcher notwendig ist.
Die Entwicklung geht in Richtung kürzerer Lochlänge, da kürzere Löcher in der Regel etwas bessere Rauchwerte ergeben. Die durch Bohren herstellbaren Durchflußtoleranzen bei Lochdüsen liegen bei ± 3,5%. Durch zusätzliches, gezieltes Runden (hydroerosive Bearbeitung) der Spritzlocheinlaufkanten lassen sich Durchflußtoleranzen von ± 2% realisieren. Bei Lochdüsen liegt die obere Temperaturgrenze wegen der Warmfestigkeit des verwendeten Materials im Bereich um ca. 270 °C. Für besonders schwierige Anwendungsfälle stehen Wärmeschutzhülsen oder für größere Motoren sogar gekühlte Einspritzdüsen zur Verfügung.

Düsen und Düsenhalter

Standard-Düsenhalter
In den Bildern 4 und 5 wird der Grundaufbau einer Düsenhalterkombination (DHK), die sich jeweils aus Düsenhalter

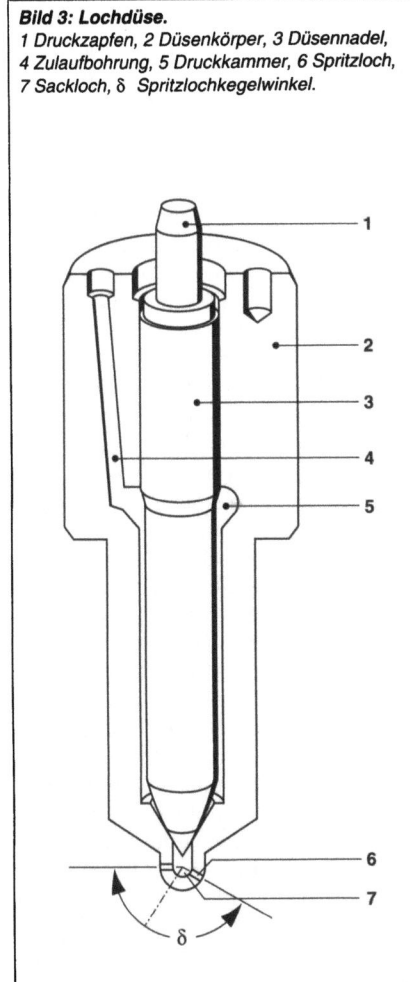

Bild 3: Lochdüse.
1 Druckzapfen, 2 Düsenkörper, 3 Düsennadel, 4 Zulaufbohrung, 5 Druckkammer, 6 Spritzloch, 7 Sackloch, δ Spritzlochkegelwinkel.

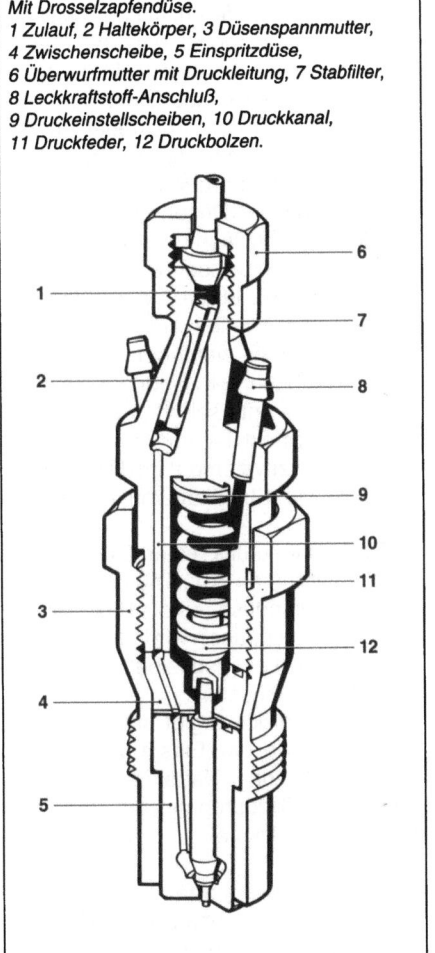

Bild 4: Düsenhalterkombination.
Mit Drosselzapfendüse.
1 Zulauf, 2 Haltekörper, 3 Düsenspannmutter, 4 Zwischenscheibe, 5 Einspritzdüse, 6 Überwurfmutter mit Druckleitung, 7 Stabfilter, 8 Leckkraftstoff-Anschluß, 9 Druckeinstellscheiben, 10 Druckkanal, 11 Druckfeder, 12 Druckbolzen.

Peripherie von Einspritzanlagen

und Einspritzdüse zusammensetzt, dargestellt. Die Einspritzdüse besteht aus dem Düsenkörper und der Düsennadel. Die Düsennadel ist in der Führungsbohrung des Düsenkörpers leichtgängig geführt. Sie dichtet jedoch gegen hohe Einspritzdrücke sicher ab. Die Düsennadel trägt an ihrem unteren Ende einen Dichtkonus, den die Druckfeder im Ruhezustand auf die ebenfalls konische Dichtfläche des Düsenkörpers drückt. Die beiden Dichtkegel haben geringfügig unterschiedliche Öffnungswinkel, so daß zwischen ihnen eine Linienberührung mit hoher Pressung und guter Dichtwirkung entsteht.

Der Durchmesser der Nadelführung ist größer als der Sitzdurchmesser. Der hydraulische Druck der Einspritzpumpe wirkt auf die Differenzfläche zwischen dem Nadelquerschnitt und der Fläche, die durch den Sitz abgedeckt ist. Übersteigt das Produkt aus Dichtfläche und Druck die Kraft der Druckfeder im Haltekörper, so öffnet die Einspritzdüse. Da bei diesem Vorgang die druckbelastete Fläche der Düsennadel schlagartig um die Sitzfläche vergrößert wird, "schnappt" die Einspritzdüse bei ausreichender Förderrate der Einspritzpumpe sehr schnell auf. Sie schließt aber erst wieder, wenn der im Vergleich zum Öffnungsdruck niedriger liegende Schließdruck unterschritten wird. Dieser Hysterese-Effekt ist für die Auslegung von Einspritzsystemen im Hinblick auf hydraulische Stabilität von besonderer Bedeutung.

Der Öffnungsdruck einer Düsenhalterkombination (ca. 110...140 bar bei einer Drosselzapfendüse und 150...250 bar bei einer Lochdüse) wird durch Beifügen von Unterlegscheiben unter die Druckfeder eingestellt.

Der Schließdruck ergibt sich dann aus der Geometrie der Einspritzdüse, dem Verhältnis von Nadelführungsdurchmesser zu Sitzdurchmesser, der sogenannten Druckstufe.

Zweifeder-Düsenhalter

Sie werden vornehmlich bei Direkteinspritzmotoren verwandt, für die die wichtigste Primär-Maßnahme zur Minderung des Verbrennungsgeräusches eine gezielte Voreinspritzung ist.

Die für einen vergleichsweise sanften Druckanstieg sorgende Voreinspritzung ermöglicht einen ruhigen und stabilen Leerlauf und reduziert die auftretenden Verbrennungsgeräusche.

Der Einsatz eines Zweifeder-Düsenhalters (Bild 6) erzielt diesen Effekt durch Zweifeder-Düsenhalter die verbesserte Form des Einspritzverlaufes, die sich durch Einstellung und Abstimmung von
– Öffnungsdruck 1,
– Öffnungsdruck 2,
– Vorhub und
– Gesamthub ergibt.

Die Einstellung des Öffnungsdruckes 1 wird wie beim Einfeder-Düsenhalter durchgeführt. Der Öffnungsdruck 2 ergibt sich aus der Summe der Vorspannung von Feder 1 und der zusätzlichen Feder 2. Die Feder 2 stützt sich auf einer Anschlaghülse ab, in die das Maß des Vorhubes eingearbeitet ist. Beim Einspritzvorgang öffnet die Düsennadel zunächst nur im Bereich des Vorhubes. Gängige Vorhubweiten liegen bei 0,03...0,06 mm. Bei einem weiteren Druckanstieg im Düsenhalter hebt die Anschlaghülse an, und die Düsennadel öffnet auf vollen Hub. Für eine weitere Anwendung im Zweifeder-Düsenhalter gibt es Sonderdüsen, bei denen die Düsennadel keinen Druckzapfen trägt und die Nadelschulter plan mit dem Düsenkörper liegt.

Einfacher dargestellt: die Federn des Zweifeder-Düsenhalters sind so abgestimmt, daß erst eine geringe Menge Kraftstoff in den Verbrennungsraum abgegeben wird, die den Verbrennungsdruck leicht ansteigen läßt. Die dadurch verlängerte Einspritzzeit führt mit der folgenden größeren Restmenge zu der gewünschten weicheren Verbrennung.

Für Vor- und Wirbelkammermotoren sind ebenfalls Zweifeder-Düsenhalter verfügbar. Die Einstellwerte sind dem Einspritzsystem angepaßt. So liegen die verschiedenen Öffnungsdrücke z.B. bei 130/180 bar und die Vorhübe bei ca. 0,1 mm.

Bild 5: Düsenhalterkombination.
Mit Lochdüse.
1 Zulauf, 2 Haltekörper, 3 Düsenspannmutter,
4 Zwischenscheibe, 5 Einspritzdüse,
6 Überwurfmutter mit Druckleitung,
7 Stabfilter, 8 Leckkraftstoff-Anschluß,
9 Druckeinstellscheiben, 10 Druckkanal,
11 Druckfeder, 12 Druckbolzen,
13 Fixierstifte.

Bild 6: Zweifeder-Düsenhalter KBEL..P...
H_1 Vorhub, H_2 Haupthub,
$H_{ges} = H_1 + H_2$ Gesamthub.
1 Haltekörper, 2 Ausgleichscheibe,
3 Druckfeder 1, 4 Druckbolzen,
5 Führungsscheibe, 6 Druckfeder 2,
7 Druckstift, 8 Federteller,
9 Ausgleichscheibe, 10 Anschlaghülse,
11 Zwischenscheibe, 12 Düsenspannmutter.

Düsen und Düsenhalter

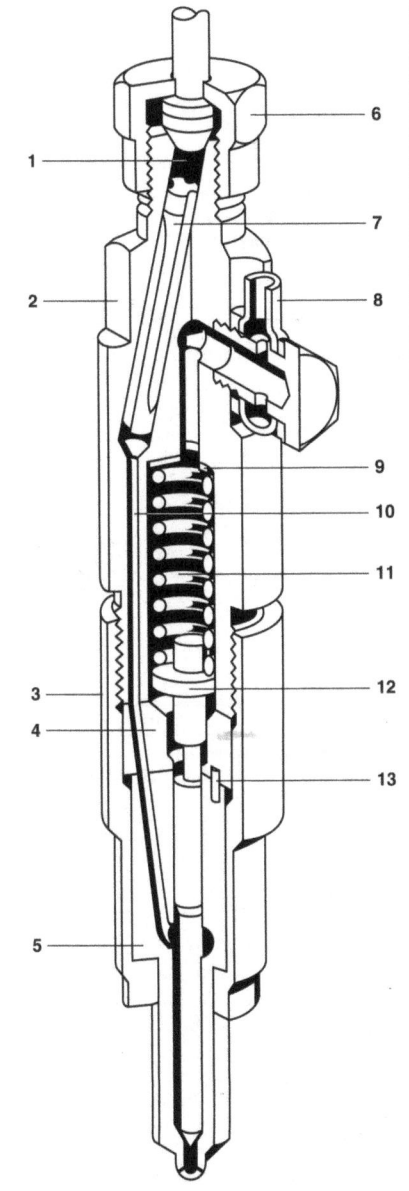
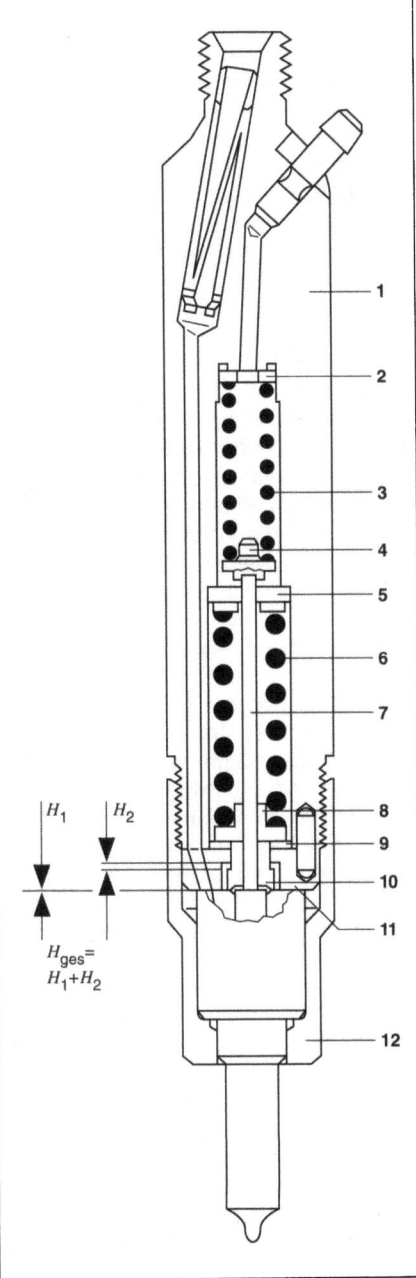

Peripherie von Einspritzanlagen

Starthilfesysteme für Dieselmotoren

Kalte Dieselmotoren sind – stärker noch als warme Dieselmotoren – start- bzw. zündunwillig, da Leck- und Wärmeverluste beim Verdichten des LuftKraftstoff-Gemisches den Druck und die Temperatur am Kompressionsende absenken. Der Einsatz von Starthilfesystemen ist unter diesen Umständen besonders wichtig. Die Startgrenztemperatur hängt von der Motorbauart ab. Vor- und Wirbelkammermotoren haben im Nebenbrennraum eine Glühstiftkerze (GSK) als "heißen Punkt" (Bild 1). Bei kleinen Direkteinspritzmotoren liegt dieser heiße Punkt an der Peripherie des Brennraums. Große Direkteinspritzmotoren für Nutzfahrzeuge arbeiten alternativ mit Luftvorwärmung im Ansaugrohr (Flammstart) oder mit besonders zündwilligem Sonderkraftstoff (Startpilot), der in die Ansaugluft eingespritzt wird. Heute werden fast ausschließlich Systeme mit Glühstiftkerzen verwandt.

Glühstiftkerze

Eine Glühstiftkerze besteht aus einem Rohrheizkörper, der im Innern des korrosionsfesten Glührohres eine in Magnesiumoxid schwingungsfest eingebettete Glühwendel trägt (Bild 2). Diese birgt bei den herkömmlichen Glühstiftkerzen (Typ S-RSK) und bei den Glühstiftkerzen der neueren Generation (GSK 2), eine in der Stiftspitze angeordnete Heizwendel. Diese neuere Glühstiftkerze zeichnet sich gegenüber einer konventionellen Glühstiftkerze durch ein schnelleres Erreichen der zur Zündung benötigten Temperatur und durch eine niedrigere Beharrungstemperatur aus (Bild 3). Damit kann diese auch nach dem Starten zur Verbesserung der Abgas- und Geräusch-Emission für bis zu 3 Minuten eingeschaltet bleiben. Eine zu der Heizwendel in Reihe geschaltete Regelwendel

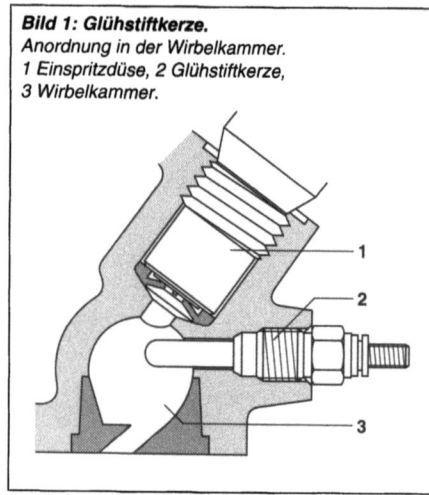

Bild 1: Glühstiftkerze.
Anordnung in der Wirbelkammer.
1 Einspritzdüse, 2 Glühstiftkerze,
3 Wirbelkammer.

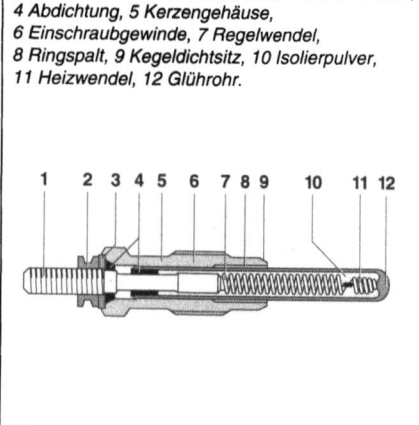

Bild 2: Glühstiftkerze.
1 Anschlußbolzen, 2 Rundmutter, 3 Isolierscheibe,
4 Abdichtung, 5 Kerzengehäuse,
6 Einschraubgewinde, 7 Regelwendel,
8 Ringspalt, 9 Kegeldichtsitz, 10 Isolierpulver,
11 Heizwendel, 12 Glührohr.

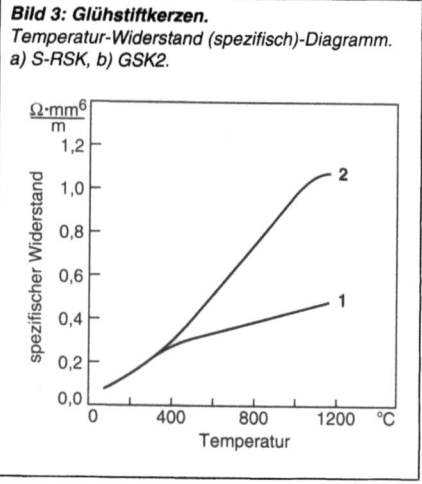

Bild 3: Glühstiftkerzen.
Temperatur-Widerstand (spezifisch)-Diagramm.
a) S-RSK, b) GSK2.

mit PTC-Verhalten, bei der der elektrische Widerstand mit steigender Temperatur zunimmt, begrenzt den Temperaturanstieg der Kerze auf für den Glührohr-Werkstoff unkritische Werte. Die für den Start erforderliche Temperatur wird durch entsprechende Abstimmung der Heiz- und Regelwiderstände schon nach 3...10 Sekunden erreicht. Der Heizkörper ist gasdicht im Glühkerzengehäuse eingepreßt. Bei der einpoligen Glühkerzen-Ausführung ist der elektrische Anschluß eine Parallelschaltung.

Flammkerze

Die Flammkerze erwärmt die Ansaugluft durch Verbrennen von Kraftstoff. Üblicherweise führt die Kraftstofförderpumpe der Einspritzanlage den Kraftstoff über ein Magnetventil der Flammkerze zu. Im Anschlußnippel der Flammkerze sitzen ein Filter und eine Dosiereinrichtung. Diese Dosiereinrichtung läßt eine jeweils auf den Motor abgestimmte Kraftstoffmenge durchfließen, die in einem um den Glühstift angeordneten Verdampferrohr verdampft und sich dann mit der Ansaugluft vermischt. Das Gemisch entflammt am vorderen Teil der Flammkerze; am über 1000 °C heißen Glühstift.

Glühzeitsteuergerät

Das Glühzeitsteuergerät (GZS) verfügt zur Ansteuerung der Glühstiftkerzen über ein Leistungsrelais sowie über elektronische Schaltblöcke. Diese steuern z.B. die Glühzeiten der Glühstiftkerzen oder nehmen Sicherheits- und Überwachungsfunktionen wahr. Mit Hilfe ihrer Diagnosefunktionen erkennen noch weiter entwickeltere Glühzeitsteuergeräte auch Ausfälle einzelner Glühstiftkerzen, die sie dem Fahrer dann anzeigen. Die Steuereingänge zum Glühzeitsteuergerät sind als Mehrfachstecker ausgeführt und der Strompfad zu den Glühstiftkerzen führt mit Rücksicht auf unerwünschte Spannungsabfälle über geeignete Gewindebolzen oder Stecker.

Funktionsablauf

Der Vorglüh- und Startablauf ist mit dem Glüh-Start-Schalter wie beim Ottomotor angelegt. Bei der Schlüsselstellung "Zündung ein" beginnt der Vorglühvorgang. Bei Erlöschen der Glühkontroll-Lampe sind die Glühstiftkerzen heiß genug, um den Startvorgang einzuleiten. In der folgenden Startphase verdampfen eingespritzte Kraftstofftröpfchen, entzünden sich an der komprimierten, heißen Luft, und die freiwerdende Wärme führt zur Einleitung des Verbrennungsvorgangs (Bild 4).
Ein Nachglühen nach erfolgtem Start trägt zu aussetzerfreiem und somit raucharmen Hoch- und Leerlauf in der Warmlaufphase bei und reduziert die Verbrennungsgeräusche bei kaltem Motor. Falls nicht gestartet werden sollte, verhindert eine Sicherheitsabschaltung für die Glühstiftkerze, daß sich die Batterie entlädt.
Bei der Ankopplung des Glühzeitsteuergerätes an das Steuergerät des EDC-Systems (Electronic Diesel Control) lassen sich die dort vorhandenen Informationen zur optimalen Ansteuerung der Glühstiftkerze in den verschiedenen Betriebszuständen ausnutzen. Dadurch ist eine weitere Möglichkeit zur Verminderung der Blaurauch- und Geräuschemission gegeben.

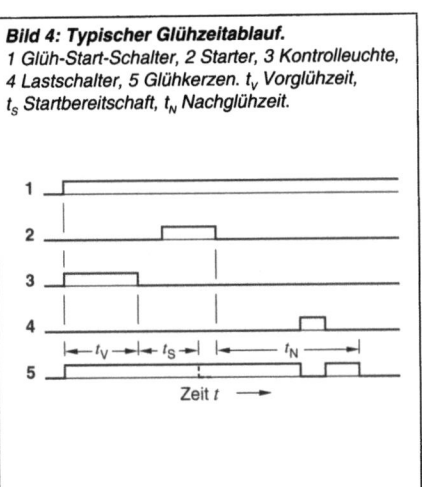

Bild 4: Typischer Glühzeitablauf.
1 Glüh-Start-Schalter, 2 Starter, 3 Kontrolleuchte, 4 Lastschalter, 5 Glühkerzen. t_V Vorglühzeit, t_S Startbereitschaft, t_N Nachglühzeit.

Starthilfesysteme

Leicht verständliche und umfassende Information
Bosch Fachbücher

Autoelektrik/-elektronik am Ottomotor

Mit der stürmischen Entwicklung der Autoelektrik und Autoelektronik hat die Ausrüstung des Ottomotors in den letzten Jahren wesentliche Veränderungen erfahren.
Moderne Motorkomponenten können eine Vielzahl von Anforderungen erfüllen und ermöglichen durch ein Zusammenwirken eine gemeinsame Optimierung und einen Verbund des Motormanagements. Das Fachbuch soll dem Informationsbedürfnis eines großen Leserkreises gerecht werden. Es informiert umfassend über die aktuelle Technik der elektrischen und elektronischen Motorsysteme.
Der an Kfz-Technik interessierte Leser erhält damit eine ausführliche, leicht verständliche Beschreibung der wichtigsten Komponenten des Ottomotors.

Aus dem Inhalt:
Ottomotor
Stromversorgung
Starterbatterie
Generatoren
Startanlagen
Zündsysteme
Zündkerzen
Funkentstörung
Elektromagnetische Verträglichkeit
Benzineinspritzung (Jetronic, Motronic)
Abgastechnik
Schaltzeichen
Schaltpläne

Ausführung:
PVC-Umschlag (hart),
Format 22,9 cm x 16,2 cm (C5),
350 Seiten, gebunden,
mit zahlreichen Abbildungen.

ISBN 3-18-419106-0

Kraftfahrtechnisches Taschenbuch

Die 21. Auflage des Kraftfahrtechnischen Taschenbuches ist die Neuauflage eines bewährten Nachschlagewerkes, das einem weiten Benutzerkreis zuverlässige Werte und einen umfassenden Einblick in den gegenwärtigen Stand der Kraftfahrzeugtechnik gibt.
Als Autoren kommen kompetente Fachleute von Bosch und aus der Kraftfahrzeugindustrie zu Wort. Ihr Fachwissen über das Kraftfahrzeug und die damit verwandten Bereiche ist in sachlicher und knapp gefaßter Form auf den praktisch notwendigen Umfang zusammengefaßt.
Auch allgemeine technische Themen, Daten und viele Tabellen aus der Praxis sind wieder enthalten.

Aus dem Inhalt:
Mathematische und physikalische Grundlagen, Werkstoffe, Verfahren, Bauelemente, Verbindungstechnik, Verschleiß, Fahrdynamik, Fahrzeugantriebe, Kraftstoffzumessung, Zündsysteme, Kfz-Elektrik und -Elektronik, EMV, Abgastechnik, Triebstrang, Bremsausrüstung, Fahrzeugaufbau, Signal- und Alarmanlagen, Beleuchtung, Scheiben und Scheibenreinigung, Heizung und Klimatisierung, Komfort- und Sicherheitssysteme, Fahrzeughydraulik und -pneumatik, Kraftfahrzeugdaten.

Ausführung:
PVC-Umschlag (weich),
Format 17,4 cm x 10,8 cm (Taschenbuch), mehr als 800 Seiten, gebunden, mit zahlreichen Abbildungen.

ISBN 3-18-419114-1

MIX
Papier aus verantwortungsvollen Quellen
Paper from responsible sources
FSC® C105338

If you have any concerns about our products,
you can contact us on
ProductSafety@springernature.com

In case Publisher is established outside the EU,
the EU authorized representative is:
**Springer Nature Customer Service Center GmbH
Europaplatz 3, 69115 Heidelberg, Germany**

Printed by Libri Plureos GmbH
in Hamburg, Germany